RF
DESIGN SERIES

高周波PLL回路の
しくみと設計法

基本動作の理解からロー・ノイズ化の手法まで

小宮 浩 [著]
Hiroshi Comiya

CQ出版社

まえがき

　PLLの歴史は古く，その原理は1930年代前半に発表されていたと記憶しています．しかし，複雑な回路や高いコストなどが理由で，なかなか普及しませんでした．

　わたしが技術者として歩みはじめた1970年代の後半に入ると，PLL技術は広く使われはじめました．IC化技術が進歩して，構成回路のいくつかがPLL ICとして作られ，複雑さが解決されたからです．とはいえ，当時のPLL ICの動作周波数は，まだ100MHz程度でした．

　2009年の今では，ワンチップのPLL ICは超小型化され，動作周波数も10GHzを優に越えています．そして，PLL技術はRF技術や通信技術とあいまって，その応用範囲が広がっています．PLL技術の習得が多くの技術者に必要とされる時代になりました．

　PLL ICが登場し，そのICも年々進化していますが，PLLの設計は依然難解です．設計にさまざまな知識と技術を要するのに加え，今ではPLLを安定に動作させるだけでなく，低位相雑音，スプリアス抑圧，周波数切り換えスピードなどの性能も要求されます．そして，それらの性能は互いにトレード・オフの関係にあり，こちらを良くすれば他の性能は悪くなるということも設計を難しくします．しかし，より難しい設計であれば，技術者として挑戦したいとも思います．

　本書は，「トランジスタ技術」誌(CQ出版社)の連載記事「PLL周波数シンセサイザの設計法徹底解説」をもとに再編集しました．多くの技術者にPLL技術に触れていただきたいので，個別部品で実際にPLLを設計するという形で話を進めています．RFシミュレータや表計算ソフトウェアによる仮想実験も多く取り入れ，本書を読み進めることでPLLの設計が体験できるようにとも考えました．PLLの最適化設計を行うには，先人から引き継がれた特有の技術を知ること，歴史的な背景を学ぶことも必要です．個別部品でPLLの設計を進めることでこれらを学ぶことができますし，LSIが構成する回路を理解する近道になるでしょう．

　目覚しい進歩を遂げるPLL技術ですが，全体を網羅した専門書は意外に多くありません．この度，書籍としてまとめていただいたことを大変にうれしく思っています．執筆に際し，何かとご援助を頂いたCQ出版社のみなさまにお礼を申しあげます．特に，雑誌から書籍の編集まで長く担当してくださった内門和良氏に深く感謝いたします．

2009年9月　小宮　浩

高周波PLL回路のしくみと設計法

目次

第1章 PLL回路と位相雑音の基礎知識 ─── 015

PLL回路の基礎知識を深めよう ─── 015
PLL周波数シンセサイザはいくつかの周波数を切り替えたいときに使う 015
水晶振動子の精度で任意の高周波を作れる 015
注目度が増しているPLLの技術 016
設計には多様な知識と技術が必要になる 016
基礎から理解するために個別部品で作ってみる 017

PLL回路の動作 ─── 017
周波数が一定に保たれるしくみ 017
PLLがロック状態になるまでの動作 018
ループ・フィルタ設計が極めて重要 019

PLL周波数シンセサイザの基本構成 ─── 020
PLL回路に分周器を追加する 020
基準周波数のN倍の周波数を作れる 020
基準信号と同じ安定度をもつ高周波を作れる 021

実用的な構成 ─── 021
プログラマブルな分周器を使う 021
f_Rのステップで出力周波数を変えられる 021
高周波ではさらにプリスケーラを加える 022
プリスケーラにより周波数ステップが粗くなってしまう 022
周波数ステップを細かいまま保つには 023

例題として製作するPLL周波数シンセサイザ ─── 023
理想的なPLL周波数シンセサイザを目指して 023
採用する部品の制約から周波数を180 M〜360 MHzに決める 024
4 MHz刻みで周波数を変えられる 024

位相雑音特性の例 ─── 025
分周数Nと位相雑音の関係 025
位相雑音が大きい基準信号源は使えない 026

不要信号 スプリアス ─── 027
作り出された信号の両脇に不要な信号が見える 027

位相雑音を定量的に観測するための定義 ─── 027
位相雑音とは 027
位相雑音を定量的に定義づける 028
Column SSB位相雑音 C/N をスペクトラム・アナライザで測定するには 030

位相雑音の重要性 ─── 032
位相雑音がシステムの性能を決めてしまう 032
無線機などの受信感度に影響を与える 032

ディジタル通信ではエラーの原因になる　033
位相雑音の発生源────── 034
　　位相雑音を考慮したPLL周波数シンセサイザのブロック図　035
　　雑音源をVCOと基準信号源に限定して考える　035
　　カットオフ周波数以下では基準信号源由来　035
　　カットオフ周波数以上ではVCO由来　036
位相雑音の小さいPLL周波数シンセサイザを作るには────── 036
　　VCOの低位相雑音化　036
　　基準信号源の低位相雑音化　036
　　負帰還ループのカットオフ周波数f_Cの最適化　036
　　広帯域であるほど低位相雑音は難しいので帯域を欲ばらない　037
発振器の位相雑音を定量化する────── 038
　　LC発振器の動作原理　038
　　LC発振器をモデル化する　039
　　発振器の位相雑音特性を解析するLeeson式　040
　　アンプの雑音から発振器の位相雑音へ　040
　　共振回路のQ_L値が比較的小さい発振器　040
　　共振回路のQ_L値が非常に大きい発振器　041
　　実際の発振器のSSB位相雑音と比較する　042
　　発振器の位相雑音を低減する三つの要素　043
　　位相雑音の改善方法をLeeson式から推測できる　043
　　Leeson式は次章以降も使う重要な計算式　044

第2章　基準信号発振器の設計と特性 ────── 045

基準信号源に要求される特性────── 045
　　カットオフ周波数より低いオフセット周波数での位相雑音は基準信号のN倍　046
　　出力周波数の安定度も基準信号で決まる　046
　　基準信号源として重要なのは安定度と位相雑音　046
基準信号源に使える水晶発振器────── 046
　　どのような水晶発振器が使えるか　046
　　それほど性能が要求されない用途にはVCXO　046
　　温度特性が重要ならばTCXO　047
　　さらに良好な温度特性が必要ならばOCXO　047
　　実際のOCXOの特性　048
　　高性能が必要なら専門メーカの発振器を買う　049
　　時間に対する周波数安定度も重要　049
　　発振器は電源を投入した後で周波数が変化する　050
　　いったん電源を切ると再び周波数が変化する　050
　　必要な特性を吟味して選定しよう　051
設計のために水晶振動子の性質を理解する────── 051
　　直列共振と並列共振の両方の性質をもつ　051
　　水晶振動子の等価回路　052
　　シミュレータを活用して性質の理解を深める　052
　　水晶振動子のf_Sとf_Pを計算で求める　053
　　水晶振動子の無負荷Qを求める　054
水晶振動子の共振周波数を可変にする────── 054

負荷容量 C_L を可変にすれば共振周波数が変わる　054
直列のコイル L_S を追加して可変範囲を広げる　055
Column　共振回路のインピーダンスは S_{21} から求まる　056
ゲインの低下を並列コイル L_P で防ぐ　057
水晶振動子を使った発振回路のモデル――― 059
コルピッツ型の水晶発振回路モデル　059
発振器モデルにあてはめて解析する　059
発振器モデルから発振する条件を考える　059
発振に必要な条件をシミュレータで解析する――― 060
シミュレータでループ内の伝達特性を調べる　060
シミュレーションの方法　061
帰還コンデンサ C_1 と C_2 の値の目安をつける　062
オープン・ループ法の解析ではゲインを高めにしておく　063
より良い C_1 と C_2 の値を求める　063
C_T の値を変えたときの周波数の変化を確認する　063
位相雑音特性のシミュレーション――― 065
負荷 Q 値を求めれば位相雑音を予測できる　065
負荷 Q 値 Q_L の求めかた　065
群遅延時間から負荷 Q 値を算出する　066
位相雑音特性を推定してみる　066
より精度の高いシミュレーションを行うには　067
シミュレータを活用しよう　067
10 MHz VCXO の設計――― 067
トランジスタのバイアス回路を設計する　068
C_T をバラクタ・ダイオードに置き換える　069
最終的な回路図　070
製作した 10 MHz VCXO の特性――― 070
制御電圧対出力周波数特性 $V–F$ 特性を測定する　070
自分自身の変動分以上の周波数可変範囲が必要　072
電源電圧の変動による周波数変化もある　072
出力信号の純度を見る　072

第3章　*LC* 発振回路設計の基礎 ――― 075

面倒な計算をせずシミュレーションを利用する　075
発振器の設計には RF シミュレータを使うと便利　075
広帯域の VCO を設計するのは難しい　076
発振器をアンプとフィルタに分けて解析する――― 076
解析しやすい等価回路を導く　076
***LC* 共振回路の基礎**――― 078
LC 共振回路を設計できないと VCO は作れない　078
LC 共振回路の特性を利用してフィルタを作る　078
***LC* 共振回路のインピーダンスとリアクタンス**――― 079
直列共振回路のインピーダンスとリアクタンス　079
L と C それぞれ単体でのリアクタンス　080
並列共振回路のインピーダンスとリアクタンス　082
***LCR* 共振回路の性能は *Q* で表す**――― 083

LCR直列共振回路のQ値を求める式　083
　　LCR並列共振回路のQ値を求める式　084
　　共振周波数を決めるLとCの組み合わせは無限にある　085
　　同じ特性をもつ直列共振回路と並列共振回路を作ることができる　085
　　共振周波数が同じでQの値も同じなら通過特性は等しい　086
　共振回路のLとCの値の決めかた────── 086
　　直列共振回路のLとCの割合を変えた通過特性　087
　　並列共振回路のLとCの割合を変えた通過特性　087
　　高いQ_Lが得られるように定数を選ぶことが基本　087
　高Qを妨げるLC素子の寄生成分────── 088
　　共振素子LとCの損失抵抗分rの影響　088
　無負荷Qと負荷Qの関係────── 088
　　共振回路の負荷Q値Q_Lを大きくする方法　090
　　寄生インダクタンスや寄生容量の影響　092
　目的の共振周波数と高Qを得るフィルタの定数────── 093
　　直列共振するL_1とC_3の値を選ぶ　093
　　C_1とC_2でQや位相を調整することができる　094
　　C_1とC_2を大きくしすぎると損失が問題になる　095
　　周波数可変フィルタとして定数を調整する　098
　フィルタ＋アンプで発振器をシミュレーションする────── 098
　　フィルタの性能を100％引き出した状態が理想　098
　　実際のアンプを加えると特性は大きく劣化する　100
　　なんとか発振できるようにフィルタを調整しても特性は良くない　102
　アンプの特性を改善するには────── 103
　　実際のアンプの位相特性は十分とはいえない　103
　　f_Tの高いトランジスタなら位相回転は少ないが異常発振しやすい　103
　　負帰還で異常発振を防ぎ同時に位相特性も改善する　104
　　シャント抵抗R_Fを使った負帰還アンプのゲインと位相の特性　104
　　シリーズ抵抗R_Eを使った負帰還アンプのゲインと位相の特性　105
　　負帰還アンプを用いれば問題なく発振できそう　107

第4章 VCOの設計と特性────── 109

VCOに要求される特性────── 109
　広帯域と低雑音の両立を目標とする　110
広帯域特性を兼ね備えた低雑音VCOを作るために必要なもの────── 110
　広い帯域で共振周波数を調整できるバンド・パス・フィルタ　111
　広帯域で高ゲインのアンプ　111
固定発振器からの位相雑音を減らす三つの方法────── 111
　発振器由来の位相雑音はLeeson式で予測する　111
　発振器の位相雑音を低減する三つのポイント　111
VCOでは位相雑音を悪化させる要因がさらに増える────── 114
　共振回路のQが下がって発振器の位相雑音が悪化する　114
　変調による位相雑音を考慮する必要がある　114
低位相雑音のためには可変帯域幅を必要最小限に────── 115
　バラクタ自身が雑音を発生する　115
　バラクタによる変調雑音を求める式　115

感度が高いVCOほどバラクタ変調雑音が大きい　115
バラクタ変調雑音を加えたVCOの位相雑音をシミュレーションする　116
広帯域のVCOは感度定数が大きくなるので低位相雑音が難しい　117
バラクタ駆動回路を低雑音化する必要がある ── 117
バラクタを駆動するOPアンプ回路からの雑音　118
信号源抵抗R_Sに応じてOPアンプを選択する　118
OPアンプ回路による位相雑音を求める　119
バラクタを駆動するOPアンプの選択は重要　120
VCOの電源を作るレギュレータの選択も重要 ── 121
発振器の電圧に対する周波数変化の割合を求める　121
電源回路の等価雑音電圧V_{NP}から変調位相雑音を求める　121
電圧安定化回路によって発生する変調位相雑音　122
VCOのキー・パーツはコイルとバラクタ ── 123
コイルとバラクタの寄生成分を確認しておこう　123
特性の良いコイルを自作する ── 123
高性能なコイルは自作すると安価に得られる　123
直径と長さと巻き数でインダクタンスが決まる　124
$L≒160$ nHとなる具体的な形状を求めて製作する　124
製作したソレノイド・コイルの特性　125
コイルのシミュレーション用等価回路を求める ── 125
等価回路はLにC_PとR_Sを加えて表される　125
50 MHzのS_{21}特性からLとR_Sを求める　127
並列共振周波数からC_Pを求める　127
シミュレータで等価回路の特性を確かめる　127
200 MHzではほぼ理想コイル特性とみなせる　128
もう一つのキー・パーツ　バラクタ ── 129
可変容量ダイオードの動作原理を理解しておこう　129
PN接合を逆バイアスするとコンデンサができる　129
逆バイアス電圧V_Rによって容量C_Vが変わる　131
品種による容量-逆電圧特性の違いを知っておこう　131
バラクタのシミュレーション用等価回路を求める ── 132
可変容量にRLC各1個ずつを追加した形になる　132
性能指数Qは周波数や容量で変化する　133
アンプ＋フィルタで定数を調整する ── 134
バラクタの選択　135
バラクタの等価回路を調整する　135
実際の回路だと$R_F＝150$ Ωでは動作が不安定　135
ゲインを大きくしたいのでR_Fを大きくする　136
位相調整のためにC_1とC_2も合わせて調整する　136
周波数可変範囲をシミュレーションで確認する ── 136
バラクタ容量C_Tを変化させて発振周波数を確認する　136
V_Tが2～4 V程度で180 M～220 MHzを発振できる　137
最終的な180M～220MHz　VCOの回路 ── 138
180 M～220 MHz　VCOの回路図　138
バイアス回路の設計　139
VCO出力とバッファ・アンプとの間に減衰パッドを加える　140

製作した180M～220MHz VCOの出力特性 ——— 140
制御電圧-出力周波数特性　140
制御電圧-出力レベル特性　140
シミュレーション結果と比べる　141
より広帯域の180M～360MHzが発振できるVCO ——— 141
共振回路にセミリジッド・ケーブルを使っている　141
制御電圧-出力周波数特性　141
制御電圧-出力レベル特性　143
VCOの位相雑音を測定する方法 ——— 143
VCOは周波数安定度が悪くて位相雑音が測れないことがある　144
PLLを用いて安定度を改善すれば測定できる　144
PLLで位相雑音が低減されないようにする　145
試作した二つのVCOの位相雑音特性 ——— 147
設計を解説した180M～220MHz VCOのSSB位相雑音特性　147
180M～360MHz VCOのSSB位相雑音特性　147
180M～220MHz VCOの位相雑音特性を改善する方法 ——— 148
バラクタを固定コンデンサに変えると6dB改善　148
バラクタによって位相雑音特性が悪化する三つの理由　149
位相雑音特性の改善はいずれかの方法で可能なはず　150
VCOにはいろいろな共振素子が使われる ——— 150
Column　広帯域/低位相雑音の理想的な発振器　152

第5章　位相比較器の設計と特性 ——— 155

二つの信号の位相差を出力する回路が位相比較器　156
ミキサ型を例にして位相比較器の動作を理解する ——— 156
古典的な位相比較器のほうが理解しやすい　156
ミキサの乗算機能により新たな周波数成分が生まれる　156
乗算器であるミキサは位相差の検出もできる　156
ミキサ型アナログ位相比較器の動作　157
ミキサ型アナログ位相比較器の入出力特性　158
ミキサ型アナログ位相比較器の感度K_Pを求める　158
ミキサ型位相比較器の問題点 ——— 160
LOポートに入力する方形波信号のデューティ比は50%が必要　160
入力信号レベルも適切でないと誤差が発生する　160
信号レベルによる誤差が発生しないExOR型位相比較器 ——— 160
エクスクルーシブ・オアとは　161
位相比較器としての動作を確認する　161
ExOR型位相比較器の感度K_Pを求める　161
ミキサ型とExOR型に共通した欠点 ——— 163
ExOR型でも乗算器であることの欠点は残る　163
乗算器型は動作範囲が狭いのでPLLの設計が難しい　163
動作範囲の問題を解決した位相周波数比較器 ——— 163
位相差だけでなく周波数差も検出できる　164
位相差のある信号を加えてみると…　164
周波数に差がある信号を加えてみると…　166
乗算器型位相比較器に対して位相周波数比較器が優れている点　166

VCOへ送られる制御電圧を作る回路を追加する ―― 167
三つの状態をもつ1本の出力に合成する　168
位相周波数比較器と組み合わせたときの入力位相差−出力平均電圧特性　169
チャージ・ポンプ以外の方法もある　170

位相周波数比較器を製作する ―― 171
OPアンプを使って部品点数を少なく構成する　171
実際の回路　171

製作した位相比較器の感度 ―― 171
感度定数K_pを計算で求める　172
入力周波数が50 kHzでは計算どおりの感度がある　173
入力される周波数が高くなると正常動作しない　174
位相差0°近くでの感度がおかしい？　174

位相周波数比較器PFCの不感帯　デッド・ゾーン ―― 175
デッド・ゾーンが大きいと位相雑音が増える　175
PFCのデッド・ゾーンは遅れ時間で生じる　176
PFCのデッド・ゾーンを小さくするには高速設計が必要　177
デッド・ゾーンの影響を小さくするアンチバックラッシュ回路　177
アンチバックラッシュ回路による弊害　178

PLL ICに備えられたアンチバックラッシュ回路 ―― 179
遅延回路を用いてフリップフロップをリセットする方法　179
比較信号を用いてフリップフロップをリセットする方法　180
製作するPFCにはアンチバックラッシュ回路を用いない　181

PFCは他の位相比較器より位相雑音が大きい ―― 182
PLLの低位相雑音設計をするには位相比較器の雑音も重要　182

第6章　分周器の設計と特性 ―― 183

高周波PLL回路には分周器が三つ使われる ―― 184
出力周波数と分周数の関係　184
分周器はPLL ICに取り込まれている　185

分周器の基礎となるカウンタ回路の動作 ―― 185
もっとも基本的な分周器　185

非同期カウンタで構成した分周器は誤動作する場合がある ―― 186
非同期カウンタによる1/8分周器の動作　187
N進カウンタでは遅延時間による誤動作がある　188
非同期式10進カウンタでの誤動作例　188

高い周波数で使う分周器は同期カウンタで構成する ―― 190
同期カウンタによる1/8分周器の動作　190
1/N分周器は同期カウンタで作れば大丈夫　191

分周比固定の分周器 ―― 193
適切な比較周波数f_Rを得るための分周器　193
基準信号分周器が必要な理由　193
実験用に複数の基準周波数を得られるよう構成する　194
入手しやすい汎用ロジックICを使う　194
製作する基準信号分周器の回路図　195

プログラマブル分周器 ―― 195
N進カウンタを使うと簡単に構成できる　196

プログラマブル分周器の動作を確認する　196
8ビットのプログラマブル分周器を製作する　198
高周波を扱うPLLに必要な分周器　プリスケーラ ─── 200
現実のカウンタ回路には遅れ時間がある　200
プログラマブル分周器が正常動作する周波数には上限がある　200
高周波を分周できる固定分周器をプログラマブル分周器の前に追加する　201
1/8分周プリスケーラ　203
シングル・モジュラス・プリスケーラの分周だけ周波数分解能が粗くなる　203
周波数分解能を上げられるパルス・スワロ・カウンタ ─── 203
デュアル・モジュラス・プリスケーラを用いるカウンタ　203
パルス・スワロ・カウンタのしくみ　204
パルス・スワロ・カウンタの欠点 ─── 205
250M〜300MHz間を5MHzステップとする例　205
連続して設定できる範囲の確認が必要　206
分数分周で性能を上げる方法もある ─── 207
分数分周とは　207
分数分周の利点は比較周波数を高くできること　208
スプリアスの発生が欠点　210

第7章 PLLを安定動作させるループ・フィルタの考え方 ─── 213

特性の鍵をにぎるループ・フィルタ ─── 213
モジュールやICを利用してもフィルタ設計は必須　214
ループ・フィルタの設計が悪いとどうなるか？ ─── 214
位相雑音特性が悪化する　215
スプリアス特性（リファレンスもれ）が悪化する　216
応答特性（周波数設定スピード）が悪化する　216
目的に応じてバランスのとれた設計が必要　216
ループ・フィルタは特殊なローパス・フィルタ　216
RC回路のゲインと位相の周波数特性を理解しよう ─── 217
RC1段のラグ・フィルタ　217
RC2段のラグ・フィルタ　218
ゲインとともに位相も変わる　218
PLL回路は負帰還回路 ─── 219
正帰還発振回路モデル　219
負帰還アンプ回路モデル　220
PLL回路モデルは負帰還モデルに近い　221
負帰還と正帰還は隣り合わせ　221
安定な負帰還回路の条件 ─── 222
負帰還回路の周波数特性をボーデ線図に表す　222
位相余裕が45°以上あれば安定に動作する　223
位相遅れが135°になる周波数で一巡ゲインを1以下にすれば安定する　224
PLL回路でも同様に考えれば良いのだが…　224
位相で考えるとVCOの動作は90°遅れ ─── 224
VCOをモデル化する　225
VCOの伝達関数を電気回路にすると積分器に相当　226
ループ・フィルタ以外をモデル化する　227

ループ・フィルタ以外の周波数特性　228
　　オープン・ループ解析でフィルタの条件を検討する　228
　RC1段フィルタをループ・フィルタにすると━━━━228
　　フィルタ単体での特性　229
　　負帰還ループのカットオフ周波数を10 kHzにする　229
　　Column　周波数は位相を微分することで得られる　229
　　位相余裕が少なすぎて不安定になってしまう　231
　　十分な位相余裕をもたせると特性が悪化する　231
　　カットオフ周波数と位相余裕を独立に選べない　232
　位相余裕を確保しやすいラグ・リード・フィルタ━━━━233
　　ラグ・リード・フィルタ単体での特性　233
　　カットオフ周波数を自由に選べる　234
　　リファレンスもれスプリアスが抑えにくい　235
　欠点の少ない実用的なループ・フィルタ━━━━235
　　ラグ・リード・フィルタ＋高域減衰　235
　　フィルタ単体での特性　236
　　負帰還ループを一巡した周波数特性　237
　　リファレンス周波数でも十分な減衰が得られる　237
　　カットオフ周波数f_Cをf_Nより高くできない　238
　広帯域を可能にするにはアクティブ化が必要━━━━238
　　どこかでゲインを増やす必要がある　238
　　アクティブ・フィルタにするのがお勧め　238
　　Column　位相をロックすることで周波数は一致する　239
　3次形アクティブ・フィルタを使ったPLLの例━━━━241
　　カットオフ周波数を10 kHzにする場合　241
　　カットオフ周波数を100 kHzにする場合　242
　　シミュレーションだけでは設計が難しい場合もある　243
　　Column　PLLの負帰還ループを一巡した特性を求める　244

第8章　良好な過渡特性を得るループ・フィルタの考え方━━━━247

　周波数を切り替えてもすぐには目的の周波数にならない━━━━247
　　周波数を切り替えるには分周数Nを変える　248
　　一瞬で周波数が切り替わるのが理想だが…　248
　　実際には行き過ぎて振動しながら目標へ近付く　249
　　時間軸での性能を表現する指標　249
　　目的に応じて必要な性能はさまざま　249
　PLLの設計には過渡応答の理解が欠かせない━━━━250
　　過渡応答の知識はループ・フィルタ設計に必要　250
　　過渡応答特性を表現する値の意味を理解する　250
　RLC直列回路を例に過渡現象を理解する━━━━250
　　RLC直列回路の過渡応答特性は減衰振動になる　250
　　RLC直列回路の減衰振動を示す式　251
　振動の減衰しやすさを示す減衰係数ζ━━━━251
　　減衰係数ζを変えたときの振動のようす　252
　　減衰係数ζと減衰波形の関係　253
　減衰振動の固有角周波数ω_Dとω_N━━━━254

ω_Dとω_Nにはζで決まる関係がある　254
減衰係数ζを変えたときのω_Dの変化　254
減衰係数ζと減衰固有角周波数ω_Dの関係　256

PLLの過渡応答特性を数式で求める手順 ─── 256
簡単な例でPLLの伝達関数を求める ─── 256
最も簡単なラグ・フィルタの場合で考える　257
まずは開ループ伝達関数を求める　257
開ループ伝達関数から閉ループ伝達関数を求める　258
伝達関数から周波数特性を求める　258

伝達関数から過渡応答特性を表す式を求める ─── 259
周波数を切り替える＝ステップ応答　259
応答特性の評価に使うω_Nとζで表現する　260
ラプラス逆変換してステップ応答を求める　260
PLLの過渡応答$f(t)$を求める　260

PLLの過渡応答がどのような形になるか見てみよう ─── 261
まずは応答特性を表すω_Nとζで考える　261
目的の周波数に早く収束するPLLにするには　262

ラグ・フィルタを用いたPLLの過渡応答特性 ─── 262
ラグ・フィルタのカットオフ周波数$f_1 \fallingdotseq 1.9$ kHzの場合　263
ラグ・フィルタのカットオフ$f_1 \fallingdotseq 70$ kHzの場合　264

ラグ・リード・フィルタを用いたPLLの過渡応答特性 ─── 265
閉ループ伝達関数を求める　265
ω_Nとζを求める　266
周波数特性を求める　266
過渡応答特性を求める　267
過渡応答特性を改善するには　267

第9章　設計条件からループ・フィルタの定数を決める ─── 269

フィルタ定数を求める式を導く　269

どのようなフィルタが必要なのか ─── 270
PLLという負帰還制御が安定な条件　270
PLLの伝達関数が3次になるループ・フィルタが必要　270
完全積分にするためアクティブ・フィルタを使う　270
チャージ・ポンプとパッシブ・フィルタでも良い　271

ループ・フィルタの回路構成 ─── 272
アクティブ・フィルタを使う構成　274
チャージ・ポンプとパッシブ・フィルタの構成　274

完全積分3次形PLLのループ特性をボーデ線図で表す ─── 274
PLLモデルをブロック線図で表現する　275
3次形PLLでの開ループ伝達関数を求める　275
開ループ伝達関数の周波数特性を図に描く　276

ループ特性の条件からフィルタの条件を求める ─── 277
フィルタの時定数T_2とT_3を導くための式　277
フィルタの時定数T_1を導くための式　277

アクティブ・フィルタの定数を求める ─── 278
アクティブ・フィルタ I の場合　278

アクティブ・フィルタⅡの場合 279
チャージ・ポンプに使うパッシブ・フィルタの定数を求める ― 280
パッシブ・フィルタ1の場合 280
パッシブ・フィルタ2の場合 281
アクティブ・フィルタの定数算出例 ― 281
フィルタ以外の回路ブロックの特性 281
ループ特性の要求 282
アクティブ・フィルタⅡを用いた場合 282
アクティブ・フィルタⅠを用いた場合 283
実際に用いる値での特性を確かめる 284
パッシブ・フィルタの定数算出例 ― 286
電流出力型チャージ・ポンプを伴う3次形PLLの回路 286
要求仕様からフィルタの条件を算出する 286
パッシブ・フィルタ1を用いた場合 286
パッシブ・フィルタ2を用いた場合 287
計算ツールを使うと手軽 287
実際に用いる定数での特性をシミュレータで確認する 288
ループ・フィルタの設計例と位相雑音の違い ― 288
実験用ボードの構成 289
ループ・フィルタを設計するための準備 289
カットオフ周波数 f_C を変えて設計する 291
カットオフ周波数 f_C ≒ 10 kHz とした設計例と位相雑音特性 292
カットオフ周波数 f_C ≒ 500 Hz とした設計例と位相雑音特性 293
カットオフ周波数 f_C ≒ 100 kHz とした設計例と位相雑音特性 294
高い制御電圧が必要な場合はアクティブ型を使う 294
チャージ・ポンプと組み合わせるアクティブ型の設計例と位相雑音特性 296

第10章 良好な位相雑音を得るループ・フィルタの設計法 ― 297
PLLの位相余裕 ϕ_C と位相雑音の関係を定量的に求める ― 297
3次形PLLでの開ループ伝達関数を式で表すと… 299
位相余裕が十分ある (ϕ_C ≒ 60°) 場合の特性は良好 300
位相余裕が少ない (ϕ_C ≒ 15°) 場合は位相雑音が盛り上がりそう 301
位相雑音の違いを実験で確認する 302
位相余裕は45°以上ないと位相雑音が悪化する 302
PLLのカットオフ周波数 f_C と位相雑音の関係 ― 303
基準信号源とVCOだけを位相雑音の発生源と考える 303
PLLの出力に現れる位相雑音の算出式 304
VCOや基準信号源の位相雑音は周波数特性をもつ 304
PLLの出力に現れる位相雑音の周波数特性を予測する 304
VCOの位相雑音を変える 306
カットオフ周波数を変える 307
カットオフ周波数 f_C は発振器の位相雑音で最適値が変わる 308
f_C を境に位相雑音の要因が入れ替わる ― 308
基準信号源の位相雑音はLPFを通した形で出力される 308
VCOの位相雑音はHPFを通した形で出力される 310
f_C 以下では基準信号源，f_C 以上ではVCOが位相雑音の発生源になる 311

発振器の位相雑音特性から f_C の最適値を求める ─── 311
　二つの発振器からの位相雑音の交点 f_{cross} に注目する　311
　f_C を f_{cross} に合わせれば位相雑音を改善できる　312
f_C は分周数 N などで変わるので補正も考える ─── 313
　位相雑音は分周数 N によって変化する　314
　カットオフ周波数 f_C と分周数 N の関係　315
　分周数 N の違いによる出力位相雑音特性の違い　315
　N の値が変化しても f_C を最適な値に保つには　316
　VCO の変換ゲイン K_V の違いによる位相雑音の変化　317
PLL の位相雑音を最も良くするループ・フィルタの設計手順 ─── 317
$N_T = 360, f_R = 500\,\text{kHz}, f_{out} = 180\,\text{MHz}$ の設計例 ─── 318
　位相雑音のシミュレーションと実測値　319
$N_T = 1400, f_R = 200\,\text{kHz}, f_{out} = 280\,\text{MHz}$ の設計例 ─── 320
　位相雑音のシミュレーションと実測値　321
　Column　熱雑音とその極限値　322

第11章　PLL 回路の応用 ─── 323

変調のしくみと角度変調 ─── 323
　円運動から正弦波の発生を考える　323
　変調…情報信号を搬送波に加える方法　324
　角度変調の基礎　325
　角度変調の時間軸上での波形　326
　位相変調と周波数変調はどのように違うか？　328
　角度変調波のスペクトラム分布　329
PLL を用いて角度変調する ─── 332
　FM と PM の関係　332
　PLL で角度変調するときの注意点　333
PLL 技術のそのほかの応用例 ─── 334
　雑音特性 C/N の優れた周波数逓倍　334
　狭帯域な BPF　335
　FM 復調　336
　スペアナの能力を超えた位相雑音の測定　337

Appendix　180 M～360 MHz PLL 周波数シンセサイザの外観と回路図 ─── 339

参考文献 ─── 345
索引 ─── 348
著者略歴 ─── 351

高周波PLL回路のしくみと設計法

第1章

PLL回路と位相雑音の基礎知識
~ PLL回路を構成する回路ブロックと,そこから発生する位相雑音のふるまい~

　安定した発振周波数を得るために,高周波の世界ではPLL（Phase Locked Loop）技術が多く使われています.PLL回路を周波数シンセサイザとして動かすと,新たな周波数を合成（シンセサイズ）して高精度な出力周波数を作り出せます.しかし,合成できるのは周波数だけではありません.発振器の位相雑音を合成して,発振器単体よりロー・ノイズ化することもできます.
　本章では,高精度が得られるPLL回路の動作原理と,位相雑音がどのように発生するのかという2点について解説します.

PLL回路の基礎知識を深めよう

● PLL周波数シンセサイザはいくつかの周波数を切り替えたいときに使う

　無線関連の電子回路では,局部発振器として,いくつかの周波数の切り替えが必要です.例えば,テレビの受信器ではそのチャネルの数だけ発振器が必要ですが,それをひとつひとつ準備するのは大変です.このようなときに使われるのが,本書でとりあげるPLL周波数シンセサイザと呼ばれる回路です.
　発振器にはいろいろな形式がありますが,とくにPLL周波数シンセサイザが使われる理由は何でしょうか.

● 水晶振動子の精度で任意の高周波を作れる

　水晶発振器を使えば正確な周波数を作ることができますが,得られる周波数は限定された範囲です.逆に,高い周波数の発振器を作ることはできても,正確で安定な周波数を得るのは困難です.
　PLL周波数シンセサイザは,これらのたがいの弱点を補って,水晶振動子の精

度を保ったまま，任意の周波数を選択できる自由度をあわせもつ回路です．

● **注目度が増しているPLLの技術**

携帯電話，パソコン，無線LAN，GPS，デジタルテレビ放送などは，私たちの生活を快適にしています．

それらの進展には「PLL（Phase Locked Loop）周波数シンセサイザ技術があったからだ」と言っても決して過言ではありません．

古くは複数のICを組み合わせて作らなければならなかったPLL周波数シンセサイザですが，今では分周器や位相比較器を一体化したLSIが登場し，超小型化され，数GHzの周波数シンセサイザを少ない部品点数で構成できる時代になっています．

無線システムのさらなる進化とPLLの他分野への応用が加速されるなか，必要十分な性能とコスト効率を提供するPLL周波数シンセサイザへの取り組みに対する関心も非常に高まっています．

● **設計には多様な知識と技術が必要になる**

しかしながら，PLL周波数シンセサイザの設計は難解です．特に，高周波領域でのロー・ノイズ設計になると，さまざまな分野の知識が必要となります．なお，本書でいうノイズとは位相雑音のことで，周波数に対するノイズです．後に詳しく説明します．

PLL設計に必要な知識をおおまかに列挙すると以下になります．

  (1) 高周波発振回路（VCO）
  (2) 高周波アンプとミキサ回路
  (3) 低位相雑音の発振回路（VCXO）
  (4) 分周回路とロジック・カウンタ
  (5) 位相比較回路
  (6) フィルタ（OPアンプ回路を含む）
  (7) 負帰還回路理論

高周波からロジック，そして負帰還回路理論に至るまでの幅広い知識が必要です．

現在のLSI化された周波数シンセサイザ用のPLL ICでは，分周器や位相比較器は内蔵されており，直接目に触れることはありません．

しかし，PLLの最適化設計を目指すには，これらPLLを構成する回路技術の基本知識が不可欠となります．

● **基礎から理解するために個別部品で作ってみる**

　そこで本書では，回路各部の波形を見ながら実験できるように，ブラック・ボックス化したPLL用ICを用いず，分周器や位相比較器もすべて安価なディスクリート部品で構成した回路を設計例として話を進めます．回路の動作波形を通して，PLLの基本技術を確かめ，自分のものとしてください．

　PLL周波数シンセサイザの最高性能を引き出すためのフィルタや発振器の設計法についても，実測データやシミュレータを活用してわかりやすく解説しています．

PLL回路の動作

● **周波数が一定に保たれるしくみ**

　図1-1は最も基本的なPLL回路で，次に記す三つの構成要素から成っています．
　①電圧制御発振器 Voltage-Contorolled Oscillator(VCO)
　②位相比較器 Phase Compalator(PC)
　③ループ・フィルタ

　しかし，この要素だけでは正常動作しません．位相比較器にリファレンス入力…基準信号f_Rが入力されてはじめて，PLL回路は周波数負帰還動作をします．

　まず，図1-1に示すように，すでにPLL回路が正常動作していて，$f_R = f_V$となっているとします．このときVCOの周波数f_Vが環境の変化で高い方向へ動いた場合，PLL回路がどのように働くかを説明します．

　(1) VCO周波数が環境の変化で，$f_R < f_V$となる
　(2) 位相比較器の出力に誤差信号パルスが発生する
　(3) 誤差信号パルスがループ・フィルタを通過して直流電圧V_Tとなる
　(4) 直流電圧V_Tは誤差信号に比例し，VCO周波数を低くする値となる
　(5) VCOの周波数が下がり，$f_R = f_V$の状態に戻る

［図1-1］**もっとも基本的なPLLの構成**

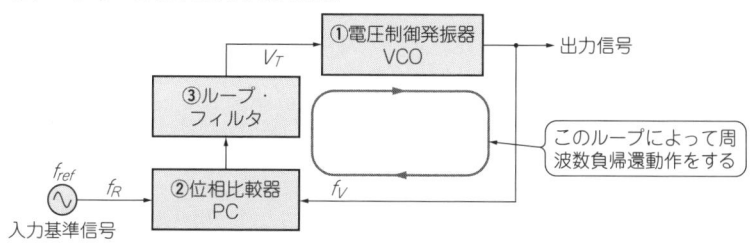

[図1-2] VCOの制御電圧-出力周波数特性

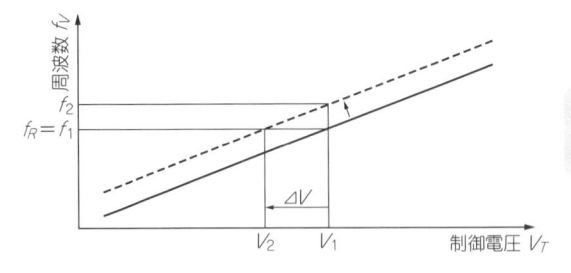

VCOの特性が破線のように変化したとしても，出力周波数が変化しないよう制御電圧V_TがΔV変化する

　PLL回路は周波数負帰還により，周波数が上がれば下げ，周波数が下がれば上げるという，自動制御回路として働いてくれるのです．
　PLL，すなわち位相同期ループが形成されることにより，常に$f_R = f_V$の状態が保たれます．
　もう少し具体的にその動作を解析してみましょう．
　図1-2に，電圧制御発振器VCOの制御電圧-出力周波数の特性…V-F特性を示します．制御電圧が上がると，出力周波数も高くなる特性です．
　今，VCOは実線で示す特性で動いているとします．入力基準信号f_Rの周波数がf_1なら，制御電圧はV_1でロック状態にあります．温度の変動や経時によって，VCOのV-F特性が破線で示す特性に変化してしまったとします．制御電圧V_1のままでは，VCOの周波数はf_2と高い周波数になってしまいます．
　そこでPLLは，入力基準信号f_Rの周波数f_1に戻す方向に，VCOの制御電圧をΔVだけ低い電圧V_2に変化させ，VCOの発振周波数を下げて，周波数f_1に戻します．VCOの特性が変わっても，出力周波数が同じになるよう，自動制御してくれるのです．

● PLLがロック状態になるまでの動作

　次に，入力基準信号f_Rが入力されて，PLLが形成される過程の動きを時間軸で考えてみましょう．
　入力基準信号f_Rが入力されていないときVCOに加わる電圧を約0Vとして，VCOは不安定なフリー・ランニング状態で発振しているとします．
　ここで，フリー・ランニングで発振している周波数より少しだけ高い周波数の入力基準信号f_Rが入力されたとします．すると位相比較器の出力には，**図1-3(a)**に示すような位相差に比例した誤差信号パルスが発生します．この場合は周波数を高

[図1-3] 時間軸で見たPLLの動作波形

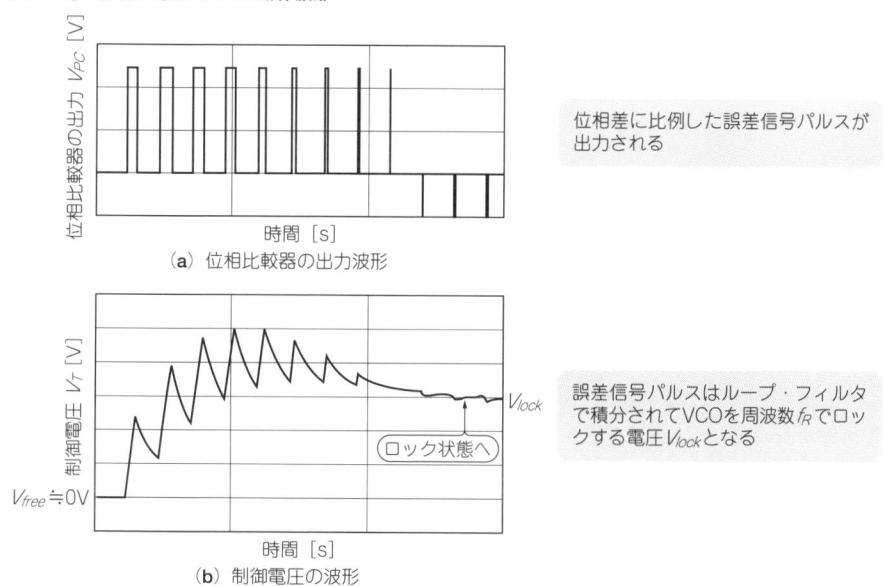

(a) 位相比較器の出力波形

位相差に比例した誤差信号パルスが出力される

(b) 制御電圧の波形

誤差信号パルスはループ・フィルタで積分されてVCOを周波数f_Rでロックする電圧V_{lock}となる

くする方向のパルスです．

この信号は，パルス的で高調波成分を多く含んでいますが，低域通過フィルタ(Low Pass Filter；LPF)を通過することによって図1-3(b)に示すように積分されていき，VCOをf_R周波数でロックする信号，V_{lock}という直流電圧になるのです．

● ループ・フィルタ設計が極めて重要

PLLの時間軸での動作波形を見ると明らかなように，PLLでのLPFの重要性が認められます．

もしLPFがなければ，VCOは誤差信号パルスで変調されてしまい，PLLをロック状態へと導けません．

LPFの定数が適切でなければ，PLLはロックしなかったり，ロック状態にあったとしても非常に不安定であったり，さらにロック状態になるまでに時間がかかるなど，さまざまな弊害が生じます．

実際にPLLを設計するときには，このLPFの設計が大変重要になってくることが理解できると思います．

図1-1は最も基本的なPLL回路ですが，このままでは入出力周波数が同じなの

で，周波数を合成して新たな周波数を作り出すというPLL周波数シンセサイザの基本とは言えないかもしれません．

PLLを周波数シンセサイザとして用いるには，もう一つ重要な回路をPLLのループ内に追加することになります．

PLL周波数シンセサイザの基本構成

● PLL回路に分周器を追加する

PLL回路は，図1-1に示したように①電圧制御発振器（VCO），②位相比較器（PC），③ループ・フィルタから構成されます．

PLL回路の位相比較器に④基準信号（リファレンス）f_Rを入力すると，周波数負帰還動作を行うことができます．

PLL周波数シンセサイザとして使う，すなわち新しい周波数を合成して作り出すには，これに⑤分周器（$1/N$）を追加する必要があります．

● 基準周波数のN倍の周波数を作れる

図1-4に，PLL周波数シンセサイザの基本構成を示します．①VCOと②位相比較器の間に，⑤分周器（$1/N$）を挿入しています．分周器により，VCOの出力周波数をf_{out}とすると，位相比較器への入力周波数f_Dは次式となります．

$$f_D = f_{out}/N \quad \cdots\cdots\cdots\cdots\cdots\cdots\cdots\cdots\cdots\cdots\cdots\cdots\cdots\cdots\cdots\cdots (1-1)$$

PLLが構成されることによって，f_Dは入力基準周波数f_Rと等しくなります．つまり，出力周波数f_{out}は次式で決まります．

$$f_{out} = f_R N \quad \cdots\cdots\cdots\cdots\cdots\cdots\cdots\cdots\cdots\cdots\cdots\cdots\cdots\cdots\cdots\cdots\cdots (1-2)$$

これは，PLL回路が周波数シンセサイザとして動作し，入力基準周波数f_RのN倍の合成周波数を作り出すことを意味しています．

[図1-4] PLL周波数シンセサイザの基本構成
PLL（フェイズ・ロックト・ループ）の中に分周器が含まれる

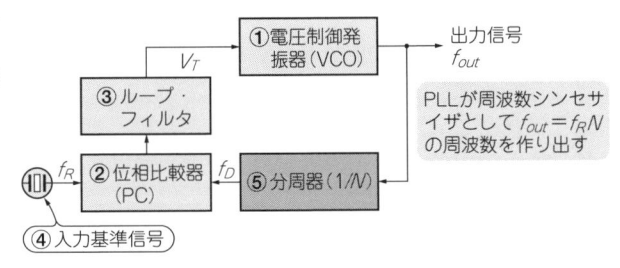

● **基準信号と同じ安定度をもつ高周波を作れる**

例えば，安定度の優れた200 MHzが欲しいとします．しかし，一般に周波数安定度に優れた200 MHzの水晶発振器を製作するのは容易ではありません．

1 MHzで周波数安定度の優れた水晶発振器や，200 MHzで発振できるが安定度はあまりよくないLC発振器ならば，簡単に製作できます．

そこで，1 MHzの水晶発振器を入力基準信号とし，LC発振器で200 MHzのVCOを作り，1/200の分周器と組み合わせてPLL回路を作れば，1 MHzを200倍にして200 MHzを作る周波数シンセサイザを構成できます．

こうすると，安定度の悪いLC発振によるVCOの出力で，水晶発振器と同じ周波数安定度を得られます．

実用的な構成

● **プログラマブルな分周器を使う**

次に，分周器をプログラマブルな（可変な）分周器で構成した場合のPLL周波数シンセサイザの動きについて考えてみましょう．

図1-5に示すのは，プログラマブル分周器を備えたPLL周波数シンセサイザです．分周比が$1/N$であれば出力周波数f_{out}は式(1-2)でした．プログラマブル分周器のNを1増やし，$N+1$とすると，PLLはどのように働くでしょうか．

PLLが構成されると，常に$f_D = f_R$の関係となるので，出力周波数f_{out}は次式となります．

$$f_{out} = f_R(N+1) \quad \cdots\cdots\cdots\cdots\cdots\cdots\cdots\cdots\cdots\cdots\cdots\cdots\cdots\cdots\cdots\cdots\cdots\cdots (1-3)$$

Nを$N+1$にすると，出力周波数f_{out}は基準周波数f_Rぶんだけ変化します．

● **f_Rのステップで出力周波数を変えられる**

分周器をプログラマブルなものにすることで，出力周波数をf_Rステップで変えられる周波数シンセサイザを構成できます．

固定分周の場合は，分周器Nの値が200であれば，200 MHzの出力しかできませんでした．分周器をプログラマブルにして，Nの値を200，201，202…と可変すれば，200 MHz，201 MHz，202 MHz…と，出力を入力基準周波数$f_R = 1$ MHzずつステップ変化させられます．

このように，PLL周波数シンセサイザの分周器をプログラマブルな可変分周器にすることで，その応用範囲は大きく広がります．

[図1-5] 出力周波数を簡単に変えられるPLL周波数シンセサイザの構成

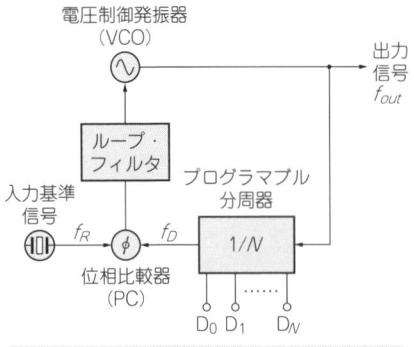

分周器をプログラマブルとすることで，基準信号f_Rずつステップする周波数シンセサイザを構成できる

[図1-6] 高周波を扱えるPLL周波数シンセサイザの構成

プリスケーラ(前置分周器)を加えた．周波数ステップが粗くなる

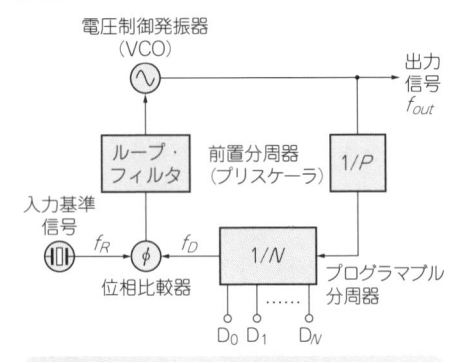

高周波PLL周波数シンセサイザでは，プリスケーラ(前置分周器)を配置する

● 高周波ではさらにプリスケーラを加える

高周波のPLL周波数シンセサイザを組む場合には，プログラマブル分周器を使うだけでは問題があります．

プログラマブル分周器は，一般的にはあまり高い周波数で動作できません．ロジック回路を用いたカウンタ回路なので，その動作スピードは使用されているデバイスによってある程度決まります．

図1-6に示すように，プログラマブル分周器の前にプリスケーラ(前置分周器)を置いて，プログラマブル分周器に入力される信号を動作できる周波数まで下げることで，この問題を避けられます．

これが高周波を扱うPLL周波数シンセサイザの基本形です．ただし現在では，GaAsを用いることで，数GHzでも動作するプログラマブル分周器があり，プリスケーラのない場合もあります．

● プリスケーラにより周波数ステップが粗くなってしまう

分周比Pのプリスケーラ($1/P$)とプログラマブル分周器($1/N$)を備えたPLL周波数シンセサイザの出力周波数f_{out}は，次式で表せます．

$$f_{out} = f_R N P \quad \cdots\cdots\cdots\cdots\cdots\cdots\cdots\cdots\cdots\cdots\cdots\cdots\cdots\cdots\cdots (1-4)$$

プログラマブル分周器の分周比Nを1増加させて$N+1$とすると，出力周波数f_{out}は次式となります．

$$f_{out} = f_R(N+1)P \quad \cdots\cdots\cdots\cdots\cdots\cdots\cdots\cdots\cdots\cdots\cdots\cdots\cdots\cdots\cdots\cdots\cdots\cdots\cdots (1\text{-}5)$$

この式からわかるように，プリスケーラを挿入することによって，一つ問題が生じます．それは，出力周波数f_{out}の周波数ステップが，プリスケーラの分周比のぶん，つまりP倍されてしまうということです．

● 周波数ステップを細かいまま保つには

いま，プリスケーラ$1/P$に$1/8$のものを用いましょう．先程と同様に，基準周波数f_Rを1 MHzとして，プログラマブル分周器のNを200, 201, 202…と可変します．すると，今度は1 MHzステップにはならず，8 MHz($=f_R \times 8$)ステップとなってしまいます．

▶ 基準周波数を下げると応答速度や雑音に悪影響

プリスケーラを使いつつ出力周波数f_{out}を1 MHzステップで動かしたければ，基準周波数f_Rを1/8の125 kHzにしなければなりません．しかし，これはPLLの比較周波数を小さくすることですから，PLLの応答速度や位相雑音，そしてスプリアス特性などにとって好ましくありません．

▶ デメリットを軽減できる方法もある

プリスケーラ方式でありながら，基準周波数f_Rの周波数ステップ幅で動かすことができるカウンタの方式が考案され用いられています．その方式については分周器の章(第6章)で解説します．

例題として製作するPLL周波数シンセサイザ

● 理想的なPLL周波数シンセサイザを目指して

例題として設計するPLL周波数シンセサイザは教習用ですが，実用的です．各部の動作波形をチェックでき，また，入手可能な汎用部品で製作できるように，すべてディスクリート部品で構成しました．しかし，性能も追求します．

ここで理想的なPLL周波数シンセサイザとはどのようなものか考えてみます．それは，広帯域発振であり(周波数発振範囲が広く)，分解能が小さく(周波数設定を細かくでき)，設定スピードも速く，さらに雑音が少なく，そしてスプリアスもないことです．

残念ながら，これらの性能はみなトレード・オフの関係にあります．すなわち，こちらを立てればあちらは立たずということです．それがPLLの設計を難しくしています．

[図1-7] 製作するPLL周波数シンセサイザ

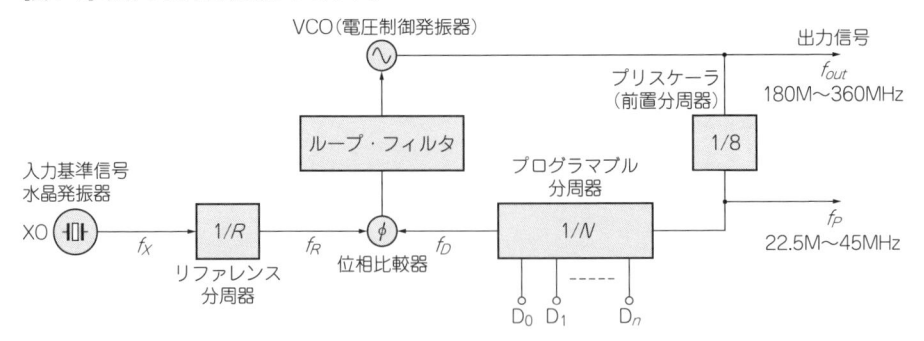

● 採用する部品の制約から周波数を180M～360MHzに決める

図1-7に，今回製作するPLL周波数シンセサイザのブロック図を示しました．この周波数シンセサイザを製作して，その動作解析を行うことで，PLLの各性能がトレードオフの関係にあることを理解できると思います．そして，目的に応じた周波数シンセサイザの最適化設計への糸口を見い出すことができるでしょう．

プログラマブル分周器はCMOSロジックICの74AC163を用いて8ビット・カウンタを組みます．その動作周波数の上限は50MHzほどです．少し余裕をみて，プログラマブル分周器の上限周波数を45MHzとします．

プリスケーラ（外付けの前置分周器）に1/8のタイプを用いると，出力周波数の上限は360MHzです．

広帯域VCOの周波数可変範囲は，一般にオクターブ（2倍になる範囲）が限界です．よって，VCOの周波数範囲を180M～360MHzとします．

PLL周波数シンセサイザの入力基準信号f_Rは，10MHzの水晶発振器から1/R分周する回路を別ボードで製作することにします．

● 4MHz刻みで周波数を変えられる

図1-7に示すPLL周波数シンセサイザで，入力基準信号f_Rに基準信号源10MHzを1/20分周した500kHzを入力します．

プログラマブル分周器を適切に設定すると，出力f_{out}は，周波数180M～360MHzの間を4MHzステップで動かすことができます．**写真1-1**は，そのようすを，スペクトラム・アナライザ（以下，スペアナ）という計測器でモニタしました．

なお，入力基準信号f_Rの周波数を変えれば，ステップ幅も変わります．

PLL周波数シンセサイザに入力した固定信号500kHzは，PLLによって180M～

360 MHz間の好みの周波数に変換できるのです.

まさに，新しい周波数を作り出す「周波数シンセサイザ」です.

位相雑音特性の例

では，作り出された新しい周波数の信号純度…位相雑音はどうなっているのでしょうか？　周波数成分を分析する測定器スペアナで解析してみましょう.

● 分周数 N と位相雑音の関係

写真1-2は，出力周波数180 MHzと360 MHzの信号をスペアナでモニタして比べたものです．スペアナの周波数のスパン（左から右までの幅）を5 kHz，分解能 RBW を100 Hzで観測しました．周波数が出力360 MHzのとき大幅に位相雑音が増えています．特に，1 kHzオフセット（中心周波数から1 kHz離れ）以内の位相雑音が悪化しています．なぜでしょうか？

これは，分周数 N の値が異なるためです．今，実験で用いているPLLは出力周波数180 MHz，$N=45$ のとき，ループ・ゲインのカットオフ周波数 $f_C = 1$ kHzになるよう設計してあります．このとき，プリスケーラの分周数 $P=8$ も考慮したトータルの分周数 N_T は $45 \times 8 = 360$ です.

カットオフ周波数以内では，入力基準信号 f_R の位相雑音が N_T 倍された値が支配的となります．カットオフ周波数より高い周波数では，今度はVCOの位相雑音に支配されていきます.

[写真1-1] 180 M～360 MHzを4 MHzステップで変えられる (10 dB/div, 20 MHz/div)

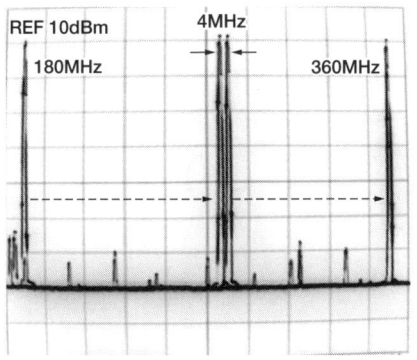

[写真1-2] 180 MHz出力と360 MHz出力でノイズを比較 (10 dB/div, 500 Hz/div)

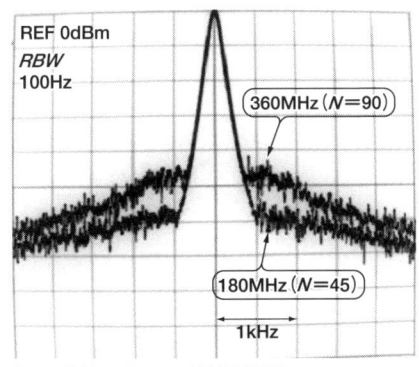

Span 200MHz，Center 200MHz

Span 5kHz，Center 180/360MHz

「カットオフ周波数」などをいきなり記したので，少し混乱される方もおられると思いますが，徐々に説明をしますので，今の時点では，Nの値によって位相雑音が違うという結果に注目してください．

● **位相雑音が大きい基準信号源は使えない**

　PLLの位相雑音は，カットオフ周波数f_C以内なら入力基準信号f_Rがもつ位相雑音のN_T倍に支配されると書きました．今このf_Rには，水晶発振器からの信号を用いています．

　ここで試しに，この入力基準信号をLC発振器による信号に変えてみましょう．

　写真1-3にその結果を示します．ここでは結果を強調するために，極端に位相雑音特性が悪いLC発振器を基準信号源として用いました．

　LC発振器は，位相雑音特性だけでなく周波数の安定度も非常に悪いので，スパン5 kHzでのデータは取れませんでした．波形がうまく画面内に収まらないのです．しかし，スパン200 kHzの**写真1-3**でも，LC発振器を基準源とすると，極端に位相雑音特性が悪化することが確認できます．

　低位相雑音のPLL周波数シンセサイザを必要とするなら，入力基準信号f_Rの位相雑音がN_T倍されてPLLから出力されることを考慮し，慎重に基準信号源の選択または設計をしなければならないことが理解できたと思います．

[写真1-3] 基準信号を変えて位相雑音を比較
(10 dB/div, 20 kHz/div)

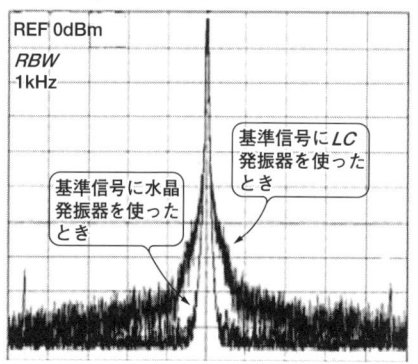

Span 200kHz, Center 180MHz

[写真1-4] 基準信号の漏れによるスプリアス
(10 dB/div, 200 kHz/div)

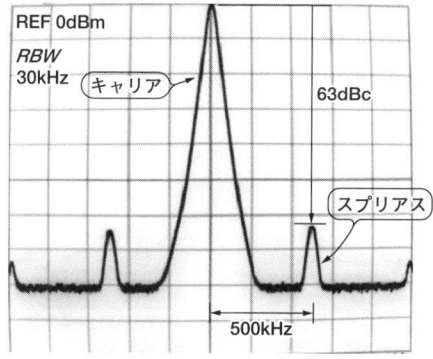

Span 2MHz, Center 196MHz

不要信号 スプリアス

● 作り出された信号の両脇に不要な信号が見える

　新しく作り出された周波数の信号純度として位相雑音に注目しましたが，次に，新たに作り出されてしまうスプリアス(不要な信号)についてみていきましょう．

　広い意味ではスプリアスもノイズですが，特定の周波数に現れる不要信号は一般的な位相雑音と区別されてスプリアス(spurious)と呼ばれます．

　写真1-4には，PLL周波数シンセサイザの入力基準信号f_Rを500 kHzとして，196 MHzを出力したときのスペアナによる観測波形を示します．出力信号196 MHzのキャリアから500 kHz離れたところに，キャリアのレベルから63 dBc低い信号が存在しています．これは不要な信号なのでスプリアスです．

　なぜこのような信号が出力されるのでしょうか？　この不要信号は「リファレンスもれ」と一般に呼ばれるスプリアスです．リファレンスとは基準信号のことです．

　PLLの位相比較器では，この例では500 kHzで位相比較しています．その繰り返しの信号によって，VCOが変調されます．よって，キャリアに対して500 kHz離れたところにスプリアスが現れるのです．入力基準周波数f_Rを変更して，例えば200 kHzとすれば，今度はキャリアから200 kHz離れたスプリアスが現れます．

　このリファレンスもれは，PLLを構成するにあたって避けられないものですが，スペクトル純度を向上するためには，このリファレンスもれスプリアスの抑圧が重要となり，これもPLLの設計を難しくする要因の一つとなります．

位相雑音を定量的に観測するための定義

　PLL周波数シンセサイザは，新しい周波数を作り出すだけでなく，PLLがもつループ・ゲインのカットオフ周波数の選びかたによって，基準信号とVCOの位相雑音を合成した新しい位相雑音になることがイメージできたと思います．

　次に，この位相雑音特性を定量的に考えるために，SSB位相雑音(C/N)について解説します．

● 位相雑音とは

　位相雑音は，「理想正弦波に与えられる不完全さ」としてとらえることができます．ここで，理想的な正弦波(キャリア)は次式で表されます．

$$V(t) = V_O \sin(2\pi f_0 t)$$

ただし，V_O：振幅，f_0：周波数

ところが，実際の信号は理想正弦波ではなく雑音によって位相変調を受けています．これは次式で表すことができます．

$$V(t) = V_O \sin \{2\pi f_0 t + \Phi(t)\}$$

ただし，$\Phi(t)$：キャリアを位相変調させる信号

このことは，低周波の信号がキャリアを直接変調し，側波帯として現れることを意味します．

図1-8には，キャリアと雑音により変調を受けたスペクトラムを図示しています．

キャリアを位相変調させる信号がある一定の周期をともなっている場合，スプリアスとして現れます．それは電源周波数によるものであったり，機械的な振動によるものであったりします．PLLを構成した場合には，前項で説明したリファレンスもれによるものであったりします．

キャリアを位相変調させる信号が一定の周期をもたないランダムな信号の場合，例えばデバイスのもつ熱雑音やフリッカ雑音によって変調されたときのスペクトラムの広がりを，一般に位相雑音と呼んでいます．

● 位相雑音を定量的に定義づける

変調による位相雑音はキャリアに対して両側波帯に同じ影響を及ぼすことになります．片側の側波帯だけで位相雑音を評価できるので，SSB位相雑音（Single-SideBand Phase Noise）で表します．

図1-8のようにキャリアからのオフセット周波数に対して，位相変調されたスペクトラムがもつ測定帯域幅（RBW）あたりの電力密度を，キャリア・レベルに対

[図1-8] キャリアと雑音により変調を受けたスペクトラム

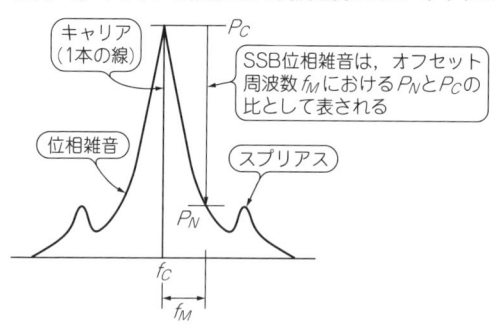

[写真1-5] スペアナでSSB位相雑音 C/N を測定する（10 dB/div, 5 kHz/div）

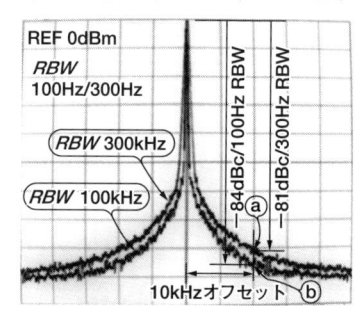

する比C/N(キャリア・ノイズ比)として表現します.

これは,スペアナによって容易に観測し測定できます.

写真1-5は,製作したPLL周波数シンセサイザの240 MHz出力での位相雑音をスペアナで観測し測定したものです.

ここで,オフセット周波数10 kHzでのSSB位相雑音,C/Nを測定してみましょう.

ⓐ点は,測定帯域幅(RBW)が300 Hzのときオフセット周波数10 kHzにおけるSSB位相雑音で,キャリアから−81 dBcと測定できます.

次に,ⓑ点は,測定帯域幅(RBW)を100 Hzとした場合のオフセット周波数10 kHzにおけるSSB位相雑音で,キャリアから−84 dBcと測定できます.

このように,雑音の場合は測定する帯域幅(RBW)によって値が変わります.ですから,測定した帯域幅を必ず明記しなければなりません.しかし,これは不便です.

異なった帯域幅で測定した位相雑音を比較する場合には,どちらかの値をもう一方の帯域幅での値に換算してから比較しなければなりません.この不便を避けるため,SSB位相雑音を1 Hz当たりの電力密度に換算した[dBc/Hz]として定義します.キャリアからのオフセット周波数を横軸として,それぞれの1 Hzに換算したSSB位相雑音を縦軸に表します.

図1-9には,例題のPLL周波数シンセサイザでのSSB位相雑音の例を示します.240 MHzを出力させ,SSB位相雑音をスペアナで測定して,1 Hz当たりの電力密度に換算し,オフセット周波数100 Hzから1 MHzのSSB位相雑音を定量的に表しています.

Columnにはスペアナを用いて測定したSSB位相雑音を1 Hz当たりの電力密度,単位[dBc/Hz]に換算して値付けする方法を記しました.

[図1-9] **定量的にSSB位相雑音を表す**

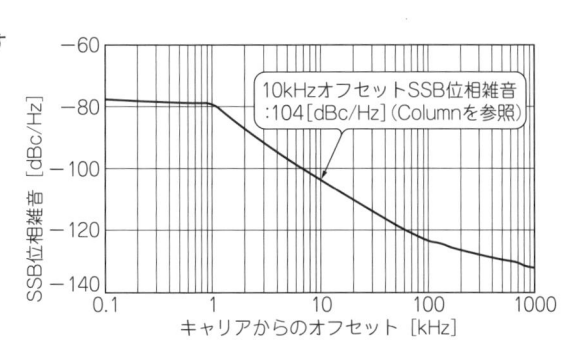

Column
SSB位相雑音 C/N をスペクトラム・アナライザで測定するには

● スペアナの帯域幅から単純にHz換算すると誤差になる

SSB位相雑音は，スペアナを用いることによって，キャリア信号電力と，オフセット周波数 f_M における雑音電力の比として容易に観測できます．しかし，他の値と比較できる値に換算するには少し面倒なことがあります．

図1-Aは，スペアナによって測定されたSSB位相雑音 $L(f_M)$ を示したものです．ここで $L(f_M)$ は，次式となります．

$L(f_M) = P_N(f_M) - P_C$

ただし，$P_N(f_M)$：オフセット周波数 f_M における ΔBW 幅の雑音電力 [dBm]，P_C：キャリアの電力 [dBm]

$L(f_M)$ を1Hz当たりの電力密度として [dBc/Hz] 単位で表すには，$P_N(f_M)$ を1Hz帯域幅雑音電力 [dBm/Hz] にします．次式の計算で求められます．

$P_N(f_M) [\text{dBc/Hz}] = P_N(f_M) - 10 \log(\Delta BW)$

しかし，ここで ΔBW の値をスペアナの分解能帯域幅 RBW としただけでは，誤差が含まれてしまいます．

● スペアナで位相雑音を測定したときは補正が必要

掃引方式のスペクトラム・アナライザで雑音電力を測定する場合には，原理上，補正が必要となります．

まず，スペアナのIFフィルタは，高速掃引ができるようにガウシアン・フィルタが用いられています．これを理想矩形フィルタの雑音帯域幅に換算，補正する必要があります．

正確な補正は，図2-Bに記すように，スペアナのIFフィルタの面積を計算して，その値と等しくなる理想矩形フィルタを考えて雑音帯域幅 BW_N を求めます．これはガウシアン・フィルタ3dB帯域幅 ΔBW から約20%広くなると近似することもでき，

[図1-A] スペアナによって測定されたSSB位相雑音 $L(f_M)$
スペアナの帯域幅から単純にHz換算すると誤差がある

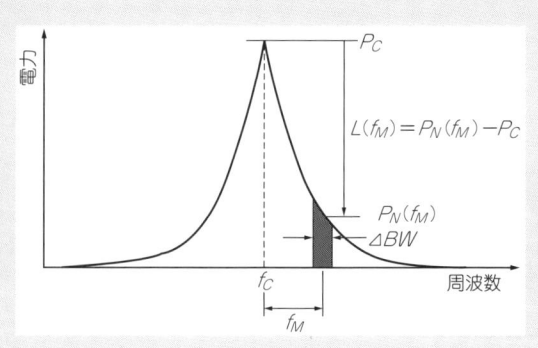

次式で表せます．

$BW_N \fallingdotseq 1.2 \times \Delta BW$

さらに，ログ・アンプによる雑音を対数圧縮して測定したときの誤差，スペアナのディテクタ（検波器）が雑音に対して真のRMS値を表示できないことによる誤差もあります．これらを含めると，スペアナの表示は2.5 dBほど少なく表示されます．ですから，補正値として＋2.5 dBが必要です．

ゆえに，以上のことをまとめると，スペアナの測定値から1 Hzに換算したSSB位相雑音 $L(f_M)$ [dBc/Hz]を求めるには次式を使います．

$L(f_M) = P_N(f_M) - P_C - 10 \log(1.2 \times \Delta BW) + 2.5$

ただし，$P_N(f_M)$：オフセット周波数 f_M の ΔBW 幅雑音電力[dBm]，P_C：キャリアの電力[dBm]，ΔBW：スペアナの RBW（3 dB帯域幅）[Hz]

例えば，キャリア電力0 dBm，スペアナ分解能帯域幅300 Hzにおいて，10 kHzオフセットでの雑音電力が－81 dBmと測定されると（写真1-5参照），そのSSB位相雑音 $L@f_M = 10$ kHz は，次のように求められます．

$L(10 \text{ kHz}) = -81 - 0 - 10 \log(1.2 \times 300) + 2.5$
$= -104 \text{ dBc/Hz}$

CPUを搭載している最近のスペアナでは，雑音電力測定時にはこれらの補正を自動計算してくれるものもあります．横軸をオフセット周波数のログ目盛りに変換してSSB位相雑音を一括表示してくれる機種すら準備されています．しかし，やはり雑音特性を確実に評価するには，これらの測定法を理解しておくことが重要です．

また，スペアナで位相雑音を測定する際，特に低位相雑音を測定する場合には，スペアナ自身の位相雑音も無視できなくなります．キャリア電力が小さい場合には，今度はスペアナ自身のフロア・ノイズ（平均雑音レベル）で限界が決まるので，正しい測定をするにはこれらの点にも注意が必要です．

[図1-B] ガウシアン・フィルタ3 dB帯域幅と雑音帯域幅の関係
スペアナで雑音を測定するときには補正が必要

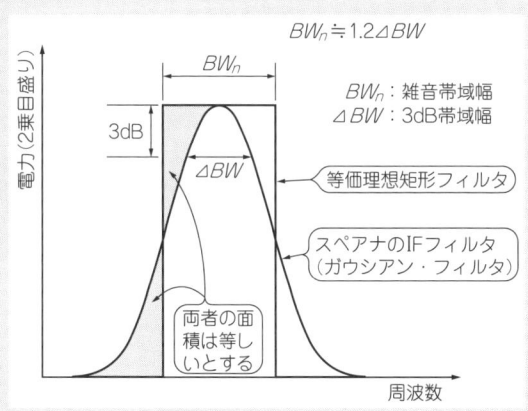

$BW_n \fallingdotseq 1.2 \Delta BW$

BW_n：雑音帯域幅
ΔBW：3dB帯域幅

等価理想矩形フィルタ
スペアナのIFフィルタ（ガウシアン・フィルタ）
両者の面積は等しいとする

縦軸：電力（2乗目盛り）
横軸：周波数

位相雑音を定量的に観測するための定義

位相雑音の重要性

　位相雑音は，PLL周波数シンセサイザの可変範囲や周波数ステップに対して常にトレード・オフになります．ほかの要求仕様を満たしたうえで，できるだけ位相雑音の小さなPLL周波数シンセサイザを作る方法を示すのが本書のねらいです．
　では，位相雑音はなぜ重要なのでしょうか．

● 位相雑音がシステムの性能を決めてしまう

　PLL周波数シンセサイザがもつ位相雑音は，システムそのものの性能を決める大きな要因となります．システムが求める位相雑音特性を把握して，それを実現するPLL周波数シンセサイザを設計しなければなりません．
　このような設計は，レーダや衛星通信といった特殊な分野だけでなく，私たちが日常使っている，高周波を使用する電子機器のほとんど，例えばテレビやラジオ，携帯電話などの多くの分野でも重要です．

● 無線機などの受信感度に影響を与える

▶ 中間周波数への変換を行う局部発振器の位相雑音
　無線周波数(Radio Frequency，以下RF)のような高周波信号を扱う電子機器のほとんどは，中間周波数(Intermediate Frequency，以下IF)と呼ばれる元の周波

[図1-10] 周波数変換を行うときの局部発振器で位相雑音の影響を考えてみよう

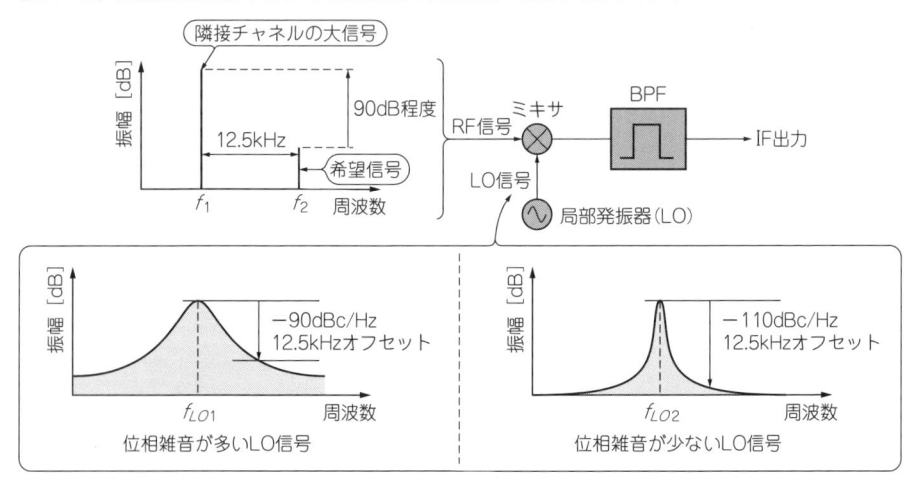

[図1-11] 位相雑音が大きい局部発振器を使うと希望信号が取り出せない

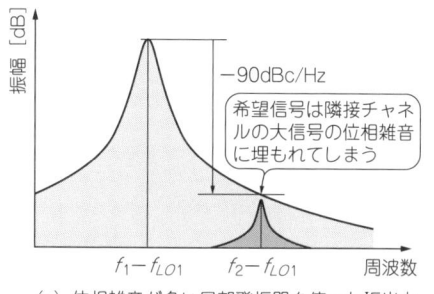

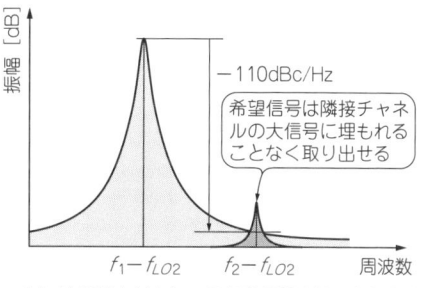

(a) 位相雑音が多い局部発振器を使ったIF出力

-90dBc/Hz
希望信号は隣接チャネルの大信号の位相雑音に埋もれてしまう

f_1-f_{LO1}　f_2-f_{LO1}　周波数

(b) 位相雑音が少ない局部発振器を使ったIF出力

-110dBc/Hz
希望信号は隣接チャネルの大信号に埋もれることなく取り出せる

f_1-f_{LO2}　f_2-f_{LO2}　周波数

数より扱いやすい低い周波数に高周波信号を変換して信号処理を行います．

図1-10は，ミキサと局部発振器(Local Oscillator，以下LO)によって，RF信号をIF信号に変換する過程を示しています．

▶局部発振器の位相雑音がIFに影響を与える

局部発振器の信号(LO信号)の位相雑音は，同じ比率でIF信号に現れます．すなわち，LO信号のSSB位相雑音がオフセット周波数12.5 kHzで－100 dBc/Hzの性能であったならば，この信号とミキシングして出力されたIF信号にも，－100 dBc/Hzとして現れます．

▶隣接チャネルに大信号があるときの感度はSSB位相雑音によって制限される

図1-10に示すように，チャネル間隔が12.5 kHzで，希望信号の隣接チャネルに大信号があるとします．

SSB位相雑音がオフセット周波数12.5 kHzで－90 dBc/HzのLO信号 f_{LO1} がミキサに入力されると，図1-11(a)のように，出力のIF信号では，希望信号が隣接チャネルのSSB位相雑音に埋もれてしまいます．

SSB位相雑音がオフセット周波数12.5 kHzで－110 dBc/HzのLO信号 f_{LO2} がミキサに入力された場合は，図1-11(b)のように，希望信号は隣接チャネルのSSB位相雑音に埋もれることなく受信できます．

一般的に局部発振器は，PLL周波数シンセサイザで構成されるので，PLLにおける位相雑音の設計が重要です．この例では，オフセット周波数12.5 kHzでの位相雑音が，受信性能の良し悪しを決めます．

● ディジタル通信ではエラーの原因になる

先の例では，隣接チャネルという，キャリアから離れたところでの位相雑音が問

[図1-12] ディジタル通信システムでは理想信号座標からのずれはキャリア近傍の位相雑音にも左右される

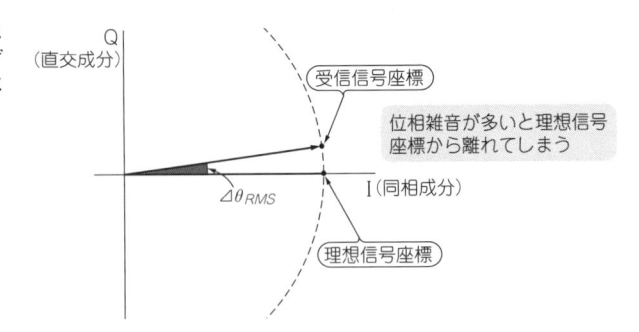

題でした．ディジタル通信の時代となると，これに加え，オフセット周波数が低いところ，すなわちキャリア近傍での位相雑音も重要となっています．

図1-12は，あるディジタル通信システムの受信機出力での同相成分(I)と直交成分(Q)を簡略して示したものです．

キャリア近傍での位相雑音が多いと，位相偏移の実効値 $\Delta\theta_{RMS}$ が大きくなり，理想信号座標から離れてしまいます．これはシステム・エラーの原因となります．

ディジタル位相変調の場合は，チャネル間の干渉を減らすためにベース・バンド信号(0/1の信号)を帯域制限して，変調後の信号帯域を狭くしています．その狭い帯域内の位相雑音，すなわちキャリア近傍での位相雑音が重要となります．

位相雑音の発生源

では，どのようにすればシステムが要求するPLLの低位相雑音設計ができるの

[図1-13] PLL周波数シンセサイザの基本構成に位相雑音モデルを追加する

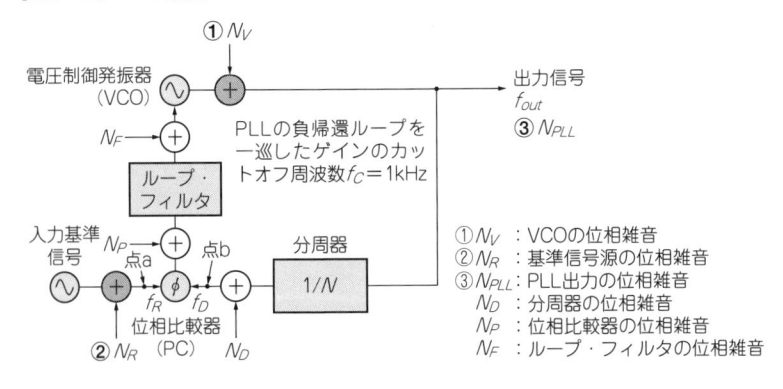

① N_V : VCOの位相雑音
② N_R : 基準信号源の位相雑音
③ N_{PLL} : PLL出力の位相雑音
N_D : 分周器の位相雑音
N_P : 位相比較器の位相雑音
N_F : ループ・フィルタの位相雑音

でしょうか？　まずは，PLL周波数シンセサイザによってどのように位相雑音が作り出されるのかを調べてみましょう．

● 位相雑音を考慮したPLL周波数シンセサイザのブロック図

　図1-13に，位相雑音モデルを追加したPLL周波数シンセサイザの構成図を示します．

　N_V, N_R, N_D, N_P, N_Fは，それぞれVCO，基準信号源，分周器，位相比較器，ループ・フィルタで発生する位相雑音を示しています．

　このように，PLL回路を構成する要素すべてで雑音を生じます．本書では簡単にするために，分周器，位相比較器，ループ・フィルタでの位相雑音は十分に小さく，無視できると考えます．

● 雑音源をVCOと基準信号源に限定して考える

　図1-14に示す①N_VはVCOの位相雑音特性です．②N_Rは基準信号源の位相雑音特性です．分周器の分周数Nを$N=480$と仮定し，基準信号源をN倍した位相雑音特性がⒶ$N_R \times N$です．480倍≒+54 dBなので，②より54 dB上にシフトした曲線になります．

　いま，PLLの負帰還ループを一巡したゲインのカットオフ周波数f_Cを1 kHzとして設計しました．

● カットオフ周波数以下では基準信号源由来

　PLLが構成されると，$f_R = f_D$となります．それと同じように，PLLが構成され

[図1-14] 出力信号の位相雑音はおおまかに二つの部分に分かれる

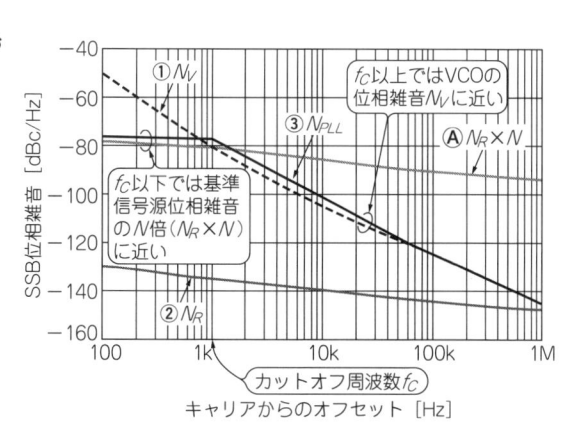

位相雑音の発生源 | 035

ると，図1-13中の点aと点bの位相雑音も同じとなります．
　ただし，これはPLLにループ・ゲインがある場合の話です．カットオフ周波数f_Cより低い周波数でPLLはループ・ゲインをもちますから，f_Cより低い周波数，この例ではオフセットが1kHz以下の場合，位相雑音は基準信号源の値へと近づきます．
　PLL出力での位相雑音③N_{PLL}は，オフセット1kHz以下ではN_RをN倍した値となります．

● カットオフ周波数以上ではVCO由来

　オフセットカットオフ周波数f_C以上，この例では1kHz以上の場合，PLLのループ・ゲインがないので，VCOの位相雑音へと近づきます．
　このように，PLLがもつループ・ゲインのカットオフ周波数f_Cの選定によって，VCOと基準信号源の位相雑音を合成するポイントを変えることができます．

位相雑音の小さいPLL周波数シンセサイザを作るには

　システムが要求する優れた位相雑音を実現するには，どうすればよいでしょうか？

● VCOの低位相雑音化

　オフセット周波数が高いところでは，これはVCOの位相雑音に支配されるので，VCOの低位相雑音化が必要となります．
　先に位相雑音の重要性で例にあげた，12.5kHzオフセットでの位相雑音を良くするには，VCOの位相雑音を改善することが求められます．

● 基準信号源の低位相雑音化

　オフセット周波数が低いところでは，「基準信号源の位相雑音×N倍」の雑音に支配されます．Nの値を小さくできないのであれば，基準信号源の位相雑音を改善しなければなりません．タイム・ドメインにおけるジッタ・ノイズを重要視するシステムであれば，なおさら基準源の低位相雑音化が重要視されるでしょう．

● 負帰還ループのカットオフ周波数f_Cの最適化

　必要な雑音特性を得るためのVCOと基準信号源は準備できたとします．しかし，PLLがもつ負帰還ループのカットオフ周波数f_Cの選択を間違ってしまったらどう

[写真1-6] カットオフ周波数を変えたときの位相雑音特性を比べる（10 dB/div，5 kHz/div）

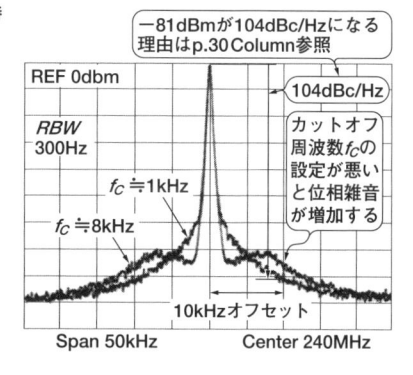

―81dBmが104dBc/Hzになる理由はp.30 Column参照
REF 0dbm
104dBc/Hz
RBW 300Hz
カットオフ周波数f_Cの設定が悪いと位相雑音が増加する
$f_C ≒ 1$ kHz
$f_C ≒ 8$ kHz
10kHzオフセット
Span 50kHz　　Center 240MHz

なるでしょう．

　写真1-6に，カットオフ周波数が適切な場合（$f_C ≒ 1$ kHz）と不適切な場合（$f_C ≒ 8$ kHz）の比較を示します．

　10 kHzオフセットでのSSB位相雑音は，$f_C ≒ 1$ kHzのときに比べ，$f_C ≒ 8$ kHzのときには悪化しています．ただし，結果を強調するために，位相余裕の少ない不適切なループ・フィルタを使用しています．必要な位相雑音特性を得るには，適切なカットオフ周波数f_Cの選択と，ループ・フィルタの正しい設計が求められるのです．

● 広帯域であるほど低位相雑音は難しいので帯域を欲ばらない

　広帯域なPLL周波数シンセサイザであれば，広帯域な受信機や送信器を小規模な回路で得られます．しかしながら，広帯域で低位相雑音であるPLL周波数シンセサイザの設計はさらに難しくなります．

▶ 広帯域VCOは感度が高く位相雑音が出やすい

　PLLを広帯域に，周波数範囲を広げるには，その周波数を作り出す電圧制御発振器VCOの発振範囲を広げなくてはいけません．そのためにはVCOの感度，電圧に対する周波数の変化率が高くなります．

　VCOを駆動する電圧にノイズ成分があると，出力信号が変調されて位相雑音となります．感度が高いと，それだけ駆動電圧雑音に敏感になります．

▶ 駆動電圧の低雑音化が必要となる

　VCOを駆動する信号の低雑音設計が重要となり，アクティブ・ループ・フィルタを用いたときはOPアンプ出力の低雑音化，さらに低雑音な電源回路なども求められ，PLL回路の設計をますます難しくします．

発振器の位相雑音を定量化する

　本書では，VCOと基準信号源を主な雑音源と仮定します．これら発振器の位相雑音を定量的に扱う方法について解説します．

● ***LC*発振器の動作原理**

　高周波の発振器は，ほとんどが*LC*共振の原理を使った発振となっています．誘電体共振器，ストリップ・ライン共振器，SAW共振器，そして水晶振動子であっても原理は*LC*共振です．

▶ 共振周波数で振動するが損失により減衰していく

　図1-15(a)に理想コイルと理想コンデンサによる*LC*共振回路を示します．

　スイッチが一瞬閉じられて電圧パルスが理想*LC*共振回路に加わると，そのエネルギーは減少することなく，*LC*の共振周波数で振動し続けます．つまり，発振器となります．こんな簡単に発振器が作れたら，うれしいですね．しかし，実際のコイルやコンデンサには損失分が存在します．

[図1-15] 発振回路の基本となる*LC*共振回路のふるまい

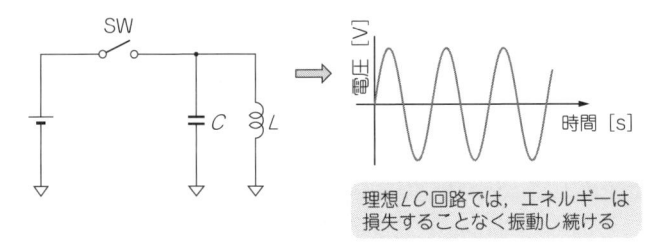

理想*LC*回路では，エネルギーは損失することなく振動し続ける

(a) 理想*LC*共振回路は正弦波を生み出す

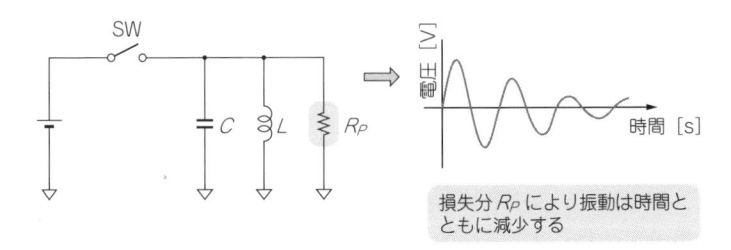

損失分 R_P により振動は時間とともに減少する

(b) 実際の*LC*共振回路では損失があるので信号が減衰していく

▶ 損失分をキャンセルすれば振動が続く

図 1-15(b)に示す抵抗 R_P は，これらの損失分を表します．R_P により，与えられたエネルギーは減少し続けるので，振動は減衰していきます．損失分 R_P に負性抵抗 $-R_P$ を加えて，これをキャンセルできれば，振動を継続させることができます．すなわち，発振させられます．

この負性抵抗 $-R_p$ となるのが，バイポーラ・トランジスタや FET などで作るアンプ(ゲイン G)です．

● **LC 発振器をモデル化する**

発振のイメージができたところで，LC 発振器をモデル化します．図 1-16 に示すように，アンプと共振回路(バンド・パス・フィルタ)をともなった帰還ループで表されます．発振器中の能動素子であるアンプから発生する雑音を追加することによって，発振器の動作と雑音の関係を考察するモデルとなります．

発振器は大信号動作をしているので，それ自身の非直線性によって，能動素子から発生する低周波雑音がアップ・コンバージョンされ，発振周波数付近に側波帯として現れて，位相雑音となります．このようすを図 1-17 に示します．これを定量的に考えてみます．

[図 1-16] **LC 発振器の雑音を含むモデル**

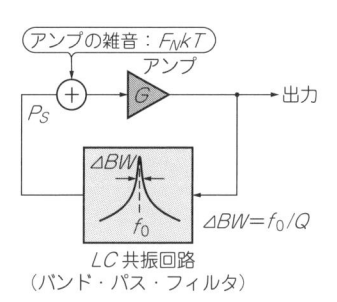

[図 1-17] **発振器の位相雑音が発生するメカニズム**

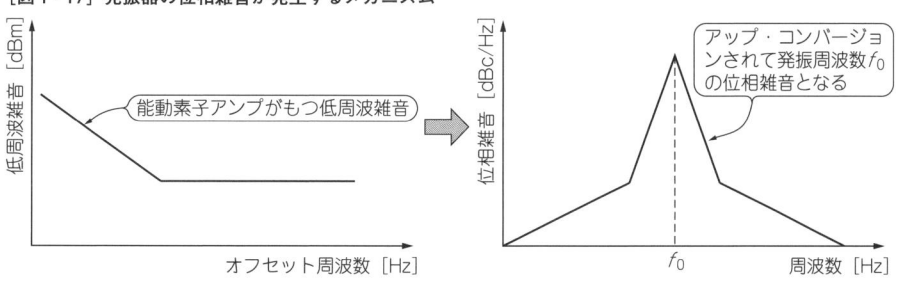

● 発振器の位相雑音特性を解析するLeeson式

発振器のSSB位相雑音特性の解析には，次に記すLeesonの式[4]が一般に用いられます．

$$L(f_M) = 10 \log \left[\frac{1}{2} \left\{ \left(\frac{f_0}{2Q_L f_M} \right)^2 + 1 \right\} \left(\frac{f_{FC}}{f_M} + 1 \right) \left(\frac{F_N k T}{P_S} \right) \right] \quad \cdots\cdots\cdots (1-6)$$

ただし，f_M：オフセット周波数[Hz]，f_0：発振周波数[Hz]，Q_L：負荷Q，f_{FC}：フリッカ・コーナ周波数[Hz]，F_N：ノイズ・ファクタ，k：ボルツマン定数($= 1.38 \times 10^{-23}$)[J/K]，T：絶対温度[K]，P_S：アンプ入力パワー[W]

ノイズ・ファクタは雑音指数(NF：Noise Figure)とも呼ばれます．本書では，比で表すときはノイズ・ファクタF_N，デシベル単位で表すときは雑音指数NFとします．

$$F_N = 10^{\frac{NF}{10}} \quad \cdots\cdots\cdots\cdots\cdots\cdots\cdots\cdots\cdots\cdots\cdots\cdots\cdots\cdots\cdots\cdots\cdots\cdots\cdots\cdots\cdots\cdots\cdots\cdots\cdots\cdots\cdots (1-7)$$

ただし，NF：雑音指数[dB]

● アンプの雑音から発振器の位相雑音へ

アンプが発生する雑音について考えます．

アンプの雑音は図1-18(a)に示すような周波数特性をもっています．非常に低い周波数領域では，周波数に対してf^{-1}(-3 dB/oct)の傾斜で減少し，この領域での雑音をフリッカ雑音($1/f$雑音)と呼んでいます．

フリッカ・コーナ周波数f_{FC}より高い周波数では一定の雑音領域となります．ここは白色雑音(熱雑音)で表されます．

この雑音がアップ・コンバージョンされて発振周波数付近に現れるのですが，図1-16の発振器モデルから明らかなように，共振回路(バンド・パス・フィルタ)を通過して増強されていく雑音があります．そのふるまいは，共振回路の特性を表す値Qによって2通りに分類できます．

● 共振回路のQ_L値が比較的小さい発振器

図1-18(b)にスペクトル図を示します．Leeson式から，共振回路によって増強される雑音の傾斜はf_M^{-2}であることがわかります．発振周波数付近からフリッカ・コーナ周波数f_{FC}までの領域では，フリッカ雑音が増強されるので，f_M^{-3}(-9 dB/oct)の傾きで減少していきます．f_{FC}以上では白色雑音が増強されるので，f_M^{-2}に比例した傾き(-6 dB/oct)をもちます．

[図1-18] LC発振器から発生する位相雑音

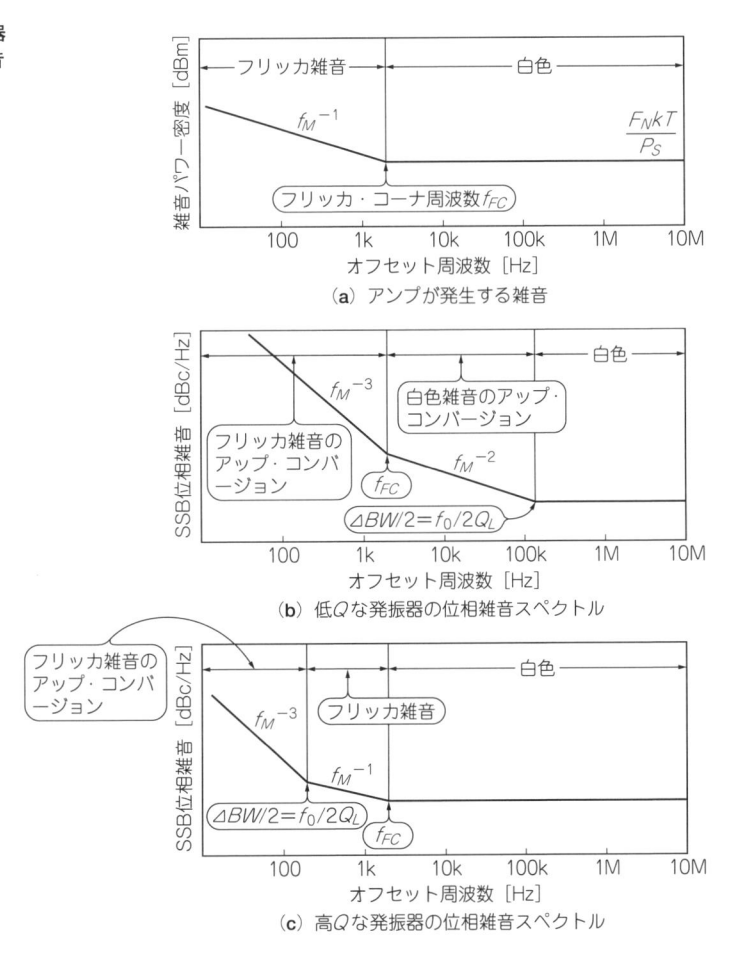

(a) アンプが発生する雑音

(b) 低Qな発振器の位相雑音スペクトル

(c) 高Qな発振器の位相雑音スペクトル

共振回路の3 dB帯域幅ΔBWを共振回路のQ_L値で表すと，$\Delta BW = f_0/Q_L$となります．増強されるぶんは，発振周波数f_0を中心にして，$\Delta BW/2$を越えると急激に減衰します．$\Delta BW/2 (= f_0/2Q_L)$より高いオフセット周波数では，白色雑音が位相雑音として現れます．

● 共振回路のQ_L値が非常に大きい発振器

水晶発振器のような非常にQが高い場合です．

図1-18(c)にSSB位相雑音スペクトルを示します．高Q_Lなので，$f_0/2Q_L$の周波数はフリッカ・コーナ周波数f_{FC}よりも低くなり，その間の位相雑音の傾きは，

$f_M{}^{-1}$(－3 dB/oct)となります．高Q_L発振器が低位相雑音特性となることがわかります．

このように，アンプが発生する低周波雑音が共振回路の帯域幅ΔBWぶん増強され，アップ・コンバージョンされて発振器の位相雑音となることをLeeson式から理解できます．

● 実際の発振器のSSB位相雑音と比較する

では，実際の発振器のSSB位相雑音はどうなっているでしょうか．

図1-19に，マイクロストリップ・ラインを用いた800 MHz帯VCOのSSB位相雑音を示します．位相雑音の傾斜から，共振回路による$\Delta BW/2 (= f_0/2Q_L)$は600 k～800 kHz程度に，またフリッカ・コーナ周波数f_{FC}は5 k～7 kHz程度にあること

[図1-19] 低Qな発振器の位相雑音の例
マイクロストリップ・ラインを用いた800 MHz帯VCOの実測特性

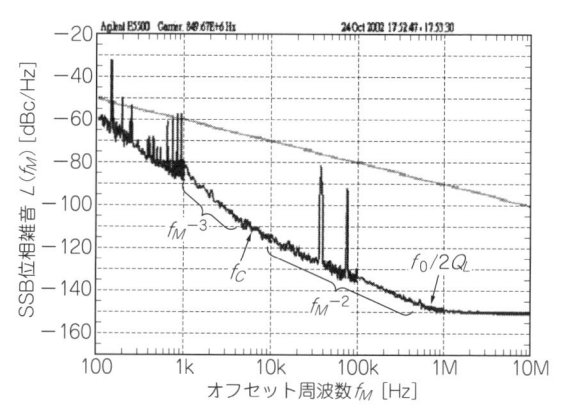

[図1-20] 高Qな発振器の位相雑音の例
水晶をオーバートーン発振させた200 MHz帯域VCXOの実測特性

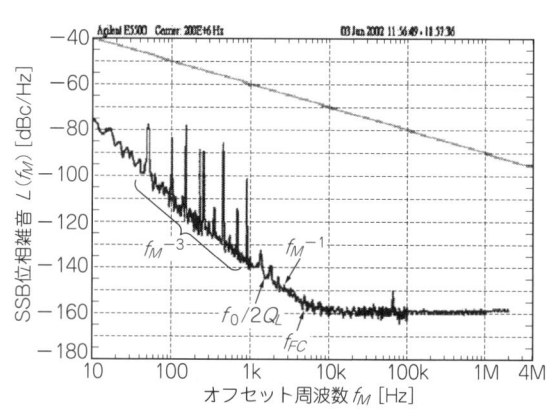

が推測されます．雑音の傾斜は，$f_M{}^{-3} \to f_M{}^{-2} \to$ 水平，と図1-18(b)に記した典型的な低Q発振器の特性です．

図1-20には，水晶のオーバートーン発振による200 MHz VCXOのSSB位相雑音を示します．

位相雑音の傾斜から，$\Delta BW/2 (= f_0/2Q_L)$は1 k～3 kHz程度に，そしてフリッカ・コーナ周波数f_{FC}は5 k～7 kHz程度にあることが推測されます．雑音の傾斜は$f_M{}^{-3} \to f_M{}^{-1} \to$ 水平，と図1-18(c)に示した典型的な高Q発振器の特性が見られます．

● 発振器の位相雑音を低減する三つの要素

発振器の基本設計は，Leeson式に要約され，発振器の位相雑音を低減するには，以下の三つが基本です．

① 共振回路の負荷Q値を大きくする
② アンプの低周波雑音を下げる
③ 高いパワー・レベルで発振器を動かす

①については，必要な位相雑音に合わせて無負荷Q値の高い共振回路を選ぶだけでなく，そのQ値をなるべく減少させない設計が必要です．

②については，低いフリッカ・コーナ周波数をもったデバイスをまず選択しなければなりません．バイポーラ，JFET，GaAsなど，それぞれみな異なるフリッカ雑音をもっています．筆者の経験上，GaAsは位相雑音を悪化させる非常に高い数MHz程度のフリッカ・コーナ周波数をもっています．

また，デバイスの選択とともに，最小の雑音指数となる工夫を行うアンプ回路設計も重要となります．

③については，$F_N kT/P_S$の項からわかるように，アンプへの入力レベルを大きくできれば，すべてのオフセット周波数で位相雑音を低減できます．

● 位相雑音の改善方法をLeeson式から推測できる

もう一度，図1-20に示す水晶発振器のSSB位相雑音特性を見てください．10 kHzオフセットに注目すると，その位相雑音はおよそ－158 dBc/Hzとなっています．これを－160 dBc/Hz以下に改善をしたいと考えたとき，どうすればよいでしょうか．

まだLesson式をよく考慮していなかったころの筆者は，水晶発振器の場合，ただひたすら水晶共振回路のQを高くすることだけに固執しました．でも，Leeson

[図1-21] Q値を高くしても必要な位相雑音が減らない場合がある
水晶発振回路のシミュレーションでQ値やアンプの雑音指数を変えてみる

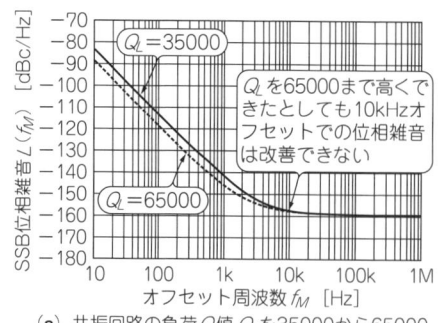

(a) 共振回路の負荷Q値Q_Lを35000から65000としたとき

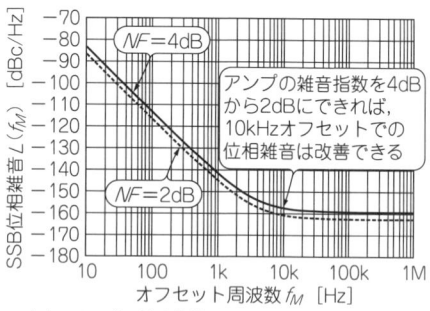

(b) アンプの雑音指数を4dBから2dBとしたとき

式からシミュレーションしてみるとどうでしょうか？

図1-20の実測SSB位相雑音のデータから，f_{FC}やQ_Lを推測できるので，それらをLeeson式に展開して解析すると，SSB位相雑音は**図1-21**に示す実線のグラフとして表すことができます．

▶ Qを高くしても目的の位相雑音が改善しない

元の発振器の負荷Q値は$Q_L \fallingdotseq 35000$で，$\Delta BW/2 = f_0/2Q_L \fallingdotseq 2.8$ kHzとなります．
ここで，$Q_L \fallingdotseq 65000$ にできたとしましょう．**図1-21(a)**はその解析結果を示しますが，10 kHzオフセットでの位相雑音はほとんど改善できません．

▶ 雑音指数を改善すると位相雑音を改善できそう

図1-21(b)の結果を見てください．はじめに発振器に用いたアンプ回路の雑音指数を$NF \fallingdotseq 4$ dBとして見積もったのですが，これをもし$NF \fallingdotseq 2$ dBまで改善できたとすると，10 kHzオフセットでのSSB位相雑音は−160 dBc/Hzを達成できることを示しています．

● Leeson式は次章以降も使う重要な計算式

このように，Leeson式を展開することで，発振器の位相雑音を筋道立てて考えることができます．

負荷Q値などをいきなり書きましたが，水晶発振器やVCOの設計の章（第2章から第4章）で順序立てて説明します．

高周波PLL回路のしくみと設計法

第2章

基準信号発振器の設計と特性
〜高精度の要で低位相雑音/高安定が要求される基準信号の選び方と作り方〜

❖

　PLL周波数シンセサイザを動作させるのに必要な発振器は二つあります．基準信号源の発振器とループ内に含まれる電圧制御発振器です．
　まずは基準信号源の発振器の製作を目指し，基準信号源に要求される特性と基準信号源に使われる発振器を紹介します．
　設計する基準信号源は，周波数の微調整が可能な水晶発振器であるVCXOを選びます．最も一般的に使われるからです．

❖

基準信号源に要求される特性

　図2-1に，基準信号源（リファレンス）に水晶発振器を用いたPLL周波数シンセサイザの基本回路を示します．

　ここで，分周数Nを20，基準信号f_Rとなる水晶発振器の発振周波数を10 MHzとします．PLLが形成されると$f_R = f_D$が成立し，PLL出力f_{out}には，基準信号の20倍の周波数である200 MHzが出力されます．

[図2-1] 基準信号源に水晶発振器を用いたPLL周波数シンセサイザ

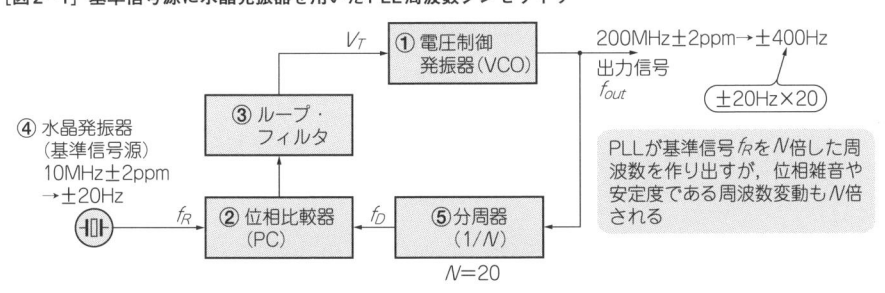

④ 水晶発振器
（基準信号源）
10MHz±2ppm
→±20Hz

② 位相比較器（PC）
③ ループ・フィルタ
① 電圧制御発振器（VCO）
⑤ 分周器（1/N）
N=20

V_T
f_R
f_D

200MHz±2ppm→±400Hz
出力信号
f_{out}
（±20Hz×20）

PLLが基準信号f_RをN倍した周波数を作り出すが，位相雑音や安定度である周波数変動もN倍される

基準信号源に要求される特性 | 045

● カットオフ周波数より低いオフセット周波数での位相雑音は基準信号のN倍

　第1章の図1-14で解説したように，PLLがもつ負帰還ループのカットオフ周波数より低いオフセット周波数での出力位相雑音は，基準信号源である水晶発振器の位相雑音をN倍した値になります．したがって基準信号源に使う水晶発振器の位相雑音は重要です．

● 出力周波数の安定度も基準信号で決まる

　PLL周波数シンセサイザ出力の周波数安定度は，基準信号源の安定度で決まります．周波数安定度が動作温度範囲において±2 ppmの基準信号を使うと，PLL周波数シンセサイザの出力でも±2 ppmの安定度となります．ppmとはparts per millionの略で，10^{-6}を示す単位です．

　例えば，**図2-1**で，基準信号源の10 MHz水晶発振器に周波数温度特性が動作温度範囲－10～60℃で±2 ppmのものを使ったとします．

　10 MHzの±2 ppmですから，基準信号源の温度特性は±20 Hzとなります．

　分周数$N=20$で出力周波数が200 MHzとすると，±20 Hzの温度特性も20倍されるので，出力周波数200 MHzでの温度特性は±400 Hzとなります．比で表せば，400 Hz/200 MHz＝2×10^{-6}，すなわち±2 ppmの温度特性になります．

● 基準信号源として重要なのは安定度と位相雑音

　基準信号源の特性がPLL周波数シンセサイザの出力に現れるのが上記二つの特性です．逆に言えば，周波数安定度と位相雑音，この二つの特性が基準信号源に要求される特性です．

基準信号源に使える水晶発振器

● どのような水晶発振器が使えるか

　高周波のPLL周波数シンセサイザを設計するときに，基準信号源として用いられる水晶発振器は，以下の三つが代表的です．

　①VCXO（Voltage Controlled Crystal Oscillator）
　②TCXO（Temperature Compensated Crystal Oscillator）
　③OCXO（Oven Controlled Crystal Oscillator）

● **それほど性能が要求されない用途にはVCXO**

　水晶振動子に可変容量ダイオードを追加して，外部電圧により発振周波数を制御できるようにしたものです．可変容量ダイオードは，バラクタ・ダイオードまたはバリキャップとも呼ばれます．

　VCXOは基準信号源に使われる水晶発振器としてもっとも一般的です．周波数温度特性をあまり重要視しない，具体的には動作温度範囲において±100 ppm以下であればよいPLL周波数シンセサイザに用いられます．

▶ なぜ電圧制御による周波数可変が必要なのか？

　水晶発振器は，それ自体周波数精度の高い発振器です．しかし，さらに絶対精度を高くするために，周波数の微調整が必要になる場合があります．

　昔は，周波数の制御にトリマ・コンデンサを用いたメカニカル・チューニングが普通でしたが，今はPLLへの利用も含め，電子チューニングが求められるので，外部電圧により制御できるものが一般的です．

● **温度特性が重要ならばTCXO**

　温度変化による周波数の変動を補償する回路を搭載した水晶発振器です．

　温度センサから作った補償電圧をVCXOの制御端子に加えて，周波数の温度変化を小さくしています．

　周波数温度特性に対する要求が厳しく，動作温度範囲において±1〜±10 ppm程度が必要な場合は，VCXOに替えてTCXOを選択します．

● **さらに良好な温度特性が必要ならばOCXO**

　TCXOと同様に，温度に対する安定度を高めた水晶発振器です．

　この方式は，水晶振動子を含めた発振回路全体を，オーブンと呼ばれるヒータ付きの恒温槽の中に封じ込め，内部の温度が一定になるように制御（Oven Contorolled）することによって，周波数の温度特性を安定化させています．

　PLL周波数シンセサイザ出力の周波数温度特性に，動作温度範囲において±1 ppm以下が必要であれば，TCXOに替えてOCXOを選択します．

▶ 高安定なほど大型で高価，消費電力も大きい

　写真2-1に，OCXOとTCXOの外観を示します．高安定なOCXOほど，恒温槽の作りが大規模で高額になり，消費電流も多くなります．

　また，水晶そのものも，一般的に使われるATカットと呼ばれるタイプから，より温度安定度の高いSCカットになり，これも値段の上がる一因です．

[写真2-1] OCXOとTCXOの外観

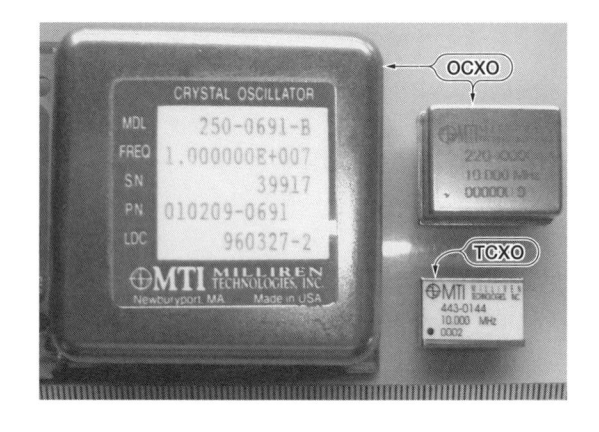

むやみに安定度の高い製品を選択するのは得策ではなく，PLL周波数シンセサイザとして必要とされる安定度を把握して，選択することが求められます．

● **実際のOCXOの特性**

最高水準にある高性能OCXOがどの程度の特性にあるかを調べてみましょう．基準信号で重要な特性は，周波数安定度と位相雑音でした．

ここでは周波数温度特性とSSB位相雑音をとりあげます．

▶ 高安定度のOCXO

図2-2に，SCカット水晶を用いた10 MHz高安定OCXOの周波数温度特性をデータ・シートから引用しました．$-30 \sim +70$ ℃間で，$\pm 5 \times 10^{-10}$の安定度を維持しています．

この10 MHz OCXOを基準信号源として2 GHz出力のPLL回路を組んだ場合，温度が-30℃から$+70$℃まで変わっても，周波数変動はわずか± 1 Hzです．

▶ 低位相雑音のOCXO

先のものとは異なりますが，同様にSCカット水晶を使った10 MHz OCXOのSSB位相雑音特性を図2-3に示します．低位相雑音向けに設計されたもので，100 Hzオフセットで-155 dBc/Hzを達成しています．

これを基準信号源とした2 GHz出力のPLL回路で，100 HzオフセットでのSSB位相雑音を考えてみます．PLL回路にノイズを悪化させる他の要素がなければ，$N = 200$なので46 dBアップとなり，-109 dBc/Hzを達成できることになります．

[図2-2] OCXOの温度-周波数特性の例

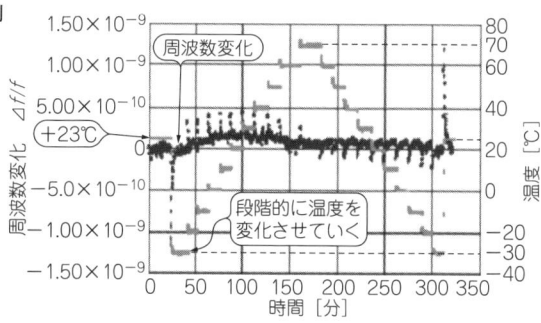

[図2-3] OCXOの位相雑音特性の例

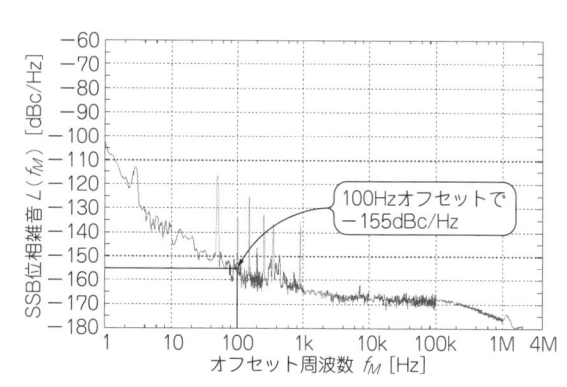

● **高性能が必要なら専門メーカの発振器を買う**

　高い周波数安定度や，オフセット周波数の低いところでの低位相雑音を必要とするPLL周波数シンセサイザを設計する場合，通常は専門メーカからTCXOやOCXOを購入して基準信号源に用います．

　仕様を満足できる発振器かどうか，よく検討しなければなりません．仕様を満足できなければ困りますが，過剰スペックは無駄なコストアップにつながります．

● **時間に対する周波数安定度も重要**

　ここまで，水晶発振器の周波数安定度として周波数温度特性，つまり温度変化に伴う発振周波数の変動をみてきました．しかし，周波数安定度として，もう一つ考慮しなければならない特性があります．

　それは，水晶発振器のエージング(aging)特性と呼ばれる経時による変化，すなわち時間軸に対する周波数安定度です．

　実は，筆者にはこのエージング特性に苦い思い出があります．コストダウンを重

視するあまり，このエージング特性を無視して発振器を選んでしまったのです．

そのとき設計したPLL周波数シンセサイザは，後述するウォームアップ時間が短いことが要求されていたので，工場出荷目前の段階になってから，水晶発振器を全数交換する羽目になりました．

● 発振器は電源を投入した後で周波数が変化する

図2-4は，OCXOに電源を投入してから7日間のウォームアップ特性(aging per day)を示しています．このOCXOでは，電源を投入して1日後は5×10^{-8}/dayほどの安定度にあり，3日後以降は2×10^{-8}/dayほどの安定度に落ち着くことが観測されます．このように発振器は，電源投入してすぐには所定の安定度を得られないことに注意しなければなりません．

エージング特性は，電源投入ののち24時間後を基準として，1日間(per day)の周波数変化量で規定するのが一般的ですが，1月間(per month)や1年間(per year)の変化量を規定する場合もあります．

● いったん電源を切ると再び周波数が変化する

水晶発振器の時間軸に対する周波数安定度で，もう一つ気になる特性があります．電源を落としたとき，どのくらいの時間で元の周波数に戻るかという特性です．これをリトレイス特性と呼びます．

図2-5には，あるOCXOのリトレイス特性を調べた結果を示します．

まず，周波数が落ち着くまで，数日連続運転します．周波数が落ち着いたら，一度電源を落とし，1日放置します．その後，再度電源を投入した場合に，電源を落

[図2-4] 電源を入れてからの安定度を示すウォームアップ特性の例

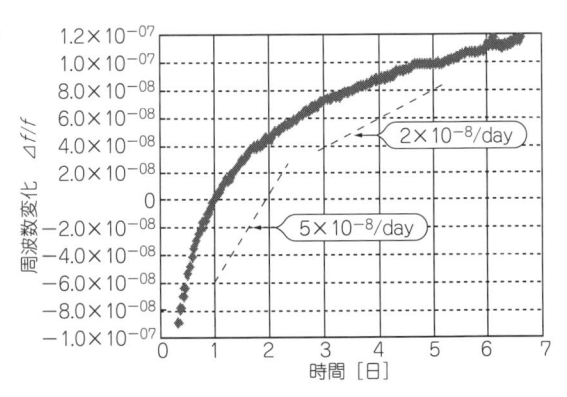

[図2-5] 電源を一度切って再度投入したときの周波数安定度を示すリトレイス特性の例

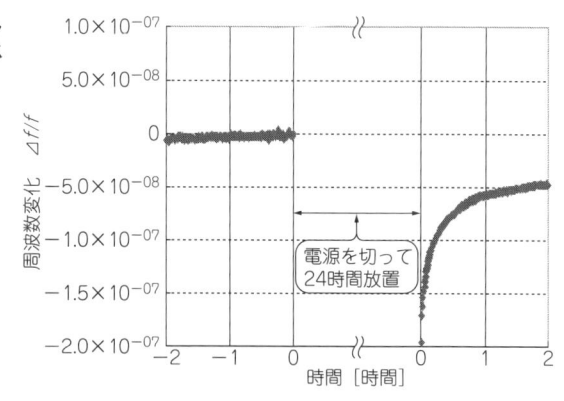

とす前の周波数に戻るときの安定度を見たものです.

このOCXOでは，電源再投入後1時間でのリトレイス・エラーは，5×10^{-8}以上あることがわかります.

● 必要な特性を吟味して選定しよう

時間軸での安定度も，PLL周波数シンセサイザの用途によっては，重要な特性となります．周波数温度特性が優れた発振器がエージング特性にも優れているとは限らないので，特に高安定を要求するシステムでは，用途に合わせたTCXOやOCXOを選定しなければいけません．

設計のために水晶振動子の性質を理解する

基準信号源としては，VCXOが一般的と書きました．本書でも基準信号源としてVCXOを設計し，製作することにします．まずは水晶振動子の特性を理解しましょう.

● 直列共振と並列共振の両方の性質をもつ

LC共振回路には，直列共振回路と並列共振回路の2種類あります．

直列共振回路では共振周波数でインピーダンスが最小になり，並列共振回路では共振周波数でインピーダンスが最大となります．

水晶振動子には，直列共振と並列共振の両方の特性が現れます．水晶発振器を設計するためには，これら基本的な共振特性について，しっかりと理解しておくことが重要です．

● **水晶振動子の等価回路**

　水晶振動子による振動は，本来機械的な共振現象ですが，電気的な等価回路で表現できます．

　4素子で表した水晶振動子の等価回路を**図2-6**に示します．インダクタンスL_1，容量C_1，抵抗R_1の直列回路に，並列容量C_0をつないだ形です．L_1とC_1は，水晶振動子の電気機械振動系としての等価定数で，水晶片の寸法，切断角度，電極の構造などから決まり，極めて精度の高い定数です．R_1は，振動子の損失を表す重要な定数で，C_0は電極間容量などを含めた並列容量を表します．

　括弧内の値は，手持ちの10MHzの水晶振動子の等価定数です．ネットワーク・アナライザを使って実測した特性から求めました．等価定数は水晶メーカから得ることもできます．

● **シミュレータを活用して性質の理解を深める**

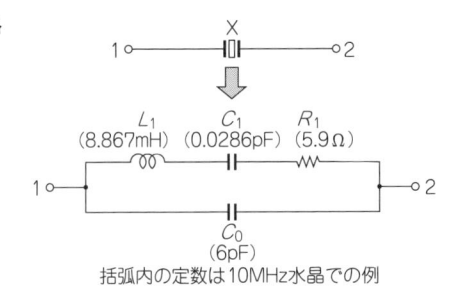

　水晶振動子の共振周波数やインピーダンス特性を求めようとすると，結構複雑で，外付け部品を加えたときのふるまいを頭の中で整理できなくなりがちです．

　今はRFシミュレータ（Sパラメータ・シミュレータ）という便利な道具があります．共振回路の特性をシミュレータに描かせれば，頭の中を整理できますから，難解な発振器の設計を理論立てて行う助けになるでしょう．

　RFシミュレータには，S-NAP LE[13][14]を用いました．

▶ 等価定数からS_{21}特性を描かせてみる

　括弧内の定数による1-2端子間の通過特性S_{21}をRFシミュレータで計算させると，**図2-7(a)**に記す特性になります．

　直列共振（series resonance）と並列共振（parallel resonance）の存在を確認できます．直列共振周波数をf_S，並列共振周波数をf_Pとします．

[図2-6] 水晶振動子の等価回路

L_1
(8.867mH)　C_1
(0.0286pF)　R_1
(5.9Ω)

C_0
(6pF)

括弧内の定数は10MHz水晶での例

▶ インピーダンス特性を描かせてみる

　このS_{21}からインピーダンス特性を求めると，**図2-7(b)**の特性が得られます．2端子間のインピーダンスがもっとも小さくなる周波数は，直列共振周波数f_Sです．反対に，インピーダンスがもっとも大きくなる周波数が並列共振周波数f_Pです．

▶ リアクタンス特性を描かせてみる

　このインピーダンス特性のリアクタンスぶんだけを描かせると，**図2-7(c)**のリアクタンス曲線が得られます．リアクタンスXのプラスとは誘導性であること，マイナスとは容量性であることを表します．

　水晶振動子では，$f_S \sim f_P$間のわずかな部分だけが誘導性です．発振器としては，この誘導性部分だけを使って動作させることになります．

● 水晶振動子のf_Sとf_Pを計算で求める

　直列共振周波数f_Sと並列共振周波数f_Pの値は，シミュレータで描かせた**図2-7(b)**のインピーダンス周波数特性から読み取れますが，計算式から求めるのであれば，次式で計算できます．

$$f_S = \frac{1}{2\pi\sqrt{L_1 C_1}} \fallingdotseq 9.994217 \text{ MHz} \cdots\cdots\cdots\cdots\cdots\cdots\cdots\cdots\cdots\cdots (2-1)$$

$$f_P = \frac{1}{2\pi\sqrt{L_1 \dfrac{C_1 C_0}{C_1 + C_0}}} \fallingdotseq 10.01801 \text{ MHz} \cdots\cdots\cdots\cdots\cdots\cdots\cdots (2-2)$$

[図2-7] 水晶振動子の電気的特性

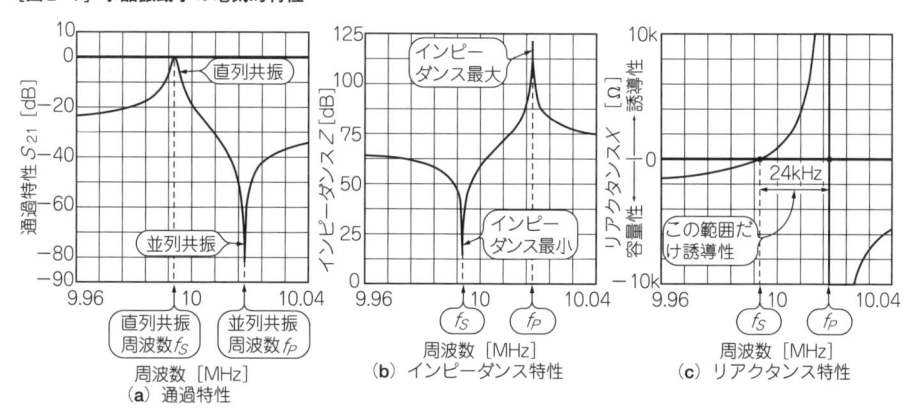

(a) 通過特性
(b) インピーダンス特性
(c) リアクタンス特性

● 水晶振動子の無負荷 Q を求める

水晶振動子の無負荷 Q 値 Q_U は次式から求まります．

$$Q_U = \frac{2\pi f_S L_1}{R_1} = \frac{1}{2\pi f_S C_1 R_1} \fallingdotseq 94300 \quad \cdots\cdots\cdots\cdots\cdots(2\text{-}3)$$

今回使用する10 MHz 水晶振動子の Q_U は約9万と計算できます．

一般に，水晶振動子の Q_U は数万から数十万の非常に大きな値です．水晶発振器が，周波数の安定した低位相雑音特性を生み出してくれる理由です．

水晶振動子の共振周波数を可変にする

水晶振動子を用いた共振器は，通常決まった周波数に用います．しかしVCXOを作るには，共振周波数を可変にしなければなりません．

● 負荷容量 C_L を可変にすれば共振周波数が変わる

水晶振動子には，発振回路の容量が負荷として繋がります．また，発振周波数を制御するための容量も接続する必要があります．この二つの容量を合わせて負荷容量 C_L とします．

図2-6に示した10 MHz 水晶振動子に，負荷容量 C_L を追加すると，共振周波数が変化します．このときの直列共振周波数を f_{SCL} として，f_{SCL} がどのように動くのかをシミュレーションしてみましょう．

▶ 直列共振周波数は負荷容量によって変わる

図2-8に，負荷容量 C_L を加えた回路と，そのときの S_{21} 特性を示します．

負荷容量を無限大からゼロまで変化させると，共振周波数 f_{SCL} は，水晶振動子単

[図2-8] 負荷容量 C_L による共振周波数の変化をみる

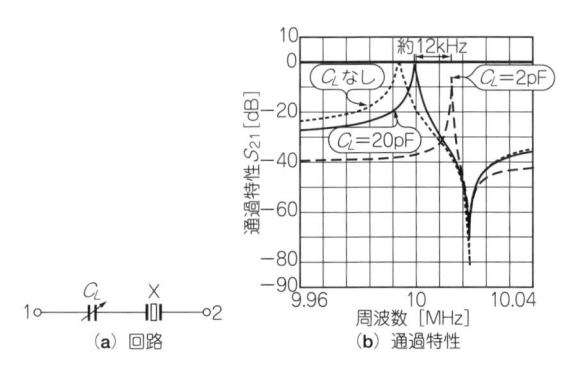

体での直列共振点f_Sから並列共振点f_Pまで変わります．

　現実的な値としてC_Lの変化範囲を20 p～2 pFと考えます．その両端であるC_L = 20 pFとC_L = 2 pFでの特性を描かせたのが図2-8(b)です．

　負荷容量C_Lを20 pFより少し小さい値とすれば，共振周波数f_{SCL}を10 MHzに合わせることができ，10 MHzぴったりの水晶発振器にできそうです．

● 直列のコイルL_Sを追加して可変範囲を広げる

　理論的には，直列共振周波数f_{SCL}は水晶振動子のf_S～f_P間に変えられますが，それは負荷容量が無限大からゼロまで可変できた場合です．実際に発振器を作る場合には，負荷容量を変えられる範囲はごく小さくなります．

　負荷容量の追加により，共振周波数は高くなる方向に変化するので，水晶振動子のばらつきによっては，10 MHzぴったりに調整できない場合もありえます．

　VCXOとして発振器を構成する場合には，バラクタ・ダイオード（可変容量ダイオード）を用いて負荷容量を変えるので周波数の可変範囲が狭すぎます．満足のいくVCXOにするため，水晶振動子のf_S～f_P間にある誘導性部分を，もっと広げることができないでしょうか？

　図2-9に示すように，水晶振動子とシリーズにコイルL_Sを追加してみましょう．結果を強調するために，ここではL_Sの値を通常使われる値より大きめの33 μHとします．

　C_Lを20 p～2 pFに動かしたときの可変範囲を比べます．L_Sなしの場合，図2-8(b)に示すように可変範囲は12 kHz程度でした．33 μHのL_Sを追加することで，図2-9(b)に示すように，その3倍以上の38 kHz程度の可変範囲を得ることができそうです．また，水晶振動子のf_Sより低い周波数に動きそうです．

[図2-9] 負荷容量C_Lだけでなく直列にコイルL_Sも追加すると周波数可変範囲が広がる

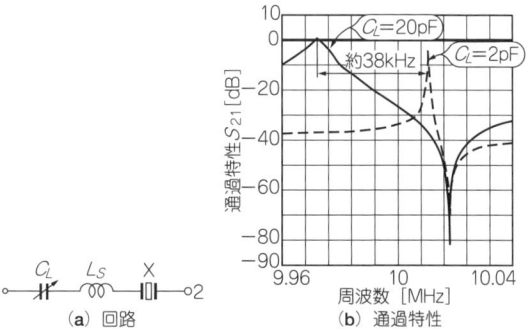

(a) 回路

(b) 通過特性

水晶振動子にシリーズ・コイルL_Sを追加することで，負荷容量C_Lを追加したことで高いほうに移動した共振周波数f_{SCL}を低くできます．また，周波数の可変範囲を広くすることができます．つまり，VCXOにより適した特性が得られます．

Column
共振回路のインピーダンスはS_{21}から求まる

シミュレータによって算出された，もしくはネットワーク・アナライザによって測定されたS_{21}通過特性からインピーダンスZ_Mを求める計算式を導きます．

被測定素子をシリーズまたはパラレルに接続して，そのS_{11}特性やS_{21}特性から，素子のインピーダンスを算出できます．ここでは，通過特性（S_{21}）とインピーダンス特性を対比したいので，S_{21}から求めます．

図2-Aのようにシリーズに接続された被測定素子のインピーダンスZ_MをS_{21}から求められます．

V_2は$V_S=1$Vとすると，次式となります．

$$V_2 = \frac{Z_2}{Z_1 + Z_2 + Z_M} \quad \cdots (2-A)$$

V_1はZ_Mをショートとすると次式で表されます．

$$V_1 = \frac{Z_2}{Z_1 + Z_2} \quad \cdots (2-B)$$

ゆえに，

$$Z_1 + Z_2 = \frac{Z_2}{V_1} \quad \cdots (2-C)$$

式(2-A)，式(2-C)よりZ_Mは次のように求まります．

$$Z_M = \frac{Z_2}{V_1}\left(\frac{V_1}{V_2} - 1\right) \quad \cdots (2-D)$$

$Z_1 = Z_2 = Z_0$ならば，$V_1/V_2 = 1/S_{21}$です．高周波では測定器の都合で$Z_0 = 50\,\Omega$が一般的です．

よって，Z_MはS_{21}から次式で求められます．

$$Z_M = 2Z_0\left(\frac{1}{S_{21}} - 1\right) \quad \cdots (2-E)$$

[図2-A] 通過特性S_{21}の測定回路

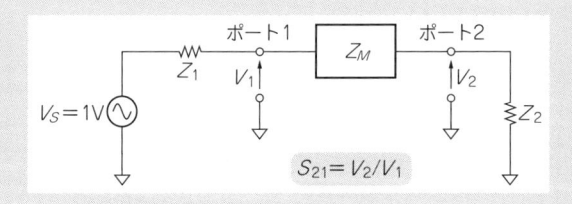

● ゲインの低下を並列コイルL_Pで防ぐ

しかし，一つ気になることがあります．図2-8(b)もしくは図2-9(b)の通過特性では，C_Lを2 pFと小さくしたとき，ゲインが落ちています．発振器を構成した

● 直列共振回路の計算例

直列共振回路のS_{21}特性から，式(2-E)を用いて，インピーダンス特性とリアクタンス特性を求めてみましょう．

▶ 100 MHz　直列共振回路のS_{21}特性

図2-B(a)に示すようなL_A＝1.1 μHとC_A＝2.3 pFをシリーズに接続した直列共振回路を例に取ります．

S_{21}通過特性をシミュレータで描かせると，図2-B(b)になります．100 MHzに直列共振点f_Sが生まれ，100 MHzを通過させるバンド・パス・フィルタ(BPF)の特性となります．

▶ 100 MHz　直列共振回路のインピーダンス特性

式(2-E)で，Z_0＝50 Ωとしてシミュレータでグラフを描かせると，図2-B(c)のインピーダンス特性になります．共振周波数100 MHzでインピーダンスがゼロになります．

[図2-B] 100 MHz直列共振回路での計算例

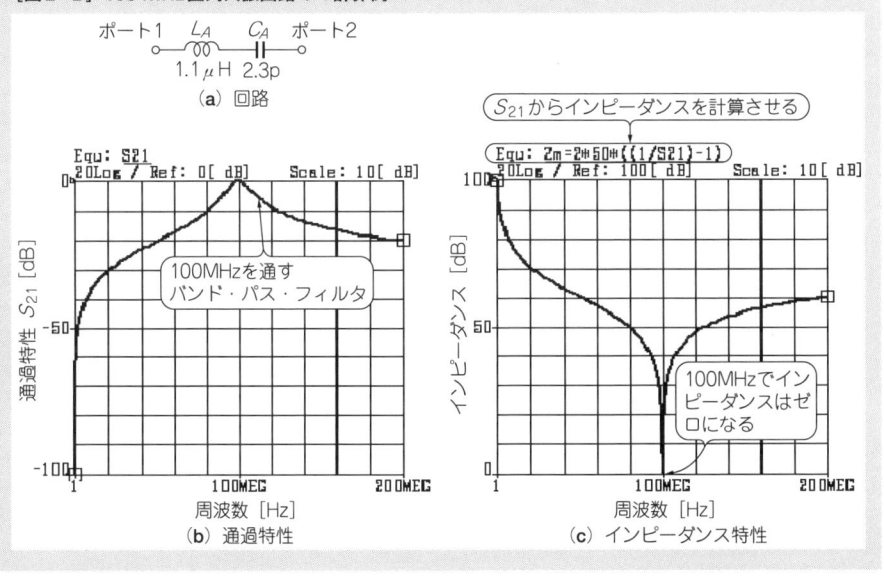

とき，このゲインの低下により，発振できなくなる可能性があります．これは共振周波数f_{SCL}が水晶振動子の並列共振点f_Pに近づくために起こります．

この並列共振は，図2-6に示すL_1とC_0で起きています．C_0のリアクタンス成分を打ち消すことができれば，この並列共振をなくせるはずです．

具体的には，水晶振動子と並列に，C_0と同じ値のリアクタンス値をもつコイルL_Pを接続します．C_0の値は6 pFです．10 MHzでの容量性リアクタンスの値は，次式から約2.6 kΩとなります．

$$X_C = \frac{1}{2\pi f C_0} \fallingdotseq 2.6 \text{ k}\Omega \quad \cdots\cdots\cdots\cdots\cdots\cdots\cdots\cdots\cdots\cdots\cdots\cdots\cdots\cdots (2-4)$$

2.6 kΩの誘導性リアクタンスとなるコイルのL_Pのインダクタンスを，次式より計算します．$L_P \fallingdotseq 42\ \mu\text{H}$と計算できます．

$$X_L = 2\pi f L_P \fallingdotseq 2.6 \text{ k}\Omega \quad \cdots\cdots\cdots\cdots\cdots\cdots\cdots\cdots\cdots\cdots\cdots\cdots\cdots\cdots (2-5)$$

私のウェブ・ページ[49]に，リアクタンス-周波数-インダクタンス/キャパシタンスを換算するツールがあるので活用してください．

L_Pは42 μHと求まりましたが，現実に入手可能な定数として，47 μHを選びます．L_Pを追加した回路は図2-10(a)のようになります．図2-10(b)にそのシミュレーション結果を示します．

C_0の容量性リアクタンスが打ち消され，ゲインの低下はなくなりました．

C_Lを20 pFから2 pFまで可変しても，ゲイン特性は一定です．また，共振周波数での左右の対称性も改善され，きれいなフィルタ特性となっています．

▶ 必要がなければコイルは追加しない

このシミュレーション結果は，追加したコイルL_SとL_Pが理想特性の場合です．

実際には，コイルの浮遊容量などによって新たな共振点が生まれ，異常発振が引

[図2-10] さらに並列にコイルL_Pを追加するとゲインの低下がなくなる

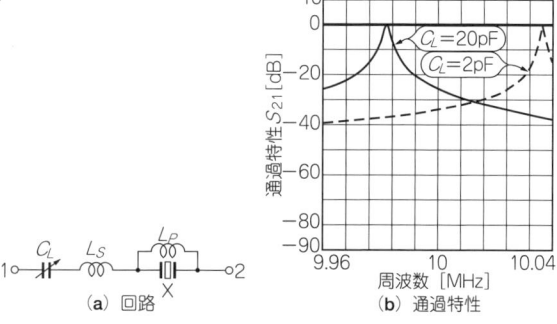

(a) 回路

(b) 通過特性

058　第2章　基準信号発振器の設計と特性

き起こされることを何度か経験しています．

周波数を高い方向に動かしても発振が安定している（止まらない）のであれば，L_Pをあえて追加する必要はないでしょう．

水晶振動子を使った発振回路のモデル

● コルピッツ型の水晶発振回路モデル

一般的な水晶発振回路として，ピアス型やコルピッツ型が有名です．本書ではコルピッツ型を採用します．

図2-11に，コルピッツ型の水晶発振回路モデルを示します．動作に重要な部品だけを示したもので，実際の回路ではこのほかにバイアス回路などが必要です．

水晶X_1には，共振周波数を変えるためのL_SとC_Tが直列に接続されています．そのほかに，帰還コンデンサのC_1とC_2，トランジスタによるアンプが構成要素です．

● 発振器モデルにあてはめて解析する

発振器モデルについては，LC発振器の場合を，第1章で解説しました．水晶発振器もまったく同じモデルで考えることができます．

図2-12(a)に示すように，発振器モデルはアンプ部$A(s)$とフィルタ部$F(s)$から構成されます．水晶発振器として書きなおせば，図2-12(b)に示すように，フィルタ部$F(s)$が水晶共振回路となります．

この発振器モデルに合わせて図2-11のコルピッツ型水晶発振回路を書き直すと，図2-12(c)に示すように，アンプ部$A(s)$とフィルタ部$F(s)$に分けられます．

● 発振器モデルから発振する条件を考える

このアンプ部$A(s)$とフィルタ部$F(s)$からなる回路が，次式の条件を満足すると

[図2-11]
コルピッツ型水晶発振回路によるVCXOのモデル

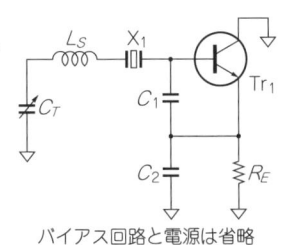

バイアス回路と電源は省略

[図2-12] 図2-11のモデルを発振器モデルに対応させる

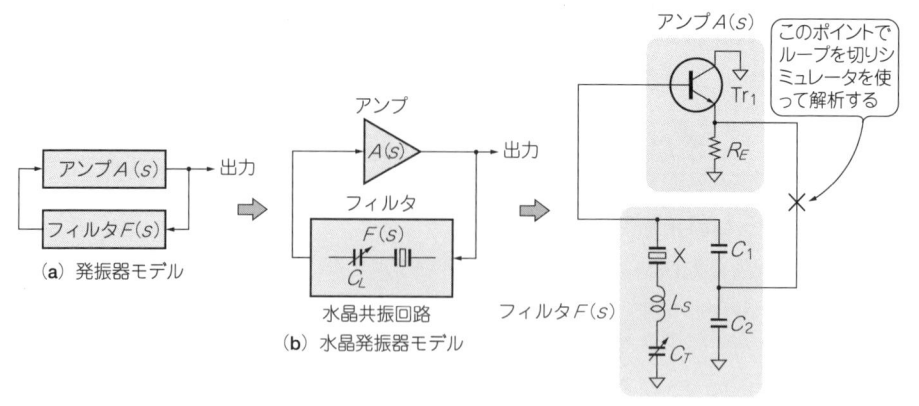

(a) 発振器モデル
(b) 水晶発振器モデル
(c) コルピッツ型水晶発振回路のモデル

発振することになります．

$$A(s)F(s) > 1 \quad\cdots\cdots\cdots\cdots\cdots\cdots\cdots\cdots\cdots\cdots\cdots\cdots\cdots\cdots\cdots\cdots\cdots (2\text{-}6)$$

ゲイン：$|A(j\omega)||F(j\omega)| > 1$
位相：$\angle A(j\omega) + \angle F(j\omega) = 0$

これは，アンプとフィルタを合わせた位相回転が0°で，合計のゲインが1倍以上となる周波数があれば，その周波数で発振することを意味します．

水晶発振回路の場合，水晶X_1の定数は変えられません．発振条件が満たされるように，そのほかの部品（C_1やC_2など）の値を決める必要があります．

発振に必要な条件をシミュレータで解析する

発振条件を満たすC_1やC_2などの値は，どのように決めればよいでしょうか．数式を使って解析する方法は難しく，手間もかかります．

ここでは，RFシミュレータを使うことにします．

●シミュレータでループ内の伝達特性を調べる

図2-12(c)に示すように，発振回路は帰還ループが閉じたクローズド・ループで動作します．

式(2-6)による検討が必要なのはアンプ部とフィルタ部を合わせた伝達特性$A(s)F(s)$ですから，ループにしていなくても解析できます．

そこで，図2-12(c)の✕のポイントでループを切り，オープン・ループとします．入力から出力の伝達特性は $A(s)F(s)$ になるので，これを解析すればよいはずです．この方法をオープン・ループ法といいます．

● **シミュレーションの方法**

▶ ループを切った回路を考える

オープン・ループとしたコルピッツ型の水晶発振回路を書き換えると**図2-13**のようになります．この回路をRFシミュレータS-NAP LEで解析します．

ループを切ったポイントをPORT1，PORT2として，その間の S_{21} 特性（順方向の伝達特性）を求めます．

▶ 水晶を等価定数で表す

設計に用いる10 MHz水晶振動子の等価定数は，例に示したものと同じです．**図2-14**に再掲します．

L_S は3.3 μH，C_T には10 pF→40 pFほどに容量が可変できるバラクタ（可変容量ダイオード）を使用することを想定します．設計中にこれらの値に無理があるとわかれば変更します．

R_E はバイアス回路と合わせて，トランジスタのコレクタ電流を決める抵抗です．後述しますが，$I_C \fallingdotseq 20$ mAに設定するために，270 Ωにしています．

[図2-13] シミュレーションで解析する回路
この回路の伝達特性から発振の条件を考える

発振回路をオープン・ループにして，PORT1→PORT2間の S_{21} 特性を求める

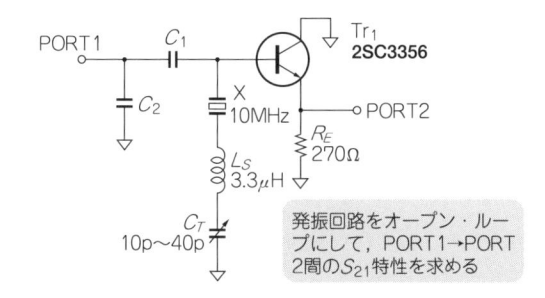

[図2-14] 使用する10 MHz水晶振動子の等価定数

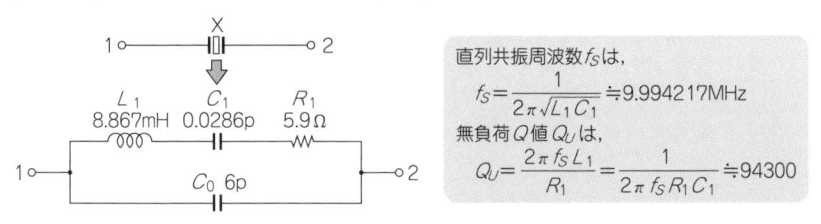

直列共振周波数 f_S は，
$$f_S = \frac{1}{2\pi\sqrt{L_1 C_1}} \fallingdotseq 9.994217 \text{MHz}$$
無負荷Q値 Q_U は，
$$Q_U = \frac{2\pi f_S L_1}{R_1} = \frac{1}{2\pi f_S R_1 C_1} \fallingdotseq 94300$$

発振に必要な条件をシミュレータで解析する

トランジスタには高周波用の2SC3356(NECエレクトロニクス)を用いることにします．

● 帰還コンデンサ C_1 と C_2 の値の目安をつける

コルピッツ発振器では，C_1 と C_2 の値によって電圧ゲインが大きく変わるので，この二つのコンデンサの値が重要です．

▶ $C_1 = C_2 = 1200\,\mathrm{pF}$ では発振しない

どの程度の値が必要か目安を付けるために，C_1 と C_2 を1200 pFとして，PORT1→PORT2間の通過特性 S_{21} を計算させてみましょう．C_T の値は，仮に25 pFとしました．

図2-15に示す灰色の線は，この S_{21} 特性をベクタ表示させた結果です．振幅と位相を同時に表現しているグラフです．

マーカ1が示す点で，周波数が9.99943 MHz，位相が0°となっています．しかし，ゲイン1倍の円の内側にあるため，ゲインが1倍に達していません．残念ながら発振しないことがわかります．

▶ $C_1 = C_2 = 600\,\mathrm{pF}$ なら発振する

次に，C_1 と C_2 を600 pFとします．S_{21} を計算させると，図2-15の黒色の線に示す結果となりました．

[図2-15] C_1 と C_2 の値を変えて値の見当をつける

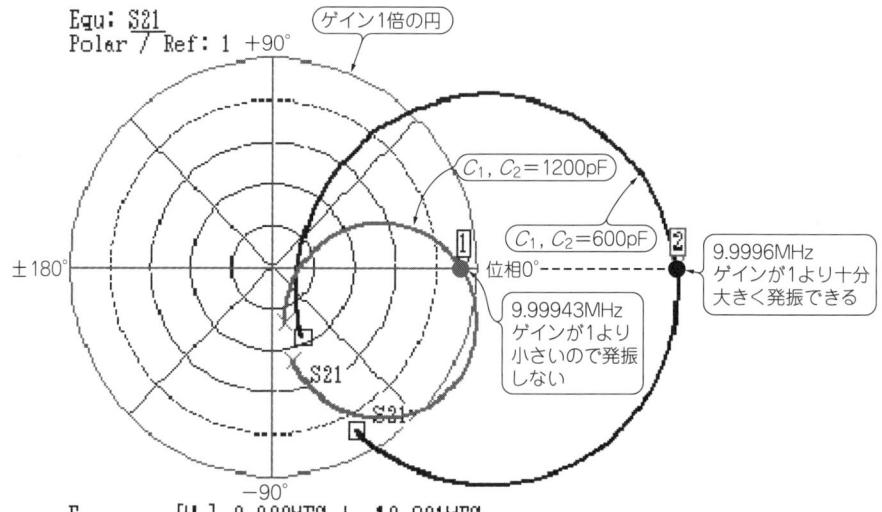

マーカ2が示す点では，周波数が9.9996 MHz，位相が0°となっており，ゲインも1倍以上あります．この点で発振できることがわかります．

● オープン・ループ法の解析ではゲインを高めにしておく

図2-16に伝達特性S_{21}のゲイン特性と位相特性を示します．C_1とC_2を600 pFとしたときの位相0°となる点はマーカ4です．このときのゲインはマーカ2の点で，+6 dBのゲインを確認できます．しかし，発振の確実性を考えると，もう少しゲインを高くしたいところです．

オープン・ループ法ではループを切り，伝達特性を求めています．信号源，負荷ともに，本来の状態とは異なるインピーダンスで特性を求めてしまいます．

そのため，実際のループでは，インピーダンスのミスマッチによるゲイン低下があります．理論的には位相が0°でゲインが1倍以上(0 dB以上)あれば発振しますが，オープン・ループ法で解析したときは，ゲインが高めになるように値を決める必要があります．

● より良いC_1とC_2の値を求める

ゲインをもう少し高くとれて，共振回路の負荷Q値を大きくできるように，C_1とC_2の値を調整します．

ここでは，C_1=180 pF，C_2=820 pFにしてみました．位相が0°となる点はマーカ3の点で周波数は9.99988 MHz，そのときのゲインは，マーカ1の点から+10.2 dBとわかります．ゲインが増えましたので，確実に発振するでしょう．

▶位相の傾斜を大きくするような値がより良い

後述する負荷Q値の求めかたで説明しますが，位相の傾斜を急峻にすることは，負荷Q値を高くすることに繋がります．Q値の高いほうが純度の優れた発振出力を得られます．

● C_Tの値を変えたときの周波数の変化を確認する

次に，C_Tの値を増減したときの周波数変化をシミュレーションしましょう．

図2-17は，10 MHzを±100 ppm，すなわち9.999 MHzから10.001 MHzまで動かした場合を示しています．

▶$C_T ≒ 31.6$ pFのとき

位相0°の点がマーカ5です．周波数は9.999 MHzで，このときのゲインはマーカ2の点です．

▶ $C_T ≒ 19.3$ pF のとき

位相0°の点がマーカ6です．周波数10.001 MHz，ゲインはマーカ3の点です．

▶ $C_T ≒ 24.2$ pF のとき

位相0°の点がマーカ4です．周波数は10.000 MHzで，ゲインはマーカ1の点です．

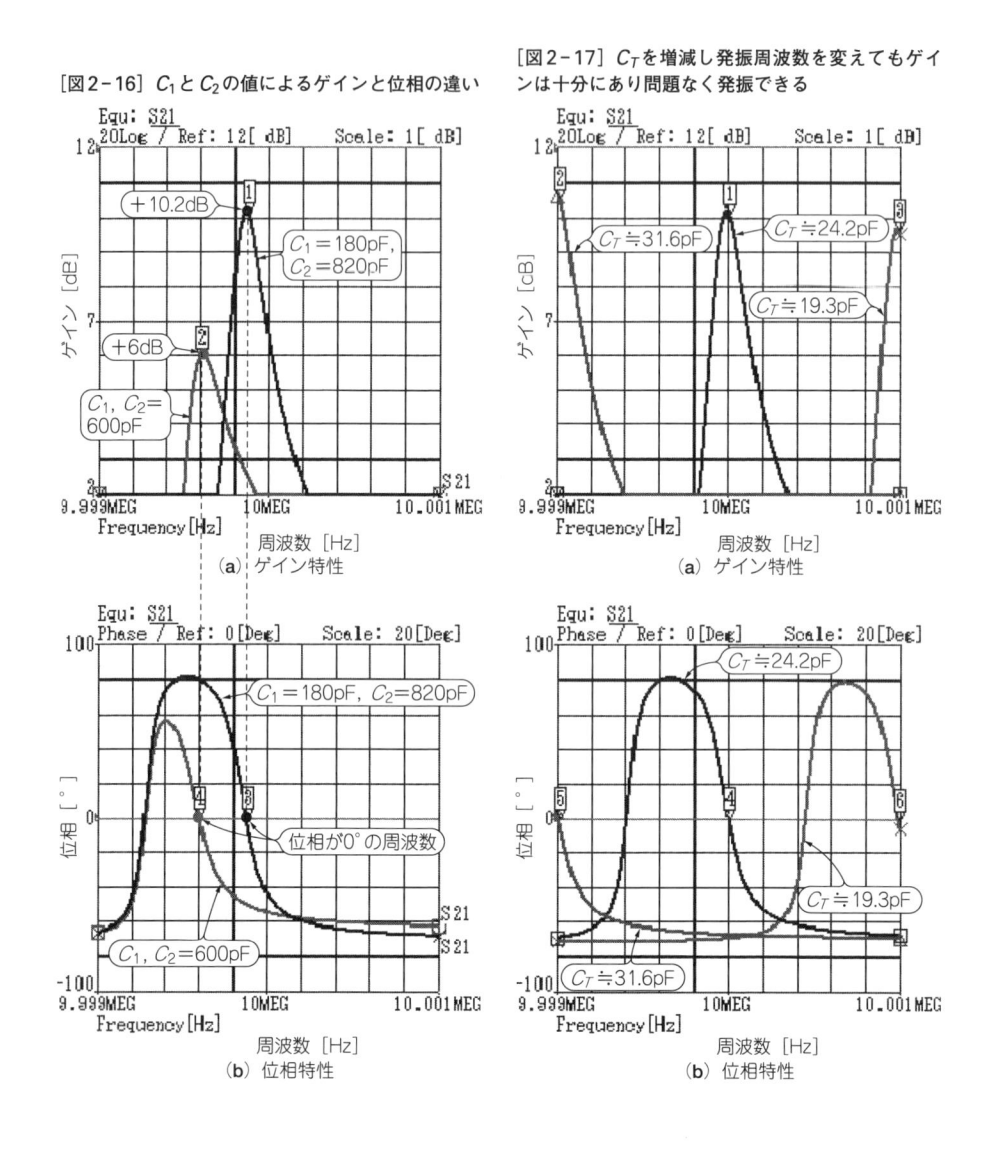

[図2-16] C_1とC_2の値によるゲインと位相の違い

(a) ゲイン特性

(b) 位相特性

[図2-17] C_Tを増減し発振周波数を変えてもゲインは十分にあり問題なく発振できる

(a) ゲイン特性

(b) 位相特性

▶ 10 MHz ± 100 ppmのVCXOができそう

どの点もゲインは十分にあり，問題なく発振できそうです．この19.3 p～31.6 pFというC_Tの値をバラクタを用いて作り出せれば，VCXOとして動かせることになります．

位相雑音特性のシミュレーション

水晶発振器にとって，周波数安定度と位相雑音特性(C/N値)は最重要です．シミュレータでC/N値を予測できれば，こんなにうれしいことはありません．

● 負荷Q値を求めれば位相雑音を予測できる

発振器のSSB位相雑音に見当をつけるには，第1章で説明したLeeson式が用いられます．以下に，式だけをもう一度記します．

$$L(f_M) = 10 \log \left[\frac{1}{2} \left\{ \left(\frac{f_0}{2Q_L f_M} \right)^2 + 1 \right\} \left(\frac{f_{FC}}{f_M} + 1 \right) \left(\frac{F_N kT}{P_S} \right) \right] \cdots\cdots (2\text{-}7)$$

ただし，f_M：オフセット周波数[Hz]，f_0：発振周波数[Hz]，Q_L：負荷Q，f_{FC}：フリッカ・コーナ周波数[Hz]，F_N：ノイズ・ファクタ，k：ボルツマン定数($=1.38 \times 10^{-23}$)[J/K]，T：絶対温度[K]，P_S：アンプ入力パワー[W]

負荷Q値Q_L以外のパラメータは，おおよその値がわかります．負荷QをRFシミュレータにて算出できれば，上式からC/N値が予測できます．

● 負荷Q値Q_Lの求めかた

今回使用する水晶振動子の無負荷Q値Q_Uは約94300と求まっています．

この水晶振動子を用いてVCXOを組むと，負荷が接続されるので，Q値が低下します．

無負荷Q値と負荷Q値の関係については，VCOを設計するときに詳しく取り上げます．ここでは，負荷Q値Q_Lの求めかたを二つ紹介しておきます．

▶ 3 dB帯域幅から負荷Q値を求める

S_{21}通過特性から3 dB帯域幅ΔBWを求め，その値を次式に代入することで負荷Q値Q_Lを算出できます．

$$Q_L = \frac{f_P}{\Delta BW} \cdots\cdots\cdots\cdots\cdots\cdots\cdots\cdots\cdots\cdots (2\text{-}8)$$

▶ 群遅延時間から負荷Q値を求める

位相0°になる発振周波数での位相の傾斜(phase slope)から，負荷Q値を求めることも可能です．この位相の傾斜は群遅延時間（グループ・ディレイ・タイムとも言う）t_{GD}として，次式のように表されます．

$$t_{GD} = \frac{d\phi}{d\omega} \quad \cdots\cdots(2\text{-}9)$$

群遅延時間は位相の周波数に対する微分値で，位相変化が急なほど大きくなる値です．

負荷Q値Q_Lは，この群遅延時間t_{GD}と次式に記す関係にあります．

$$Q_L = \frac{\omega t_{GD}}{2} = \pi f_0 t_{GD} \quad \cdots\cdots(2\text{-}10)$$

位相0°での群遅延時間t_{GD}をRFシミュレータによって求めれば，式(2-10)で負荷Q値Q_Lを算出できます．

● **群遅延時間から負荷Q値を算出する**

図2-18は，図2-19に示した$C_T ≒ 24.2$pFで10.000 MHzを発振させたときのゲイン特性と位相特性を，群遅延特性として描いたものです．

発振周波数である10.000 MHzにつけたマーカ1での群遅延時間t_{GD}は1.6msと読み取れます．

負荷Q値Q_Lは式(2-10)より次のように算出できます．

$$Q_L = \pi f_0 t_{GD} ≒ 50200 \quad \cdots\cdots(2\text{-}11)$$

無負荷Q値Q_Uの94300に対して，53％ほどの値です．

● **位相雑音特性を推定してみる**

負荷Q値が求められたので，Leeson式からSSB位相雑音がわかります．アンプの雑音指数$NF ≒ 1.5$ dB（$F_N ≒ 1.41$），フリッカ・コーナ周波数$f_{FC} ≒ 5$ kHz，RFパワー$P_S ≒ -20$ dBmとしました．

図2-19に，シミュレーションの結果を示します．周波数が低いところでは，フリッカ雑音がアップ・コンバージョンされたf_M^{-3}の傾きです．$f_0/2Q_L = 996$ Hzのあたりで曲線の傾きが変わり，フリッカ・コーナ周波数$f_{FC} = 5$ kHzまではf_M^{-1}の傾きに近づきます．

さらに高い周波数では，白色雑音となります．この雑音特性は，水晶発振器のSSB位相雑音特性として典型的な例です．負荷Q値は無負荷Q値の53％ほどですが，もしこの値を落とさない設計ができれば，$f_0/2Q_L$の周波数は下がり，オフセ

[図2-18] 負荷Q値 Q_Uを求めるために群遅延特性を描かせる

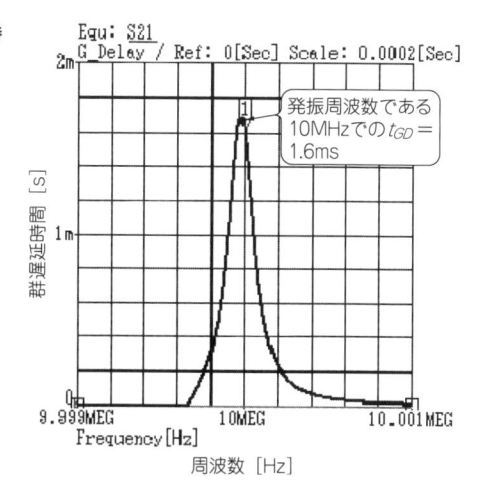

[図2-19] シミュレータを使い負荷Q値から予測したSSB位相雑音

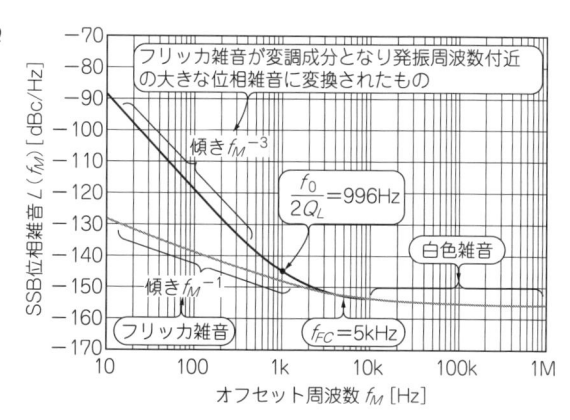

ット周波数が低い部分での位相雑音が改善できます．

● より精度の高いシミュレーションを行うには
　ここでは，コンデンサやバラクタのもつESR(等価直列抵抗)による負荷Q値の劣化は含めませんでした．これは説明を複雑にしないためですが，ESRを考慮したシミュレーションを行えば，より精度の高い負荷Q値を求められるでしょう．

● シミュレータを活用しよう
　以上のように，RFシミュレータを用いて水晶発振回路を解析することにより，今まで不透明であった部分が見えるようになったのではないでしょうか．

すべての値をシミュレータで決めて設計することはできませんが，設計の目安を付けてくれますし，問題にぶつかったときにはヒントを与えてもくれます．

10 MHz VCXOの設計

RFシミュレータを用いて，定数の見当が付きました．ここからは実際の回路でその結果を検証してみましょう．もし不具合があれば，再度シミミレータによる解析を行い，定数の調整をくり返します．

● トランジスタのバイアス回路を設計する

実際の回路としてVCXOを動かすには，まずアンプのバイアス回路が必要です．

使用するトランジスタ2SC3356の仕様のうち，バイアス設計に必要な値をデータシートから書き出したものが**表2-1**です．

電源電圧は+10 Vとします．位相雑音重視の設計のためには，ゲインを高く，フリッカ・コーナ周波数f_{FC}を低くすることが必要なので，コレクタ電流は多めに流し，コレクタ電流$I_C ≒ 20$ mA，$V_{CE}=5$ Vとします．コレクタ損失は100 mWで定格内に収まります．直流電流増幅率h_{FE}は，安全をみてデータシートの最小値80を用いましょう．

これらの値からバイアス回路の抵抗値を計算します．私のウェブ・ページ[49]に，

[図2-20] ウェブ・ページのツールを使ってバイアス抵抗の値を求める

■ 2. +Vcc 電源_Rc無_トランジスタ バイアス抵抗 の計算

電源 +Vcc :	10	[V]
コレクタ-エミッタ 電圧 Vce :	5	[V]
コレクタ 電流 Ic :	20	[mA]
トランジスタ hFE :	80	

計算　　　　設計例

[表2-1] 2SC3356のバイアス設計に必要な仕様値

項　目	定　格	備　考
コレクタ-エミッタ間電圧 V_{CEO}	12 V	最大定格
コレクタ電流 I_C	100 mA	最大定格
全損失 P_C	200 mW	自然放置
直流電流増幅率 h_{FE}	80～160	h_{FE}区分 R24品

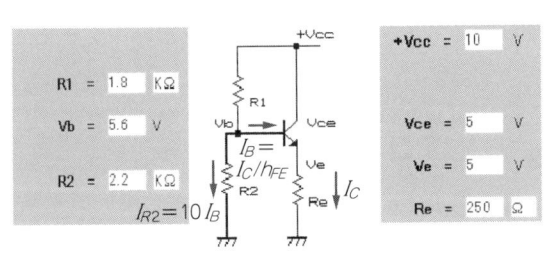

R1 = 1.8 KΩ
Vb = 5.6 V
R2 = 2.2 KΩ
$I_{R2} = 10 I_B$
$I_B = I_C/h_{FE}$

+Vcc = 10 V
Vce = 5 V
Ve = 5 V
Re = 250 Ω

「トランジスタ バイアスの設計」ツールがあるので，これを用います．

図2-20に示すように，設計条件，

$+V_{CC}$ = 10 V
V_{CE} = 5 V
I_C = 20 mA
h_{FE} = 80

を入力すると，各バイアス抵抗を求められます．

ベース・バイアス抵抗は，R_1 = 1.8 kΩ，R_2 = 2.2 kΩと，ちょうどE12系列の値として算出されたので，この値を用いましょう．

エミッタ抵抗は250 Ωとなりました．E12系列の抵抗値に置き換えて，R_E = 270 Ωとします．

なお，このツールは，ベース電流$I_B = I_C/h_{FE}$の10倍の電流をR_2に流すように計算させています．また，トランジスタのV_{BE}は0.6 Vで一定としています．

● C_Tをバラクタ・ダイオードに置き換える

電圧制御水晶発振器(VCXO)とするには，周波数を変化させるC_Tをバラクタ・ダイオード(可変容量ダイオード)に置き換えなければいけません．

図2-17のシミュレーション結果から，10 MHzで発振させるには$C_T ≒ 24$ pFです．適当な制御電圧で24 pFになるバラクタ・ダイオードを選択します．

図2-21に，バラクタ・ダイオード1SV269(東芝)の容量-逆電圧特性を示します．24 pFを得る逆電圧は3 Vほどなので，適当だといえます．

▶適当なバラクタ・ダイオードがない場合は？

もし，10 MHzを発振するときの容量と，バラクタ・ダイオードの適当な逆電圧

[図2-21] バラクタの容量値が適切かどうかを確認する

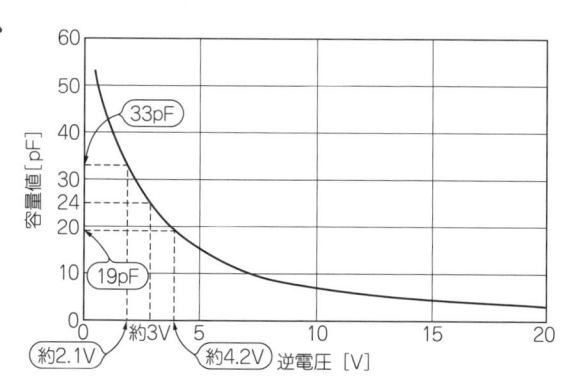

10MHz VCXOの設計

に対する容量が合わないのであれば，もう一度シミュレーションに戻り，L_Sを変更したり，C_Tと並列にもしくは直列に固定容量を足したりするとよいでしょう．

● 最終的な回路図

図2-22に製作した10 MHz VCXOの回路図を示します．外観を写真2-2に示します．

トランジスタの電源はレギュレータを通して供給しています．VCXOの制御電圧V_Tもこの安定した10 Vから作っています．

負荷の変動が発振回路に影響しないように，−8dBパッドと50Ω整合の高周波増幅用ICのバッファを介して発振出力を取り出しています．50Ω整合の高周波増幅用ICであれば，ほかの品種でも問題ないでしょう．

製作した10 MHz VCXOの特性

● 制御電圧対出力周波数特性 *V−F* 特性を測定する

製作した10 MHz VCXOの，制御電圧（バラクタ入力電圧）に対する出力周波数の

[図2-22] 設計した基準信号源用10 MHz VCXOの回路図

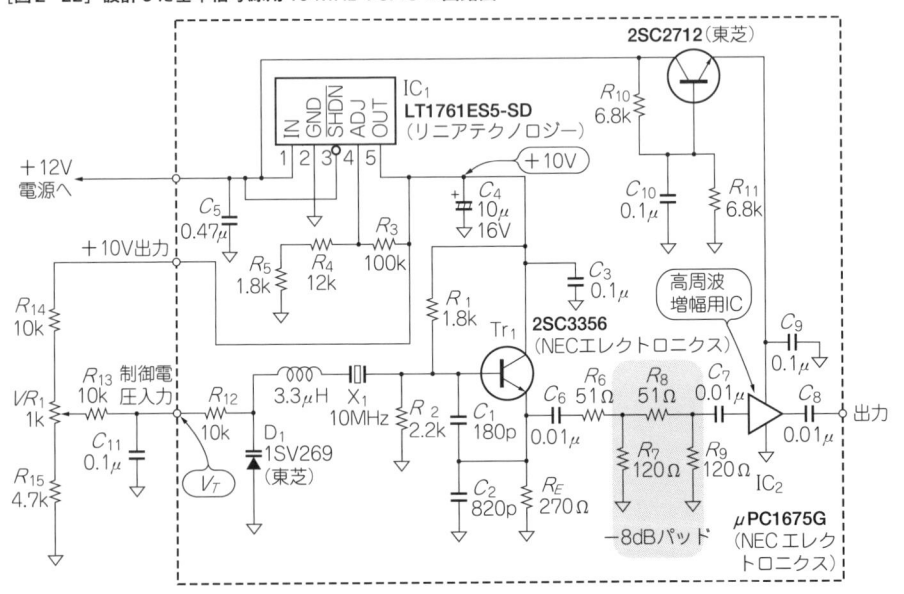

変化を図 2-23 に示します。

制御電圧 $V_T \fallingdotseq 3.2\,\mathrm{V}$ のとき，10 MHz で発振します．10 MHz ± 100 ppm のとき，すなわち 9.999 MHz では $V_T \fallingdotseq 2.1\,\mathrm{V}$，10.001 MHz では $V_T \fallingdotseq 4.2\,\mathrm{V}$ の電圧になります．

図 2-21 のバラクタの容量-逆電圧特性を見ると，2.1 V のとき 33 pF，4.2 V のとき 19 pF と読み取れます．

[写真 2-2]
製作した基準信号源用 10 MHz VCXO の外観

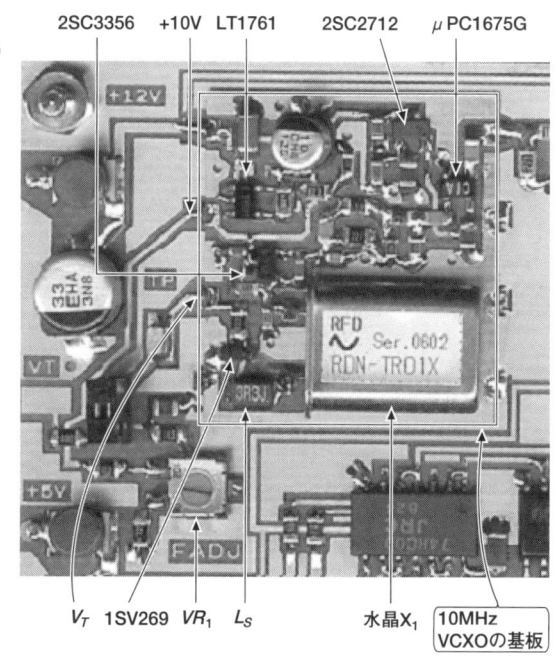

[図 2-23]
製作した 10 MHz VCXO の制御電圧-出力周波数特性

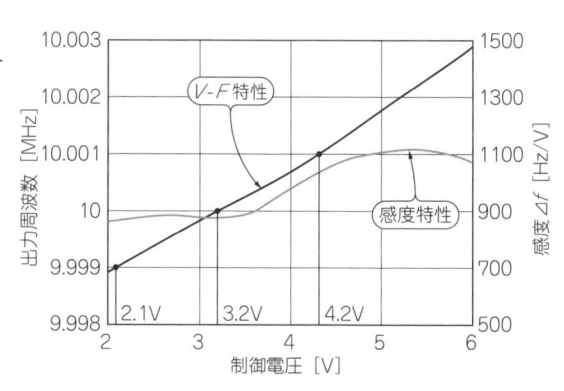

製作した 10MHz VCXO の特性 | 071

図2-17のシミュレーション結果では，9.999 MHzのときには$C_T ≒ 31.6$ pF，10.001 MHzのときは$C_T ≒ 19.3$ pFになると予想されていました．

製作した回路での値とシミュレーションした値は，ほぼ合致しています．

● 自分自身の変動分以上の周波数可変範囲が必要

この10 MHz VCXOの0〜40℃における周波数安定度を測定すると，±50 ppmほどでした．

仮に温度補償をするとすれば，この変動ぶんを補正しなければならないので，VCXOの可変範囲は最低でも±50 ppm必要となります．さらに経時変化なども考慮すると，±100 ppm（±1 kHz）の可変幅があるとよいでしょう．それだけの可変幅があれば，温度補償してTCXOにしたとしても，あるいはPLLに組み込み周波数を制御するとしても，対応できます．

製作したVCXOは，10 MHz ± 100 ppmの範囲になるときの制御電圧が，図2-23のV-F特性から3.2 V ± 1 Vほどと読み取れます．これは十分な性能です．

● 電源電圧の変動による周波数変化もある

設計したVCXOは+10 Vの電源で駆動しています．

電源電圧は，温度や負荷の状態，さらには時間の経過によって変動します．

発振器も，電源電圧の変動によって出力周波数が動きます．これを周波数プッシング（frequency pushing）と呼びます．

製作した10 MHz VCXOの周波数プッシングのデータを表2-2に示します．およそ2 Hz/Vほどの周波数変化が確認できます．

温度変化と比較して十分に小さく，今回のVCXOでは，電源電圧による周波数変化はほとんどないと考えてよいでしょう．とはいえ，念のために電圧安定化回路（レギュレータ）から+10 Vを供給します．

VCXOの発振周波数を調整する制御電圧V_Tも，安定した電圧でないといけないので，この+10 Vから作っています．

● 出力信号の純度を見る

写真2-3にスペクトラム・アナライザで観測した出力波形を示します．

50 Hzの電源リプルによるスプリアスを心配したのですが，ほとんど観測されないようです．この10 MHz VCXOをPLL周波数シンセサイザの基準信号源に使った場合を考えてみましょう．

[表2-2] 製作した10 MHz VCXOの周波数プッシング特性
電源電圧の変化による周波数の変化を示す

V_{CC}	周波数変化
10 V−1 V	約 − 2 Hz
10 V+1 V	約 +1.5 Hz

[写真2-3] 製作した10 MHz VCXOの出力スペクトラム
(10 dB/div，100 Hz/div)

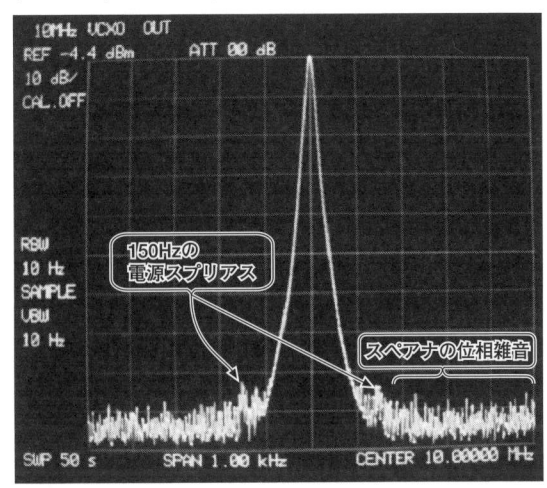

　もし−80 dBcのスプリアスがあれば，200 MHz出力では20倍(+26 dBアップ)され，−54 dBcのスプリアスとして出力されてしまいます．基準信号源では，位相雑音だけでなくスプリアスも十分に小さくなければいけないのです．
　今回の10 MHz VCXOの特性は満足な出来です．これで10 MHz VCXOの完成です！

高周波PLL回路のしくみと設計法

第3章

LC発振回路設計の基礎
～低位相雑音のVCOを作るために共振回路のふるまいを理解する～

❖

　PLL回路が出力する信号の純度を高くするには，発振器の位相雑音を小さくすることが必要です．位相雑音の小さな発振器を設計するには，第1章のLeeson式で解説したように，共振のするどさを示す Q を高くすることが重要です．
　LC共振回路について良く理解し，Q のふるまいを十分に把握していなければ，高い Q をもつ発振回路を作ることはできません．本章では，RFシミュレータを用いて発振回路を高 Q に設計するための基礎を解説します．

❖

● 面倒な計算をせずシミュレーションを利用する
　高周波の発振回路を設計するには，いくつかの伝統的な手法があります．しかし，それらの方法を使うには，等価回路を導き，複雑な数式を解かなければなりません．その面倒を避けるために，シミュレータを用いることにします．
　解析にはS-NAP LE[13][14]を用います．評価版のためノード数などの制限があり，素子数の多い大規模な回路は扱えませんが，基本的な解析には十分です．

● 発振器の設計にはRFシミュレータを使うと便利
　シミュレーションを利用する前の私は，発振余裕度と位相雑音が最適となる定数を見つけるのに，ひたすら値を変更して実験を繰り返していました．俗に言うチェンジニアです．シミュレータの登場で，なぜその値にしたのか，今になって納得しています．
　オープン・ループ法では，ループを切り離した点でのミスマッチによるゲイン低下などを考慮していないので，実際の回路とシミュレーションとの間に，原理的な誤差があります．ミスマッチを含む解析方法など，より改良されたさまざまな発振

器シミュレーション手法が考案されています．

しかし，各定数を変更したときの各特性の傾向は，オープン・ループ法でもしっかりと把握できます．

私が発振器を設計するときには，オープン・ループ法によるシミュレーションが不可欠となっています．

● 広帯域のVCOを設計するのは難しい

本来は「出力周波数180 M～360 MHzの広帯域PLL周波数シンセサイザ」に用いるVCOの設計法を解説したいのですが，残念ながら困難です．

広帯域VCOの場合，最良の設計をするためには，シミュレーションだけではうまくいきません．実際の回路の実験結果とシミュレーション結果を照らし合わせながら，試行錯誤を繰り返すのが一般的です．この過程は，うまく順序だてて説明できません．

そこで，制限を甘くした，180 M～220 MHzの発振帯域をもつVCOの設計を解説します．

200 MHz帯以下なら，コイルやコンデンサなどの素子の等価回路が単純ですむ場合が多く，理論と実測がよく一致します．そのため，設計法をわかりやすく解説できます．

発振器をアンプとフィルタに分けて解析する

第2章では，10 MHzのVCXOをオープン・ループ法で設計しました．VCOの設計でも，同様にオープン・ループ法を使います．

VCXOの場合には，水晶という振動子が準備されていました．それに対してVCOでは，バラクタで共振周波数を可変するLC共振回路を高いQが得られるように設計する必要があります．

● 解析しやすい等価回路を導く

トランジスタを使った発振回路にはいくつかの形式があり，また接地方法の違いもあります．

▶ 二つの発振回路を例として取り上げる

高周波のLC発振器にはコルピッツ型がよく用いられます．本書もコルピッツ型を使います．

[図3-1] コルピッツ発振回路を発振器モデルで表す
ループを切り，フィルタとアンプが接続された回路として解析する

注▶バイアス回路は省略している

(a) コレクタ接地のコルピッツ型発振回路

注▶バイアス回路は省略している

(b) ベース接地のコルピッツ型発振回路

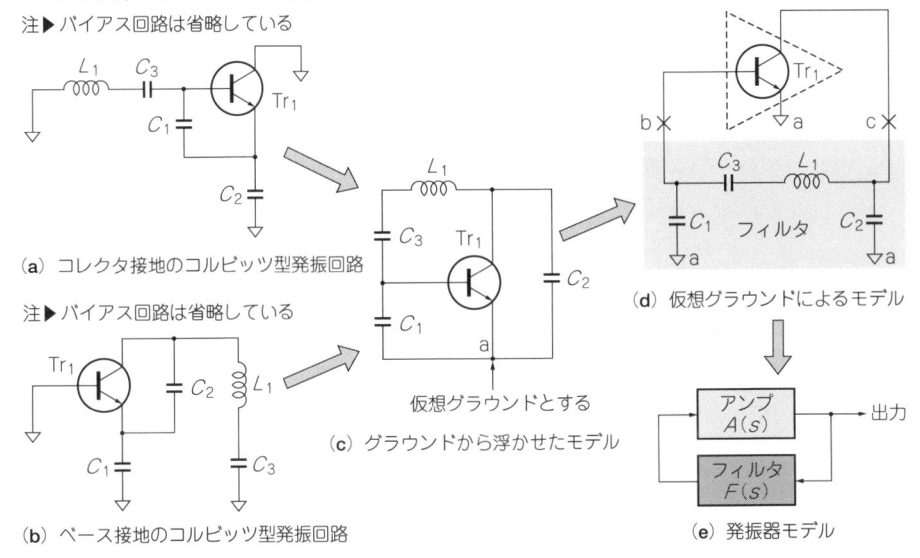

(c) グラウンドから浮かせたモデル

(d) 仮想グラウンドによるモデル

(e) 発振器モデル

　図3-1(a)にコレクタ接地のコルピッツ型発振回路を示します．厳密には，コルピッツ型の変形であるクラップ回路です．また，図3-1(b)にはベース接地のコルピッツ型発振回路を示しています．
▶違うように見える二つの回路でも等価回路は同じ
　この二つの回路は，グラウンドを浮かせて（フローティングさせて）書き直すと，実は図3-1(c)に示すように，まったく同じ回路になります．
▶等価回路をさらに発振器モデルに書き直す
　このフローティングしたモデルの点aをグラウンドとみなして（仮想グラウンドとして）回路を描くと，図3-1(d)のように書き換えることができます．
　この仮想グラウンドを加えたモデルは，図3-1(e)の発振器モデルとして，アンプ部$A(s)$とフィルタ部$F(s)$とで表されます．この形になれば，オープン・ループ法で解くことができます．
▶アンプとフィルタを接続した回路で解析する
　回路が発振するには，次式の条件を満足しなければなりません．

$$A(s)F(s) > 1 \cdots\cdots\cdots (3\text{-}1)$$

ゲイン：$|A(j\omega)||F(j\omega)| > 1$
位相：$\angle A(j\omega) + \angle F(j\omega) = 0$

すなわち，アンプとフィルタの位相シフトが0°（360°）となる周波数でのゲインが1倍以上あれば発振するということです．

発振ループを点bもしくは点cで切り離し，オープン・ループにすると，アンプ$A(s)$とフィルタ$F(s)$を直列に接続した伝達特性で発振条件をシミュレーションすることができます．実際に設計に使うのは，基本的なコレクタ接地のコルピッツ型発振回路，図3-1(a)の回路とします．

LC共振回路の基礎

● LC共振回路を設計できないとVCOは作れない

高周波回路，そして発振回路を首尾よく設計するには，LC共振回路を自在に設計できることが一つのポイントであると，私は考えています．

第2章では，水晶振動子を用いたVCXOを設計しました．これは水晶振動子という共振回路が用意されていました．

それに対してVCOでは，準備された共振回路はありません．発振器のフィードバック回路に使う共振回路は，LC素子を用いて自分で設計しなければなりません．しかも，ロスが少なく高いQ値をもったLC共振回路が必要とされます．

● LC共振回路の特性を利用してフィルタを作る

LC共振回路には，直列共振回路と並列共振回路の二つがあります．
接続のしかたによって，次の2種類を構成できます．
図3-2に示した，特定周波数を通過させるバンド・パス・フィルタ(BPF)と，図3-3に示した，特定周波数を減衰させ阻止するバンド・エリミネーション・フィルタ(BEF，トラップともいう)です．

▶インピーダンスに山や谷をもつ特性を利用する

直列共振回路や並列共振回路は，どうしてBPFやBEFの特性を得られるのでしょうか？　直列共振回路は共振周波数でインピーダンスが最小になり，並列共振回路は反対に共振周波数でインピーダンスが最大となる性質をもっています．この性質を利用するとフィルタになります．

[図3-2] LC共振バンド・パス・フィルタ

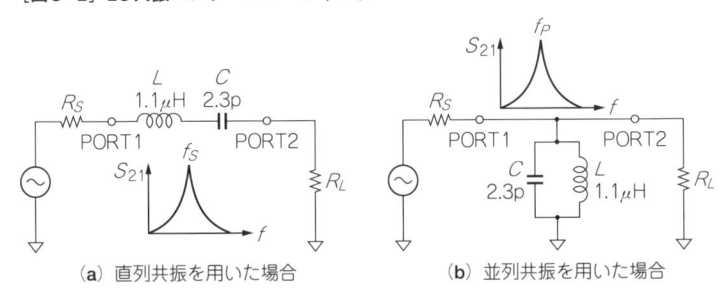

(a) 直列共振を用いた場合

(b) 並列共振を用いた場合

[図3-3] LC共振バンド・エリミネーション・フィルタ

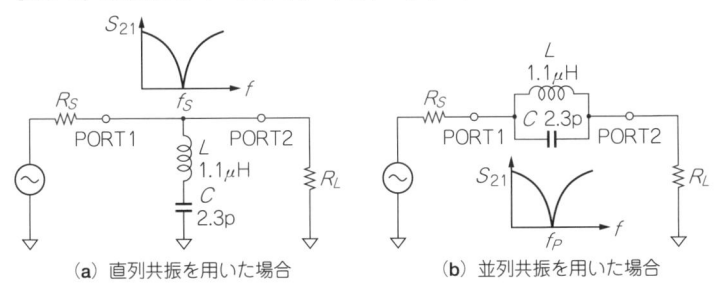

(a) 直列共振を用いた場合

(b) 並列共振を用いた場合

LC共振回路のインピーダンスとリアクタンス

● 直列共振回路のインピーダンスとリアクタンス

直列共振回路の周波数特性，インピーダンスとリアクタンスをRFシミュレータで求めます．

▶100 MHz直列共振回路のS_{21}通過特性

図3-2(a)に示す直列共振回路で，$L = 1.1\ \mu H$と$C = 2.3\ pF$としたときのS_{21}通過特性をシミュレータで描かせました．R_S，R_Lはともに50 Ωとしています．

図3-4(a)に示すように，100 MHzに直列共振点f_Sがあり，100 MHzを通過させるBPFの特性となります．同じ直列共振回路を図3-3(a)に示すように接続すると，100 MHzを阻止するトラップとなります．

▶100 MHz直列共振回路のインピーダンス特性

$L = 1.1\ \mu H$と$C = 2.3\ pF$の直列共振回路のインピーダンス特性はどうなっているでしょうか？

第2章のColumnで，回路のインピーダンスZ_MをS_{21}から求める次式を導きました．

$$Z_M = 2Z_0 \left(\frac{1}{S_{21}} - 1 \right) \quad \cdots\cdots\cdots\cdots\cdots\cdots\cdots\cdots\cdots\cdots\cdots\cdots\cdots\cdots\cdots\cdots\cdots\cdots\cdots\cdots\cdots\cdots\cdots\cdots\cdots\cdots\cdots\cdots (3\text{-}2)$$

式(3-2)で，$Z_0 = 50\,\Omega$としてシミュレータにて計算させると，図3-4(b)に示す直列共振回路のインピーダンス特性が求まります．

共振周波数$f_S = 100\,\text{MHz}$でのインピーダンスが最小($0\,\Omega$)となります．直列共振回路が図3-2(a)に示すBPFや図3-3(a)に示すBEFとなることが納得できます．

▶100 MHz直列共振回路のリアクタンス特性

インピーダンス特性から虚数部だけを表示させることで，リアクタンスを求めることができます．

図3-4(c)にリアクタンスの周波数特性を示します．共振周波数f_Sより低い周波数では容量性，f_Sより高い周波数では誘導性となります．

● LとCそれぞれ単体でのリアクタンス

このリアクタンスの動きをよく理解するために，コイルとコンデンサ単体でのリアクタンスの周波数特性も描かせてみましょう．

▶$L = 1.1\,\mu\text{H}$の誘導性リアクタンス

図3-5にリアクタンスの周波数特性を示します．誘導性リアクタンスX_Lは，周波数がゼロとなる直流のときにゼロとなります．周波数が高くなるにつれて，周波数に比例してリアクタンスX_Lは大きくなります．

100 MHzでのリアクタンスは，$X_L = 2\pi fL$から，$X_L \fallingdotseq 691\,\Omega$となります．

▶$C = 2.3\,\text{pF}$の容量性リアクタンス

図3-6にリアクタンスの周波数特性を示します．直流に対しては容量性リアクタンスは無限大となります．

周波数が高くなると，今度は周波数に反比例してリアクタンスは小さくなり，どこまでもゼロに近づいていくことになります．

100 MHzでのリアクタンスは，$X_C = 1/(2\pi fC)$から，やはり$X_C \fallingdotseq 691\,\Omega$となっています．

▶LとCの性質を利用して周波数を選択する

このように，LとCのリアクタンスの周波数特性は，比例と反比例という逆の関係です．この性質を上手に利用することで，周波数の選択性をもつBPFもしくはBEFを得られるのです．

$L = 1.1\,\mu\text{H}$と$C = 2.3\,\text{pF}$では100 MHzで共振をしています．100 MHzでのLの誘導性リアクタンス，Cの容量性リアクタンスは同じ値となります．

[図3-4] *LC直列共振のインピーダンス/リアクタンス特性*

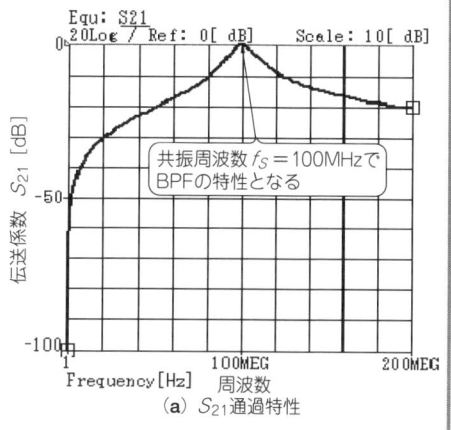

(a) S_{21}通過特性

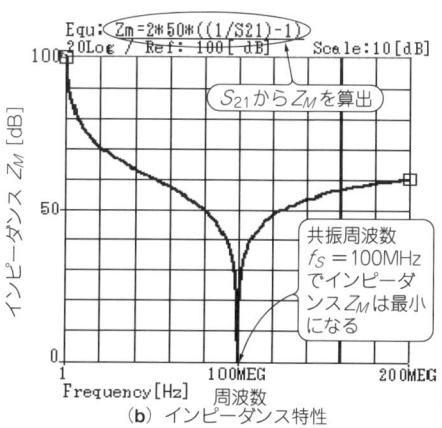

共振周波数 f_S＝100MHzでBPFの特性となる

(b) インピーダンス特性

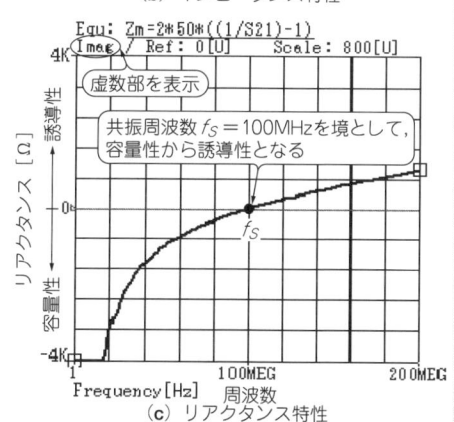

S_{21}からZ_Mを算出

共振周波数 f_S＝100MHzでインピーダンスZ_Mは最小になる

(c) リアクタンス特性

虚数部を表示

共振周波数 f_S＝100MHzを境として，容量性から誘導性となる

f_S

[図3-5] *L＝1.1μHのリアクタンス特性*

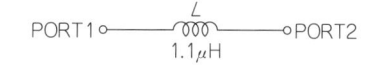

(a) 回路

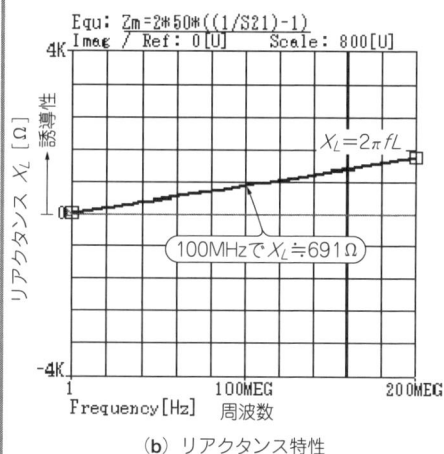

PORT1 ─── L 1.1μH ─── PORT2

(b) リアクタンス特性

$X_L = 2\pi fL$

100MHzで$X_L \fallingdotseq 691\Omega$

[図3-6] *C＝2.3pFのリアクタンス特性*

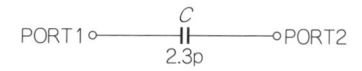

(a) 回路

PORT1 ─── C 2.3p ─── PORT2

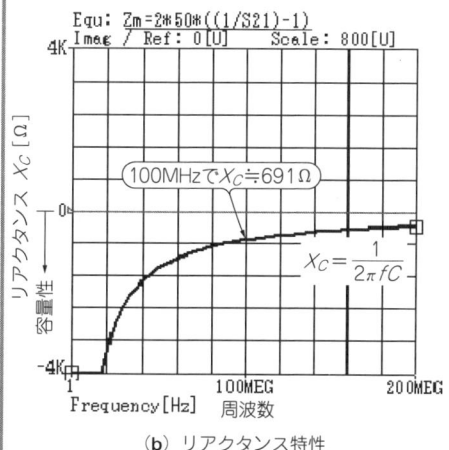

(b) リアクタンス特性

100MHzで$X_C \fallingdotseq 691\Omega$

$X_C = \dfrac{1}{2\pi fC}$

LC共振回路のインピーダンスとリアクタンス

● **並列共振回路のインピーダンスとリアクタンス**

並列共振の周波数特性，インピーダンスとリアクタンスを求め，直列共振との違いを整理しましょう．

▶ 100 MHz 並列共振回路の S_{21} 特性

図3-3(b)に示す並列共振回路で，$L = 1.1\ \mu H$ と $C = 2.3\ pF$ としたときの S_{21} 通過特性を描かせました．

図3-7(a)に示すように100 MHzに並列共振点 f_P が生まれ，100 MHzを阻止するBEF(トラップ)の特性となります．

同じ並列共振回路を図3-2(b)に示すように接続すれば，100 MHzを通過させるBPFとなります．

[図3-7] *LC* 並列共振のインピーダンス/リアクタンス特性

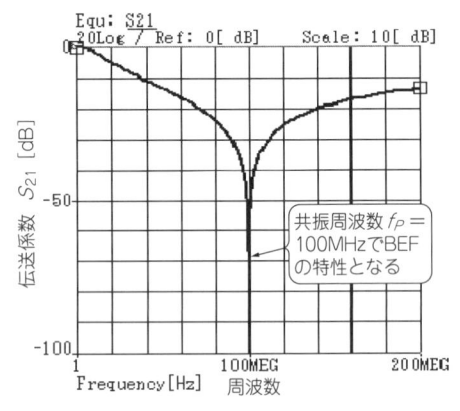

(a) S_{21} 通過特性

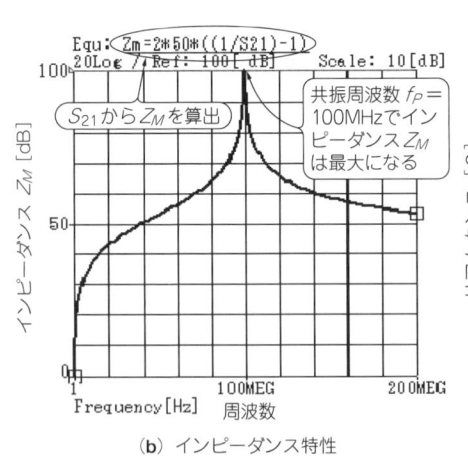

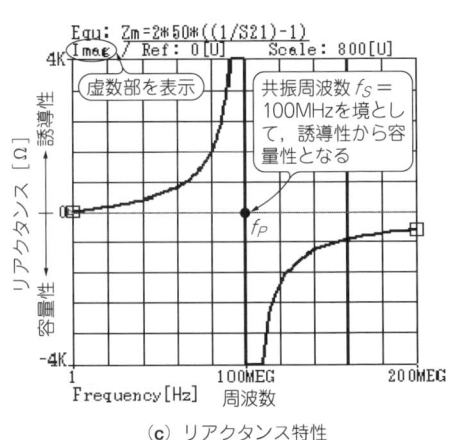

共振周波数 f_P = 100MHzでBEFの特性となる

(b) インピーダンス特性

S_{21} から Z_M を算出

共振周波数 f_P = 100MHzでインピーダンス Z_M は最大になる

(c) リアクタンス特性

虚数部を表示

共振周波数 f_S = 100MHzを境として，誘導性から容量性となる

▶ 100 MHz 並列共振回路のインピーダンス特性

　$L = 1.1\ \mu H$ と $C = 2.3\ pF$ を並列接続した共振回路のインピーダンス特性を図3-7(b)に示します．先の直列共振とは反対に，共振周波数 $f_P(=100\ MHz)$ でインピーダンスが最大となります．

　並列共振回路は，図3-3(b)に示すBEFや図3-2(b)に示すBPFとなることがわかります．

▶ 100 MHz 並列共振回路のリアクタンス特性

　このインピーダンス特性から虚数部だけを表示してリアクタンスを求めると，図3-7(c)に示す周波数特性となります．共振周波数 f_P より低い周波数では誘導性リアクタンスの特性を示し，f_P より高い周波数では容量性リアクタンスの特性です．

LCR共振回路の性能はQで表す

　次に，共振回路の設計に重要な性能指数（クォリティ・ファクタ）Qについて整理します．第1章で紹介したLeeson式に Q_L という値が出ましたが，ここで解説する値です．

　Qは，部品や回路の性能の良さを表す指標です．

　Qを導入するには，エネルギー損失ぶんであるRを挿入したLCRの形で考える必要があります．

● LCR直列共振回路のQ値を求める式

　図3-8(a)にLCRの直列共振回路を示しています．

　ここで，インピーダンスZは次式で表されます．

$$Z = R + j\left(\omega L - \frac{1}{\omega C}\right) \quad \cdots (3\text{-}3)$$

そして，$\omega L = 1/\omega C$ のときに虚数項はゼロとなり，$Z = R$ となります．

　直列共振周波数 f_S は，

$$f_S = \frac{1}{2\pi\sqrt{LC}} \quad \cdots (3\text{-}4)$$

となります．

　図3-8(b)は，$L = 1.1\ \mu H$，$C = 2.3\ pF$，$R = 50\ \Omega$ または $100\ \Omega$ のときのインピーダンス特性を計算したもので，共振周波数 $f_S = 100\ MHz$ でインピーダンスZが最小になり，$Z = 50\ \Omega$ または $100\ \Omega$ となります．

[図3-8] LCR直列共振のインピーダンスの周波数特性　[図3-9] LCR並列共振のインピーダンスの周波数特性

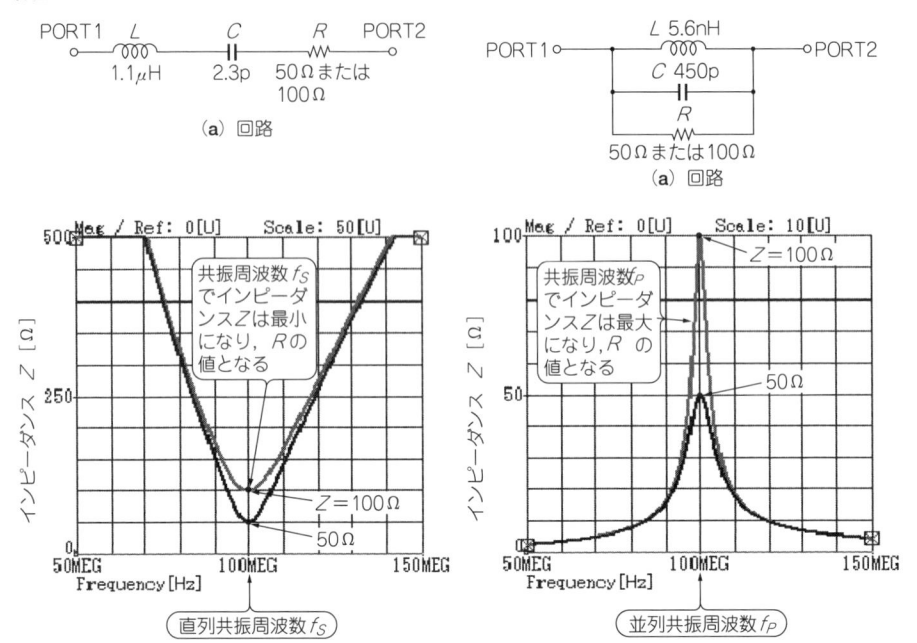

(a) 回路

(b) インピーダンス特性

直列共振周波数 f_S

並列共振周波数 f_P

直列共振回路の性能の良さを表す指標である性能指数 Q は次式で表せます．

$$Q = \frac{\omega L}{R} = \frac{1}{\omega CR} = \frac{1}{R}\sqrt{\frac{L}{C}} \quad \cdots\cdots (3\text{-}5)$$

● **LCR並列共振回路の Q値を求める式**

図3-9(a)には，LCRの並列共振回路を示しています．インピーダンス Z は次式で表されます．

$$Z = \frac{1}{\frac{1}{R} + j\left(\omega C - \frac{1}{\omega L}\right)} \quad \cdots\cdots (3\text{-}6)$$

$\omega C = 1/\omega L$ のときに虚数項はゼロになり，$Z = R$ となります．また，並列共振周波数 f_P は，

$$f_P = \frac{1}{2\pi\sqrt{LC}} \quad \cdots\cdots (3\text{-}7)$$

となります．

図3-9(b)は，$L = 5.6\,\text{nH}$，$C = 450\,\text{pF}$，$R = 50\,\Omega$および$100\,\Omega$のときのインピーダンス特性を計算したもので，共振周波数$f_P = 100\,\text{MHz}$でインピーダンスZが最大になり，$Z = 50\,\Omega$および$100\,\Omega$となります．

並列共振回路の性能の良さを表す指標である性能指数Qは次式で表せます．

$$Q = \frac{R}{\omega L} = \omega CR = R\sqrt{\frac{C}{L}} \quad\cdots\cdots\cdots\cdots\cdots\cdots\cdots\cdots\cdots\cdots\cdots\cdots (3\text{-}8)$$

● 共振周波数を決めるLとCの組み合わせは無限にある

直列共振周波数f_Sと並列共振周波数f_Pは式(3-4)または式(3-7)となります．
共振周波数を決めるLとCの組み合わせは，無限に存在することになります．

● 同じ特性をもつ直列共振回路と並列共振回路を作ることができる

図3-10(a)は，直列共振によるBPFです．ここで，$L = 1.1\,\mu\text{H}$，$C = 2.3\,\text{pF}$とすると直列共振周波数f_Sは，

$$f_S = \frac{1}{2\pi\sqrt{LC}} \fallingdotseq 100\,\text{MHz} \quad\cdots\cdots\cdots\cdots\cdots\cdots\cdots\cdots\cdots\cdots (3\text{-}9)$$

となり，この通過特性S_{21}は図3-10(c)となります．

図3-10(b)は，並列共振によるBPFです．今度はLとCの定数を$L = 5.6\,\text{nH}$，

[図3-10] 異なる定数のLC共振回路で同じ特性のBPFができる

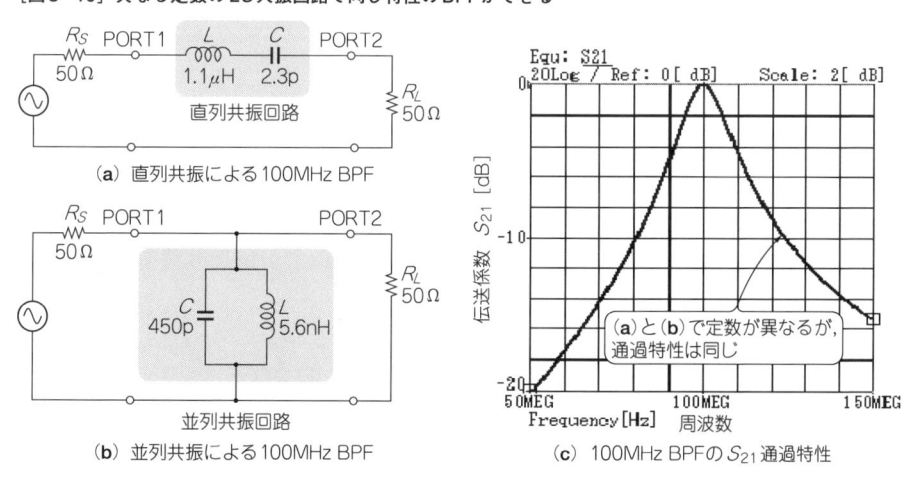

(a) 直列共振による100MHz BPF

(b) 並列共振による100MHz BPF

(c) 100MHz BPFのS_{21}通過特性

(a)と(b)で定数が異なるが，通過特性は同じ

LCR共振回路の性能はQで表す

$C = 450$ pFに選択しました．並列共振周波数f_Pは，

$$f_P = \frac{1}{2\pi\sqrt{LC}} \fallingdotseq 100 \text{ MHz} \cdots\cdots\cdots\cdots\cdots\cdots\cdots\cdots (3\text{-}10)$$

とやはり100 MHzです．この通過特性S_{21}を描かせると，これも図3-10(c)とほぼ同じになります．直列共振，並列共振とも，同じ共振周波数になるLとCの組み合わせは無限にあります．

しかし，どうして共振周波数だけでなく，その通過特性までほぼ同じとなっているのでしょうか？

● 共振周波数が同じでQの値も同じなら通過特性は等しい

実は図3-10の100 MHz共振回路の定数を決めるとき，同じQになるように計算しています．

▶ 直列共振回路のQ値

直列共振回路のQ値は式(3-5)から求められます．図3-10(a)の直列共振回路では，信号源抵抗R_Sと負荷抵抗R_Lを50 Ωとすると，それらが直列につながります．負荷付きQ値(負荷Q値)をQ_Lとすると，Q_Lは次式より求まります．

$$Q_L = \frac{\omega L}{R_S + R_L} = \frac{2\pi \times 100 \text{ MHz} \times 1.1 \text{ μH}}{100 \text{ Ω}} \fallingdotseq 7 \cdots\cdots\cdots\cdots\cdots\cdots (3\text{-}11)$$

▶ 並列共振回路のQ値

並列共振回路のQ値は，式(3-8)から求められます．図3-10(b)の並列共振回路では，信号源抵抗R_Sと負荷抵抗R_Lの50 Ωが並列につながります．Q_Lは次式から求められます．

$$Q_L = \frac{R_S /\!/ R_L}{\omega L} = \frac{25 \text{ Ω}}{2\pi \times 100 \text{ MHz} \times 5.6 \text{ nH}} \fallingdotseq 7 \cdots\cdots\cdots\cdots\cdots\cdots (3\text{-}12)$$

▶ 二つの共振回路の通過特性は同じ

このように，両共振回路ともQ_Lは約7と算出されました．二つの通過特性S_{21}はほぼ同じで，図3-10(c)に示す特性となります．

私のウェブ・ページ[49]上に，直列/並列共振周波数とQ値を計算するツールがあるので活用してください．

共振回路のLとCの値の決めかた

共振周波数を決めるLとCの組み合わせは無限にあります．では，どのように値

を決めればよいでしょうか？

● 直列共振回路のLとCの割合を変えた通過特性

図3-11は，100 MHz直列共振回路のLの値を1.1 μH→550 nHと半分にしたときに，通過特性S_{21}がどうなるかをシミュレータで計算させてみました．Lの値が1/2になると，Q_L値は1/2になることがわかります．

● 並列共振回路のLとCの割合を変えた通過特性

図3-12は，並列共振回路のLの値を5.6 nH→2.3 nHと半分にしたときの通過特性S_{21}です．今度は，Lの値を1/2とすると，Q_L値は2倍となることがわかります．

● 高いQ_Lが得られるように定数を選ぶことが基本

直列共振回路でQ_L値を高くするには，Lの値を大きく（Cの値は小さく）します．並列共振回路では反対にLの値を小さく（Cの値は大きく）する必要があります．

発振器の共振回路のLとCの定数を決める際は，これらのことを考慮して大きな

[図3-11] 直列共振回路でLCの値を変えて負荷Q値の変化を見る

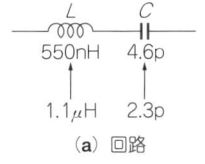

[図3-12] 並列共振回路でLCの値を変えて負荷Q値の変化を見る

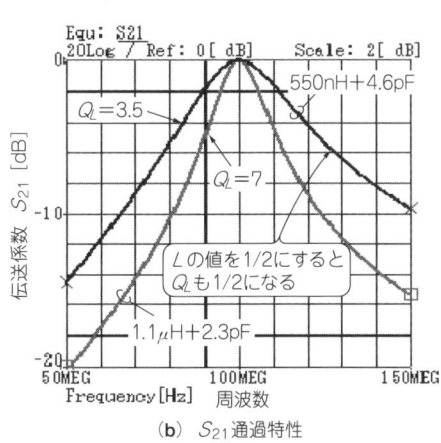

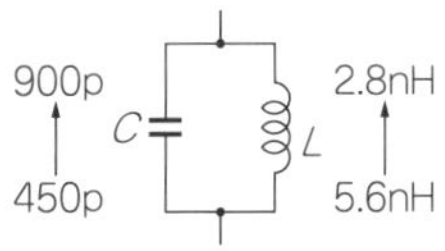

共振回路のLとCの値の決めかた | 087

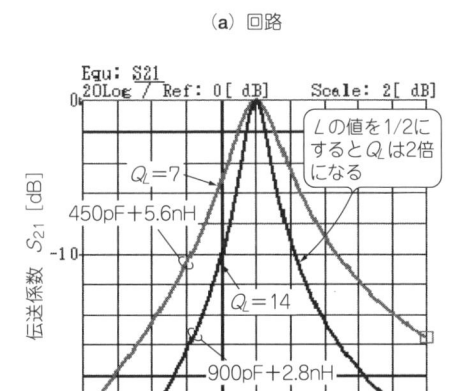

Q_Lを得るように考えます．

高Qを妨げるLC素子の寄生成分

実際のコイルやコンデンサは，容量成分やインダクタンス成分をもっていますし，損失抵抗分rも存在します．実際に回路を設計する場合は，それらを考慮します．

● 共振素子LとCの損失抵抗分rの影響

コンデンサの等価直列抵抗分ESR(Equivalent Series Resistance)の大小によって，負荷QであるQ_L値がどのように変わるかを，並列共振回路を例にしてシミュレーションします．

図3-13は100 MHzの並列共振回路のコンデンサに等価直列抵抗ESRを追加したシミュレーション結果と，結果から計算したQ_L値です．

負荷Q値Q_Lの求めかたは，第2章で説明したように2通りあります．

一つは，S_{21}通過特性の3 dB帯域幅ΔBWから計算する方法で，この場合は次式を用います．

$$Q_L = \frac{f_P}{\Delta BW} \quad \cdots\cdots\cdots\cdots\cdots\cdots\cdots\cdots\cdots\cdots\cdots\cdots\cdots\cdots\cdots\cdots (3\text{-}13)$$

もう一つは群遅延時間t_{GD}から計算する方法で，この場合は次式を用います．

$$Q_L = \pi f_P t_{GD} \quad \cdots\cdots\cdots\cdots\cdots\cdots\cdots\cdots\cdots\cdots\cdots\cdots\cdots\cdots\cdots (3\text{-}14)$$

図3-13ではこの両方でQ_L値を求めています．

▶ コンデンサのESRのQ値への影響

これらの結果から明らかなように，ESRが0 Ωの理想コンデンサの場合には，$Q_L \fallingdotseq 7$でしたが，ESRが0.2 Ωあるコンデンサを用いると$Q_L \fallingdotseq 5$と悪化します．

さらにESRが0.6 Ωのコンデンサを使用するのであれば，$Q_L \fallingdotseq 3.2$まで悪化することになります．

無負荷Qと負荷Qの関係

無負荷Q値と負荷Q値の関係を整理しておきましょう．

▶ コイルとコンデンサの無負荷Q値Q_U

コイルやコンデンサには理想的なリアクタンス素子以外に直列抵抗成分ESRが存在しました．コイルのESRをR_{SL}，コンデンサのESRをR_{SC}とすると，コイルと

[図3-13] コンデンサのESRによる負荷Q値Q_Lの劣化

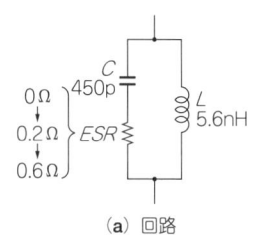

(a) 回路

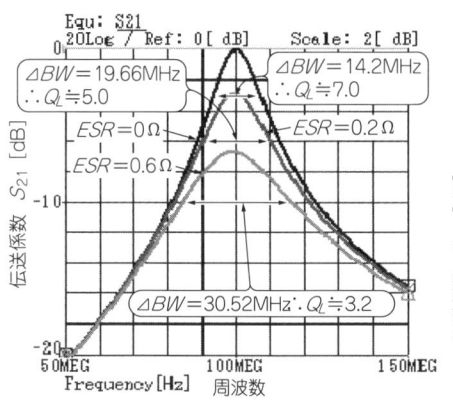

(b) S_{21}通過特性

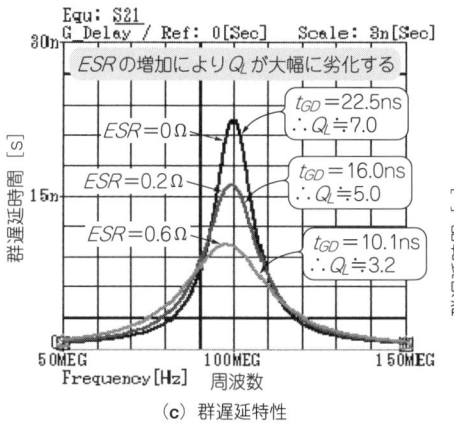

$\Delta BW = 19.66\text{MHz}$ ∴ $Q_L \fallingdotseq 5.0$
$\Delta BW = 14.2\text{MHz}$ ∴ $Q_L \fallingdotseq 7.0$
$ESR = 0\Omega$
$ESR = 0.2\Omega$
$ESR = 0.6\Omega$
$\Delta BW = 30.52\text{MHz}$ ∴ $Q_L \fallingdotseq 3.2$

(c) 群遅延特性

ESRの増加によりQ_Lが大幅に劣化する
$ESR = 0\Omega$, $t_{GD} = 22.5\text{ns}$ ∴ $Q_L \fallingdotseq 7.0$
$ESR = 0.2\Omega$, $t_{GD} = 16.0\text{ns}$ ∴ $Q_L \fallingdotseq 5.0$
$ESR = 0.6\Omega$, $t_{GD} = 10.1\text{ns}$ ∴ $Q_L \fallingdotseq 3.2$

[図3-14] R_SとR_Lを大きくするとQ_Lは向上するが挿入損失L_Iは増大する

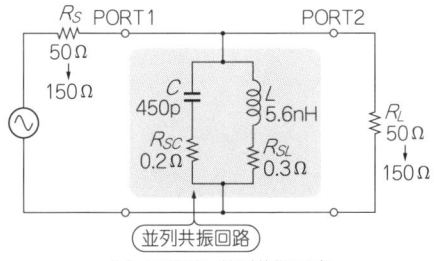

(a) 100MHz並列共振回路

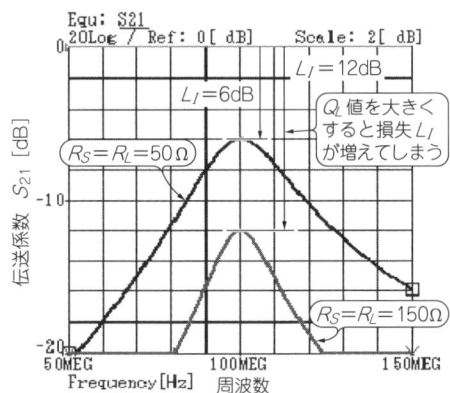

並列共振回路

(b) S_{21}通過特性

$L_I = 12\text{dB}$
$L_I = 6\text{dB}$
$R_S = R_L = 50\Omega$
Q_L値を大きくすると損失L_Iが増えてしまう
$R_S = R_L = 150\Omega$

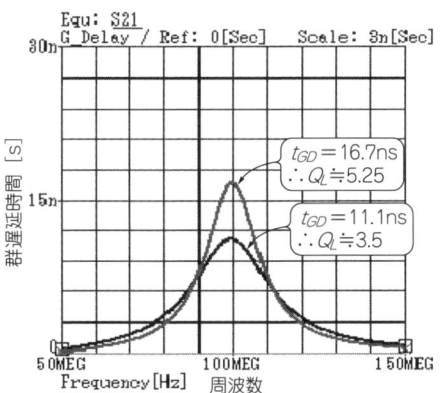

(c) 群遅延特性

$t_{GD} = 16.7\text{ns}$ ∴ $Q_L \fallingdotseq 5.25$
$t_{GD} = 11.1\text{ns}$ ∴ $Q_L \fallingdotseq 3.5$

無負荷Qと負荷Qの関係 | 089

コンデンサそれぞれの無負荷 Q 値 Q_U(U は Unloaded の頭文字) は式(3-15)と式(3-16)で表されます．

$$ \text{コイルの場合：} Q_{UL} = \frac{\omega L}{R_{SL}} \quad\cdots\cdots\cdots\cdots\cdots\cdots\cdots\cdots\cdots\cdots\cdots\cdots\cdots\cdots\cdots\cdots\cdots\cdots (3\text{-}15) $$

$$ \text{コンデンサの場合：} Q_{UC} = \frac{1}{\omega C R_{SC}} \quad\cdots\cdots\cdots\cdots\cdots\cdots\cdots\cdots\cdots\cdots\cdots\cdots\cdots\cdots (3\text{-}16) $$

図3-14(a)は，$L = 5.6$ nH，$R_{SL} = 0.3\ \Omega$ のコイルと $C = 450$ pF，$R_{SC} = 0.2\ \Omega$ のコンデンサを用いた100 MHzの並列共振回路を示しています．

まずコイルとコンデンサの無負荷 Q 値 Q_U を求めると，

$$ Q_{UL} = \frac{\omega L}{R_{SL}} \fallingdotseq 11.7 $$

$$ Q_{UC} = \frac{1}{\omega C R_{SC}} \fallingdotseq 17.7 $$

となります．

▶共振回路としての無負荷 Q 値 Q_U

このコイルとコンデンサによる共振回路としての無負荷 Q 値 Q_U は式(3-15)から求まります．

$$ Q_U = \frac{1}{\dfrac{1}{Q_{UL}} + \dfrac{1}{Q_{UC}}} \fallingdotseq 7 \quad\cdots\cdots\cdots\cdots\cdots\cdots\cdots\cdots\cdots\cdots\cdots\cdots\cdots\cdots\cdots\cdots (3\text{-}17) $$

▶50 Ωで終端した共振回路の負荷 Q 値 Q_L

この無負荷 Q 値 $Q_U \fallingdotseq 7$ の並列共振回路を，信号源抵抗 $R_S = 50\ \Omega$ と負荷抵抗 $R_L = 50\ \Omega$ で終端したとします．

負荷 Q 値 Q_L はどうなるでしょうか．**図3-14**(c)の黒線にシミュレータによる解析結果を示します．負荷 Q 値 Q_L は，群遅延時間 $t_{GD} \fallingdotseq 11.1$ ns を用いて算出すると，$Q_L \fallingdotseq 3.5$ となります．

▶挿入損失 L_I と Q 値の関係

挿入損失 L_I(Insertion Loss)と無負荷 Q 値 Q_U と負荷 Q 値 Q_L との関係はどうなっているでしょうか．これらの間には，式(3-18)に示すきわめて重要な関係が成り立ちます．

$$ L_I[\text{dB}] = 20 \log\left(\frac{Q_U}{Q_U - Q_L}\right) \quad\cdots\cdots\cdots\cdots\cdots\cdots\cdots\cdots\cdots\cdots\cdots\cdots (3\text{-}18) $$

共振回路の無負荷 Q 値 $Q_U \fallingdotseq 7$ とこれを50 Ω終端したときの負荷 Q 値 $Q_L \fallingdotseq 3.5$

を入れて計算すると，挿入損失L_I = 6 dBとなります．

シミュレータの計算結果，**図3-14**(b)黒線のS_{21}通過特性においても，L_I = 6 dBとなっています．

● 共振回路の負荷Q値Q_Lを大きくする方法

挿入損失L_Iを表す式から，負荷Q値Q_Lは無負荷Q値Q_Uより大きくできないことがわかります．

しかし，Q_Lをできるだけ，Q_Uに近づけることで共振回路としての性能を向上できるはずです．$R_S = R_L = 150\,\Omega$としてシミュレータで計算させると，**図3-14**(c)の灰色線に示すように$t_{GD} \fallingdotseq 16.7$ nsですから，$Q_L \fallingdotseq 5.25$となり，Q_Uに近づきました．

ところが，このときの挿入損失L_Iを計算すると，$Q_U \fallingdotseq 7$で$Q_L \fallingdotseq 5.25$ですから，挿入損失L_I = 12 dBとなってしまいました．この方法でQ_Lを大きくすると損失が増えてしまうのです．

▶ ESRを小さくしてQ_Uが向上するとQ_Lも向上

コイルとコンデンサのESRを先ほどより小さくできて（R_{SL} = 0.03 Ω，R_{SC} = 0.02 Ω），共振器としての無負荷Q値を10倍の$Q_U \fallingdotseq 70$にできたとしましょう．

図3-15には，これを$R_S = R_L = 50\,\Omega$で終端した場合の負荷Q値Q_Lと挿入損失L_Iを計算させた結果を示します．$Q_L \fallingdotseq 6.4$まで向上し，挿入損失も$L_I \fallingdotseq 0.8$ dBと小さくなっています．

▶ Q_Lを大きくして挿入損失を減らすには

[図3-15] Q_Uを大きくすれば損失を増やさずにQ_Lを大きくできる

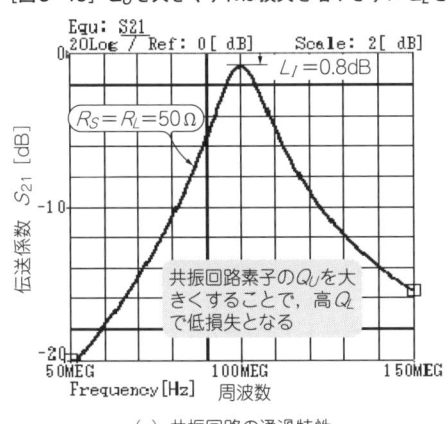

(a) 共振回路の通過特性

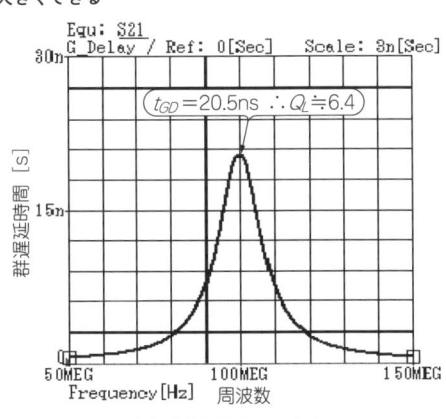

(b) 共振回路のt_{GD}とQ_L

Q_Lを大きくして，かつ挿入損失L_Iを少なくするには，使用するコイルとコンデンサのクオリティ・ファクタQをよくして共振器としてのQ_U値を向上させる必要があります．もし，小さなQ_Uで大きなQ_Lを得ようとするならば，挿入損失L_Iの増大を覚悟しなければなりません．発振器に用いられる共振回路は，位相雑音を小さくするために，Q値が大きく，かつ損失の少ないものが必要とされます．

● 寄生インダクタンスや寄生容量の影響

実際のコイルとコンデンサがもつ容量とインダクタンスも共振回路の特性に影響を及ぼします．

▶ コンデンサがもつインダクタンス成分の影響

先ほどから用いてきた$L = 5.6$ nH，$C = 450$ pFの100 MHzの並列共振回路で，コンデンサに1 nHのインダクタンス成分を考えてみます．積層セラミックのチップ・コンデンサを用いた場合を想定しています．

図3-16は，コンデンサCにインダクタンス成分L_Cを追加した並列共振回路の通過特性S_{21}を計算させたものです．

インダクス成分がない$L_C = 0$ nHの場合には，並列共振周波数は100 MHzです．$L_C = 1$ nHのインダクタンスを追加すると，100 MHzの共振周波数が低い方向にずれることがわかります．

もしコンデンサにリード・タイプを用いたり，接続パターンが長かったりして，$L_C = 3$ nHほどのインダクタンスが存在すると，450 pFと3 nHによる共振周波数

[図3-16] コンデンサにインダクタンス成分があると共振周波数が変わる

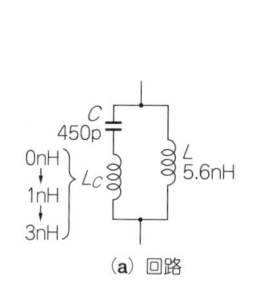

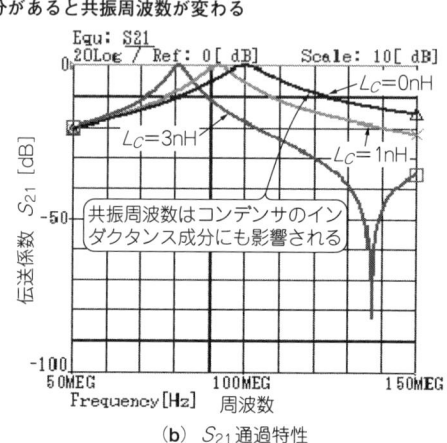

は $f_S ≒ 137\,\mathrm{MHz}$ まで低くなり，$100\,\mathrm{MHz}$ の並列共振周波数にも大きく影響を及ぼします．

▶コンデンサの値をむやみに大きくできない

　並列共振回路での Q を高くするには，コンデンサを大きくするほうが有利ですが，インダクタンス成分による影響があるので，むやみに大きくはできないことに注意が必要です．

目的の共振周波数と高 Q を得るフィルタの定数

　コルピッツ型発振器のモデルを図3-17に再掲します．そのフィルタである LC 共振回路は四つの素子によって構成されています．

　L_1 はソレノイド・コイルで構成し，C_3 は周波数制御のためにバラクタ(可変容量ダイオード)を用います．C_1 と C_2 は，帰還コンデンサと呼ばれています．

　この4素子共振回路をシミュレータで解析しながら，設計，すなわち定数の決定をしてみましょう．4素子の共振回路になると直感的にその特性を見抜くことが難しくなります．RFシミュレータで特性を描かせる仮想実験は，設計の大きな助けとなります．

● 直列共振する L_1 と C_3 の値を選ぶ

　目標の発振周波数は $180\,\mathrm{M} \sim 220\,\mathrm{MHz}$ です．共振周波数を中心の $200\,\mathrm{MHz}$ と考えます．

　図3-18(a)は，信号源と負荷抵抗を $50\,\Omega$ として，4素子による共振回路を接続したものです．まず，C_1 と C_2 をオープンにして，L_1 と C_3 の2素子による直列共振回路として L_1 と C_3 の値を求めます．

　先ほど解説したように，同じ共振周波数でも，直列共振の場合，L の値を大きく，

[図3-17] コルピッツ型発振器のモデル

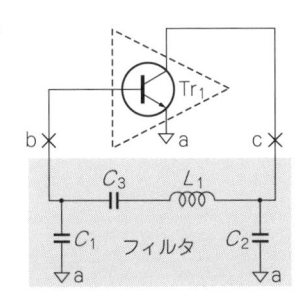

[図3-18] C_1とC_2を加えるとQ_Lが上昇し位相も変えられる
位相の変化はアンプと組み合わせるときに重要な意味をもつ

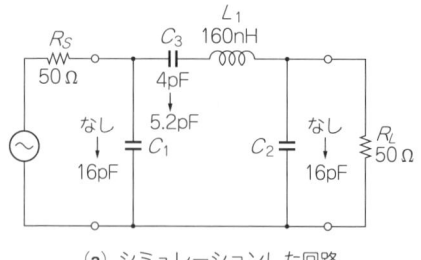

(a) シミュレーションした回路

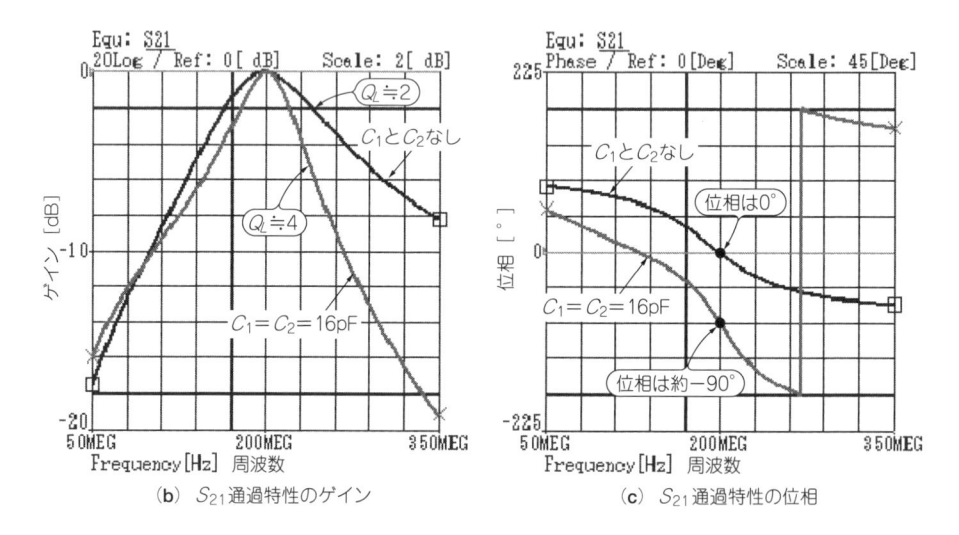

(b) S_{21}通過特性のゲイン

(c) S_{21}通過特性の位相

Cの値を小さくすることで，Qをより高くできました．C_3をなるべく小さくしたいのですが，バラクタに置き換える予定であること，あまり値が小さいと浮遊容量の影響で問題がおきることから，ここでは$C_3 \fallingdotseq 4\,\mathrm{pF}$とします．すると，$L_1 \fallingdotseq 160\,\mathrm{nH}$と決まります．

● C_1とC_2でQや位相を調整することができる

図3-18(a)で，L_1とC_3の2素子による直列共振回路の負荷Q値Q_Lは，次式で求まります．

$$Q_L = \frac{\omega L}{R_S + R_L} = \frac{2\pi \times 200\,\mathrm{MHz} \times 160\,\mathrm{nH}}{100\,\Omega} \fallingdotseq 2 \quad \cdots\cdots (3\text{-}19)$$

$Q_L ≒ 2$と低い値となっています．

▶ C_1とC_2を接続してQ_L値を改善する

C_1とC_2を用いることよってQ_L値を大きくすることができます．

C_1とC_2の値を16 pFとすると，そのリアクタンスは $1/\omega C ≒ 50\,\Omega$です．これがR_SやR_Lに並列につながるので，終端抵抗は半分の25 Ωとなります．すると，式（3-19）よりQ_Lは約4に改善されることになります．

図3-18(b)と(c)に，RFシュミレータでの結果を示します．$C_1 = C_2 = 16\,\text{pF}$とすると，$Q_L$値が約2倍になることが計算されます．

なお，C_1とC_2の追加によって中心周波数も多少動きます．周波数の調整のため，$C_3 = 5.2\,\text{pF}$としました．

▶ C_1とC_2によって位相も変化する

C_1とC_2の追加によって，もう一つ注目したいのは，これによって200 MHzでの位相が変わることです．

図3-18(c)を見てください．200MHzの位相は，2素子の直列共振の場合には0°ですが，$C_1 = C_2 = 16\,\text{pF}$を接続して4素子の共振回路にすると約−90°シフトします．さらにC_1とC_2の容量を増すと，この位相シフトは−180°に近付きます．

▶ 発振器の特性を改善する調整に使える

C_1とC_2の値により，Q_L値と位相シフトを調整できることは，発振器を設計するうえで非常に重要です．後述しますが，アンプと組み合わせたときに，理想発振に近づけるための調整が必要になるからです．

● C_1とC_2を大きくしすぎると損失が問題になる

Q_Lを高くするためには，C_1とC_2の値はできるだけ大きくしたほうがよいのですが，上限もあります．

図3-18では，コイルやコンデンサは理想素子で，Qは無限です．ところが，実際の部品には抵抗成分があり，Qは有限です．これを考慮してシミュレーションしてみます．

▶ 挿入損失L_IとQの関係

前節「無負荷Qと負荷Qの関係」で解説したように，挿入損失L_I（Insertion Loss），無負荷Q値Q_U，負荷Q値Q_Lとの間には，式（3-18）という重要な関係が成り立ちました．

$$L_I[\text{dB}] = 20 \log\left(\frac{Q_U}{Q_U - Q_L}\right)$$

コイルL_1やコンデンサ(実際はバラクタ)C_3による等価直列抵抗ESRを仮に6Ωとしましょう．

図3-19(a)は，ESRを追加した有限Qでの4素子LC共振回路を示します．$ESR = 6\,\Omega$での共振回路の無負荷Q値Q_Uは次式から求まります．

$$Q_U = \frac{\omega L}{ESR} = \frac{2\pi \times 200\,\mathrm{MHz} \times 160\,\mathrm{nH}}{6\,\Omega} \fallingdotseq 33.5 \quad\cdots\cdots\cdots\cdots\cdots (3\text{-}20)$$

▶ $C_1 = C_2 = 16\,\mathrm{pF}$での挿入損失$L_I$を求める

4素子LC共振回路のC_1とC_2を16 pFとします．負荷Q値Q_Lは群遅延時間t_{GD}から求めることにします．

図3-19(b)と(c)の黒線にその結果を示します．$C_1 = C_2 = 16\,\mathrm{pF}$では，$t_{GD} \fallingdotseq$

[図3-19] C_1とC_2を大きくするとQ_Lは高くなるが挿入損失が大きくなる
L_1やC_3に含まれる抵抗成分をESRとして追加した

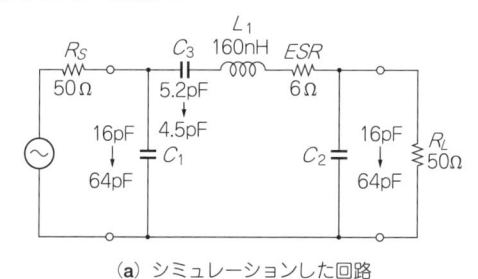

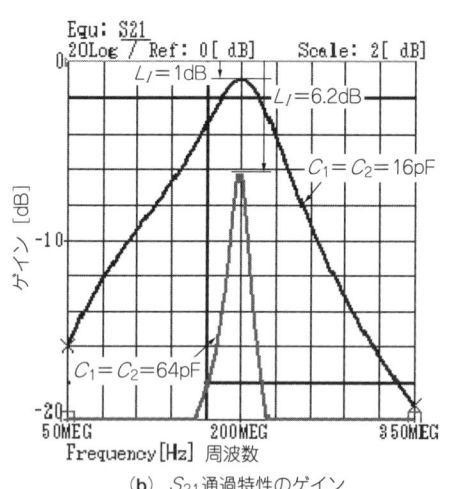

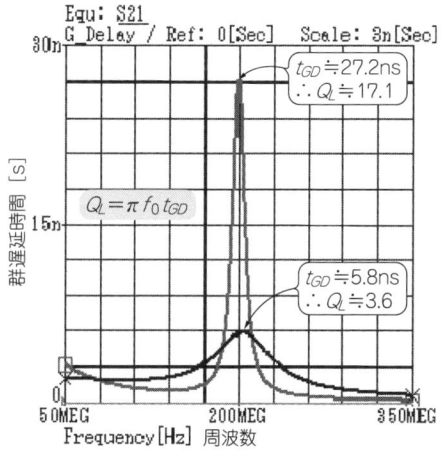

(a) シミュレーションした回路

(b) S_{21}通過特性のゲイン

(c) S_{21}通過特性の群遅延時間

5.8 ns より $Q_L \fallingdotseq 3.6$ と算出されます．挿入損失 L_I は式 (3-20) から次のように求まります．

$$L_I = 20 \log \left(\frac{33.5}{33.5 - 3.6} \right) \fallingdotseq 1 \text{ dB}$$

シミュレーション結果からも $L_I \fallingdotseq 1$ dB となります．

▶ $C_1 = C_2 = 64$ pF での挿入損失 L_I を求める

4素子 LC 共振回路の Q_L を高くするために，C_1 と C_2 を 64 pF とします．中心周波数が多少動くので，調整のために $C_3 = 4.5$ pF とします．

図 3-19(b) と (c) に結果を示します．$C_1 = C_2 = 64$ pF では，$t_{GD} \fallingdotseq 27.2$ ns より $Q_L \fallingdotseq 17.1$ と算出されます．挿入損失 L_I は，式 (3-20) から次のように求まります．

$$L_I = 20 \log \left(\frac{33.5}{33.5 - 17.1} \right) \fallingdotseq 6.2 \text{ dB}$$

シミュレーション結果からも $L_I \fallingdotseq 6.2$ dB となります．

▶ 高 Q のためには Q_U を高くするのがベスト

C_1 および C_2 を大きくして Q_L を高くすると，挿入損失 L_I が増えることに注意しなければなりません．式 (3-20) から理解できるように，Q_L を高くかつ L_I を少なくするには，Q_U 値を高くする必要があります．

[図 3-20] 可変容量ダイオードやコイルの抵抗成分が小さくないと挿入損失の変化が大きくなる
C_3 を 15 pF～1.5 pF まで変化させて周波数を変えたときを考える

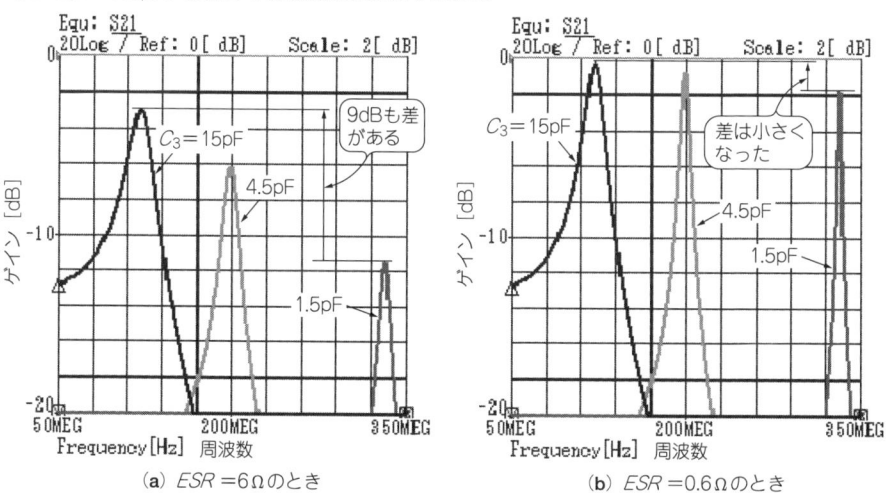

(a) $ESR = 6\,\Omega$ のとき

(b) $ESR = 0.6\,\Omega$ のとき

目的の共振周波数と高 Q を得るフィルタの定数

● 周波数可変フィルタとして定数を調整する

実際の回路では，C_3にバラクタを用いて，周波数可変のフィルタにします．

▶ $ESR = 6\,\Omega$としてC_3の容量を変えてみる

先ほどの$ESR = 6\,\Omega$，$C_1 = C_2 = 64\,\mathrm{pF}$の4素子共振回路で，$C_3$を1.5 pFから15 pFへ10倍変えてみます．

図3-20(a)にその結果を示します．C_3を15 pFから1/10まで動かして1.5 pFとすると，挿入損失L_Iが大幅に増えてしまいます．15 pFと1.5 pFでのL_Iの差は9 dBにもなります．

▶ $ESR = 0.6\,\Omega$としてC_3の容量を変えてみる

次に，ESRを0.6 Ωまで1/10に減らすことができたとします．

図3-20(b)にその結果を示します．C_3を15 pFから1/10の1.5 pFまで動かしたとき，先ほどは約9 dBあった挿入損失L_Iの差が，2 dBほどに抑えられています．

▶ ESRの大きな素子は挿入損失L_Iの周波数による変化にも注意

帰還容量$C_1 = C_2 = 64\,\mathrm{pF}$などとして，大きな$Q_L$を得ようとする場合，共振回路のLCに$ESR$が大きい素子を用いてしまうと，挿入損失$L_I$が増えます．

それだけでなく，広帯域に周波数を動かすと，挿入損失L_Iの変化が非常に大きくなることにも注意しなければなりません．

フィルタ＋アンプで発振器をシミュレーションする

フィルタの解析ができたので，フィルタとアンプを組み合わせた発振器としてシミュレーションします．

● フィルタの性能を100 %引き出した状態が理想

発振回路をモデリングした図3-17のb点でオープン・ループにしたとすると，

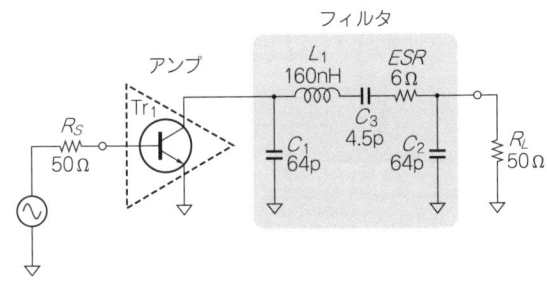

[図3-21] 発振回路を解析するために
アンプとフィルタを接続する
フィルタの特性にさらにアンプのゲインや位相が加わる

図3-21に示すアンプとフィルタの従属接続となります．
▶フィルタの特性
　フィルタは，$ESR = 6\,\Omega$，$C_1 = C_2 = 64\,\text{pF}$，$C_3 = 4.5\,\text{pF}$の200 MHzの4素子$LC$共振回路とします．
　S_{21}通過特性と位相特性を図3-22に示します．200 MHzでは，挿入損失L_I = 6.2 dB，位相は-156°となっています．
　このフィルタを用いて200 MHzで発振させるにはどのようにすればよいでしょうか．
▶共振周波数で発振条件を満足すると最高性能になる
　発振条件は，アンプとフィルタの位相シフトが0°となる周波数でのゲインが1以上でした．
　200 MHzでのアンプの特性を，ゲイン$G = 18\,\text{dB}$，位相$P = 156°$（$S_{21} = 8.0 \angle 156°$）としましょう．
　図3-23は，このアンプとフィルタを接続したトータルのS_{21}特性を計算しました．
　200 MHzでの位相$P = 0°$となり，ゲインも$G = 11.8\,\text{dB}$（$= -6.2\,\text{dB} + 18\,\text{dB}$）となって十分なので，これは200 MHzで発振します．
　位相が0°の周波数は位相の傾斜がもっとも大きいので，群遅延時間t_{GD}がもっとも大きく，つまりQが一番高くなる周波数です．使用したフィルタの最高性能で

[図3-22] 図3-21でフィルタ単体の特性をみてみる
共振周波数の200 MHzでゲイン最大，位相は-156°

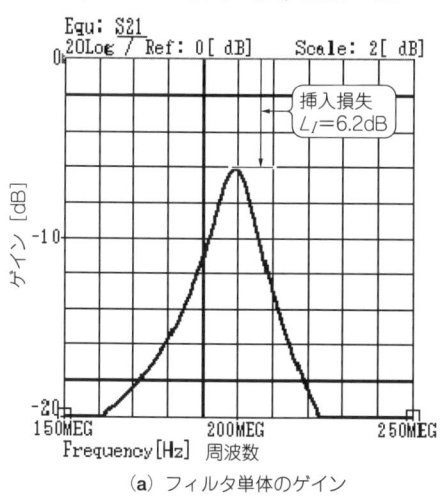

（a）フィルタ単体のゲイン　　　　　　（b）フィルタ単体の位相

フィルタ＋アンプで発振器をシミュレーションする | 099

[図3-23] 図3-21で理想的なアンプを使えると200 MHzで発振できる
$S_{21}=8∠156°$のアンプを加えると共振周波数で発振条件を満足する

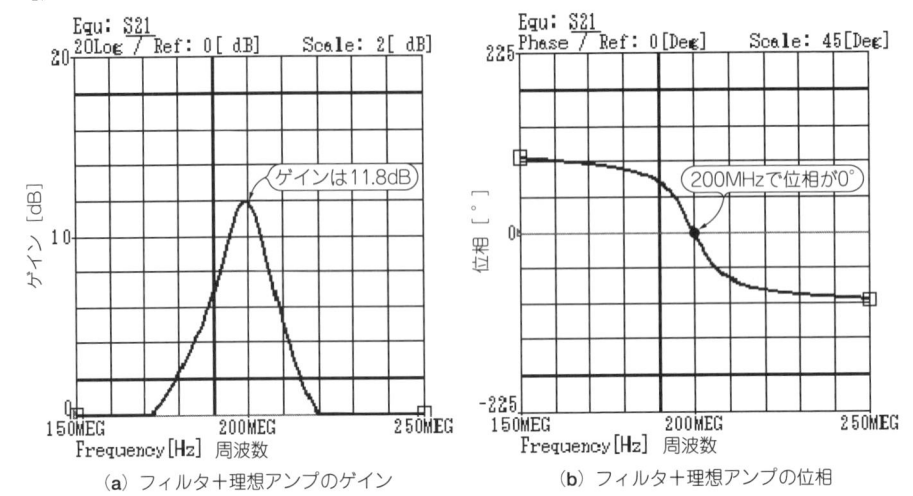

(a) フィルタ＋理想アンプのゲイン　　(b) フィルタ＋理想アンプの位相

動かせます．
▶実際にはこんなアンプは作れない
　これは「使用するアンプの200 MHzでの伝達特性S_{21} = 8.0∠156°であるならば」という条件で成立します．シミュレーションでは，Sパラメータ・ファイルにS_{21} = 8.0∠156°の条件を書き込んだアンプを使っていますが，実際のアンプはこうはいきません．

● 実際のアンプを加えると特性は大きく劣化する
　トランジスタ・アンプを用いた場合をシミュレーションしてみましょう．
　例として，2N918と2SC3356という二つのトランジスタを考えます．2N918はf_T ≒ 900 MHzのトランジスタ，2SC3356はf_T ≒ 7 GHzのトランジスタです．
　図3-24は，200 MHz ± 150 MHzにおけるトランジスタ単体のS_{21}特性です．データシートなどで公表されているSパラメータを使って描かせたものです．
　2N918は，200MHzでゲインがG ≒ 9.2 dB，位相P ≒ 88°となっています．
　2SC3356は，200 MHzでゲインがG ≒ 23.7 dB，位相P ≒ 109°となっています．
　図3-25に，これらのトランジスタ・アンプのSパラメータを用いて，アンプ＋フィルタのトータル特性をシミュレーションした結果を示します．
▶2N918では発振しない

[図3-24] トランジスタ・アンプの通過特性 S_{21}
2N918と2SC3356という二つのトランジスタを例にとる

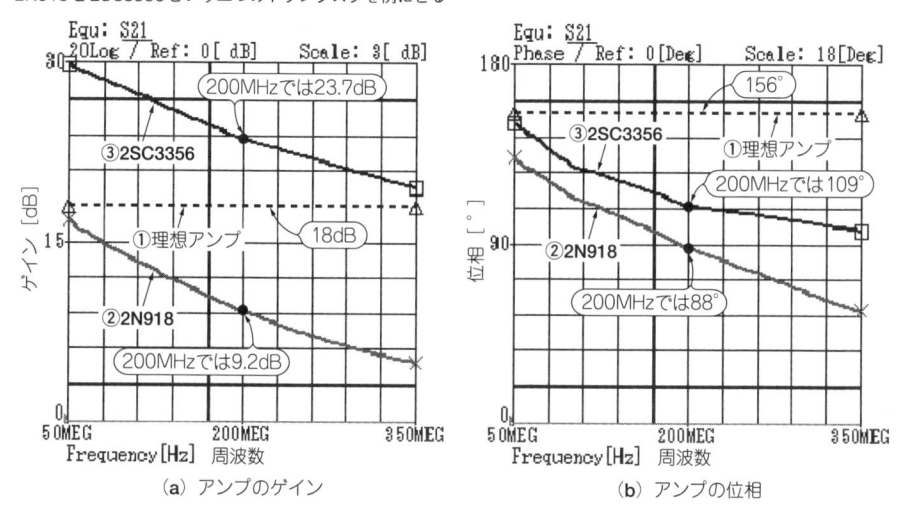

(a) アンプのゲイン

(b) アンプの位相

[図3-25] トランジスタ・アンプを使うと発振周波数がずれる
発振しなかったり，Qが下がったりする

(a) アンプ+フィルタのゲイン

(b) アンプ+フィルタの位相

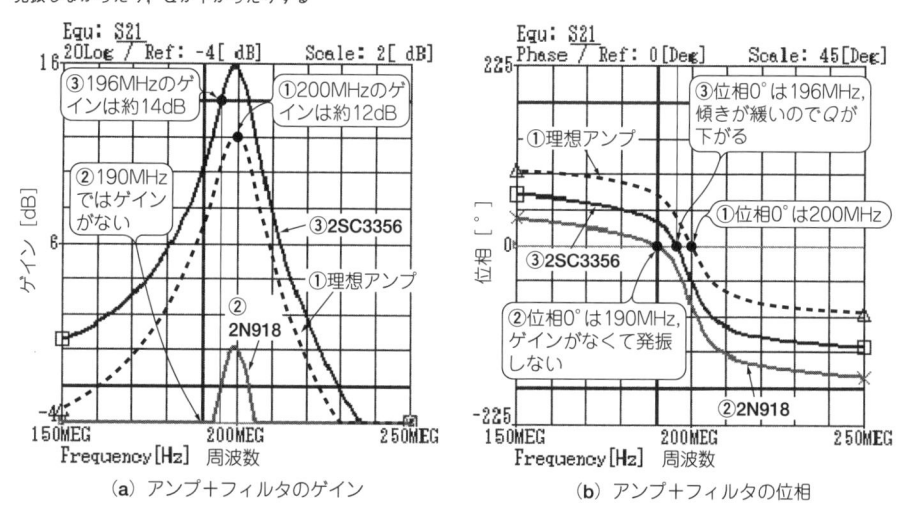

　図3-21に示す200MHzで設計したフィルタに，2N918のアンプを加えて発振器を組むと，図3-25の②で示すように，位相0°のポイントは190MHzまでずれてしまいます．190MHzではゲインが取れないので，2N918を使うと発振できないことになります．

▶2SC3356だと発振はするがベストの特性ではない

2SC3356を用いたときはどうでしょうか．図3-25の③で示すように，位相0°の周波数は196 MHzです．ゲイン最大の周波数ではありませんが，+14 dBと十分なゲインがあるので発振は可能です．

ただし，位相の傾斜が最大ではないので，Qは低くなっていると予測されます．

▶最適に発振できるよう定数の調整が必要になる

発振条件の理想は，位相が0°の周波数でゲインが一番大きく，かつ位相の傾斜が最大であることです．

しかし，アンプを含めるとなかなかそうはいきません．理想に近づくように，フィルタの位相をシフトしたり，トランジスタを選択したり，トランジスタ・アンプの位相を調整したりする必要があります．

● なんとか発振できるようにフィルタを調整しても特性は良くない

2N918を使った場合，単純にフィルタとアンプを接続しても発振しませんでした．帰還コンデンサ C_1，C_2 の調整で発振が可能になるかを探ってみましょう．

図3-24から2N918の200 MHzでの位相は88°です．これに合わせてフィルタの位相シフトを調整します．

図3-21のフィルタで，$C_1 = C_2 = 10$ pFとして位相シフトを少なくし，$C_3 =$

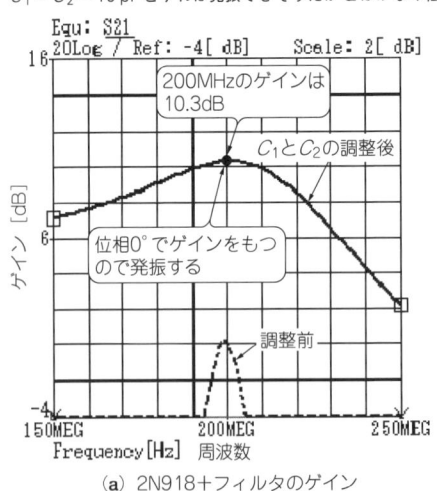

[図3-26] 2N918の場合を例に C_1 と C_2 を調整してみる
$C_1 = C_2 = 10$ pFとすれば発振できそうだがQはかなり低くなる

(a) 2N918＋フィルタのゲイン　　(b) 2N918＋フィルタの位相

6.2 pFとして共振周波数を200 MHzに調整しました．

すると，**図3-26**の実線に示すシミュレーション結果が得られました．破線は調整前の特性です．位相0°は200 MHzで，ゲインはほぼピーク，$G ≒ 10.3$ dBとなっているので，発振が可能であることがわかります．

しかし位相の傾斜がずいぶんとゆるやかになってしまいました．Qが低い発振となり，位相雑音特性の悪化が予測されます．実際の回路で発振できたとしても，良好な位相雑音特性は期待できないでしょう．トランジスタの選定も重要であることがわかります．

なお，2N918は手元にSパラメータのデータがあり，ちょうどこの説明に適していたので使用しました．実際の回路での検証はしていません．

アンプの特性を改善するには

● 実際のアンプの位相特性は十分とはいえない

アンプに用いるトランジスタのS_{21}伝達特性の位相特性を見ると，十分に低い周波数では+180°に近く，+156°の要求に対してそれほど問題ないのですが，周波数が高くなるにしたがって，その値が小さくなってしまいます．

VCOに採用するトランジスタを2SC3356とします．安価で入手も容易な高周波トランジスタです．2SC3356をコレクタ電流$I_C ≒ 20$ mAで用いたときの，メーカ公表のS_{21}伝達特性を**表3-1**に示します．

50 MHzでのS_{21}の位相は+150.7°ほどありますが，200 MHzでは+109.1°まで小さくなってしまいます．さらに1 GHzになると+69.1°まで減少します．

● f_Tの高いトランジスタなら位相回転は少ないが異常発振しやすい

この位相シフト量を減らすには，ゲイン帯域幅積f_Tの高いトランジスタを用い

[表3-1] 2SC3356の$I_C=20$ mAでのS_{21}伝達特性
周波数が高くなるほどゲインは低下し位相も小さくなる

周波数[MHz]	ゲイン[倍]	ゲイン[dB]	位相[°]
50	31.483	30.0	150.7
100	24.505	27.8	129.0
200	15.262	23.7	109.1
400	8.281	18.4	92.0
600	5.643	15.0	82.7
800	4.288	12.6	75.7
1000	3.472	10.8	69.1

るのが有効ですが，通常f_Tの高いトランジスタほど低域でのゲインも大きくなります．その結果，低域での異常発振(スプリアス発振)を引き起こしやすくなります．

実際に，2SC3356($f_T \fallingdotseq 7$ GHz)を今回設計している200 MHz VCOにそのまま用いたところ，異常発振を起こしてしまいました．位相シフト量を少なくするには，f_Tの高いトランジスタを用いなければいけませんが，その結果，異常発振を起こしてしまいます．

● 負帰還で異常発振を防ぎ同時に位相特性も改善する

異常発振は，アンプに帰還(フィードバック)回路を設けて，負帰還増幅回路とすることで解決できます．さらに，負帰還を使うことで，高域で位相が小さくなる問題も改善されます．

1段トランジスタ・アンプでの負帰還の方法には，**図3-27**に示す二つの方法があります．

一般には，アンプに負帰還を施すことの利点として，
　　(1) ゲインが安定する
　　(2) 周波数特性が向上(帯域特性が平坦になる)する
　　(3) ひずみが低減される
などが挙げられます．では，今回問題にしている，位相特性についてはどうでしょうか．RFシミュレータ S-NAP LEで解析してみましょう．

● シャント抵抗R_Fを使った負帰還アンプのゲインと位相の特性

図3-27(**a**)のように，2SC3356によるトランジスタ・アンプにシャント抵抗R_Fを設けると，そのS_{21}通過特性は，**図3-28**に示す特性へと変化します．

図3-28(**a**)に，ゲインの周波数特性のシミュレーション結果を示します．

シャント抵抗R_Fによって負帰還がかかると，ゲインの周波数特性が平坦になる

[図3-27] 異常発振を起こしにくくするために負帰還をかける
二つの方法の一番大きな違いは入出力インピーダンス

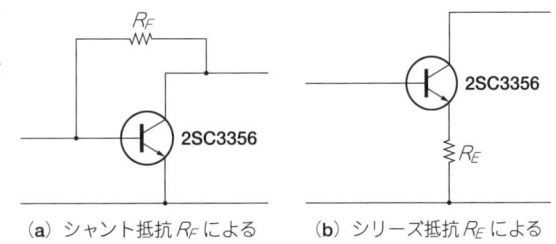

(a) シャント抵抗R_Fによる　　(b) シリーズ抵抗R_Eによる

[図3-28] 図3-27(a)の方法で負帰還をかけたときのゲインと位相特性変化
ゲインは平坦に，位相特性は＋180°に近付く

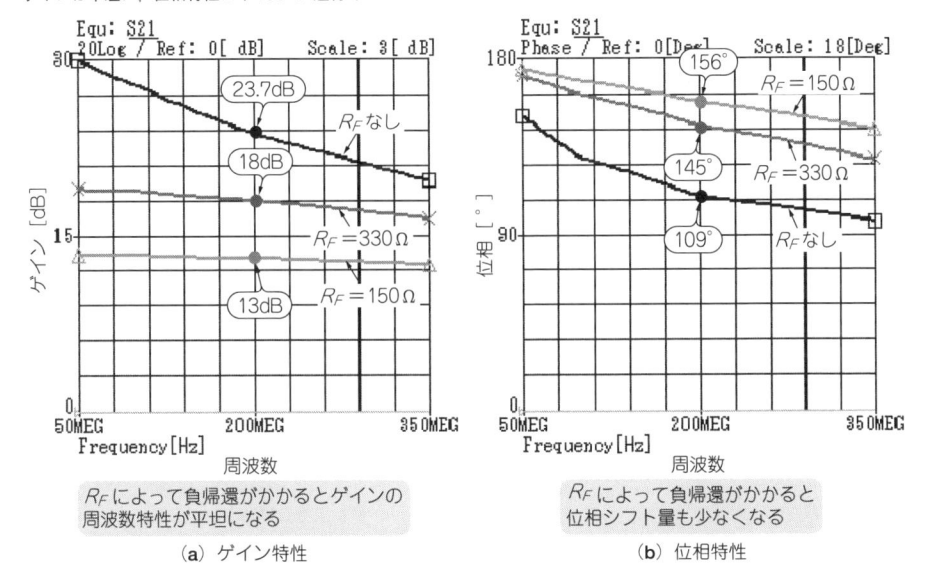

(a) ゲイン特性 — R_Fによって負帰還がかかるとゲインの周波数特性が平坦になる

(b) 位相特性 — R_Fによって負帰還がかかると位相シフト量も少なくなる

ようすがシミュレーションされています．

負帰還なし（R_Fなし）の2SC3356を使ったアンプの50 MHzでのゲインは30 dBという高ゲインでした．そのため，200 MHzより低い周波数で異常発振が起きやすかったのですが，負帰還によるゲインの減少で，異常発振を抑えられます．

図3-28(b)に，位相周波数特性のシミュレーション結果を示します．シャント抵抗R_Fによって負帰還がかかると，位相シフト量も少なくなることがわかります．

負帰還がないとき200 MHzでの位相は＋109°ですが，R_F = 150 Ωとすれば，200 MHzでの位相は＋156°まで改善できます．

● シリーズ抵抗R_Eを使った負帰還アンプのゲインと位相の特性

図3-27(b)のように，トランジスタ2SC3356にシリーズ抵抗R_Eを設けると，そのS_{21}通過特性は，図3-29に示す特性へと変化します．

図3-29(a)には，ゲインの周波数特性のシミュレーション結果を示します．こちらもシリーズ抵抗R_Eによって負帰還がかかると，ゲインの周波数特性が平坦となるようすがシミュレーションされています．

図3-29(b)に，位相周波数特性のシミュレーション結果を示します．シリーズ

[図3-29] 図3-27(b)の方法で負帰還をかけたときのゲインと位相特性変化
こちらもゲインは平坦に，位相特性は＋180°に近付く

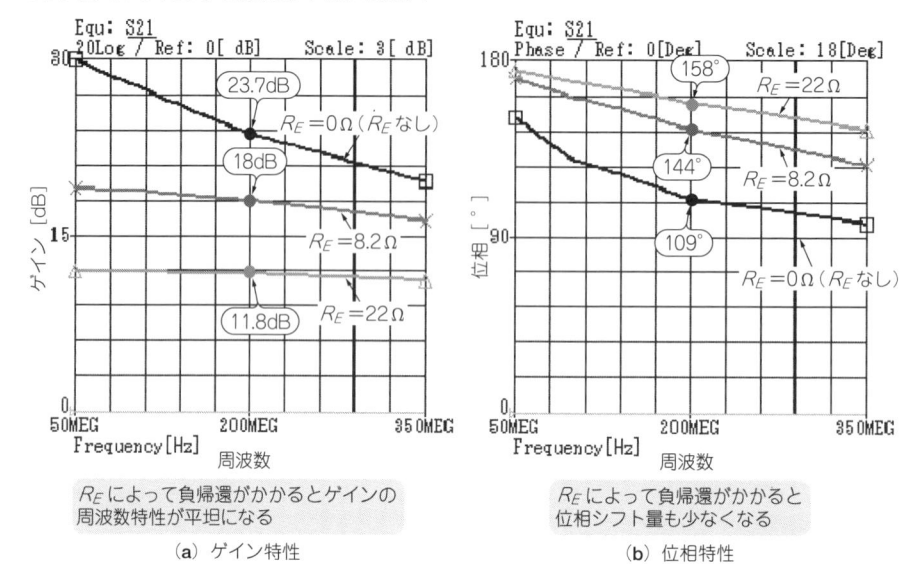

(a) ゲイン特性
R_E によって負帰還がかかるとゲインの周波数特性が平坦になる

- $R_E = 0\,\Omega$（R_E なし）: 23.7dB
- $R_E = 8.2\,\Omega$: 18dB
- $R_E = 22\,\Omega$: 11.8dB

(b) 位相特性
R_E によって負帰還がかかると位相シフト量も少なくなる

- $R_E = 22\,\Omega$: 158°
- $R_E = 8.2\,\Omega$: 144°
- $R_E = 0\,\Omega$（R_E なし）: 109°

[図3-30] 負帰還をかけたアンプを使えば発振条件を満たせる
アンプ＋フィルタの特性は，位相がほぼ0°でゲインがピークになっている

シャント抵抗: R_F 150Ω, 2SC3356
200MHzでのゲイン: 13dB, 位相: 156°

2SC3356, R_E 22Ω
200MHzでのゲイン: 11.8dB, 位相: 158°
シリーズ抵抗

発振条件… $A(s)F(s) > 1$
ゲイン: $|A(j\omega)||F(j\omega)| > 1$
位相: $\angle A(j\omega) + \angle F(j\omega) = 0$

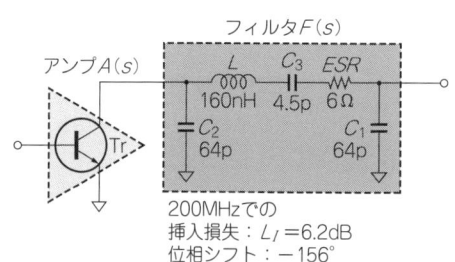

アンプ $A(s)$ / フィルタ $F(s)$
L 160nH, C_3 4.5p, ESR 6Ω
C_2 64p, C_1 64p

200MHzでの
挿入損失: $L_I = 6.2$dB
位相シフト: $-156°$

合成した特性は

シャント型のとき { ゲイン: 13−6.2=6.8dB / 位相: 156°−156°=0°

シリーズ型のとき { ゲイン: 11.8−6.2=5.6dB / 位相: 158°−156°=2°(≒0°)

抵抗によって負帰還がかかると，位相シフト量も，先と同様に少なくなることがわかります．$R_E = 22\,\Omega$とすれば，同様に200 MHzでの位相は+158°となります．

● 負帰還アンプを用いれば問題なく発振できそう

このように，異常発振を抑えた負帰還アンプとフィルタ回路を組み合わせることで，低域での異常発振を心配せずに200 MHz付近で発振させられます．

図3-30に示すように，シャント抵抗R_Fを用いる場合には，$R_F = 150\,\Omega$とします．シリーズ抵抗R_Eを用いるならば，$R_E = 22\,\Omega$とします．それらの定数での位相シフト量は約156°なので，フィルタでの200 MHzでの位相シフト量-156°をちょうど0°に戻すことができます．

200 MHzのゲイン特性も，シャント抵抗$R_F = 150\,\Omega$を用いた場合で+13 dB，シリーズ抵抗R_Eを用いた場合で+11.8dBと，フィルタの挿入損失$L_I = 6.2$ dBを補うことができる値です．理論的には，これらの負帰還アンプを用いることで200 MHzでの発振が可能となります．実際にはLC素子の理想でない部分も考慮しないと適切なシミュレーションはできません．それについては次章で解説します．

高周波PLL回路のしくみと設計法

第4章

VCOの設計と特性
～発振周波数を可変にすることで増加する位相雑音をできるだけ抑えるには～

❖

PLL回路のノイズ源は主に基準信号発振器とVCOです．高性能なPLL回路を目指すと，基準信号発振器は専用メーカのモジュールを購入するのが現実的です．ところが，VCOはむしろ目的にあわせたものを自作するほうが良いこともあります．

自分で設計するにしろ，購入したモジュールを使うにしろ，ロー・ノイズを目指すならば，どこからノイズが発生するのかを把握して，ノイズを悪化させないように使わなければいけません．

発振器の基礎については第3章で解説したので，本章では高周波VCOに関してより具体的な設計方法や使い方のポイントを解説します．

❖

　本章では，PLL周波数シンセサイザの性能を大きく左右する心臓部「電圧制御発振器(VCO)」の設計にチャレンジします．PLL周波数シンセサイザの低雑音化の鍵となる部分です．
　現在，高周波の発振器は単独で用いられることは少なく，多くはPLLに組み込まれています．PLLに組み込むためには発振周波数を電圧によって制御する必要があり，電圧制御発振器(VCO：Voltage‐Controlled Oscillator)となります．

VCOに要求される特性

　電圧制御発振器VCOの理想はどのようなものかを書き出してみましょう．
　①発振する周波数範囲が広い(広帯域である)
　②感度が高く直線性に優れる(制御性に優れる)
　③低位相雑音で周波数安定度が良い(高純度)
　④周波数の切り替えスピードが速い(セッティング時間が短い)

⑤出力パワーが大きく周波数特性もよい
⑥低消費電力である
⑦小型軽量である

これらの性能は互いにトレード・オフの関係となることが多く，両立させる設計は非常に困難です．

● **広帯域と低雑音の両立を目標とする**

VCOに使う共振器にはさまざまなものがあります．コイルとコンデンサ，マイクロストリップ線路，誘電体同軸線路，表面弾性波（SAW）共振子，そして水晶振動子などいろいろです．

▶どんな共振器を使っても設計方針は同じ

どの共振器を使おうとも，発振周波数帯域と位相雑音特性はトレードオフの関係にあります．そのトレードオフのなかで，いかに広い帯域をとりつつ低位相雑音を達成するかが，高性能な電圧制御発振器を作る鍵です．その基本設計はすべての発振器に共通しています．

広帯域特性を兼ね備えた低雑音VCOを作るために必要なもの

図4-1に，LC発振器モデルを示します．

第1章では，このモデルとLeeson式を使って，発振器の動作原理と位相雑音の関係について定量的な考察をしました．

今回はそれに加え，広帯域で発振させるためには何が必要であるかを考えてみましょう．

[図4-1] *LC発振器モデル*

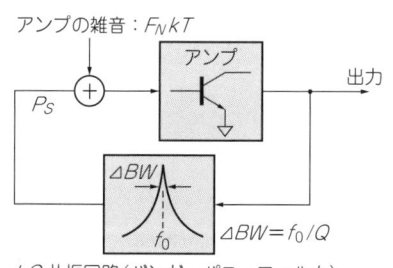

アンプの雑音：$F_N kT$

P_S

アンプ

出力

ΔBW

f_0

$\Delta BW = f_0/Q$

LC共振回路（バンド・パス・フィルタ）

● 広い帯域で共振周波数を調整できるバンド・パス・フィルタ

　LC発振器は，信号を増幅し共振を継続させるアンプと，発振周波数を選択するためのLC共振回路を伴ったフィードバック回路から成り立っています．VCOとして周波数を制御するためには，電圧によって共振周波数を調整（チューニング）できる回路にしなければいけません．

　広帯域発振をさせる場合，例えば，500 M～1 GHzの1オクターブ範囲を発振させるのであれば，この範囲にわたってチューニングできる共振回路（バンド・パス・フィルタ）を備えなければなりません．

　低位相雑音化するためには，この周波数可変のバンド・パス・フィルタの通過帯域幅ΔBWを小さく，すなわちQを大きくしなければなりません．

　広帯域かつ高Qのチューニング可能なフィルタが必要です．

● 広帯域で高ゲインのアンプ

　広帯域にわたり一定で高いゲインを保つアンプが必要です．

　位相雑音を小さくするためには，フリッカ雑音の少ないアンプとしなければいけません．広帯域アンプの設計においては，多くの場合消費電力と雑音がトレードオフの関係にあります．

固定発振器からの位相雑音を減らす三つの方法

● 発振器由来の位相雑音はLeeson式で予測する

　発振器のSSB位相雑音あるいはC/N特性について，どのパラメータをどの程度改善すると，あるオフセット周波数でのSSB位相雑音はどれほど良くできるか，Leeson式によって見当を付けることができます．

$$L(f_M) = 10 \log \left[\frac{1}{2} \left\{ \left(\frac{f_0}{2Q_L f_M} \right)^2 + 1 \right\} \left(\frac{f_{FC}}{f_M} + 1 \right) \left(\frac{F_N kT}{P_S} \right) \right] [\text{dBc/Hz}] \cdots (4\text{-}1)$$

ただし，k：ボルツマン定数（≒1.38×10^{-23}[J/K]），T：ケルビン温度[K]，F_N：ノイズ・ファクタ，f_M：オフセット周波数[Hz]，f_{FC}：フリッカ・コーナ周波数[Hz]，f_0：発振周波数[Hz]，Q_L：負荷Q，P_S：アンプ入力RFパワー[W]

この式の詳しい説明は第1章で記しました．

● 発振器の位相雑音を低減する三つのポイント

　Leeson式から読み取れる，位相雑音を低減するための三つのポイントに注目し

ます.
- ① 共振回路の負荷 Q を大きくする
- ② アンプのフリッカ雑音を下げる
- ③ 高いパワー・レベルで発振器を動かす

バイポーラ・トランジスタによるアンプを使った 400 MHz 帯の VCO を例として，位相雑音を Excel で計算します．

動作パラメータは以下の値とします．

- 発振周波数 f_0 = 400 MHz
- 負荷 Q 値 Q_L = 40
- アンプの雑音指数 NF = 2 dB ($F_N ≒ 1.58$)
- フリッカ・コーナ周波数 f_{FC} = 10 kHz
- アンプ入力 RF パワー P_S = - 15 dBm

Q が数十と低いので，第1章で説明した低 Q の場合に相当します．

❶ 共振回路の負荷 Q を大きくすると広い帯域で位相雑音を小さくできる

共振回路の負荷 Q 値 Q_L の大小が，SSB 位相雑音にどのように影響するかを確認しましょう．Q_L を大きくすることを考えて，ESR の少ない共振素子を選択し，Q_L を 40 の 2 倍となる 80 にできたとします．

図 4-2 にその結果を示します．ホワイト・ノイズと周波数特性に傾きのある部分との境目の周波数は Q_L = 40 のとき $f_0/2Q_L$ = 5 MHz でした．Q_L = 80 になれば，この周波数が $f_0/2Q_L$ = 2.5 MHz まで下がります．

[図 4-2] 共振回路の Q を 2 倍にすると広い帯域で位相雑音が 6 dB 改善する
周波数特性に傾きをもつ部分が全体的にシフトするので広い帯域に効果がある

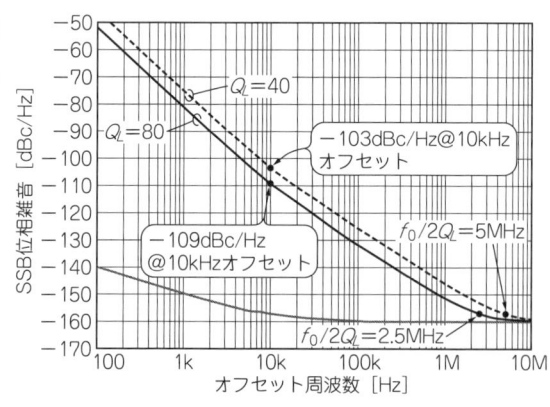

その結果，10 kHzオフセットでのSSB位相雑音は－103 dBc/Hzから－109 dBc/Hzまで6 dBほど改善されることが予測されます．

❷ アンプのフリッカ雑音を下げるとオフセット周波数が低いところでだけ位相雑音を小さくできる

　アンプがもつフリッカ雑音の影響を確認します．フリッカ・コーナ周波数f_{FC}＝10 kHzを，デバイスの選択やバイアス電流の調整などでf_{FC}＝1 kHzにできたと仮定します．

　図4-3にその結果を示します．ここに示したアンプのノイズは，アンプのベースバンド・ノイズをSSB換算したものです．

　フリッカ・コーナ周波数f_{FC}が10 kHzから1 kHzになると，10 kHz以下のフリッカ雑音が減少します．フリッカ雑音がアップコンバージョンされた発振器のSSB位相雑音は，10 kHzオフセットでは－103 dBc/Hzが－106 dBc/Hzほどになります．

　f_{FC}を1/10にしたのに，10 kHzオフセットでのSSB位相雑音はわずか3 dBの改善です．さらにオフセット周波数が高い領域では改善効果がまったくありません．

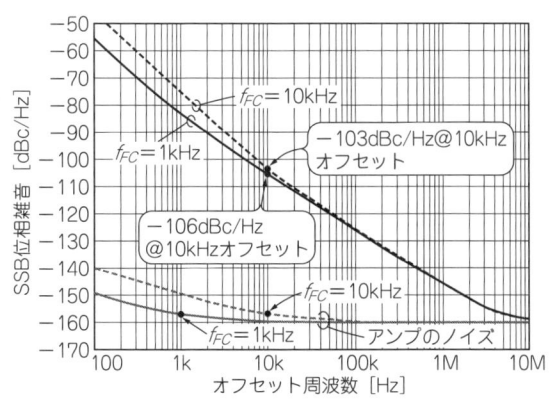

❸ 発振器への入力電力を大きくすると全帯域で位相雑音を小さくできる

　アンプ入力RFパワーP_S＝－15 dBmですが，ロー・ノイズの高出力アンプを使い，LCR共振回路のロスも少なくできて，－9 dBmで動かせたとしましょう．

　図4-4にその結果を示します．アンプのベースバンドのSSB位相雑音は全体に6 dB改善されるので，発振器としてのSSB位相雑音も全体的に6 dB程改善できます．

[図4-3] アンプのフリッカ・コーナ周波数を1/10にしても位相雑音の改善は大きくない
オフセット周波数が低いところでしか位相雑音を改善できない

[図4-4] アンプの入力パワーを 6 dB 大きくすると全帯域で位相雑音が 6 dB 改善する

入力電力を増やしたぶんだけ全体域で位相雑音が改善される

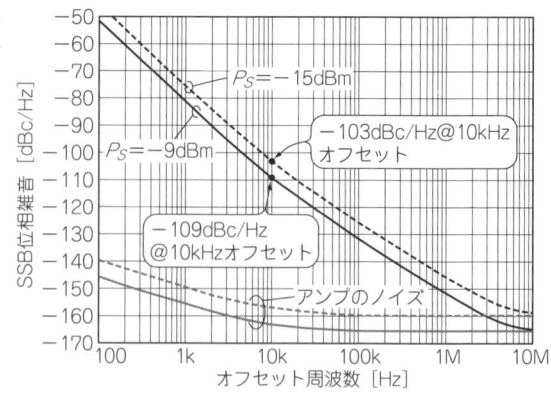

VCOでは位相雑音を悪化させる要因がさらに増える

　LC発振によるVCOを低位相雑音化する手法は，発振周波数を動かさない固定発振器の場合に加えて考慮すべきことが多くあります．

● 共振回路の Q が下がって発振器の位相雑音が悪化する
　電圧制御発振器VCOに組み込むLCR共振回路は，共振周波数を電圧で制御（電子チューニング）できる必要があります．チューニングには，共振回路を構成する C の容量を可変容量ダイオード（バラクタ）で可変します．
▶ バラクタの使用により Q が低下する
　バラクタのESR（等価直列抵抗）は固定コンデンサより大きいので，共振回路の Q 値は劣化します．その結果，位相雑音が悪化します．

● 変調による位相雑音を考慮する必要がある
　第1章では，Leeson式で求められる発振周波数を固定した場合の位相雑音だけを検討していました．
　しかし，電圧により発振周波数を変えられるVCOでは，Leeson式から求められる発振原理による雑音以外に検討しなければいけない要因があります．
▶ 制御電圧に加わる雑音により位相雑音が悪化する
　バラクタや，バラクタを駆動する回路から雑音電圧が発生すると，その雑音電圧に応じて C の容量が変わる，すなわち周波数が変わる（周波数変調される）ので，位相雑音の原因となります．

発振周波数が広帯域なVCOであればあるほど，バラクタによる変調雑音が大きくなり，発振器の位相雑音に足されます．
▶ 電源のノイズによって位相雑音が悪化する
　発振器を駆動する電源がもつ雑音によってもVCOが変調されて，位相雑音を悪くすることがあります．

低位相雑音のためには可変帯域幅を必要最小限に

　電圧制御発振器VCOとして広帯域な発振をさせる場合，Leeson式にある三つ以外の要因による位相雑音が無視できません．まずは，バラクタが原因の位相雑音をとりあげます．

● バラクタ自身が雑音を発生する
　VCOの発振周波数を動かすためには，LCR共振回路のCにバラクタを使います．バラクタに加える電圧を変えることで，Cの容量を変えられるからです．このとき，バラクタ自身がもつ内部雑音によってもCの容量が変わり，VCO出力が雑音で変調されます．結果としてVCOの位相雑音が増加します．

● バラクタによる変調雑音を求める式
　バラクタを変調する等価雑音電圧V_Nは，抵抗の熱雑音と同様に次式から求まります．

$$V_N = \sqrt{4kTR_V} \, [\text{V}/\sqrt{\text{Hz}}] \cdots\cdots\cdots\cdots\cdots\cdots\cdots\cdots\cdots\cdots (4\text{-}2)$$

　ただし，k：ボルツマン定数（$\fallingdotseq 1.38 \times 10^{-23}$ [J/K]），T：ケルビン温度[K]，R_V：バラクタ等価雑音抵抗[Ω]
　この電圧V_Nによってバラクタが変調されるので，そのSSB位相雑音$L_V(f_M)$は次式となります．

$$L_V(f_M) = 20 \log \left(\frac{K_V \, V_N}{\sqrt{2} \, f_M} \right) [\text{dBc/Hz}] \cdots\cdots\cdots\cdots\cdots\cdots (4\text{-}3)$$

　ただし，K_V：VCO感度定数[Hz/V]，V_N：等価雑音電圧[V/$\sqrt{\text{Hz}}$]，f_M：オフセット周波数[Hz]

● 感度が高いVCOほどバラクタ変調雑音が大きい
　バラクタ変調位相雑音は，VCOの感度定数が高いほど悪化します．例えば，感度

1 MHz/Vから10 MHz/Vに変更すれば，バラクタ変調位相雑音は10倍悪化します．

VCOのSSB位相雑音は，このバラクタ変調位相雑音$L_V(f_M)$と，Leeson式より求めた発振器としての位相雑音$L(f_M)$との合計パワーです．

● **バラクタ変調雑音を加えたVCOの位相雑音をシミュレーションする**

Leeson式よりシミュレーションした発振器のSSB位相雑音に，バラクタ変調によるSSB位相雑音が足されるとどうなるかを予測してみましょう．

例として用いる400 MHz帯発振器の動作パラメータは，先の❶での$Q_L = 80$とします．発振器単体だと10 kHzオフセットでのSSB位相雑音は－109 dBc/Hzでした．

VCOとして用いたバラクタの等価雑音電圧を，$V_N = 7\,\mathrm{nV}/\sqrt{\mathrm{Hz}}$とします．

▶VCO感度定数が小さいときはLeeson式から求めた雑音が支配的

図4-5は，VCOの感度定数を2 MHz/VとしてSSB位相雑音をシミュレーションしました．バラクタ変調位相雑音は薄灰色の線で示され，10 kHzオフセットで約－120 dBc/Hzと小さな値となっています．Leeson式より求めた位相雑音は黒破線ですが，黒実線と重なっています．10 kHzオフセットで約－109 dBc/Hzとなっています．

つまり，VCOの合計SSB位相雑音(黒実線)は，Leeson式で求めた雑音となります．VCOの感度が小さければ，このようにLeeson式での雑音が支配的となります．

▶VCO感度定数が大きいときはバラクタ変調位相雑音が支配的

広帯域なVCOは，限られた制御電圧の範囲で大きな周波数範囲を制御しなければいけないので，感度定数が大きくなります．たとえば20 MHz/Vにしたと考えてみましょう．

[図4-5] VCOの感度が低いときはLeeson式による発振器からの雑音が支配的
$Q_L = 80$とした図4-2と同じ条件の発振器にバラクタからの位相雑音を加える

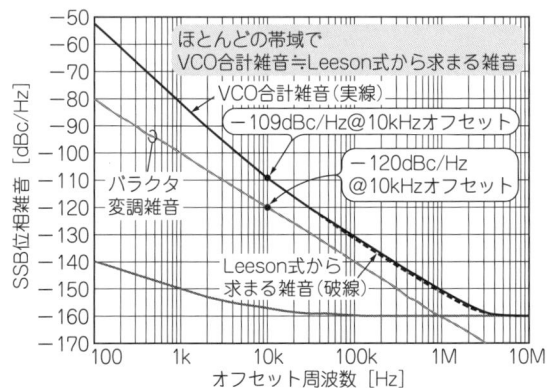

116　第4章　VCOの設計と特性

[図4-6] VCOの感度が高くなるとバラクタからの変調位相雑音が支配的になる
VCOの感度を図4-5の10倍にした

グラフ内注記：
- ほとんどの帯域でVCO合計雑音≒バラクタ変調雑音
- VCO合計雑音
- バラクタ変調雑音
- −100dBc/Hz@10kHzオフセット
- −109dBc/Hz@10kHzオフセット
- Leeson式から求まる雑音

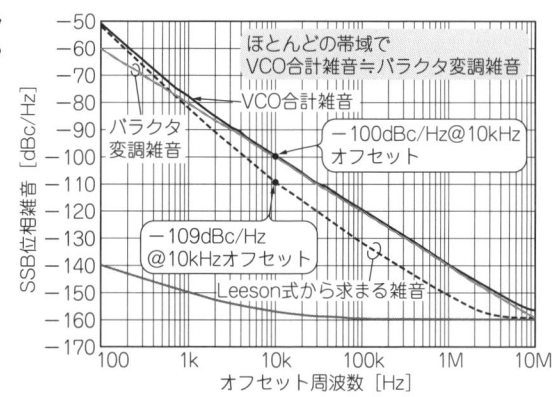

縦軸：SSB位相雑音 [dBc/Hz]
横軸：オフセット周波数 [Hz]

　図4-6にその結果を示します．薄灰色の線で示したバラクタ変調位相雑音は，先ほどより10倍(20 dB)増えて，10 kHzオフセットで−100 dBc/Hzとなっています．Leeson式による位相雑音は−109 dBc/Hzなので，10 kHzオフセットでの合計SSB位相雑音(黒実線)はバラクタ変調雑音−100 dBc/Hzとほぼ同じになります．

● 広帯域のVCOは感度定数が大きくなるので低位相雑音が難しい
　感度定数の大きな広帯域VCOの場合，SSB位相雑音は，バラクタ変調位相雑音が支配的になります．広帯域VCOの低位相雑音化が非常に難しい理由です．
　必要もないのに周波数発振範囲を広くとり，結果として感度定数の大きなVCOを設計すると，位相雑音特性を悪化させることがあります．
　バラクタを用いた高周波VCOの場合，発振範囲と位相雑音特性は完全にトレードオフの関係にあります．広帯域VCOで低位相雑音は難しいのです．

バラクタ駆動回路を低雑音化する必要がある

　バラクタ変調雑音は，バラクタ内部からの雑音だけでなく，バラクタを駆動する回路から入力される雑音でも発生します．
　VCOの感度が高くなれば，あるいはより位相雑音の低いことを目標とするのであれば，バラクタにつながる抵抗1本(とその抵抗に流れる電流)によって生じる雑音にも，位相雑音が影響されます．

[図4-7] 想定するVCOの制御端子を駆動するOPアンプ回路
この定数だと信号源抵抗は100Ωになる

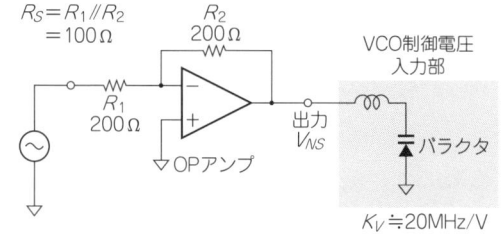

● バラクタを駆動するOPアンプ回路からの雑音

バラクタを駆動する回路としてOPアンプ回路をよく用います．OPアンプ回路が発生する雑音の影響について考えてみましょう．

例として，図4-7に示すOPアンプ回路でバラクタを駆動するとします．

▶OPアンプ回路で生じる雑音を計算で求める

OPアンプ回路のバラクタを変調する等価雑音電圧V_{NS}は次式から求まります．

$$V_{NS} = \sqrt{4kTR_S + e_N{}^2 + (i_N R_S)^2} \; [\text{V}/\sqrt{\text{Hz}}] \cdots\cdots\cdots\cdots\cdots (4-4)$$

ただし，k：ボルツマン定数（$\fallingdotseq 1.38 \times 10^{-23}$ [J/K]），T：絶対温度[K]，R_S：信号源抵抗[Ω]，e_N：入力雑音電圧[V/$\sqrt{\text{Hz}}$]，i_N：入力雑音電流[A/$\sqrt{\text{Hz}}$]

R_Sは信号源抵抗で，この場合$R_S = R_1 /\!/ R_2$となります．R_Sによる信号源抵抗熱雑音が生じます．OPアンプは入力雑音電圧e_Nと入力雑音電流i_Nをもっています．i_Nは信号源抵抗R_Sを流れることによって雑音電圧となります．

● 信号源抵抗R_Sに応じてOPアンプを選択する

ロー・ノイズとうたわれているOPアンプとして，オーディオ帯域向けのLM833，ビデオ帯域向けのAD829を用意しました．この二つのOPアンプの信号源抵抗R_Sに対する等価雑音電圧V_{NS}を式(4-4)から算出します．

▶LM833の等価雑音電圧V_{NS}

データシートによるとe_N = 4.5nV/$\sqrt{\text{Hz}}$，i_N = 0.7 pA/$\sqrt{\text{Hz}}$とあります．これからV_{NS}を計算すると，図4-8の黒実線で示す値となります．

LM833の特長は入力雑音電流i_Nが小さいことです．i_Nが小さいと，信号源抵抗R_Sが大きくなっても雑音の悪化が抑えられることが確認できます．

▶AD829の等価雑音電圧V_{NS}

データシートによるとe_N = 1.7nV/$\sqrt{\text{Hz}}$，i_N = 1.5pA/$\sqrt{\text{Hz}}$とあります．これからV_{NS}を計算すると，図4-8の黒破線で示す値となります．

AD829は入力雑音電流i_NがLM833より多いので，信号源抵抗R_Sが大きい領域で

はLM833よりV_{NS}が悪化します．しかし，信号源抵抗R_Sが3 kΩより小さくなると，LM833よりV_{NS}が小さくなります．AD829の入力雑音電圧e_NはLM833の値より小さいからです．

▶同じ信号源抵抗でもOPアンプで雑音は異なる

等価雑音電圧V_{NS}を減らすには，信号源抵抗R_Sをなるべく小さくすることが重要です．しかし，R_Sの値がほかの要因で決まる場合もあります．

今回の二つのOPアンプの場合，信号源抵抗$R_S ≒ 3$ kΩを境にして使い分けることで，V_{NS}の悪化を抑えることができます．

● OPアンプ回路による位相雑音を求める

LM833およびAD829をバラクタの駆動に用いたときのバラクタ変調によるSSB位相雑音を求めます．

SSB位相雑音$L_{OP}(f_M)$は次式となります．

$$L_{OP}(f_M) = 20 \log \left(\frac{K_V \, V_{NS}}{\sqrt{2} \, f_M} \right) \ [\text{dBc/Hz}] \quad \cdots\cdots\cdots\cdots (4\text{-}5)$$

ただし，K_V：VCO感度定数[Hz/V]，V_N：等価雑音電圧[V/$\sqrt{\text{Hz}}$]，f_M：オフセット周波数[Hz]

VCO感度定数$K_V = 20$ MHz/Vとして，SSB位相雑音を式(4-5)から求めてみましょう．

▶信号源抵抗$R_S = 20$ kΩのとき

図4-8より，信号源抵抗$R_S = 20$ kΩでのV_Nを読み取ると，LM833では$V_N ≒ 23$ nV/$\sqrt{\text{Hz}}$，AD829では$V_N ≒ 35$ nV/$\sqrt{\text{Hz}}$です．

[図4-8] OPアンプの等価入力雑音電圧密度は信号源抵抗によって変わる
信号源抵抗$R_S ≒ 3$ kΩを境にしてLM833とAD829が入れ替わる

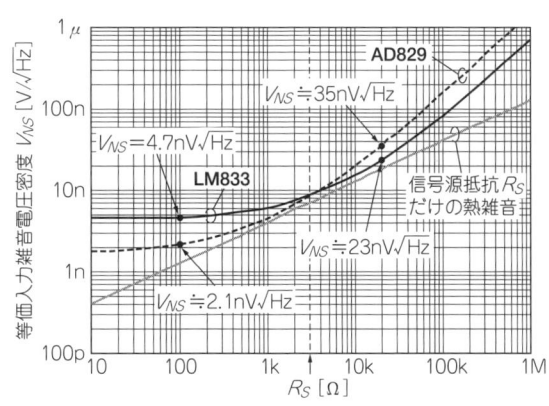

[図4-9] 信号源抵抗を20 kΩとしたときのSSB位相雑音
信号源インピーダンスが大きいのでLM833のほうが低ノイズになる

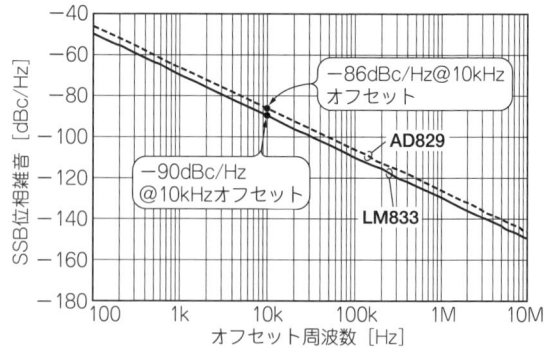

　図4-9には，これらのOPアンプでVCOを駆動したときのSSB位相雑音を示します．AD829を用いたときの10 kHzオフセットでのSSB位相雑音は－86 dBc/Hzです．LM833を用いることで10 kHzオフセットでのSSB位相雑音は－90 dBc/Hzに改善できます．

▶ 信号源抵抗R_S = 100 Ωのとき

　図4-8より，信号源抵抗R_S = 100 ΩでのV_Nを読み取ると，LM833では$V_N ≒ 4.7$ nV/$\sqrt{\text{Hz}}$，AD829では$V_N ≒ 2.1$ nV/$\sqrt{\text{Hz}}$です．

　図4-10には，これらのOPアンプによるSSB位相雑音を示します．

　LM833を用いたときの10 kHzオフセットでのSSB位相雑音は－103 dBc/Hzと算出されます．AD829を用いることで，10 kHzオフセットでのSSB位相雑音はさらに改善され，－110 dBc/Hzとなることが予測されています．

● バラクタを駆動するOPアンプの選択は重要

　PLLでは，ループ・フィルタをOPアンプを用いて構成する場合もあります．低位相雑音を目指すのであれば，信号源抵抗の値とそれに合ったOPアンプの選択が重要となります．

　上の例では，VCOの感度$K_V ≒ 20$ MHz/Vの場合，信号源抵抗を100 Ωと小さくして，ロー・ノイズOPアンプであるLM833を用いても，10 kHzオフセットでのSSB位相雑音は－103 dBc/Hzまで悪化します．

　広帯域VCOの制御電圧を作るOPアンプの選択は非常に重要であり，設計のとき注意を払わなければなりません．

[図4-10] 信号源抵抗を100Ωとしたときの SSB 位相雑音
信号源インピーダンスが小さいのでAD829のほうが低ノイズになる

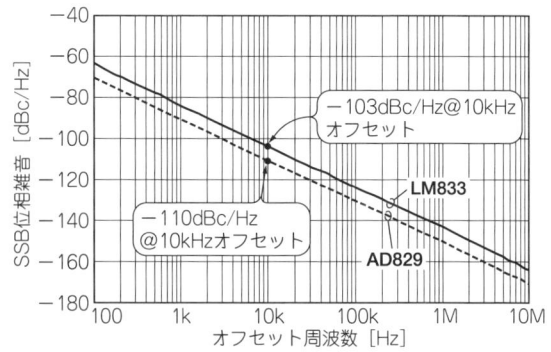

VCOの電源を作るレギュレータの選択も重要

　発振器へのDC供給電源に含まれているノイズ成分によって発振器が変調を受け，SSB位相雑音を悪化させることがあります．

　バラクタ変調雑音を予測したのと同じように，電源ノイズによるSSB位相雑音も感度定数と雑音電圧から求めることができます．

● 発振器の電圧に対する周波数変化の割合を求める

　第3章でも記しましたが，発振器は電源電圧の変動によって周波数が動きます．これを周波数プッシング(frequency pushing)と呼んでいます．

　この値が発振器の電源端子による感度定数 K_{VP} となります．一般的に，周波数プッシングは広帯域なVCOほど大きくなります．

　表4-1には，以前に筆者が製作した500M～1000MHz広帯域VCOの周波数プッシングのデータを示します．測定した周波数によってバラツキがありますが，ここでは最悪値として $K_{VP} ≒ 200\,kHz/V$ としてみます．

● 電源回路の等価雑音電圧 V_{NP} から変調位相雑音を求める

　電源回路の等価雑音電圧を V_{NP} として，これによって変調されたSSB位相雑音

[表4-1] 筆者が製作した500M～1000MHz広帯域VCOの電源電圧による周波数変動
電源電圧による発振周波数の変動を周波数プッシングという

周波数 [MHz]	周波数変化 [kHz]	
	$V_{CC} = 10V - 1V$	$V_{CC} = 10V + 1V$
500	+ 70	- 180
750	- 50	- 100
1000	+ 200	- 190

$L_{PW}(f_M)$ は次式から求められます．

$$L_{PW}(f_M) = 20 \log \left(\frac{K_{VP} \, V_{NP}}{\sqrt{2} \, f_M} \right) \, [\text{dBc/Hz}] \quad \cdots\cdots\cdots\cdots\cdots\cdots\cdots\cdots (4\text{-}6)$$

ただし，K_{VP}：周波数プッシング感度定数[Hz/V]，V_{NP}：等価雑音電圧[V/$\sqrt{\text{Hz}}$]，f_M：オフセット周波数[Hz]

● 電圧安定化回路によって発生する変調位相雑音

電圧安定化回路(レギュレータ)を使用することで，発振器を電源ノイズから遮断できます．しかし，レギュレータ自身も雑音をもちます．

あるレギュレータの等価雑音電圧 V_{NP} は，$V_{NP} \fallingdotseq 0.35 \, \mu\text{V}/\sqrt{\text{Hz}}$ です．このレギュレータでVCOに電源を供給したとき，SSB位相雑音はどの程度悪化するかを，式(4-6)より予測しましょう．

結果は，**図4-11**に示す実線となりました．$V_{NP} \fallingdotseq 0.35 \, \mu\text{V}/\sqrt{\text{Hz}}$ のレギュレータ雑音が，周波数プッシング感度定数 $K_{VP} \fallingdotseq 200 \, \text{kHz/V}$ で変調されます．10 kHzオフセットのSSB位相雑音では，-106 dBc/Hzもの位相雑音が発生し，かなりの悪化となることが予想できます．

等価雑音電圧が $V_{NP} \fallingdotseq 0.04 \, \mu\text{V}/\sqrt{\text{Hz}}$ のロー・ノイズ・タイプのレギュレータに変更するとどうでしょうか．**図4-11**に示す破線がその結果です．10 kHzオフセットのSSB位相雑音は-125 dBc/Hzまで減少しました．

▶ 低ノイズなレギュレータを選択する必要がある

このように，電源ノイズを遮断しようとしてレギュレータ回路を安易に挿入すると，かえって位相雑音を悪化させることがあります．

レギュレータを選択する，または設計するにしても，VCOの周波数プッシング特性を考慮した，ロー・ノイズなレギュレータ回路が必要となります．

[図4-11] レギュレータの雑音による位相雑音の悪化も無視できない
低雑音なレギュレータを選ぶ必要がある

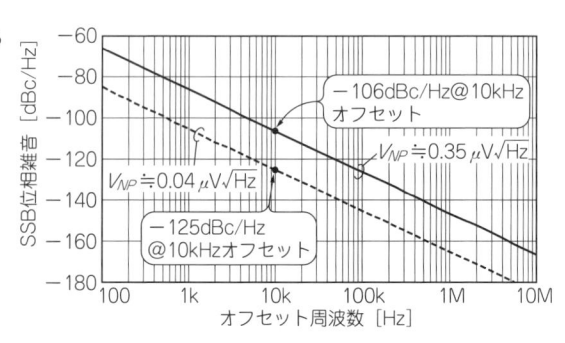

VCOのキー・パーツはコイルとバラクタ

　VCOで共振周波数を決めているキー・パーツのLとCは，コイルとバラクタ(可変容量ダイオード)です．

● コイルとバラクタの寄生成分を確認しておこう

　実際のコイルやコンデンサには寄生成分が存在し，特性を悪化させます．コイルには，直列抵抗と並列容量が存在して，理想コイルとみなせる周波数が限られます．バラクタは半導体なので，高周波に使う一般的なコンデンサよりも直列抵抗が大きくなります．発振回路のキー・パーツでありながら，この二つは実際には理想と大きく違う素子なのです．

　実際のトランジスタ・アンプと組み合わせて良好な発振安定度と位相雑音特性を得るためには，アンプやフィルタの定数を調整する必要があります．

　定数の試行錯誤には，シミュレーションがとても便利です．しかし，コイルとバラクタのモデリングが悪いとシミュレーションの精度が出せず，最適な定数から大きく外れてしまい，せっかくシミュレーションする意味が薄れます．

　定数設計に使える高精度なシミュレーションを行うために，コイルとバラクタの等価回路を求めておきましょう．

特性の良いコイルを自作する

　コルピッツ型のVCOをアンプとフィルタに分離すると，フィルタは4素子による共振回路になりました．中心周波数を200 MHzとするには，第3章の図3-18のように，$L ≒ 160$ nHのコイルを準備しなければなりません．

● 高性能なコイルは自作すると安価に得られる

　昔，高周波用のコイルは空芯ソレノイド(円筒形)コイルでした．最近は小型化/量産化のために，チップ型のコイルが使われることが多くなっています．いろいろなメーカで，発振器用の高性能な小形チップ・コイルが準備されています．

　しかし，安価で性能の良いコイルが欲しいならば，銅線を用いた空芯ソレノイド・コイルを自分で製作するのが一番よい方法です．さまざまな値のコイルを自作できると，高周波回路の実験や設計にも非常に便利です．

● 直径と長さと巻き数でインダクタンスが決まる

　ソレノイド・コイルの形状からインダクタンスを求めるには，いくつかの方法があります．インダクタンスを求めるための図表（ノモグラフ）がありますし，計算式も数通りあります．

▶インダクタンスの簡易計算式

　私の場合，次のホイラーの簡易計算式をよく用います[17]．

$$L = \frac{n^2 r^2}{9r + 10l_{en}} \; [\mu H] \quad \cdots\cdots\cdots\cdots\cdots\cdots\cdots\cdots\cdots\cdots\cdots\cdots (4-7)$$

　ただし，n：巻き数[ターン]，r：コイルの半径[inch]，l_{en}：コイルの長さ[inch]

　この式は，$l_{en}/2r > 0.33$であれば相当正確で，誤差は1％ほどです．このインダクタンス計算を行えるツールを私のウェブ・ページ[49]に載せていますので，活用してください．使いやすいように，単位を[inch] → [mm]，半径r→直径dに換算しています．

● $L ≒ 160\,nH$となる具体的な形状を求めて製作する

　写真4-1に示すのは，製作したソレノイド・コイルの外観です．

　ソレノイド・コイルの性能指数Qは，一般に直径dが大きくなると高くなります．しかし，あまり大きいのも考えものです．ちょうど太さ4mmほどの筆の柄があるので，これを巻き枠にして作ることにします．

　直径0.5mmほどのワイヤを使うと，図4-12に示すようにソレノイド・コイルの直径$d ≒ 4.5\,mm$となります．なるべく小形にしたいので，ほぼ密接巻きにすると考えると，巻き数でコイル長がほぼ決まります．

　図4-13に示すようにホームページ上のツールを用いて，直径$d ≒ 4.5\,mm$となるような$L ≒ 160\,nH$のコイル形状を求めると，次の値となります．

- コイルの直径　$d = 4.5\,mm$
- 巻き数　$n = 7$ターン

[写真4-1] 製作したソレノイド・コイルの外観

[図4-12] 製作する160nHのソレノイド・コイル
0.5mmのワイヤを直径4mmの巻き枠に7回巻く

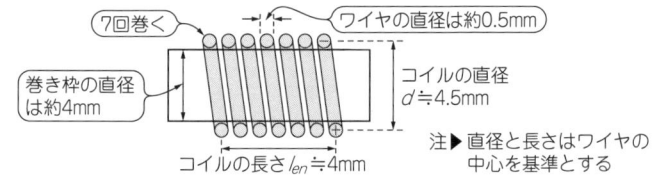

7回巻く
ワイヤの直径は約0.5mm
巻き枠の直径は約4mm
コイルの直径 $d ≒ 4.5\,mm$
コイルの長さ $l_{en} ≒ 4\,mm$
注▶直径と長さはワイヤの中心を基準とする

[図4-13] ツールを使ってインダクタンスを求める
インダクタンスが欲しい値になるように巻き数や長さを調整

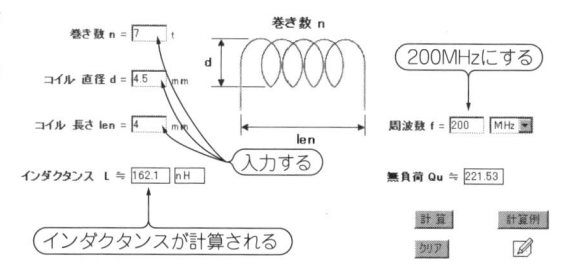

- コイルの長さ　l_{en} = 4.0 mm

ワイヤの直径から単純に計算すれば，巻き数7ターンのときコイルの長さは3.5 mmになりますが，インダクタンスがほぼ160 nHになる4 mmにしています．

密着して巻いても少し隙間ができて長めになること，伸ばす方向に調整できることを考慮しています．

コイル単体でのおおよそのQはQ_U ≒ 220です．この値は簡易計算式より求めています．後述する寄生容量による劣化を考慮していません．計算式については，参考文献(18)を参照してください．

● 製作したソレノイド・コイルの特性

製作したソレノイド・コイルはL ≒ 160 nHのインダクタンスとなっているでしょうか．ネットワーク・アナライザを用いて，実際に作ったコイルの特性を確かめてみましょう．

▶ S_{21}通過特性とインピーダンス特性

図4-14に示すのは，製作したソレノイド・コイルの実測特性です．図4-14(a)にS_{21}通過特性を，図4-14(b)にインピーダンス特性を示します．

コイル単体の特性なのに，f_P ≒ 890 MHzに共振点が存在します．この特性は，第3章の図3-3で説明したLC共振バンド・エリミネーション・フィルタ(トラップ)の特性となっています．インピーダンスに変換すると，f_P ≒ 890 MHzでインピーダンスは最大です．

コイルのシミュレーション用等価回路を求める

● 等価回路はLにC_PとR_Sを加えて表される

共振特性があることから，製作したソレノイド・コイルは，インダクタンスだけ

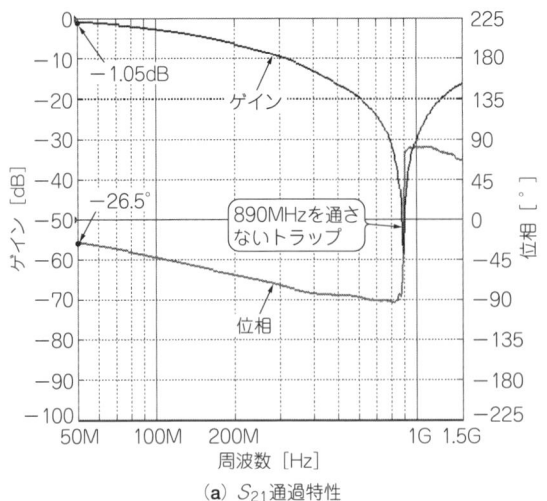

[図4-14] 製作したコイルの周波数特性（実測）
単なるコイルのはずだが並列共振特性になっている

(a) S_{21}通過特性

(b) インピーダンス特性

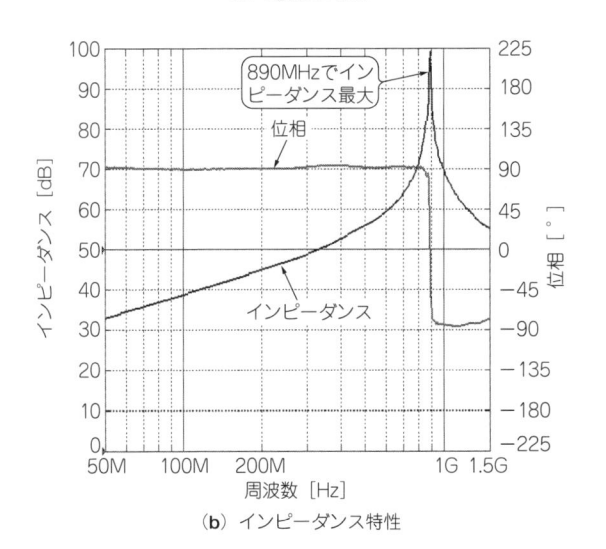

[図4-15] 製作した160 nHコイルの等価回路
Lのほかに寄生成分のR_SとC_Pがある

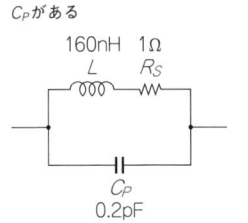

でなく，並列キャパシタンスC_Pを伴っていることがわかります．さらに，損失となる直列抵抗R_Sも存在します．

それらのことから，一般に，現実のコイルは**図4-15**に示す等価回路として表されます．

● **50 MHzのS_{21}特性からLとR_Sを求める**

製作したソレノイド・コイルのインダクタンスを求めます．50 MHzでのS_{21}特性から求めてみましょう．

図4-14(a)の50 MHzでのS_{21}特性を読み取ると，ゲイン特性は約-1.05 dB，位相特性は約-26.5°です．インピーダンスZをS_{21}から求める式は，第2章のColumn(p.56)に記した次式を用います．

$$Z = 2Z_0\left(\frac{1}{S_{21}} - 1\right) [\Omega] \quad\cdots\cdots (4\text{-}8)$$

ただし，Z_0：入出力インピーダンス

このZを実数部と虚数部に分けた$Z = R + jX$の形に変形すれば，Lは次式から求まり，R_Sは実部Rの値となります．

$$L = \frac{X}{2\pi f} [\text{H}] \quad\cdots\cdots (4\text{-}9)$$

50 MHzのS_{21}の値を式(4-8)に代入して解くと，$X = 50.35\,\Omega$となりました．$L ≒ 160\,\text{nH}$です．また，$R = 0.993\,\Omega$と算出されます．直列抵抗$R_S ≒ 1\,\Omega$です．

Q_UとR_S，Lの間には，$Q_U = \omega L/R_S$の関係があります．200 MHzの$Q_U ≒ 200$となります．

● **並列共振周波数からC_Pを求める**

コイルの並列キャパシタンスC_Pは共振周波数f_Pにより次式から求まります．

$$f_P = \frac{1}{2\pi\sqrt{LC_P}} [\text{Hz}]$$

よって，

$$C_P = \frac{1}{4\pi^2 f_P^2 L} [\text{F}] \quad\cdots\cdots (4\text{-}10)$$

図4-14から$f_P ≒ 880\,\text{MHz}$なので，$C_P ≒ 0.2\,\text{pF}$と算出されます．f_Pをコイルの自己共振周波数と呼びます．製作したソレノイド・コイルの等価回路とその定数は，図4-15に記した値となります．

● **シミュレータで等価回路の特性を確かめる**

この等価回路をRFシミュレータS-NAP LE[13][14]で解析します．

図4-16に解析結果を示します．図4-16(a)はS_{21}通過特性，図4-16(b)にはS_{21}特性から描かせたインピーダンス特性を示します．

[図4-16] 図4-15の等価回路の周波数特性
(シミュレーション)
実測の図4-14とよく一致している

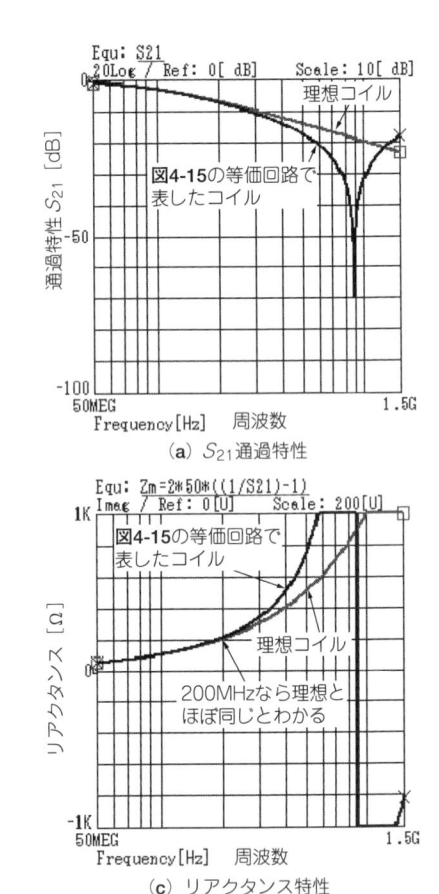

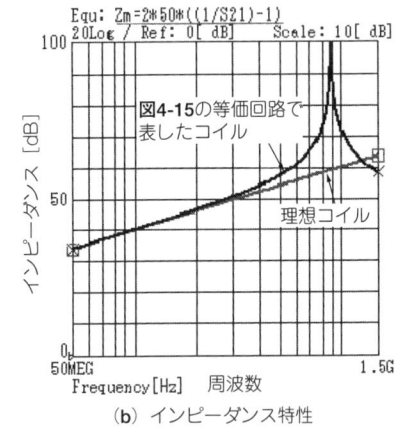

(a) S_{21}通過特性

(b) インピーダンス特性

(c) リアクタンス特性

これらの特性は，ネットワーク・アナライザで測定した図4-14のS_{21}特性およびインピーダンス特性にほぼ合致しています．このソレノイド・コイルの等価回路と等価定数は，かなり正確であるといえます．

● 200 MHzではほぼ理想コイル特性とみなせる

図4-16には，理想コイル(C_PとR_Sがない)の特性も描かせています．

図4-16(c)に示すのは，インピーダンスの虚数部であるリアクタンス特性です．200 MHzでの特性は，ほぼ理想コイルと同じなので，並列容量$C_P ≒ 0.2\,\mathrm{pF}$の影響をほとんど受けていないことがわかります．

ソレノイド・コイルの自己共振周波数f_Pは890MHzほどですが，200 MHzでの使用ならば，リアクタンス特性の変化による発振回路への影響はほぼありません．

もう一つのキー・パーツ バラクタ

次に，可変容量ダイオードについて考えます．
VCOの発振周波数を動かすには，制御電圧を可変容量ダイオードに加え，VCOの共振回路の容量を変えるのが一般的です．

● 可変容量ダイオードの動作原理を理解しておこう

可変容量ダイオードは，バラクタ（varactor）またはバリキャップ（variable capacitance）と呼ばれ，その名のとおり，端子間容量を可変できます．
どうして可変容量ダイオードは，加える電圧でその容量値を変えることができるのでしょうか．原理を理解することは，より上手にバラクタを用いることにつながるので，教科書に書かれていることを整理してみましょう．

● PN接合を逆バイアスするとコンデンサができる

可変容量ダイオードの多くはPN接合ダイオードです．ショットキー・バリア・ダイオードの場合もまれにありますが，ここではPN接合ダイオードとして説明します．
PN接合は，P型とN型の半導体を接合したものです．P型半導体の主要な電荷の運び手（キャリア）は正孔であり，N型半導体のキャリアは電子です．
▶ 順バイアスのときはキャリアにより電流が流れる
PN接合ダイオードに図4-17に示すように順バイアスV_Pを印加すると，正孔はP型から接合部に，電子はN型から接合部に移動します．接合部では電子と正孔が再結合して消滅するので，正孔と電子の移動が継続され，電流が流れます．

[図4-17] 順バイアスの加わった11接合
キャリアが移動して電流が流れる

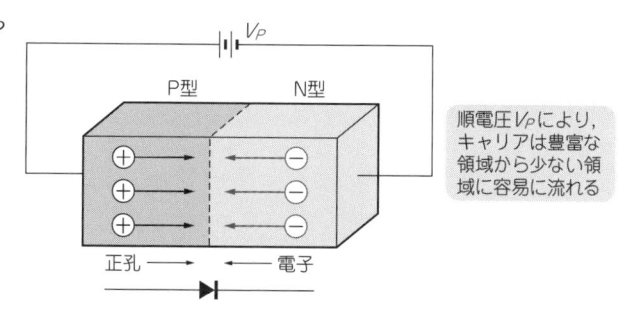

順電圧V_Pにより，キャリアは豊富な領域から少ない領域に容易に流れる

▶逆バイアスのときはキャリアのない層ができる

PN接合ダイオードに,逆バイアスV_Rを加えるとどうなるでしょうか.**図4-18**にそのときの動作を示します.

P型領域の正孔はマイナス電極へ引っ張られ,N型領域の電子はプラス電極に引っ張られますが,キャリアはそれぞれP型,N型の領域以外には動けません.

結果として,PN接合に,キャリアの存在しない空間電荷層が拡がります.この幅をWとします.

▶キャリアのない空間電荷層はコンデンサになる

面積A [m^2]の導体板を距離W [m]だけ離して平行においたコンデンサの静電容量Cは,式(4-11)から求まります.つまり,空間電荷層はコンデンサになります.

$$C = \varepsilon \frac{A}{W} \text{ [F]} \quad\quad\quad\quad\quad\quad\quad\quad\quad\quad\quad\quad\quad\quad\quad\quad (4\text{-}11)$$

ただし,ε：誘電率[F/m]

[図4-18] **逆バイアスの加わったPN接合**
キャリアのない領域ができてコンデンサになる

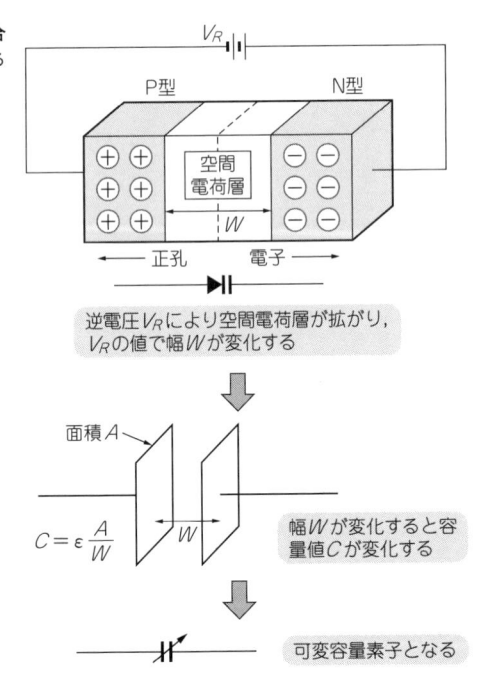

逆電圧V_Rにより空間電荷層が拡がり,V_Rの値で幅Wが変化する

幅Wが変化すると容量値Cが変化する

可変容量素子となる

● 逆バイアス電圧 V_R によって容量 C_V が変わる

V_R を大きくすると，キャリアは電極により強く引っ張られるので，空間電荷層の幅 W は拡がり，そのぶん容量 C_V は小さくなります．

逆に，V_R を小さくすると幅 W は狭まるので，容量 C_V は大きくなります．この容量変化のメカニズムが，可変容量ダイオードの基本原理です．

逆バイアス電圧による容量変化は，すべての PN 接合で起きる現象です．通常のダイオードにとってはあまり望ましい性質ではありませんが，この容量変化を積極的に利用しているのが可変容量ダイオードです．

▶ いろいろな容量-逆電圧曲線の製品が存在している

容量-逆電圧曲線の形は，半導体の不純物濃度分布によって変えることができます．この特性を利用して，FM 変調用，VHF 帯 VCO 用，SHF 帯 VCO 用，広帯域 VCO 用など，さまざまな容量-逆電圧曲線のバラクタが登場しています．

● 品種による容量-逆電圧特性の違いを知っておこう

図 4-19 に示したのは，私が以前に，ネットワーク・アナライザを用いて同じ条件で測定した，数種のバラクタの容量-逆電圧特性です．

また，表 4-2 に，逆電圧 V_R が 1 V のときの容量と，V_R が 12 V のときの容量の比を示します．

逆電圧 V_R に対して容量値が異なるだけでなく，リニアリティや容量変化比もそ

[図 4-19] バラクタの容量-逆電圧特性
(実測)
いろいろな特性のバラクタがある

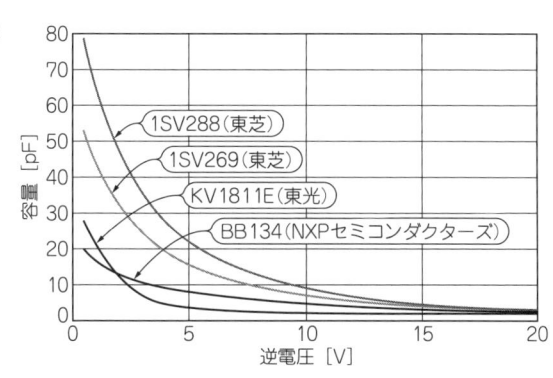

[表 4-2] バラクタの容量変化比(実測)

品種 容量変化比	1SV288	1SV269	KV1811E	BB134
C_{1V}/C_{12V}	3.1	2.8	6.1	2.0

れぞれ異なります．容量変化比はVCOを設計するときに欠かせない値です．

この例のように，C_V-V_R特性の大きく異なるバラクタが各メーカによって準備されているので，設計するVCOに最も適したバラクタを選択することが重要です．

バラクタのシミュレーション用等価回路を求める

VCOをシミュレーションで設計するためには，可変容量，すなわちバラクタも，等価回路で表現してシミュレーションのモデルにしなければなりません．

● 可変容量に*RLC*各1個ずつを追加した形になる

図4-20に，バラクタの等価回路を示します．接合容量C_Vに直列抵抗R_Sと直列インダクタンスL_Sが加わり，これらに並列容量C_Pが加わる形となります．

▶ 直列抵抗R_S

VCOを設計するうえで非常に重要な特性です．

R_Sはバラクタによって大きく異なります．通常，容量変化比が大きく容量値の少ないものほどR_Sは大きくなる傾向です．

容量変化比の大きいバラクタは使いやすいので好まれますが，R_Sが大きいので，共振回路のQを小さくしてしまいやすく，位相雑音特性を悪化させてしまう危険性があります．安易に選択してはいけません．

[図4-20] バラクタの等価回路
可変できる容量C_VのほかにL，C，Rがある

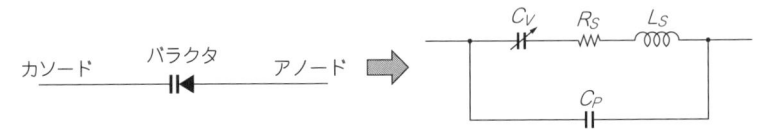

[写真4-2] VCOに使うバラクタの外観

[表4-3] バラクタの直列インダクタンスL_Sの見積もり

パッケージ名	長さ[mm]	インダクタンス[H]
S - MINI (SC - 59)	2.8	2.2n
USC (SC - 76)	2.5	1.7n
ESC (SC - 79)	1.6	1.2n

▶ 直列インダクタンス L_S

直列インダクタンス L_S には，パッケージのインダクタンスぶんが含まれます．よって，直列インダクタンス L_S は，パッケージの形状で異なります．

VCO に用いるバラクタの形状は，**写真4-2**のような表面実装パッケージです．私は，パッケージによるインダクタンスを**表4-3**のように見積もっています．

▶ 並列容量 C_P

パッケージのリード間容量です．おおむね 0.1 pF で，接合容量 C_V に吸収されて通常は無視できますが，プリント基板パターンによる容量が足される場合があるので，注意してください．

● **性能指数 Q は周波数や容量で変化する**

バラクタの性能指数 Q は，次式で表されます．

$$Q = \frac{1}{2\pi f C_V R_S} \quad \cdots\cdots\cdots (4\text{-}12)$$

ただし，f：周波数[Hz]

R_S は一定ではありませんが，ここではほぼ一定と考えます．

周波数が一定であれば，Q と C_V は反比例の関係です．C_V が少なくなれば Q は高くなります．すなわち，逆電圧 V_R が大きくなれば，Q が高くなります．

また，逆電圧 V_R が一定，すなわち C_V が一定であれば，周波数 f と Q は逆比例の関係なので，周波数が高くなると，Q は下がります．

図4-21に示したのは，とあるバラクタの逆電圧と性能指数 Q の関係を示しています．式(4-12)の関係にあることが確認できます．

[図4-21] **性能指数 Q は逆電圧や周波数で変化する**
共振回路の Q も変化するので設計の途中で確認が必要

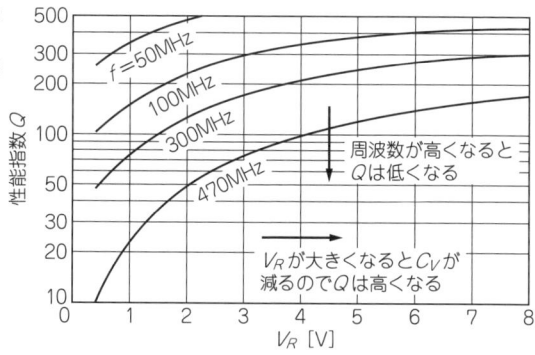

133 | バラクタのシミュレーション用等価回路を求める

アンプ+フィルタで定数を調整する

　ここからは，先ほど求めたフィルタ部のコイルとバラクタの等価回路を組み入れてシミュレーションを進めます．

　オープン・ループ法での200 MHzのコルピッツ型発振器は，**図4-22**に記すアンプとフィルタの従属接続に展開できます．

　アンプ部には，第3章末で解説した2SC3356の負帰還アンプを使います．シャント抵抗R_Fを用いた方法で負帰還をかけることにします．シャント抵抗とシリーズ抵抗のどちらを選ぶかも調整のうちです．

　図4-23に，180 M～220 MHz VCOの最終的な回路を示します．最初からこの回路が得られたわけではなく，実験とシミュレーションを繰り返して，適切な特性が得られるように調整しました．

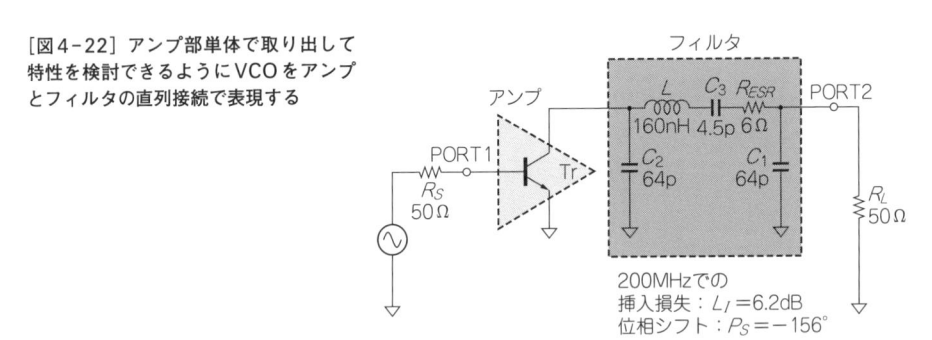

[図4-22] アンプ部単体で取り出して特性を検討できるようにVCOをアンプとフィルタの直列接続で表現する

200MHzでの
挿入損失：L_I = 6.2dB
位相シフト：P_S = －156°

[図4-23] 180 M～220 MHz VCOのシミュレーション回路
シャント抵抗，負荷抵抗，帰還容量のC_1とC_2で調整をした最終的な結果

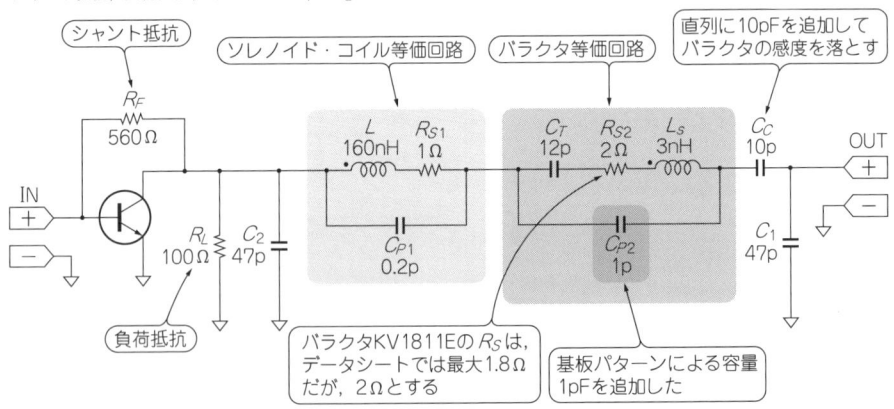

バラクタKV1811EのR_Sは，データシートでは最大1.8Ωだが，2Ωとする

基板パターンによる容量1pFを追加した

[図4-24] KV1811Eは小さな逆電圧でも4.5 pFを得られる
VCOの感度を小さくするため直列に10 pFを接続して容量変化を小さくする

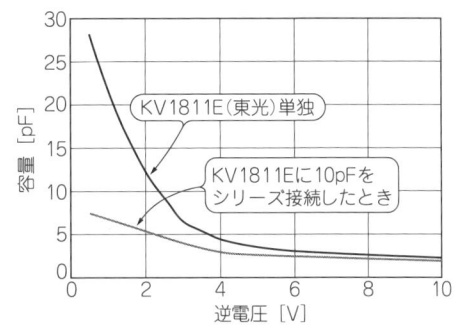

グラフ中ラベル: KV1811E（東光）単独 / KV1811Eに10pFをシリーズ接続したとき
縦軸: 容量 [pF]　横軸: 逆電圧 [V]

● バラクタの選択

160 nHのコイルで200 MHzに共振させるには，4.5 pFほどが必要になります．手持ちのバラクタの中から，低い逆電圧で4.5 pFほどが得られるKV1811E（東光）を用いることにしました．

▶ バラクタの感度を落とすために直列容量を追加

KV1811Eのままだとバラクタの逆電圧-容量特性の感度が高すぎます．特に，図4-24に示すように，逆電圧が3 V以下では感度が急激に高くなります．

そこで，バラクタと直列に固定コンデンサ C_C = 10 pFを接続します．すると感度は低下し，バラクタの逆電圧-容量特性は図中に示すように改善されます．

● バラクタの等価回路を調整する

バラクタKV1811Eの直列抵抗R_{S2}は，データシートに最大1.8 Ωとありました．ここでは逆電圧による変化などを考え，大きめにR_{S2} = 2 Ωとします．

直列インダクタンスL_Sは，パッケージのインダクタンスと基板配線パターンのインダクタンスを合わせて，L_S = 3 nHとします．

並列容量C_Pは，パッケージの端子間容量0.1 pFと基板パターンで生じる容量を合わせて，C_P = 1 pFと見積もりました．

● 実際の回路だと R_F = 150 Ω では動作が不安定

アンプのトランジスタは2SC3356をV_{CE} = 3 V，I_C = 20 mAで動かし，この条件でのSパラメータを用います．

第3章の図3-28のシミュレーション結果からは，シャント抵抗R_F = 150 Ωを用いるのが理想です．ところが，残念なことにR_F = 150 Ωではゲインが下がり過ぎるようで，実際の回路では発振が不安定な状態でした．これまで使ってきたオープ

ン・ループ法による解析では，ループを切り離した点でのミスマッチによるゲイン低下までは考慮していません．その結果「発振するはずが発振しない」といった，実際の回路との不一致が生じます．

● ゲインを大きくしたいのでR_Fを大きくする

　ゲインを大きくしたいので，シャント抵抗R_Fは150Ωより大きくする必要がでてきました．R_Fが大きいとアンプのゲインは上がりますが，200 MHzでの位相特性は悪化します（図3-28）．アンプで位相が調整しきれないぶんの位相回転は，フィルタ部のC_1とC_2で調整することになります．

● 位相調整のためにC_1とC_2も合わせて調整する

　位相が0°の周波数でゲインを一番大きく，かつ位相の傾斜を最大にしてQを高くすることで，最適な発振になります．この状態に近づけるように，フィルタ部のC_1，C_2とアンプを調整します．

　トランジスタの動作安定化のため，負荷抵抗$R_L = 100$ Ωを追加しました．最終的に，$C_1 = C_2 = 47$ pF，$R_F = 560$ Ωに調整することで，200 MHz発振における位相0°とゲインのピークをほぼ合わせることができました．このとき，位相の傾斜も最大近くになっています．

周波数可変範囲をシミュレーションで確認する

● バラクタ容量C_Tを変化させて発振周波数を確認する

　図4-23で，バラクタの逆電圧を2～6Vまで1Vステップで動かし，発振周波数がどのように変化するかをシミュレーションします．

　表4-4にバラクタKV1811Eの逆電圧V_Tに対する容量値C_Tの実測データを示します．

　$V_T = 2$ Vで$C_T = 12.0$ pF，$V_T = 3$ Vで$C_T = 6.4$ pF…と，図4-23のバラクタ等

[表4-4] バラクタKV1811Eの逆電圧-容量特性
この表にあわせて図4-23中のバラクタ容量を変更してシミュレーションする

逆電圧 V_T	容量 C_T
2 V	12.0 pF
3 V	6.4 pF
4 V	4.3 pF
5 V	3.5 pF
6 V	3.0 pF

価回路のC_Tを変えることで，発振周波数の変化をシミュレーションできます．

図4-25には，S_{21}伝達特性のゲインと位相特性を制御電圧1Vステップでシミュレーションした結果を示します．

● V_Tが2～4V程度で180M～220MHzを発振できる

シミュレーション結果から，逆電圧V_Tが2V→4Vほどで，180M～220MHzを発振できそうです．

この間の感度は20MHz/Vほどです．さらにV_Tを5V，6Vとすると，感度が急激に落ちるようすが確認されます．

これは，図4-24に示したバラクタKV1811Eに10pFを直列に接続した特性によるものと推測します．

180M～220MHzの範囲で感度が急激に変わるのであれば，バラクタ回路の逆電圧-容量特性が直線的となるように改善する必要があるでしょう．ここでは，この結果で十分とします．

[図4-25] 図4-23のシミュレーション結果

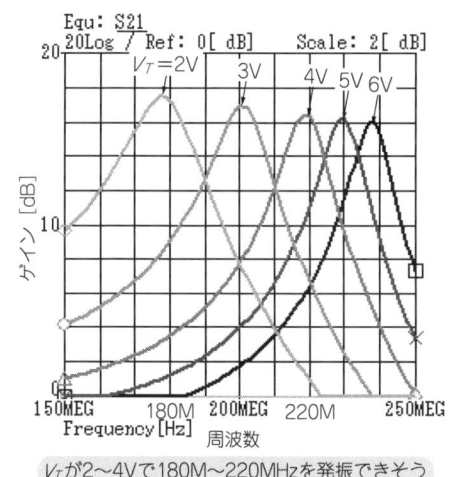

(a) ゲイン特性

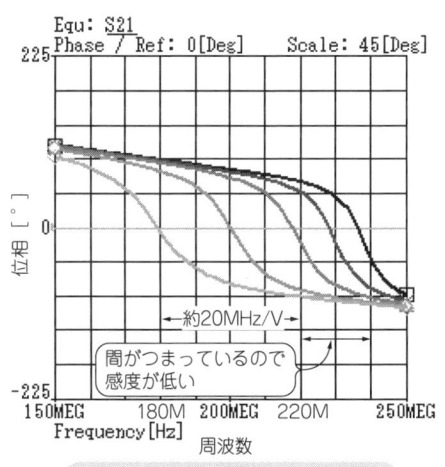

(b) 位相特性

最終的な180M～220MHz VCOの回路

　オープン・ループ法によるシミュレーションを使って設計した180 M～220 MHz VCO回路を，実際にプリント基板で製作して動かしてみます．計算どおりに発振してくれるでしょうか？

● 180 M～220 MHz VCOの回路図

　図4-26に，設計したVCOの回路図を示します．製作したVCOの外観を**写真4-3**に示します．

　ソレノイド・コイルやバラクタ周りは，パターンによる余分なインダクタンスや浮遊容量がなるべく生じないようにレイアウトしパターン設計します．

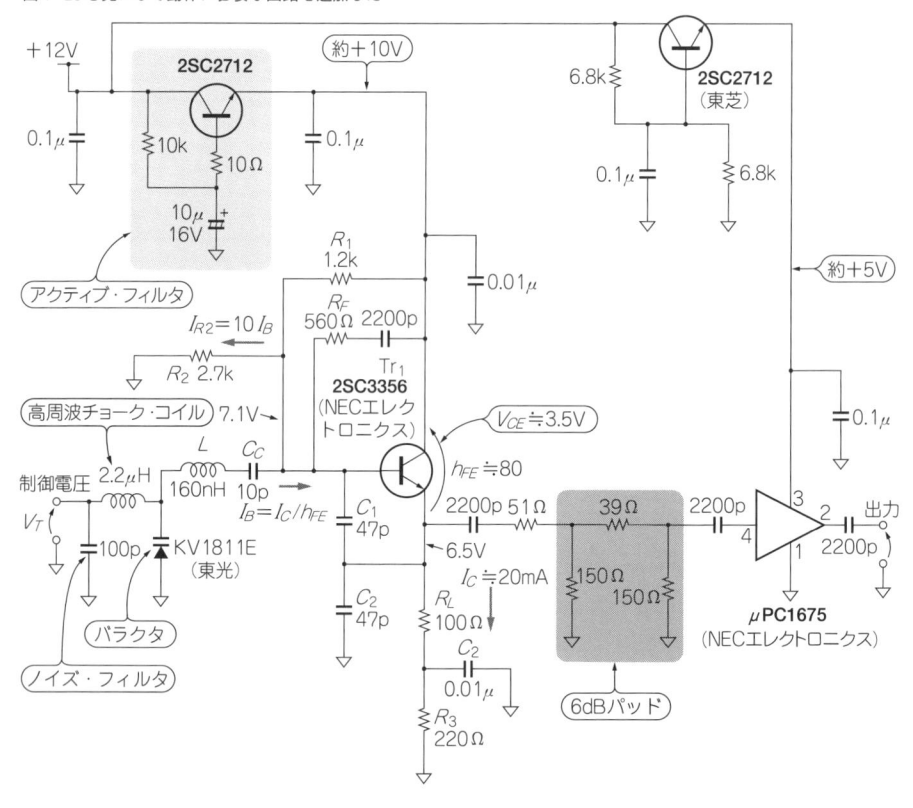

[図4-26] 製作した180 M～220 MHz VCOの回路図
図4-23を元にして動作に必要な回路を追加した

138　第4章　VCOの設計と特性

[写真4-3] 製作した180 M〜220 MHz VCOの外観

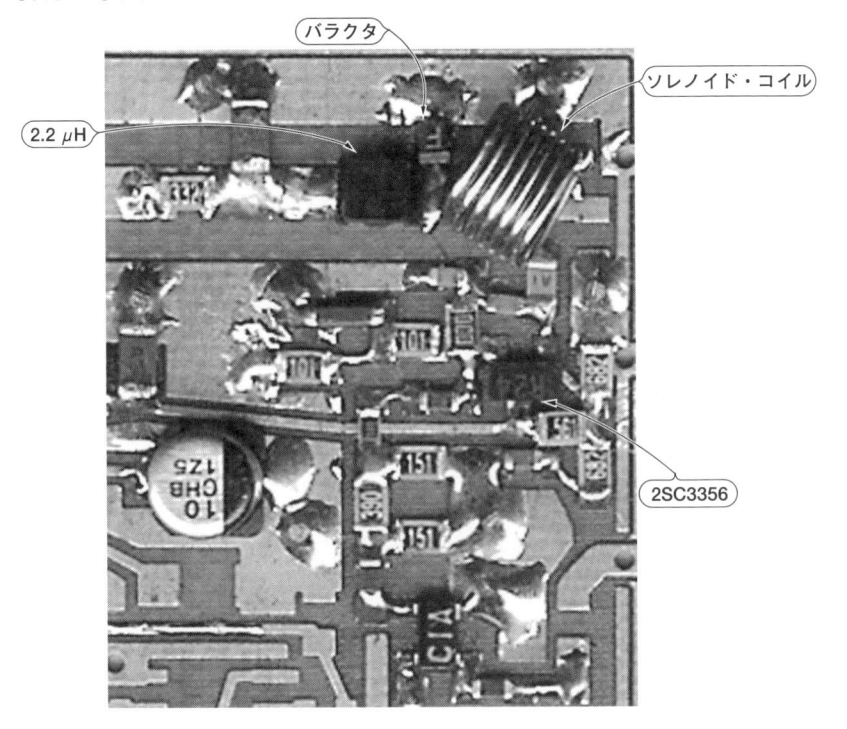

● バイアス回路の設計

　シミュレーションではトランジスタのバイアス回路を省略しています．

　シミュレーションに用いた2SC3356のSパラメータの測定条件はV_{CE} = 3.5 V，I_C = 20 mAでした．これに合わせて，V_{CE} = 3.5 V，I_C = 20 mAで駆動するためのバイアス抵抗を求めます．なお，h_{FE}は，h_{FE}区分がR24の最悪値h_{FE} = 80として安全をみて計算します．

　図4-26に示すバイアス抵抗R_2に，ベース電流$I_B = I_C/h_{FE}$の10倍の電流を流すとして，R_1，R_2の抵抗値を決めます．電源電圧は + 10 Vとしました．R_1 = 1.2 kΩ，R_2 = 2.7 kΩとなります．コレクタ電流$I_C ≒ 20$ mAとするには，20 mA ≒ 6.5 V/$(R_L + R_3)$からR_L = 100 Ωなので，R_3 = 220 Ωと決めます．

　私のウェブ・ページ[49]には，数種のトランジスタ・バイアス回路を設計できるツールを備えていますので，活用してください．

● **VCO出力とバッファ・アンプとの間に減衰パッドを加える**

　十分な発振出力を得るためと，発振周波数の負荷変動を小さくする目的で，VCO出力にはバッファ・アンプを設けるのが一般的です．

　通常，バッファはトランジスタ・アンプで作り，VCO出力とはカップリング・コンデンサで接続します．このカップリング・コンデンサの値を小さくすれば，発振周波数の負荷変動を小さくできますが，出力レベルも低下します．

　最近では高出力で安価な50Ω整合のMMIC(Microwave Monolithic IC)でできたアンプが容易に入手できるので，これをバッファ・アンプに用いました．

　図4-26に示すように，VCOとの接続に減衰パッドを用いています．VCOの出力レベル，アンプのゲインやサチュレーション・レベルなどを考慮して，最適なパッドの値を決めます．ここでは6 dBパッドとして，図4-26に示す定数としました．

　私のウェブ・ページ[49]には，π型，T型，L型などのアッテネータ(減衰器)の定数を計算できるツールがありますので，活用してください．

製作した180M～220MHz VCOの出力特性

バッファ・アンプ出力でのVCO出力特性をスペアナで測定しました．

● **制御電圧-出力周波数特性**

　図4-27には，製作したVCOの制御電圧-出力周波数特性の結果を示します．

　制御電圧(バラクタ逆電圧) V_T ≒ 2.2 Vで約180 MHzを発振し，V_T ≒ 5.1 Vで約220 MHzを発振しています．この間の感度特性は平均14 MHz/Vほどです．

　さらに制御電圧 V_T を高くすると，V_T ≒ 7Vで約240 MHzを発振しますが，感度は急激に落ちます．

● **制御電圧-出力レベル特性**

　図4-28には，制御電圧-出力レベル特性を示します．制御電圧が高くなる(出力周波数が高くなる)と，出力レベルが下がります．

　180 M～220 MHz(制御電圧で2.2～5.1 V)の範囲では，-2 dBm以上の出力が得られています．

[図4-27] 製作した180 M～220 MHz VCOの制御電圧-出力周波数特性
出力周波数が180 M～220 MHzのV_Tは2.2～5.1 Vとなった

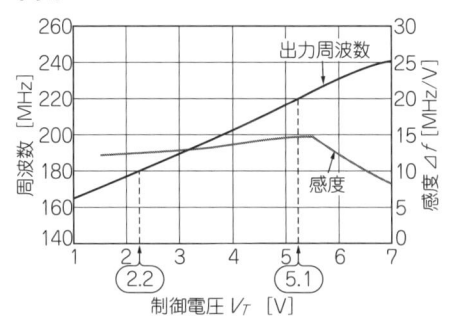

[図4-28] 製作した180 M～220 MHz VCOの制御電圧-出力レベル特性
出力周波数が高くなると振幅が小さくなる。220 MHz以下なら-2 dBm以上

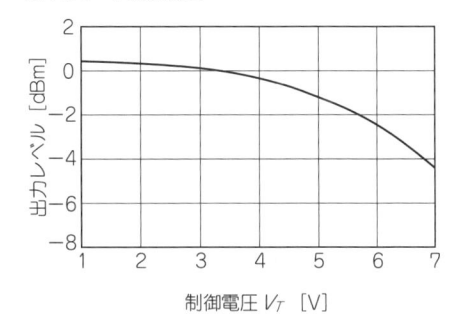

● シミュレーション結果と比べる

図4-27の出力周波数特性を図4-25のシミュレーションした結果と比べるとどうでしょうか．

制御電圧と発振周波数がまったく同じとはいきませんが，周波数が高くなると，その感度が急激に落ちる傾向などは，かなり一致している結果となっています．

簡易なオープン・ループ法によるVCOのシミュレーションとしては上出来です．

より広帯域の180M～360MHzが発振できるVCO

「出力周波数180 M～360 MHz広帯域PLL周波数シンセサイザ」に用いる180 M～360 MHzVCOも紹介します．

● 共振回路にセミリジッド・ケーブルを使っている

180 M～360 MHzVCOの基本回路図を図4-29に示します．写真4-4に外観を示します．

このVCOの特徴は，同軸線(セミリジット・ケーブル)の芯線を共振回路のインダクタとして用いているところと，そのセミリジット・ケーブルを2線式バランとしても利用して，帰還をかけているところです．

● 制御電圧-出力周波数特性

図4-30には，製作した180 M～360 MHzVCOの制御電圧-出力周波数特性を示

[図4-29] 180 M～360 MHzVCOの基本回路
共振回路のLにセミリジッド・ケーブルを使っている

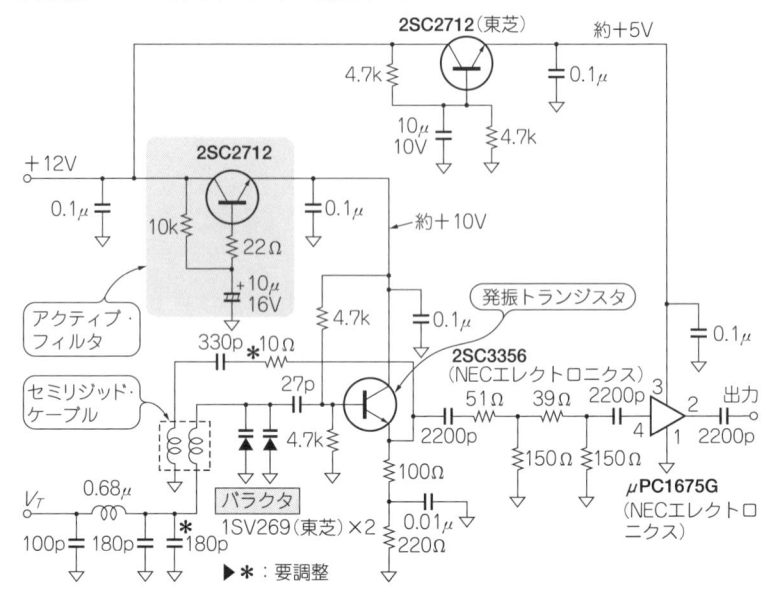

[写真4-4] 製作した180 M～360 MHzVCO基板

します．

制御電圧 $V_T ≒ 1.5\ V$ で約 180 MHz を発振し，$V_T ≒ 10.3\ V$ で約 360 MHz を発振しています．

[図4-30] 180 M～360 MHzVCOの制御電圧-周波数特性
出力周波数が180 M～360 MHzのV_Tは1.5～10.3 V, 感度は20 MHz/V程度

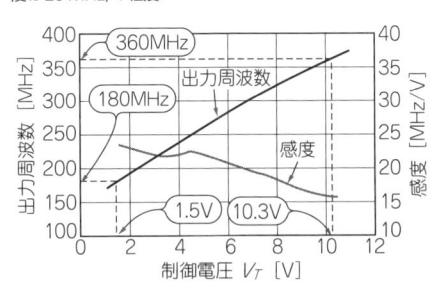

[図4-31] 180 M～360 MHzVCOの制御電圧-出力レベル特性
出力周波数による出力レベル変化が小さい優秀な特性

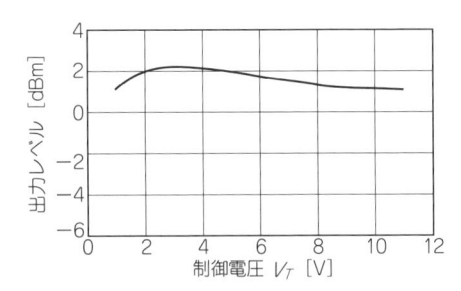

　PLLを形成するには，感度が周波数によらず一定であることが理想です．しかし，発振周波数が高くなるにしたがって感度が落ちてしまうのが一般的な傾向です．

　感度を一定に保つことは，広帯域なVCOほど難しい課題です．このVCOの平均的な感度特性は，20 MHz/V程度です．

● **制御電圧-出力レベル特性**

　図4-31に制御電圧-出力レベル特性を示します．

　制御電圧が高くなる（出力周波数が高くなる）と，出力レベルは約1 dB下がる程度です．非常に優れた出力レベル周波数特性だと言えます．

VCOの位相雑音を測定する方法

　VCOの位相雑音（C/N値）を測定するには，一般にスペクトラム・アナライザ（以下スペアナ）を用います．

　スペアナでVCOの出力波形を観測し，簡単な換算式を使えば，SSB位相雑音（C/N値）を1 Hz換算の位相雑音[dBc/Hz]として定量的に求められます．

　SSB位相雑音をスペアナで測定する方法は，第1章のColumn（p.30）に記したので，参照してください．私のウェブ・ページ[49]で，スペアナで測定したSSB位相雑音を[dBc/Hz]換算するツールを利用できます．

[図4-32] VCOの発振出力は不安定なのでスペクトラムを観察しにくい
低周波でのゆらぎや、ゆっくりとした周波数変化(ドリフト)がある

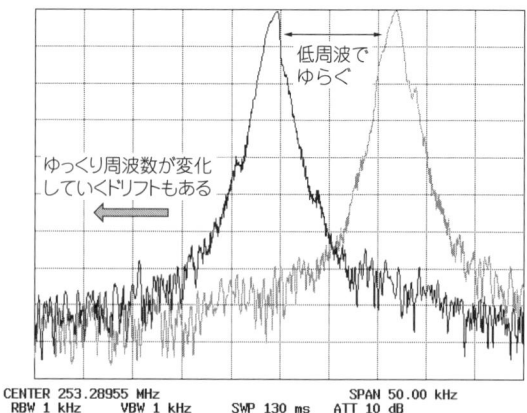

● **VCOは周波数安定度が悪くて位相雑音が測れないことがある**

　VCOの位相雑音を測定しようとしたとき，一つ大きな問題があります．LC発振のVCOでは，水晶発振器のようには発振周波数が安定していません(図4-32).

　仮にVCOの制御電圧を十分に安定にしても，低周波でのゆらぎや，ドリフトと呼ばれるゆっくりとした周波数の変動が見えます．ドリフトの原因は，主に温度変化と考えられます．

　これらの周波数変動により，帯域を狭めて観測すると，VCOの発振波形をスペアナの画面内に収めることすら難しい場合があります．特に，オフセット周波数10 kHz以下の位相雑音を測定しようとすると，観測が難しくなります．

● **PLLを用いて安定度を改善すれば測定できる**

　VCOの周波数安定度をPLLを用いて向上させれば，スペアナで測定することができます．

　C/N測定の方法を図4-33に紹介します．

　PLL用ICと水晶発振器を用いて，被測定VCOにロックをかけます．被測定VCOの安定度は，水晶発振器の安定度に置き換わるので，VCOの周波数変動(ドリフト)は吸収されます．こうすれば，出力をスペアナで観測することが容易になり，C/N値を求めることができます．

　ループ・フィルタ出力のVCO制御電圧V_TをモニタしてPLLの設定周波数を変えることで，VCOの制御電圧-出力周波数特性も同時に確認できて一石二鳥です．

[図4-33] VCOの発振周波数をPLLで安定化して位相雑音を測定する
周波数は安定させたいが位相雑音の抑圧まで行われてしまうと測定の意味がないので，PLLがもつ負帰還ループ・ゲインのカットオフ周波数を十分低くするループ・フィルタを設計する

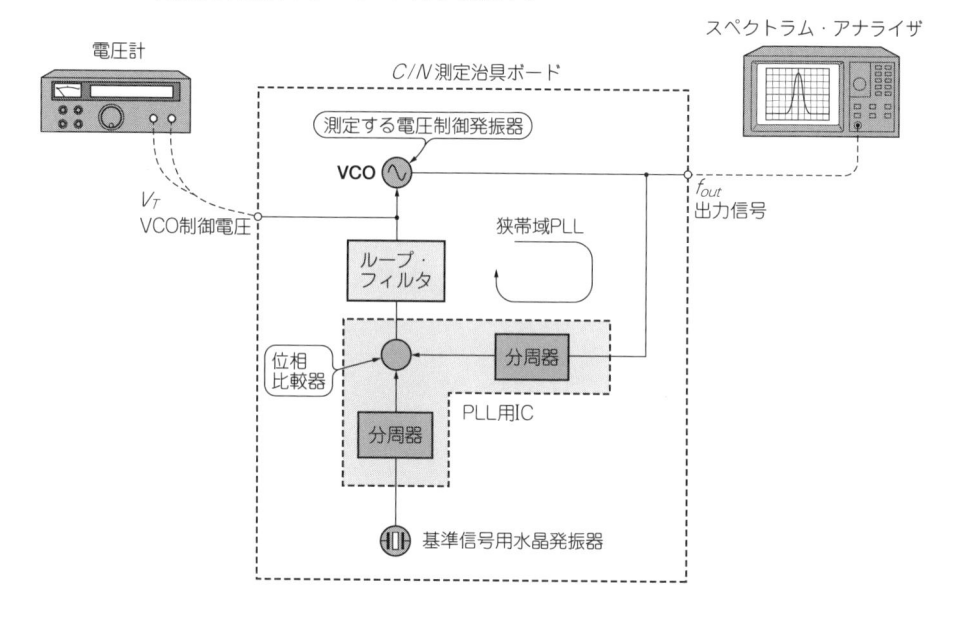

● PLLで位相雑音が低減されないようにする

この方法では，PLLによりVCO由来の位相雑音をマスクしないように注意する必要があります．

そのためには，PLLを狭帯域でロックします．PLLのループ・フィルタを適切に選択して，負帰還ループのカットオフ周波数f_Cを十分に低くしなければなりません．図4-34に，PLLのカットオフ周波数f_Cを変えたときの位相雑音の違いを示しています．

▶カットオフ周波数を高くしてはいけない

灰色の波形は，カットオフ周波数$f_C ≒ 5\,\mathrm{kHz}$となるようなループ・フィルタを用いたときの測定結果です．ただし，カットオフ周波数をわかりやすくするために，意図的にループを不安定にしています．その結果，カットオフ周波数付近では位相雑音が本来のVCOの雑音より増幅されて見えています．

この測定結果では，オフセット周波数f_Mが20 kHz程度まで，本来の特性である黒色の線と差があります．

これはVCOの位相雑音を抑圧する(ノイズ・リダクション Noise Reduction)効果です．意図的に

[図4-34] PLLのカットオフ周波数を十分に低く設定しないと正しい測定値が得られない

灰色線はカットオフ周波数を5kHzにしたときで，位相雑音にPLLが影響している

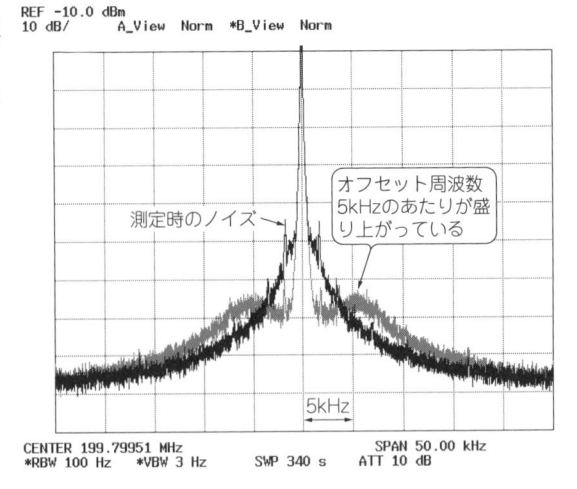

（測定時のノイズ）
（オフセット周波数5kHzのあたりが盛り上がっている）

ループを不安定にしているので，カットオフ周波数付近の位相雑音は抑圧されるというよりむしろ増幅されて見えています．オフセット周波数20kHz以下の位相雑音は，被測定VCOの雑音ではありません．

▶ カットオフ周波数を十分に低くとればよい

　PLLのカットオフ周波数を十分に低くとると，VCO出力の位相雑音特性は図4-34の黒色の波形となります．カットオフ周波数を十分に低くとれば，ノイズ・リダクション効果がなくなり，VCOの位相雑音を正確に測定できます．この場合の「十分に低く」とは，測定帯域幅に対してです．

　PLLのカットオフ周波数と位相雑音特性の関係については，第1章を参照してください．カットオフ周波数からループ・フィルタを設計する方法については，第9章などで解説します．

[図4-35] 180 M～220 MHz VCOのSSB位相雑音特性（実測）

10kHzオフセットで−100 dBc/Hzと，帯域幅を考えると平凡な値

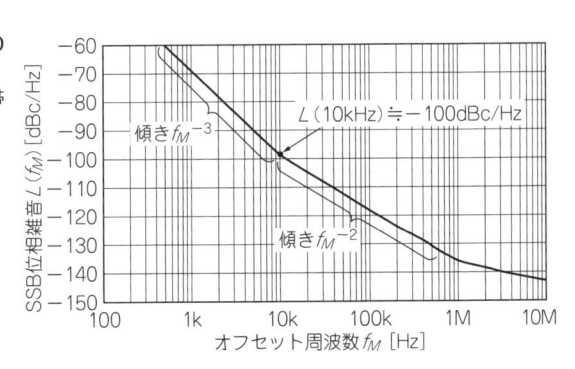

傾き f_M^{-3}
傾き f_M^{-2}
$L(10 \text{kHz}) \fallingdotseq -100 \text{dBc/Hz}$

試作した二つのVCOの位相雑音特性

例としてディスクリート部品で製作した二つのVCOの位相雑音特性を，図4-33の C/N 測定治具ボードを用いて測定します．

● 設計を解説した180 M～220 MHz VCOのSSB位相雑音特性

図4-35に，180 M～220 MHz VCOの200 MHz発振におけるSSB位相雑音をHz換算した値を示します．

オフセット周波数10 kHzでの位相雑音 $L(10\,\text{kHz})$ は約 −100 dBc/Hz となっています．平凡な値です．

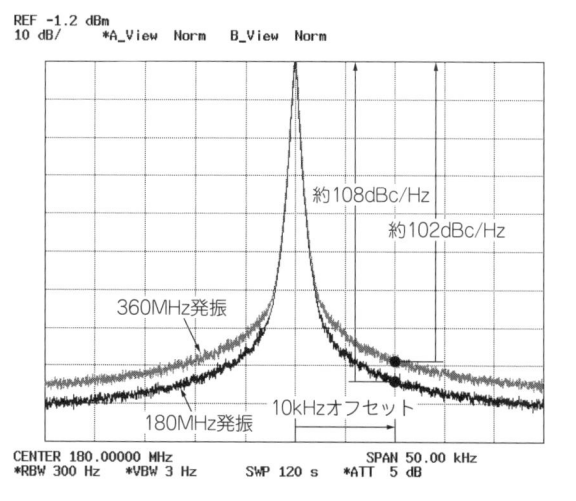

● 180 M～360 MHz VCOのSSB位相雑音特性

図4-36に，スペアナで取得した180 MHzおよび360 MHzの出力波形データを示します．図4-37には，SSB位相雑音としてHz換算した値を示しました．

180 MHz発振の C/N は，10 kHzオフセットで $L(10\,\text{kHz}) \approx -108$ dBc/Hz となっています．2倍の周波数の360MHzで発振させると $L(10\,\text{kHz}) \approx -102$ dBc/Hz となり，位相雑音も 6 dB (2倍) ほど悪化しています．これは，回路方式や使用部品の性能からはじめに推測できた，ほぼ予定どおりの値です．

[図4-36] 180～360 MHzVCOのスペクトラム波形
1オクターブもの広帯域な発振をするVCOとしては優秀な値

[図4-37] 180～360 MHz VCOの SSB位相雑音特性（実測）
10 kHzオフセットでのSSB位相雑音 L (10 kHz)は－108～－102 dBc/Hz

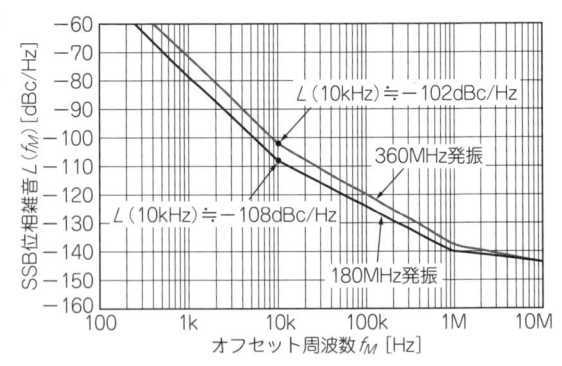

180M～220MHz VCOの位相雑音特性を改善する方法

　設計手順を解説した180 M～220 MHz VCOの位相雑音特性は，発振周波数範囲のわりに平凡な値でした．この位相雑音特性を向上することができるでしょうか？

● バラクタを固定コンデンサに変えると6 dB改善
　バラクタをはずして，代わりに固定コンデンサ，ここでは積層チップ・コンデンサ10 pFと交換してみると，出力周波数189.5 MHzほどで発振します．図4-38の灰色の波形データは，このときの位相雑音特性です．
　固定コンデンサ10 pFをバラクタに戻して制御電圧を調整し，10 pFと同じ周波

[図4-38] 180～220MHz VCOのバラクタを固定コンデンサに置き換えると位相雑音が減る
バラクタが原因の位相雑音がないときはここまで位相雑音が減らせるとわかる

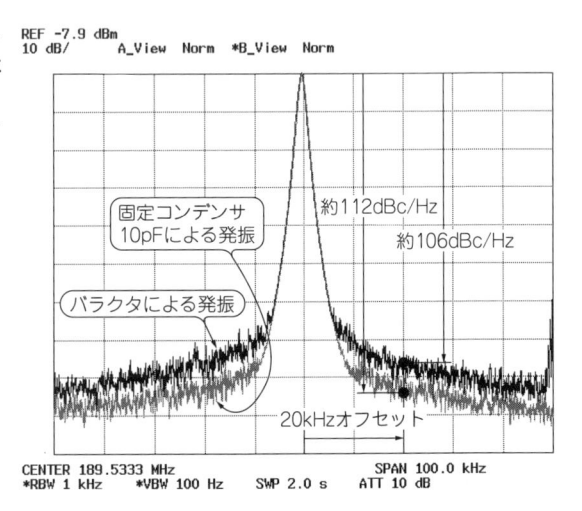

数で発振させると，図4-38の黒色の波形データとなりました．

　固定コンデンサを使うとVCOにならないので周波数を安定化できません．ドリフトがあり，スペアナの分解能を上げられません．ここではオフセット周波数20 kHzのSSB位相雑音で比較します．

　固定コンデンサで発振させると，$L(20\,\text{kHz})$は約 − 112 dBc/Hzです．バラクタで発振させると，$L(20\,\text{kHz})$が約 − 106 dBc/Hzと，6 dBほど悪化します．

● バラクタによって位相雑音特性が悪化する三つの理由

　VCOの位相雑音を低減する方法については，本章の最初のほうにまとめました．

　これを基にバラクタを使った場合，固定コンデンサを使ったときよりも位相雑音特性が悪化する原因をいくつか推測して，対応策を考えてみましょう．

① バラクタの直列抵抗R_SによるQの低下

　バラクタの直列抵抗分R_Sは，一般的に固定コンデンサのR_Sよりも大きくなります．これにより，共振回路のQが低下し，位相雑音特性が悪化すると考えられます．

　もしこの傾向が顕著であれば，直列抵抗分R_Sの小さなバラクタを選択することで改善できます．

② バラクタによる変調位相雑音の影響

　バラクタ変調位相雑音は，バラクタがもつ熱雑音により，バラクタ自体が変調されてしまうことで発生する位相雑音で，VCOの感度が高いほど増加します．図4-5と図4-6の説明をご覧ください．

　設計した180 M～220 MHz VCOは，容量変化比の大きなバラクタKV1811Eを用いて，40 MHzの発振帯域でおよそ14 MHz/Vの感度特性を得ています．40 MHz以上の帯域を必要としないのであれば，この感度は高すぎるかもしれません．

　もし，感度が高すぎるせいで位相雑音特性が悪化している傾向がみえるのであれば，バラクタの再選択を含め，感度を落とした回路を設計する必要があります．

③ 振幅雑音の転換から生じる位相雑音

　バラクタ発振の位相雑音を増加させる他の要因として，発振出力によってバラクタの容量変化が起こり，低周波雑音が位相雑音に変化することがあります（AM to PM Convertionという）．これが原因となった位相雑音特性の悪化をたびたび経験しています．

　もし，このメカニズムによる位相雑音の悪化が考えられるのであれば，図4-39に示すように，二つのバラクタ・ダイオードを逆向きに直列接続することで，発振波の振幅によるバラクタの容量の変化を軽減することができます．

[図4-39] 発振出力の振幅による容量変化が原因の位相雑音を減らす方法
出力の振幅が低周波雑音により変化してそれが雑音になる

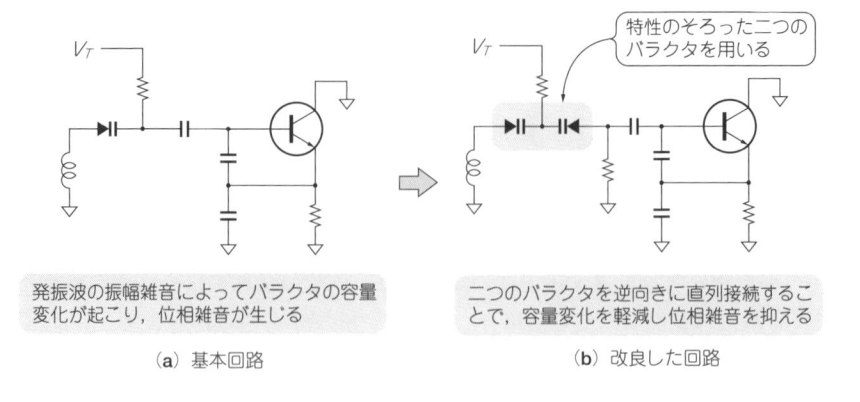

(a) 基本回路
発振波の振幅雑音によってバラクタの容量変化が起こり，位相雑音が生じる

(b) 改良した回路
特性のそろった二つのバラクタを用いる
二つのバラクタを逆向きに直列接続することで，容量変化を軽減し位相雑音を抑える

ただし，バラクタを直列に接続するので，直列抵抗分 R_S は2倍となり，共振回路の Q が低下します．

● 位相雑音特性の改善はいずれかの方法で可能なはず

製作した 180 M～220 MHz VCO の位相雑音を低減するには，バラクタでの位相雑音特性の悪化を抑えることが必要です．

位相雑音特性を悪化させる主たる原因は，上に記した①，②，③のいずれかでしょう．ここからの位相雑音特性の改善は，読者の皆様にお願いしたいと思います．

VCOにはいろいろな共振素子が使われる

共振回路のインダクタンスとして，180M～220 MHz VCO は空芯コイルを使い，180M～360 MHz VCO はセミリジッド・ケーブルの芯線を用いました．VHF帯（30～300 MHz 付近）のVCOでは，私はこれらの方法をたびたび用います．

周波数帯がさらに高くなりUHF帯以上（300 MHz以上），500 MHzを越すと，固定インダクタ，もしくは可変インダクタとしてマイクロストリップ・ラインを使うVCOが主流になります．

また，発振帯域の狭い仕様のVCOでは，低位相雑音化のために高誘電率のセラミック同軸線路を用いたり，表面弾性波（SAW）共振子を用いる場合もあります．

写真4-5に，私が設計したそれらのVCOの外観を示します．これらは，共振回路のインダクタは異なるものの，低位相雑音設計へのアプローチはみな同じです．

[写真4-5] いろいろな素子を使ったVCOがある
周波数が高くなるとマイクロストリップ・ラインを使う．狭帯域で低位相雑音を目指すなら誘電体同軸線路やSAW共振子を使うことがある

マイクロストリップ・ライン

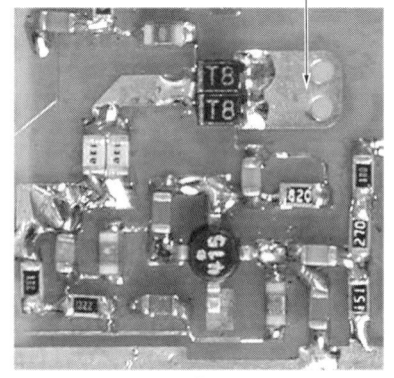

（a）マイクロストリップ・ラインを用いたVCO　　（b）誘電体同軸線路を用いたVCO

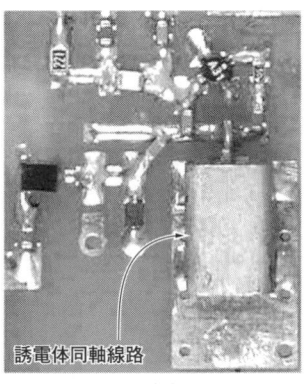

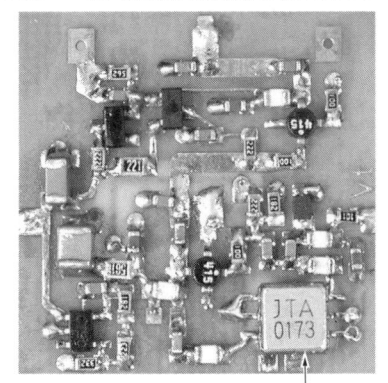

誘電体同軸線路

（c）表面弾性波（SAW）共振子を用いたVCO

SAW共振子

　何よりも重要なのは，LCR共振回路と性能指数Qについて，しっかりと理解することです．VCOの設計で試行錯誤するたびにこのことを痛感しています．
　数GHz以上の高周波では，オクターブ以上の広帯域な発振が可能で，かつ位相雑音特性にも優れた発振器として，YIG同調発振器があります．
　YIG同調発振器は，高周波のスペアナやシグナル・ソース，ネットワーク・アナライザなどに広く用いられています．

Column

広帯域/低位相雑音の理想的な発振器

YIG(Yttrium Iron Garnet)同調発振器は,高周波領域でのオクターブ以上の広範囲な発振が可能でありながら,低位相雑音であり,さらに発振リニアリティにも優れています.

図4-Aに,カタログから引用したYIG同調発振器のSSB位相雑音特性の例を示します.

図4-Bには,YIG同調発振器の原理図を示します.

磁性材料のフェライトであるYIG単結晶に直流磁場を加えて,高周波エネルギーを共鳴吸収する電子スピン現象を利用し,非常に大きなQを得ています.トランジスタ

[図4-A] YIG同調発振器のSSB位相雑音の例
10 kHzオフセットで−100 dBc/Hz以下と小さい

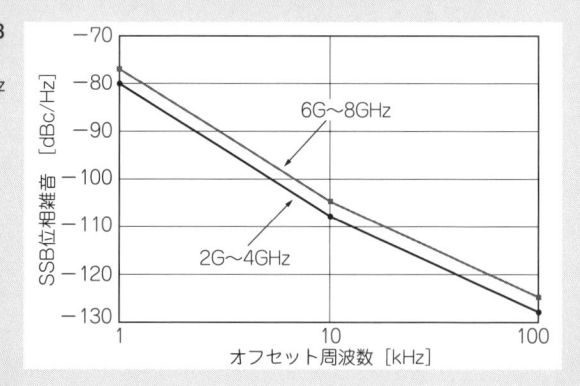

[図4-B] YIG同調発振器の原理図
YIG単結晶の電子スピン現象による高周波の共鳴/吸収を利用する

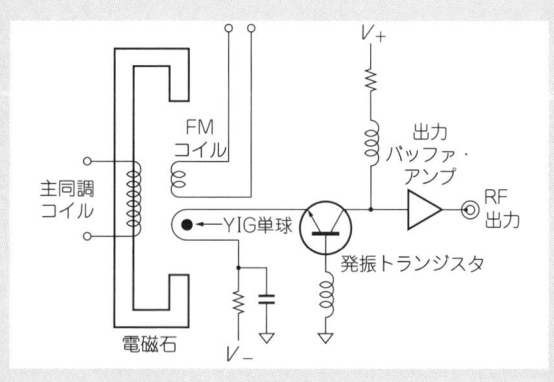

などによって負性抵抗領域を作ることで，これを発振持続させています．
　以前，YIG同調発振器はかなり大型でした．最近は，**写真4-A**に示すように小型化もされてきました．
　では，YIG同調発振器は理想的な発振器でしょうか？
　YIG同調発振器はすばらしい発振器ですが，もちろん欠点もあります．
　一つは，YIG同調発振器を駆動するのに，多くの電流が必要とされることです．通常，20 MHz/mAほどの感度です．4 GHzを発振させるには200 mAほどの電流が必要とされます．
　また，磁場を加えることで周波数を制御するので，通常のVCOに比べると，周波数を変えるときのスピードの点で劣ることになります．
　しかしながら，広帯域発振で低位相雑音は魅力です．8 G～20 GHzの発振範囲で－100 dBc/Hz (10 kHzオフセット)以下のSSB位相雑音特性を有する製品もあります．
　PLL技術と相まって，高周波での周波数シンセサイザ技術をさらに発展させていくことでしょう．

[写真4-A] YIG同調発振器の外観の例

第**5**章

位相比較器の設計と特性
〜位相や周波数を比較して，その差に比例した電圧/電流を出力するしくみ〜

❖

　本章では，「位相を比較する」という動作がどのようなことかを解説します．最近では，PLL用ICの中に構成されている位相比較器を使うことがほとんどです．この場合，位相差に加えて，周波数差も検出できる回路が使われているので，そのしくみも解説します．
　位相比較器の入出力がどのような関係にあるかを把握すれば，ループ・フィルタの設計に必要な位相比較器の感度K_Pが求められます．

❖

　図5-1に，PLL周波数シンセサイザの基本構成を示します．本章では，図の③に示す**位相比較器**の設計と製作を行います．PLL(Phase Locked Loop)という名に位相(phase)が含まれることからわかるように，位相比較器は文字どおりPLLの中心を成すブロックです．

　位相比較器は，PLL用ICに内蔵されたものを使う場合が一般的です．PLL用ICは，位相比較器のほか基準信号分周器，プログラマブル分周器などがワンチップにまとめられています．しかし，本書では位相比較器も分周器も，ディスクリートの部品で設計/製作します．基本的な動作を実際に目で見て確かめるためです．

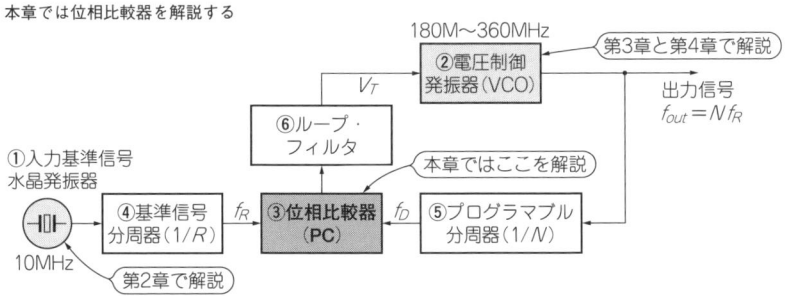

[図5-1] PLL周波数シンセサイザの基本構成
本章では位相比較器を解説する

①入力基準信号 水晶発振器 10MHz
②電圧制御発振器(VCO) 180M〜360MHz
③位相比較器(PC)
④基準信号分周器(1/R)
⑤プログラマブル分周器(1/N)
⑥ループ・フィルタ

出力信号 $f_{out} = Nf_R$

第3章と第4章で解説
本章ではここを解説
第2章で解説

PLLの基本動作を確実に自分のものにできれば，高性能なPLLの設計に役立てることができるでしょう．

● 二つの信号の位相差を出力する回路が位相比較器

　位相比較器とは，二つの信号AとBを入力とし，A-B間の位相差に応じた信号を出力する回路です．位相比較器PC(Phase Comparator)，または位相検波器PD(Phase Detector)と呼ばれています．本書では，位相比較器と呼びます．

　二つの入力信号の位相差が90°のときに出力電圧が0Vとなるものと，入力の位相差が0°のときに出力電圧が0Vとなるものの，二つのタイプがあります．PLLに用いられている代表的な位相比較器の動作原理を調べてみましょう．

ミキサ型を例にして位相比較器の動作を理解する

● 古典的な位相比較器のほうが理解しやすい

　私が高周波でのPLL周波数シンセサイザの設計を始めた1970年代後半の頃，高周波PLL用の位相比較器は，ミキサ(mixer)を用いたアナログ位相比較器が主流でした．ミキサとは，二つの信号の掛け算結果を出力する回路のことです．

　この方式は，今では用いる機会が少なくなりました．しかし，超低雑音を必要とするPLLや位相比較周波数が高いPLLには，今でも用いられています．

　このミキサ方式を説明する理由は，「位相差」の概念や「位相差を検出する」という動作を理解するのに役立つからです．

● ミキサの乗算機能により新たな周波数成分が生まれる

　ミキサに周波数f_1とf_2の二つの信号を入力すると，和(f_1+f_2)と差(f_1-f_2)の周波数成分をもった信号を作り出せます．ミキサが乗算器だからで，三角関数の積和公式そのものです．

　ミキサの一般的な使い方は，この動作を使って，周波数を上げたり下げたりすることです．しかし，乗算器であるミキサの動作は，それだけではありません．

● 乗算器であるミキサは位相差の検出もできる

　乗算器であるミキサの二つの入力に周波数が同じ信号を入力すると，ミキサの出力は，その二つの信号間の位相差によって変化します．

　図5-2には，ミキサ型アナログ位相比較器の構成を示します．ミキサのRFポー

[図5-2] ミキサ型アナログ位相比較器の構成
ミキサのRFポートとLOポートに信号を入力し，IFポートの出力信号にLPFを通す

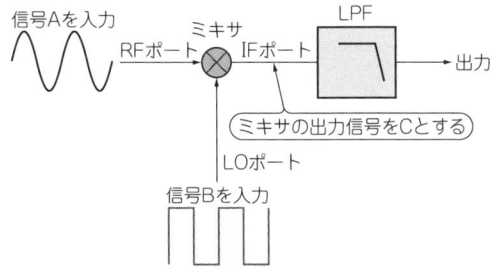

トとLOポートが入力となり，IFポートが出力となります．

　ミキサには，ダイオードを用いたパッシブ型と，トランジスタを用いたアクティブ型がありますが，どちらも位相比較器として使えます．

　ミキサのRFポートに正弦波信号Aを，LOポートにはデューティ比50％の方形波信号Bを入力します．信号Bが方形波である理由は後述します．

　正弦波の位相を変えると，ミキサの出力信号Cはどのように変化するでしょうか？ VCOの設計でも使用したRFシミュレータS-NAP LE[13][14]で乗算器を扱えるので，これを用いて，時間軸での動作を解析してみましょう．

● ミキサ型アナログ位相比較器の動作
▶ 位相差0°の場合
　図5-3(a)では，RFポートへの正弦波入力AとLOポートへの方形波入力Bの位相差を0°としています．
　ミキサで乗算した結果が図5-3(b)の信号Cです．プラス側にだけ信号が出ています．この信号をLPFに通過させると，正の直流電圧が得られます．この電圧を正の電圧V_{OP}とします．
▶ 位相差90°の場合
　図5-4(a)では，RFポートへの入力AとLOポートへの入力Bの位相差を90°としました．乗算結果は，図5-4(b)の信号Cです．プラスとマイナスの面積が等しい波形となります．これをLPFで平滑すると，出力は0Vになります．
▶ 位相差180°の場合
　図5-5(a)では，RFポートへの入力AとLOポートへの入力Bの位相差を180°としました．乗算結果は，図5-5(b)の信号Cで，マイナス側に波形があります．LPFで平滑されると，負の直流電圧になります．正のときとまったく逆なので，この電圧は$-V_{OP}$となります．

[図5-3] 位相差が0°のときのミキサ型アナログ位相比較器の動作波形(シミュレーション)
LPF出力に正の直流電圧が得られる

[図5-4] 位相差が90°のときのミキサ型アナログ位相比較器の動作波形(シミュレーション)
LPF出力は0Vになる

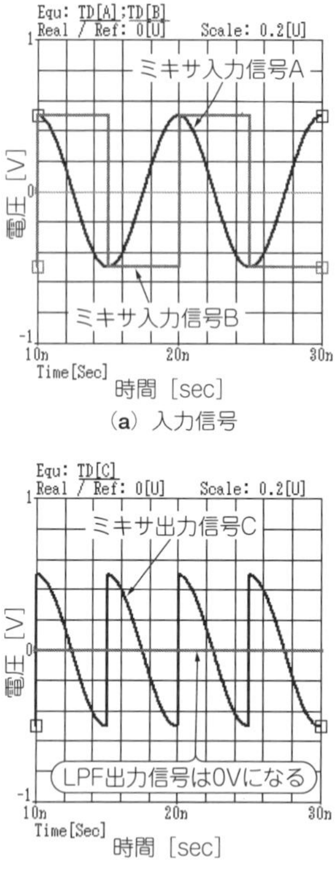

[図5-5] 位相差が180°のときのミキサ型アナログ位相比較器の動作波形(シミュレーション)
LPF出力に負の直流電圧が得られる

(a) 入力信号

(a) 入力信号

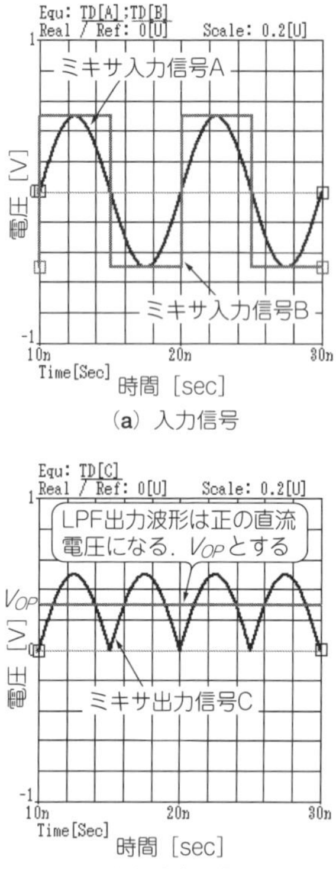

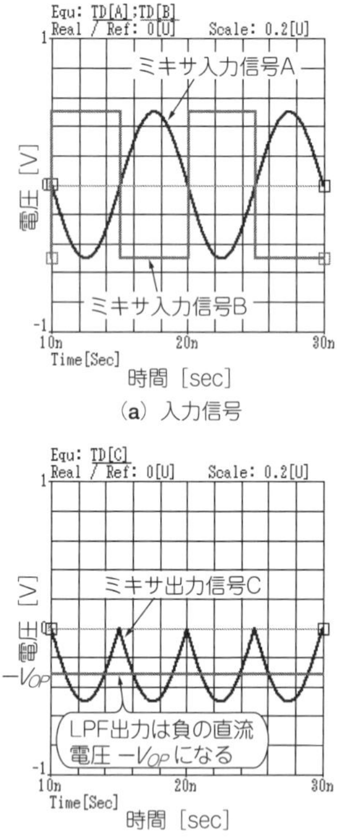

(a) 入力信号

(b) 出力信号

(b) 出力信号

(b) 出力信号

● ミキサ型アナログ位相比較器の入出力特性

横軸に二つの入力信号の位相差，縦軸に出力電圧をとってシミュレーションから得られた特性を書き直すと，図5-6に示す入出力特性になります．

図のように，ミキサ型アナログ位相比較器の場合には，二つの入力信号AとBの位相差が90°のとき，出力が0Vになります．

● ミキサ型アナログ位相比較器の感度 K_P を求める

位相比較器の出力(直流)電圧 V_P[V]は，位相差 ϕ[rad]に関係づけられ，次式で表せます．

第5章 位相比較器の設計と特性

$$V = K_P \times \phi \quad \cdots\cdots\cdots (5\text{-}1)$$

ただし，K_P：位相比較器の感度係数[V/rad]

PLLのループ定数を設計するには，K_Pが必要です．ミキサ型アナログ位相比較器のK_Pを求めてみます．

ミキサがほぼ理想状態で動作して，位相比較器出力が**図5-6**に示すように正弦波の形であれば，出力電圧がゼロクロスでの傾斜は次式で表せます．

$$K_P = \frac{dV}{d\phi} = \frac{V_{out\,P\text{-}P}}{2}\frac{d\sin\phi}{d\phi} = \left|\frac{V_{out\,P\text{-}P}}{2}\cos\phi\right|_{\phi=0} = \frac{V_{out\,P\text{-}P}}{2} \quad \cdots\cdots (5\text{-}2)$$

したがって，位相比較器の感度K_Pは，出力のピーク振幅$V_{out\,P\text{-}P}$を測定すれば求まることになります．

[図5-6] ミキサ型アナログ位相比較器の位相差-出力電圧特性
位相差に対して出力電圧は正弦波になる

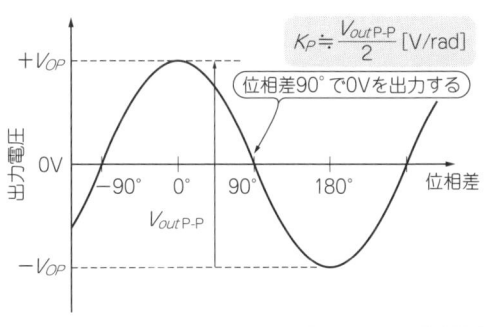

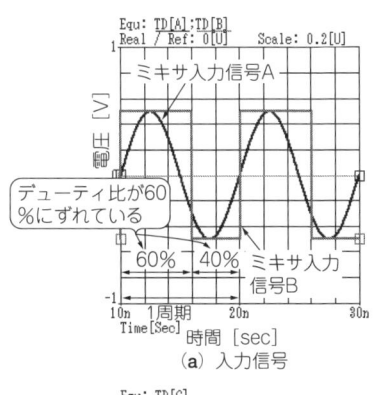

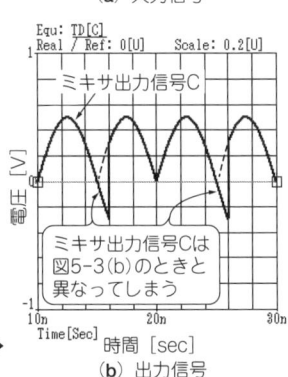

[図5-7] ミキサ型位相比較器が良好に働かない例(シミュレーション)▶
LOポートへの方形波のデューティ比が変わると，出力電圧が変わってしまう

(a) 入力信号

(b) 出力信号

ミキサ型を例にして位相比較器の動作を理解する | 159

ミキサ型位相比較器の問題点

● **LOポートに入力する方形波信号のデューティ比は50％が必要**

　図5-6の入出力特性は，乗算器の動作などの条件が理想の場合です．実際の回路では，このようにうまくはいきません．

　例えば，デューティ比が50％から60％に変化すると，どうなるでしょうか．シミュレーションで解析した結果を図5-7に示します．図5-7(a)では，RFポートへの正弦波入力AとLOポートへの方形波入力Bの位相差は0°ですが，LOポートへの入力Bのデューティ比が60％になっています．乗算の結果，ミキサ出力Cは図5-7(b)に示すような波形になります．理想状態である図5-3(b)と比べると，負側にも波形があり，直流電圧が異なるだろうと想像できます．

　以上のことから，ミキサでの乗算を理想に近づけるためには，LOポート入力のデューティ比は50％を保たなければなりません．

● **入力信号レベルも適切でないと誤差が発生する**

　実際のミキサ回路は，高周波ではアクティブ型よりもパッシブ型が多く，なかでもダブル・バランスド・ミキサが主に用いられます．ダブル・バランスド・ミキサを使う場合，RFポートへ入力する信号が大きすぎると，ゲイン圧縮が発生します．その結果，出力信号の波形がひずみ，LPF出力が理想と異なってしまいます．

　ミキサ型のアナログ位相比較器を用いる場合には，以下の事柄が必要です．

　① LOポートはミキサ・ダイオードをONできるよう十分に大きなレベルで駆動する
　② RFポートへの信号は，3次ひずみやゲイン圧縮の起こらない適切なレベルの入力とし，レベル変動もできるだけ抑える

①については，ダブル・バランスド・ミキサの動作を理解している必要があります．詳細は，稿末の参考文献(14) pp.197-200を参照してください．LOポートへの信号を方形波にした理由は，①の条件を満たし，確実にダイオードをONするためです．

信号レベルによる誤差が発生しないExOR型位相比較器

　乗算器であるミキサが位相比較器として動作することを理解できました．これと同じような動作は，ロジック回路のエクスクルーシブ・オア(Exclusive-OR，以下ExOR)を用いても実現できます．

ExOR回路はディジタル回路なので，入力信号のレベルを"L"か"H"だけで判断します．ミキサ型位相比較器のように，信号レベルによる誤差は発生しません．

● エクスクルーシブ・オアとは

エクスクルーシブとは排他的という意味で，二つの入力信号が同じ論理レベルであれば出力はLレベルに，異なる論理レベルであれば出力はHレベルになる論理回路です．図5-8にExOR回路の記号と真理値表を記します．

● 位相比較器としての動作を確認する

ディジタル・アナログ混在シミュレータB^2 SPICE A/D 2000でシミュレーションしてみます．

入力信号IN_AとIN_Bの位相差が0°のときは，図5-9(a)に示すようにExOR出力は"L"となります．入力信号の位相差がちょうど90°の場合，図5-9(b)に示すように，出力電圧の平均値はロジック・レベルの中央の値になります．入力信号の位相差が180°のときには，図5-9(c)に示すようにExOR出力は"H"となります．

以上のように，ExOR回路は，ミキサによる位相比較器と同じ動きをすることになります．

● ExOR型位相比較器の感度 K_P を求める

図5-10には，ExOR型位相比較器の入出力特性（位相差-出力電圧特性）を示します．アナログ・ミキサ出力とは異なり，特性は三角形状で，位相差がゼロから180°まで直線的に変化します．

位相差90°で，ロジック回路の電源電圧V_{CC}の約1/2の値となり，90°±90°の範囲で位相比較器として働きます．その感度K_Pはおおよそ次式となります．

$$K_P = \frac{V_{CC}}{\pi} \quad\cdots\cdots (5-3)$$

しかし，これは出力ロジック・レベルが電源電圧から0Vまで振れる場合です．

[図5-8] ExOR回路の記号と入出力の関係
二つの入力が異なるときだけ出力が1になる

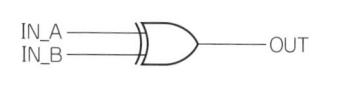

(a) 回路図記号

IN_A	IN_B	OUT
0	0	0
1	0	1
0	1	1
1	1	0

(b) 真理値表

信号レベルによる誤差が発生しないExOR型位相比較器 **161**

[図5-9] ExOR回路を位相比較器とした場合の動作波形（シミュレーション）

ミキサ型に近い特性が得られる

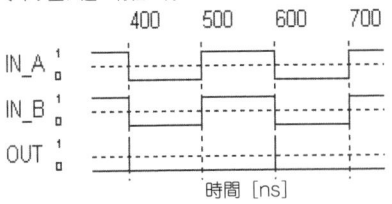

位相差が0°なので二つの入力は常に等しく，ExORの出力は0(Lレベル)が続く

(a) 位相差が0°のときの波形

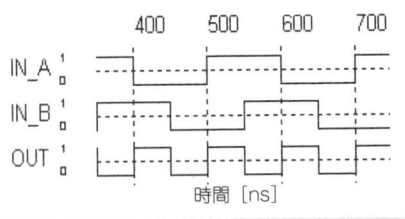

位相差が90°のとき1(Hレベル)と0(Lレベル)の期間が一致して出力電圧の平均はHレベルとLレベルの中央値になる

(b) 位相差が90°のときの波形

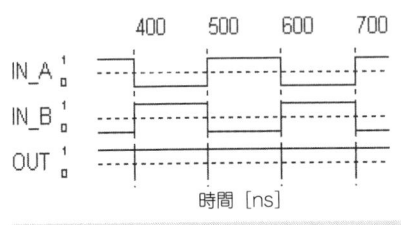

位相差が180°だと二つの入力は常に異なるので，ExOR出力は1(Hレベル)が続く

(c) 位相差が180°のときの波形

[図5-10] ExOR型位相比較器の位相差-出力電圧特性

ディジタルなので得られる特性は三角波形状になる

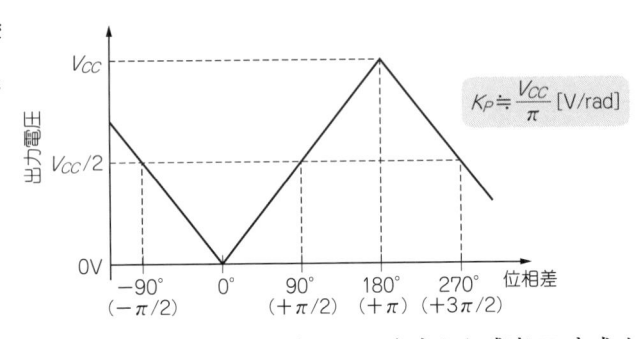

$$K_P \fallingdotseq \frac{V_{CC}}{\pi} \text{ [V/rad]}$$

実際には，出力電圧の最高値 V_H と最低値 V_L を測定して，次式から感度 K_P を求めたほうが正確でしょう．

$$K_P = \frac{V_H - V_L}{\pi} \quad \cdots\cdots(5\text{-}4)$$

CMOSデバイスでは，出力ロジック・レベルと電源電圧を等しいとしてよいと思います．しかし，トランジスタ・ロジックの場合，特にショットキーTTLやECLを用いた場合には，実測が必要です．

ミキサ型とExOR型に共通した欠点

● ExOR型でも乗算器であることの欠点は残る

位相比較器をディジタル動作のExOR回路で構成すると，アナログ・ミキサのように入力信号レベルによる誤差はなくなります．

しかし，次の欠点は残ります．

① 入力信号パルスのデューティ比は50 %が必要
② 動作範囲は90°±90°の範囲

①は厄介な問題です．②は，PLLを構成した場合，周波数の引き込み範囲が狭いという問題になって現れます．

● 乗算器型は動作範囲が狭いのでPLLの設計が難しい

昔は，高周波で位相比較をする場合，ミキサによる乗算器を用いるしかありませんでした．ミキサ型位相比較器は90°±90°の範囲でしか働かないので，それ以上に位相がずれた場合には，PLLが正常動作しなくなります．位相差が動作範囲を越えた場合は，ビート周波数とループ・ゲインの関係から，PLLの引き込み範囲(キャプチャ・レンジ)や同期保持範囲(ロック・レンジ)の複雑な問題を調べ，同期ずれを解決する必要がありました．

VCOの発振周波数が比較周波数と大きく違っている場合，位相比較器が動作できる位相差になるまでVCOの発振周波数を比較周波数に近づける，プリ・チューニングが必須でした．

今では，これらを話題にする必要は少なくなりました．なぜなら，位相差だけでなく周波数差まで検出できる優れた位相比較器，これから詳しく解説する位相周波数比較器(PFC)が登場したからです．

最近では，ミキサやExOR回路を用いるPLL周波数シンセサイザでも，位相周波数比較器を併用して，周波数の引き込み範囲が狭い問題を補っています．

動作範囲の問題を解決した位相周波数比較器

位相周波数比較器PFC(Phase Frequency Comparator)，または位相周波数検波器PFD(Phase Frequency Detector)と呼ばれています．

● **位相差だけでなく周波数差も検出できる**

　この方式の比較器は，1サイクル以内では位相比較を行い位相差と比例した出力電圧を発生します．1サイクル以上では周波数比較器として働き，周波数の違いをなくす方向の電圧を出力します．

　この位相周波数比較器の登場で，PLLは格段に使いやすいものになり，PLLの周波数シンセサイザとしての応用が大きく広がりました．

　図5-11に標準ロジックICを用いて作った位相周波数比較器の例を示します．標準ロジックICを使って組み立てることで，動作を実際に見ることができ，理解の助けになります．この例では二つのJ-KフリップフロップとNAND回路を組み合わせています．基本的な動作を回路シミュレータB^{2}Spice A/D 2000でシミュレーションして調べてみましょう．

● **位相差のある信号を加えてみると…**

　フリップフロップには，立ち下がりエッジで動作するものを使用したと考えます．
　二つの入力IN_AとIN_Bに位相差のある二つの信号を加えると，二つの出力OUT_UとOUT_Dに入力信号の位相差に応じたパルス幅の出力が生じます．
　基準信号がIN_Aに入力されているとして，IN_Aを基準に考えてみます．
▶ **位相が遅れているときの動作**
　図5-12(a)に，IN_Aへの入力信号に対してIN_Bへの入力信号が遅れている場合の動作波形を示します．

[図5-11] **位相と周波数の両方を比較できる回路の例**
クリア端子($\overline{CLR}$)付きフリップフロップが使われている

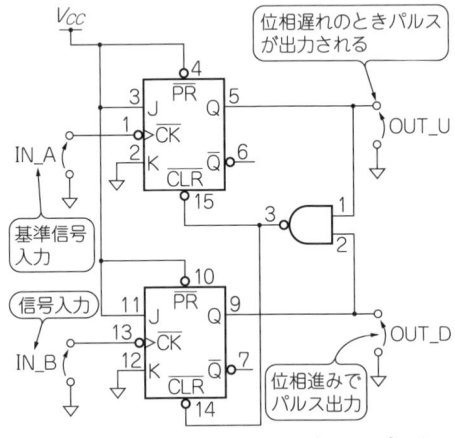

注▶ 立ち下がりエッジで動くフリップフロップを使用

[図5-12] 入力信号に位相差があるときの位相周波数比較器の動作①
IN_Bの信号がIN_Aの信号より位相が遅れているときはOUT_Uの平均電圧が位相差に比例する

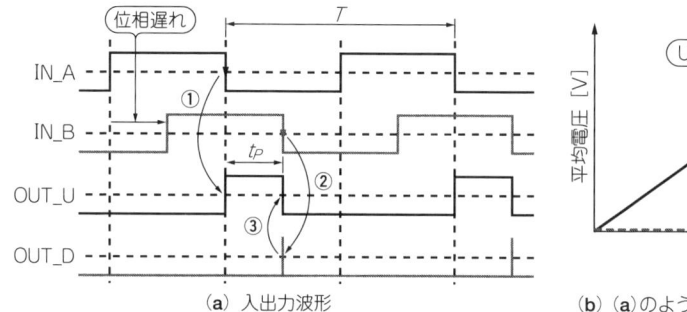

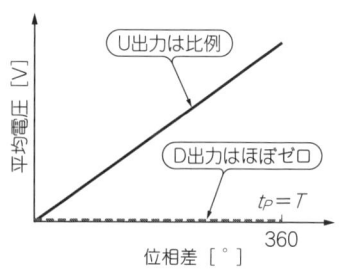

(a) 入出力波形

(b) (a)のように動作するとU出力の平均電圧が位相差に比例する

　IN_Aの立ち下がりでOUT_Uは"H"となります．
　次にIN_Bの立ち下がりでOUT_Dは"H"となり，その時点でNAND出力が"L"になります．このNANDの"L"出力でフリップフロップがクリアされ，二つの出力はどちらも"L"になります．OUT_Dが"H"になるのは一瞬だけです．
　入力信号の位相差に応じたパルス幅t_Pの"H"出力がOUT_Uから出力されます．
　このOUT_Uの出力をフィルタで平均化すると，図5-12(b)に示すように，入力位相差に応じた直流電圧がU出力に得られます．一瞬のパルス出力しか得られないOUT_D出力を平均化しても，電圧はほとんどゼロのままです．

▶ 位相が進んでいるときの動作
　図5-13に，IN_Aへの入力信号に対してIN_Bへの入力信号が進んでいる場合の動作を示します．

[図5-13] 入力信号に位相差があるときの位相周波数比較器の動作②
IN_Bの信号がIN_Aの信号より位相が進んでいるときOUT_Dの平均電圧が位相差に比例する

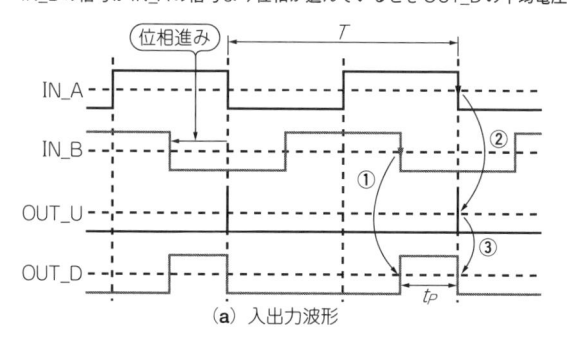

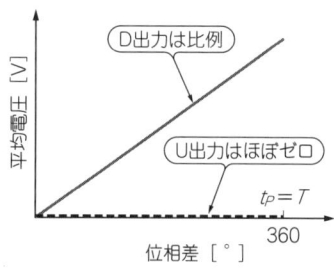

(a) 入出力波形

(b) (a)のように動作するとD出力の平均電圧が位相差に比例する

動作範囲の問題を解決した位相周波数比較器

[図5-14] 周波数差があるときの位相周波数比較器の動作①
IN_Bの信号の周波数がIN_Aの信号の周波数より高いときOUT_Dの平均電圧が周波数差に比例する

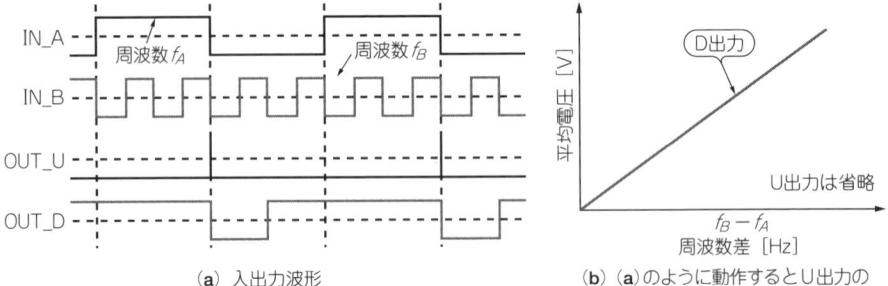

(a) 入出力波形

(b) (a)のように動作するとU出力の平均電圧が周波数差に比例する

　位相が遅れているときと同様に，入力位相差に応じた電圧が得られます．ただし，パルスが出るのはOUT_UではなくOUT_Dなので，出力電圧が得られるのはD出力になります．

● 周波数に差がある信号を加えてみると…
　次に，IN_AとIN_Bに周波数差のある信号を加えた場合の動作を考えます．
▶ 周波数が高い場合の動作
　IN_Bの周波数f_BがIN_Aの周波数f_Aより高くなると（この例では4倍），位相周波数比較器の動作波形は**図5-14**(a)に示す波形になります．この出力をフィルタで平均化すると，**図5-14**(b)に示すように，D出力には$f_B - f_A$の周波数差に応じた電圧を得られることになります．
　つまり，**図5-11**の回路は，周波数比較器としても動作することが理解できます．
▶ 周波数が低い場合の動作
　逆に$f_A > f_B$の場合を，**図5-15**に示します．今度はU出力から同様な出力電圧が得られます．
　私のウェブ・ページ[49]のショートノート「PLL位相比較器の動作」で，いろいろな場合の動作波形を見られるようにしていますので，参考にしてください．

● 乗算器型位相比較器に対して位相周波数比較器が優れている点
▶ 周波数にずれがある状態から同期が可能
　位相周波数比較器は，位相差だけでなく周波数の違いも検出できます．どんなにVCOの周波数がずれていても，PLLは必ず同期をとることができます．

[図5-15] 周波数差があるときの位相周波数比較器の動作②
IN_Bの信号の周波数がIN_Aの信号の周波数より低いときOUT_Uの平均電圧が周波数差に比例する

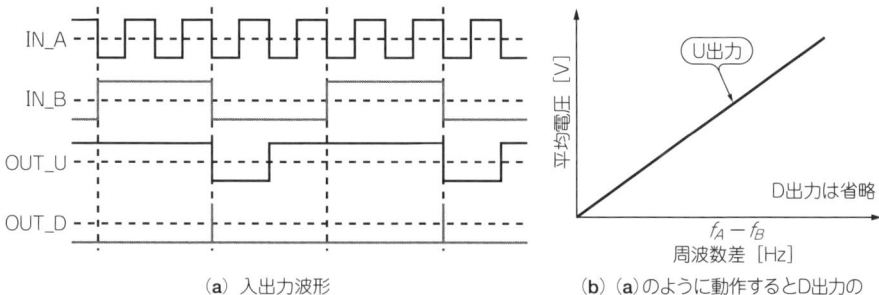

(a) 入出力波形

(b) (a)のように動作するとD出力の平均電圧が周波数差に比例する

▶ 信号のデューティ比に影響されない

　位相周波数比較器は，入力信号の立ち下がり（または立ち上がり）で位相差を検出しています．ミキサやExOR回路を用いた位相比較器のように，入力信号のデューティ比が50％である必要はありません．

　デューティ比の影響を受けないのは優れた特徴です．

VCOへ送られる制御電圧を作る回路を追加する

　図5-11の回路は出力がUとDの二つあり，このままではPLL回路に挿入できません．一つの出力に合成する必要があります．

　位相周波数比較器の後段には，多くのPLL ICの場合，チャージ・ポンプと呼ばれる回路が設けられています．図5-16に電圧出力によるチャージ・ポンプ回路の構成を示します．図5-17には最近のPLL ICに多い電流出力によるチャージ・ポ

[図5-16] 位相比較器の出力を合成するチャージ・ポンプ回路
位相比較器の二つの出力がそれぞれのスイッチをON/OFFする

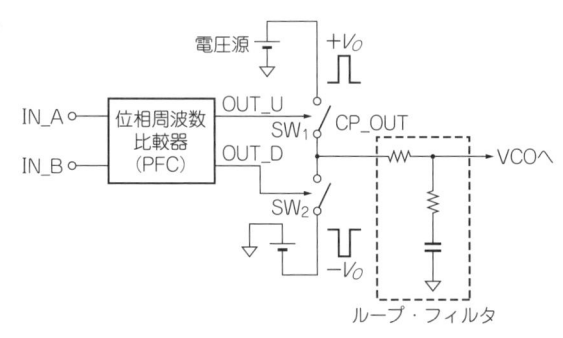

VCOへ送られる制御電圧を作る回路を追加する　167

[図5-17] チャージ・ポンプ回路は電流出力型もある
最近のPLL ICではこちらのほうが多い

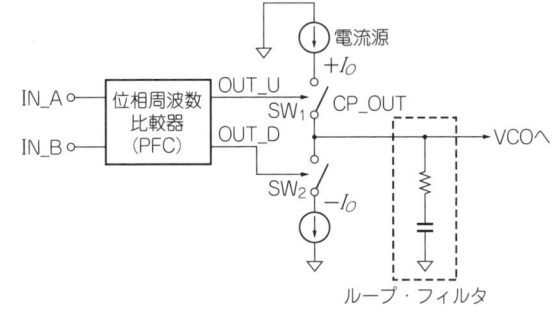

ンプ回路の構成を示します．

● **三つの状態をもつ1本の出力に合成する**
▶ 位相が遅れている場合は＋方向の出力
　IN_Aへの入力信号に対してIN_Bへの入力信号が遅れている場合には，その位相差に応じたパルス幅 t_P の出力がOUT_Uに生じました．この出力により，チャージ・ポンプ回路は＋側のスイッチ SW_1 が駆動されます．
　パルス幅 t_P の期間 SW_1 がONすることで，＋ V_O または＋ I_O がループ・フィルタへと加えられます．
▶ 位相が進んでいる場合は－方向の出力
　IN_Aへの入力信号に対しIN_Bへの信号が進んでいる場合は，その位相差に応じたパルス幅 t_P の出力が，今度はOUT_Dに生じました．パルス幅 t_P の期間スイッチ SW_2 がONすることで，－ V_O または－ I_O がループ・フィルタに加わります．
▶ 位相が一致している場合は出力がない
　位相が一致している場合は，SW_1，SW_2 どちらもONしません．理想的には，どこにもつながっていない状態（ハイ・インピーダンス）になります．実際には有限の抵抗値をもちます．
▶ 三つの状態をもつ出力を作ることができる
　位相周波数比較器の二つの2値出力は，チャージ・ポンプで図5-18に示すような三つの状態（3ステート）をもつ出力に変換されます．
　この出力をループ・フィルタに接続すると，VCOへの制御電圧を必要に応じてプラスまたはマイナス方向に動かすことができ，周波数を高い方向または低い方向に制御できます．

[図5-18] チャージ・ポンプ回路は三つの出力状態をもつ
この出力を平均化することでVCOの制御電圧が得られる

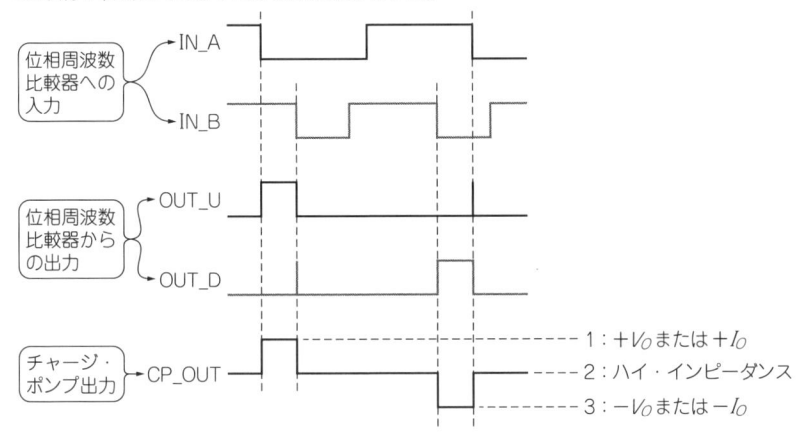

位相周波数比較器への入力
- IN_A
- IN_B

位相周波数比較器からの出力
- OUT_U
- OUT_D

チャージ・ポンプ出力
- CP_OUT

1：$+V_O$ または $+I_O$
2：ハイ・インピーダンス
3：$-V_O$ または $-I_O$

[図5-19] チャージ・ポンプ回路の位相差-出力電圧特性
電流出力のときもまったく同様に考えることができる

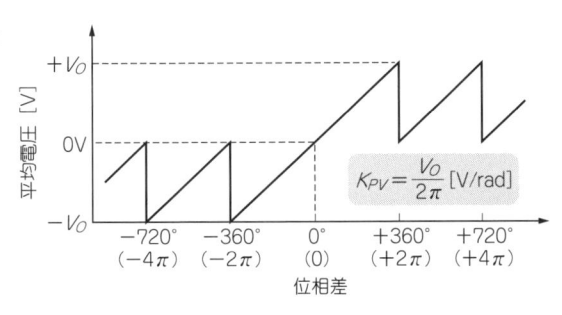

$K_{PV} = \dfrac{V_O}{2\pi}$ [V/rad]

位相差：$-720°(-4\pi)$, $-360°(-2\pi)$, $0°(0)$, $+360°(+2\pi)$, $+720°(+4\pi)$

● 位相周波数比較器と組み合わせたときの入力位相差-出力平均電圧特性

図5-19には，PFC出力にチャージ・ポンプを設けた回路の入出力特性（位相差-出力電圧特性）を示します．

ミキサやExOR回路を用いた乗算器型位相比較器は，位相差が90°のときに出力電圧が0Vでした．位相周波数比較器とチャージ・ポンプの組み合わせでは，二つの入力信号AとBの位相差が0°のとき，出力電圧が0Vとなっています．

図5-19から，PLLのループ・フィルタの設計に必要となる感度を求めます．

電圧出力のチャージ・ポンプを使用した場合，位相差2πでV_Oの出力があることから，感度$K_P(V)$ [V/rad] は次式となります．

$$K_P(V) = \dfrac{V_O}{2\pi} \quad \cdots\cdots (5-5)$$

電圧出力チャージ・ポンプが単電源V_{CC}で動作するPLL ICの中に備えられてい

る場合，チャージ・ポンプの出力電圧はV_{CC}～0Vに振れるので，振幅は片側$1/2V_{CC}$となり感度$K_P(V)$[V/rad]は次式のように求まります．

$$K_P(V) = \frac{V_{CC}}{4\pi} \quad \cdots\cdots\cdots\cdots\cdots\cdots\cdots\cdots\cdots\cdots\cdots\cdots\cdots\cdots\cdots\cdots\cdots\cdots\cdots (5\text{-}6)$$

電流出力のチャージ・ポンプの場合，同様に位相差2πでI_Oの出力なので，感度$K_P(I)$[A/rad]は次式となります．

$$K_P(I) = \frac{I_O}{2\pi} \quad \cdots\cdots\cdots\cdots\cdots\cdots\cdots\cdots\cdots\cdots\cdots\cdots\cdots\cdots\cdots\cdots\cdots\cdots\cdots (5\text{-}7)$$

● チャージ・ポンプ以外の方法もある

一般的には，位相周波数比較器はチャージ・ポンプ回路を伴って使用されますが，他の方法もあります．

図5-20に示すように，位相周波数比較器の二つの出力OUT_UとOUT_DをOPアンプによる差動増幅器につないで用いる方法です．位相周波数比較器のOUT_Dを差動入力の−入力へ，OUT_Uを差動入力の＋入力へと接続します．これで，図5-19に示したチャージ・ポンプによる3ステートへの変換動作とほぼ同じ機能が実現できます．

実際には図5-21に示す回路のように，積分器(アクティブ・フィルタ)としても働く回路がよく使われます．位相差に相当する電圧をサンプル＆ホールドします．

[図5-20] 位相周波数比較器の二つの出力を差動入力回路で合成する方法も考えられる
実際にはこの回路を使うことはない

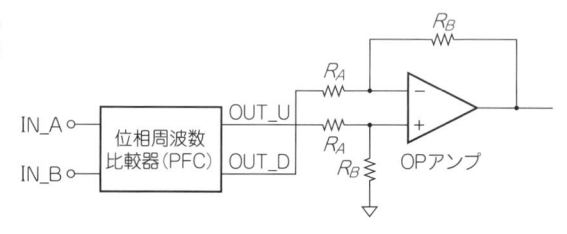

[図5-21] アクティブ・フィルタの機能をもたせた回路が使われる
積分器としての機能と電圧増幅器と出力合成を兼ねることができる

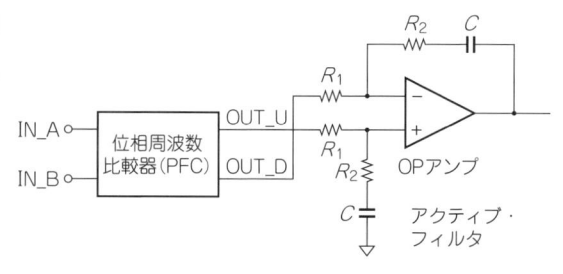

最近は，OPアンプの周波数特性の向上に加え，ノイズ特性やバイアス電流特性などの性能も向上しているので，このOPアンプ方式が使いやすくなっています．

位相周波数比較器を製作する

本連載で製作するPLL周波数シンセサイザは，位相比較器もディスクリート部品で製作します．そのため，部品点数を減らせるように工夫します．

● OPアンプを使って部品点数を少なく構成する

周波数差があっても，補助回路なしで確実にロック状態に持ち込める位相周波数比較器を採用します．

位相周波数比較器の二つの出力の合成には，図5-20に示したOPアンプによる差動増幅器を使う方式を採用します．チャージ・ポンプは必要なく，ループ・フィルタを兼ねることができるので，部品点数を減らすことができます．

● 実際の回路

図5-22に，製作する位相周波数比較器とその周辺回路の回路図を示します．

▶ 高速CMOSのDフリップフロップを使う

この回路では，最初の説明に用いた立ち下がりエッジ動作のJ-Kフリップフロップではなく，立ち上がりエッジのDフリップフロップを用いています．

ここまで説明に用いた立ち下がりエッジでの動作ではなく，立ち上がりエッジでの動作となっています．位相周波数比較器PFCとしての動作はまったく同じです．図5-12を参考に，立ち上がりエッジでの動作をぜひ確認してみてください．

フリップフロップのロジックICには，高速CMOSの74ACシリーズから74AC74の表面実装タイプを選びました．

▶ OPアンプまわりの定数はループ・フィルタの設計のとき決める

前述のように，OPアンプ回路はループ・フィルタも兼ねています．ループ・フィルタを解説していない今は，まだ抵抗やコンデンサの定数を決められません．あとでループ・フィルタを設計するときに，求めることにします．

製作した位相比較器の感度

位相周波数比較器の感度定数K_Pは，ループ・フィルタを設計するときに必要と

[図5-22] 製作した位相周波数比較器の回路
OPアンプ回路はループ・フィルタも兼ねているので定数はあとで決める

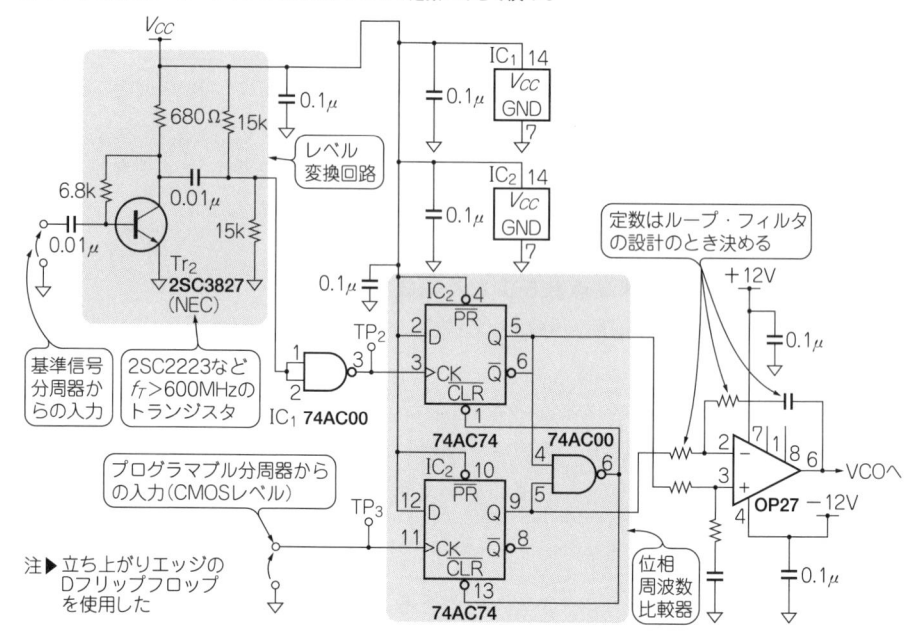

なる重要な値です．

● 感度定数 K_p を計算で求める

位相周波数比較器をOPアンプによる差動増幅器で受けた場合の感度 K_P を求めてみましょう．

フリップフロップにCMOSロジックICを使い，出力が電源電圧 V_{CC} から0Vまで振れるとします．差動増幅器のゲインは1倍とします．実際には積分器を構成するのでゲインをもたせますが，位相比較器としての感度はゲイン1倍で考えます．OPアンプは十分な電源電圧で動いており，OPアンプでの飽和はないとします．

位相差 2π のとき，二つの出力の電位差は V_{CC} を保ち出力電圧は最大となりますから，感度 $K_{PO}[\text{V/rad}]$ は次式より求まります．

$$K_{PO} = \frac{V_{CC}}{2\pi} \quad \cdots\cdots\cdots (5-8)$$

もしフリップフロップICの出力電圧が $V_{CC} \sim 0$ V と大きく異なる場合，最大出力電圧 V_H と最低出力電圧 V_L を測定して，次式より求めます．

$$K_{POT} = \frac{V_H - V_L}{2\pi} \quad \cdots\cdots\cdots\cdots\cdots\cdots\cdots\cdots\cdots\cdots\cdots\cdots\cdots\cdots\cdots\cdots\cdots\cdots\cdots (5\text{-}9)$$

製作する位相周波数比較器には，表面実装パッケージの74AC74を用いました．電源電圧は$V_{CC} \fallingdotseq +5\,\mathrm{V}$です．式(5-8)から感度$K_P$を求めると，次式となります．

$$K_P = \frac{5\,\mathrm{V}}{2\pi} = 0.79\,\mathrm{V/rad} \cdots\cdots\cdots\cdots\cdots\cdots\cdots\cdots\cdots\cdots\cdots\cdots\cdots\cdots (5\text{-}10)$$

式(5-10)で求めた値が正しいかどうか，実測して確かめてみましょう．

● 入力周波数が50 kHzでは計算どおりの感度がある

図5-22に示した回路はループ・フィルタを兼ねるように積分器の形になっているので，このままでは位相差-出力電圧特性は測定できません．

図5-23に示すように，OPアンプ回路をゲイン1倍の差動増幅器とし，出力に簡単なLPFを設けて動作を確認します．OPアンプにはOP07を用いました．

2チャネル・ファンクション・ジェネレータの出力周波数を50 kHzとします．2チャネル間の位相差を$-360°\rightarrow 0°\rightarrow +360°$と変えたときのLPF出力を，ディジ

[図5-23] 製作した位相周波数比較器の感度特性を調べる実験回路
OP07によるゲイン1倍の差動増幅回路を使っている

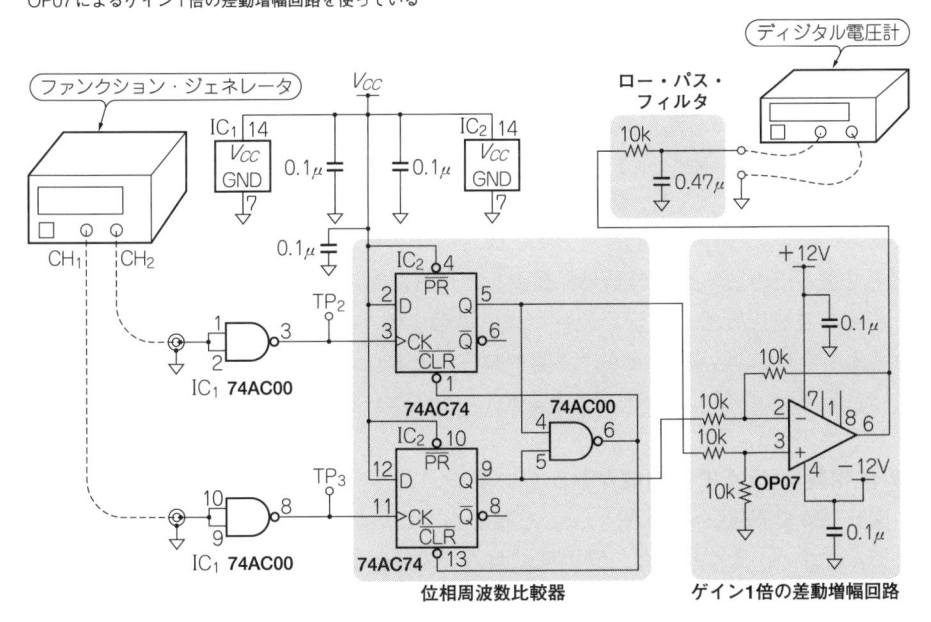

[図5-24] 入力周波数50 kHzでの位相差-出力電圧特性

ほぼ計算どおりの感度が得られているが，0°付近では傾きがなまっていて予想した感度が得られていない

[図5-25] 入力周波数5 MHzでの位相差-出力電圧特性は直線とはかけはなれた特性になってしまう

位相周波数比較器の出力パルスにOPアンプが追従できないため

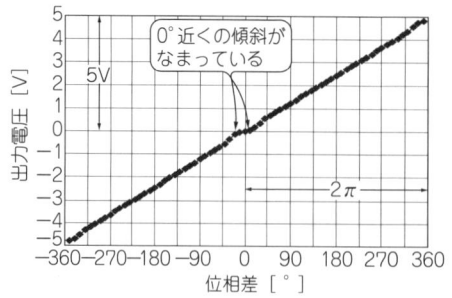

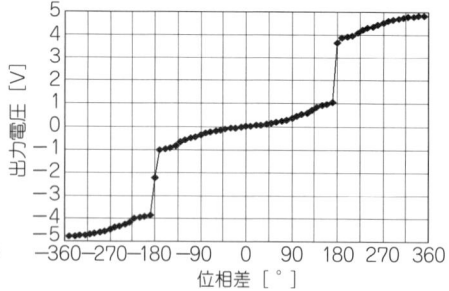

タル電圧計で測定します．測定結果を図5-24に示します．感度K_P[V/rad]は，位相差2πで5 Vの出力ですから，$K_P = 5\text{ V}/2\pi ≒ 0.79$と確認できます．

● 入力される周波数が高くなると正常動作しない

次に，2チャネル・ファンクション・ジェネレータの出力周波数を5 MHzとして，同様に2チャネル間の位相差を変え，出力電圧を測定してみます．

測定結果を図5-25に示しました．感度特性がおかしくなっています．どうしてこのような特性になってしまったのでしょうか．

▶OPアンプの動作速度を考慮する必要がある

実は，OPアンプの動作スピードが遅いのが原因です．位相周波数比較器出力のパルスにOPアンプが追従できないのです．

感度の確認に使用したOPアンプには，動作スピードがあまり速くないOP07をあえて選んでいます．この結果を強調したかったからです．

位相周波数比較器の比較周波数が高い場合には，OPアンプ回路の動作スピードを考慮しなければいけません．実際に製作したPLLシンセサイザでは，OP07よりもっと高速(スルー・レートが大きい)でロー・ノイズ仕様のOP27を用いています．

● 位相差0°近くでの感度がおかしい？

図5-24で感度$K_P ≒ 0.79$ V/radを確かめましたが，位相差0°近くの特性に注目してください．よく見ると，位相差0°付近での傾斜がなまっているようです．

これが位相周波数比較器特有の欠点です．位相周波数比較器は優れた位相比較器

ですが，欠点もあります．

位相周波数比較器PFCの不感帯 デッド・ゾーン

図5-26は，PFCのもつデッド・ゾーン(dead zone；不感帯)のイメージ図を示します．理想的には，図中に記した点線のように微小な位相差も比較検出できなければなりません．

しかし，実際には位相差が小さい領域において，図示したようなデッド・ゾーンが存在するのです．そのため，位相差がゼロ近くになると位相比較器の感度K_Pは大幅に低下します．

● デッド・ゾーンが大きいと位相雑音が増える

それでは，デッド・ゾーン(不感帯)の大きな位相比較器を用いると，PLLにどのような影響が及ぶのでしょうか．

デッド・ゾーンの大きい位相比較器でPLLを組むと，ロックして位相差がゼロに近付いた場合，デッド・ゾーンの範囲で動作することになります．その結果，位相比較器の感度K_Pが下がってしまいます．感度K_Pが下がれば，PLLのオープン・ループ・ゲインも低下し，ループ・フィルタ定数によって定めたループのカットオフ周波数は大幅に低くなります．そのため，PLLのフィードバック効果によるVCOの位相雑音の抑圧効果が極端に少なくなってしまいます．

デッド・ゾーンが大きいと位相雑音特性の優れたPLLを構成できなくなりますので，デッド・ゾーンはできるだけ小さいことが望まれるのです．デッド・ゾーンがあることによる悪影響を改善するためには，デッド・ゾーンがなぜ生じるのかを

[図5-26] PFCのデッド・ゾーン特性のイメージ
理想の特性は原点付近でも直線を保っている

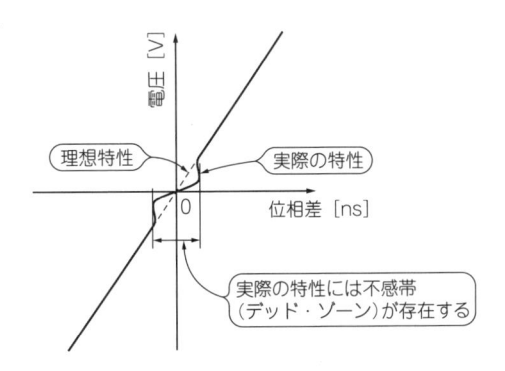

まず理解する必要があります．

● **PFCのデッド・ゾーンは遅れ時間で生じる**

PFCにはどうしてデッド・ゾーンが存在するのでしょうか．これは，PFCを構成するゲート回路の遅れ時間 t_d によって生じます．t_d の影響で，微小な位相差を検出できなくなる原因についてB²Spice A/D 2000でシミュレーションして調べてみます．

図5-27(a)は，立ち下がりエッジで動作するフリップフロップを用いたPFCの一例です．

▶2入力の位相差がごく少ない場合の動作

この回路で，2入力IN_AとIN_Bの位相差がごく少ない場合のシミュレーション

[図5-27] PFCにデッド・ゾーンが生じる理由
立ち下がりエッジで動作するフリップフロップを用いたPFCの一例

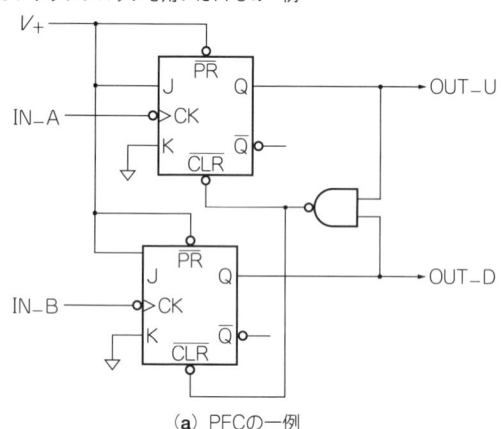

(a) PFCの一例

(b) ゲート回路の遅れがないとき
遅れがなく微小な位相差も検出できる

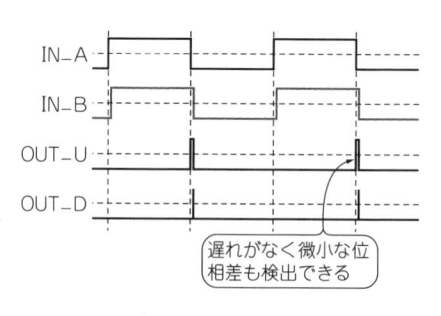

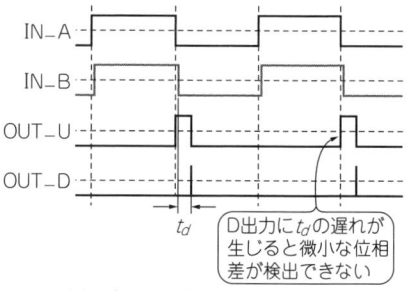

(c) ゲート回路の遅れ時間 t_d があるとき
D出力に t_d の遅れが生じると微小な位相差が検出できない

結果を図5-27(b)に示します．IN_Aの入力に対してIN_Bがごくわずか遅れているので，OUT_Uにその微小な遅れが検出されます．

ただし，これはゲート回路の遅れがまったくない理想素子を用いた場合です．

▶ゲート回路に遅れをもたせた場合の動作

しかし，実際のゲート回路では遅れが生じます．

さまざまな部分に遅れを設けるとわかりづらいので，シミュレーションでは，IN_Bの立ち下がりでOUT_Dに一瞬パルスが生じるときに遅れ時間t_dをもたせました．すると，図5-27(c)に示すシミュレーション結果となります．

OUT_Dには，t_dぶん遅れた時点で一瞬パルスが生じ，その時点でOUT_Uが"L"に落ちることになるので，位相差パルス長はt_dぶん長くなり，位相差が正しく検出できないことになります．

2入力の位相差が遅れ時間t_dに近付くことによって，位相差パルス長の誤差ぶんが大きくなります．さらに，2入力の位相差がt_dより小さくなれば，位相差を検出できません．これがPFCにデッド・ゾーンが存在する理由です．

● PFCのデッド・ゾーンを小さくするには高速設計が必要

デッド・ゾーンが大きいと低位相雑音のPLL周波数シンセサイザを構成できないので，デッド・ゾーンはできるだけ小さくしなければなりません．

そのためには，ゲート回路の遅れt_dを減らさなければなりません．すなわち，PFCで位相比較する周波数がたとえ低くても，PFC自体は高速設計をすることになります．しかしながら，ゲート回路で構成されるPFCでは，使用する半導体の製造プロセスによって，その動作スピードはほぼ決まります．そこで，回路の工夫によって，デッド・ゾーンの影響を軽減する方法が考案されています．

● デッド・ゾーンの影響を小さくするアンチバックラッシュ回路

その一つの方法として，フリップフロップをクリアするリセット信号を遅延させることによってデッド・ゾーンの影響を小さくすることができます．

▶遅延回路で不感帯を避ける

図5-28(a)に，遅延回路を追加したPFCの一例を示します．ここでは，NAND回路の出力にインバータ回路とRCによる時定数回路を組み合わせた遅延回路を配置して，フリップフロップのクリア信号をt_sだけ遅延する形としてあります．図5-28(b)は，この動作波形をシミュレーションした結果です．2入力の位相差が微小であっても，OUT_UおよびOUT_Dの出力パルスはt_sぶんだけ長くなります．

[図5-28] フリップフロップのクリア信号を遅延させてデッド・ゾーンを避ける
NAND回路の出力にインバータ回路とRCによる時定数回路を組み合わせた遅延回路を配置

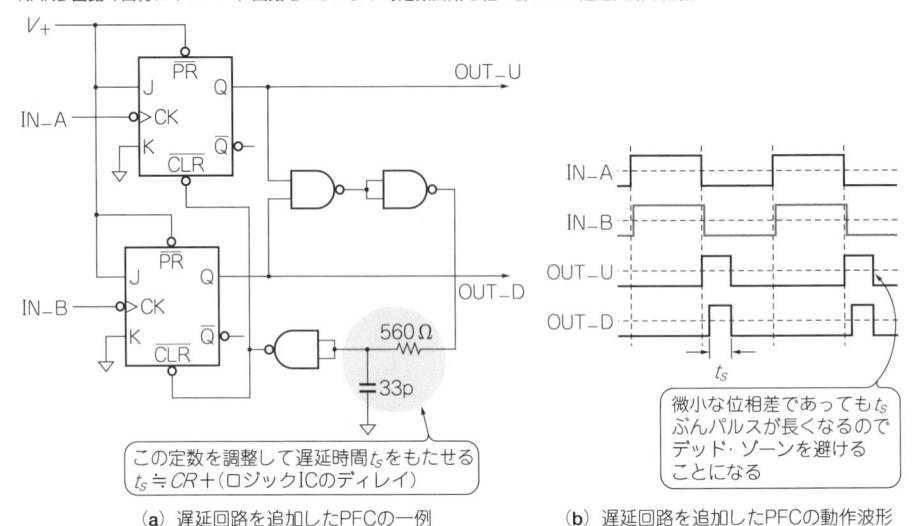

（a）遅延回路を追加したPFCの一例

この定数を調整して遅延時間t_Sをもたせる
$t_S ≒ CR +$（ロジックICのディレイ）

（b）遅延回路を追加したPFCの動作波形

微小な位相差であってもt_Sぶんパルスが長くなるのでデッド・ゾーンを避けることになる

　したがって，このPFC出力をチャージ・ポンプ回路などで3ステート状態にすることで，入力の位相差がごく少ない場合でもデッド・ゾーンを避けて動作することになります．

　このように，リセット信号を遅延させることなどによって，デッド・ゾーンを避ける回路は，アンチバックラッシュ（anti-backlash）回路と呼ばれています．がたつきをなくす回路とでも訳すのでしょうか．

● アンチバックラッシュ回路による弊害

　しかしながら，アンチバックラッシュ回路を設けることで，PLLの性能に弊害をもたらすこともあります．

　アンチバックラッシュ回路によって，周波数を比較するごとにt_Sぶんのパルスが挿入されます．比較周波数f_Rに同期したパルスをチャージ・ポンプ回路に注入することになるので，このパルスによってVCOが変調されることになります．チャージ・ポンプ回路のリーク電流などにより，VCOはもともとf_Rによって変調されてしまいますが，これに加わる形となります．

　例えば，PLLの基準信号である位相比較器への入力となる周波数，すなわち比較周波数$f_R = 200 \text{ kHz}$で動作させます．アンチバックラッシュ回路を追加してPLL

[写真5-1] アンチバックラッシュ回路によって比較周波数漏れスプリアスが増大する

比較周波数 $f_R = 200\,\text{kHz}$ とするとVCO出力には200 kHzで変調されたスプリアスが増す

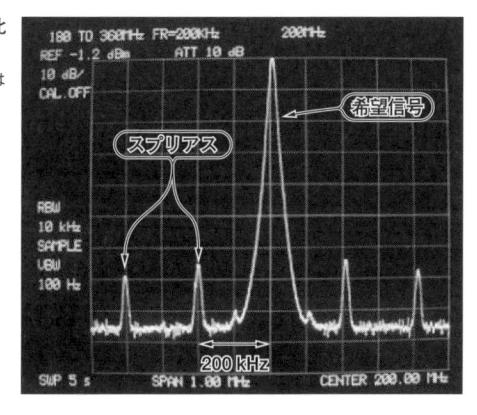

を構成すると，写真5-1に示すように，VCO出力には200 kHzで変調された比較周波数漏れスプリアスが増すことになります．

したがって，安易にアンチバックラッシュ回路を追加して遅延パルス幅を長くすることはできません．

PLL ICに備えられたアンチバックラッシュ回路

最近のPLL ICのPFCには，アンチバックラッシュ回路が備えられているのが普通です．形式の古いPLL ICではこの機能がないものがありますし，性能があまり良くないものもあります．

● 遅延回路を用いてフリップフロップをリセットする方法

図5-29に，アナログ・デバイセズ社のPLL IC，ADF4110ファミリのデータシートに載せられたPFC周辺の構成図を示します．ここではフリップフロップをリセットするAND回路の後段に遅延回路が設けられており，前述のようにデッド・ゾーンを避けてリニア動作させることができます．

このPLL ICの遅延回路は遅延量をプログラマブルに調整でき，アンチバックラッシュ・パルスの幅を可変することができます．構築するPLLに応じてこの遅延量を調整することによって，K_Pの低下に伴う位相雑音の劣化を防ぎ，さらに比較周波数漏れスプリアスを最小化することも可能となっています．位相雑音，スプリアス性能に対して，最適な遅延量を選択できるのです．

[図5-29] アンチバックラッシュ回路の例①（アナログ・デバイセズ ADF4110）
遅延回路を用いるが，アンチバックラッシュ・パルスの幅を可変できる

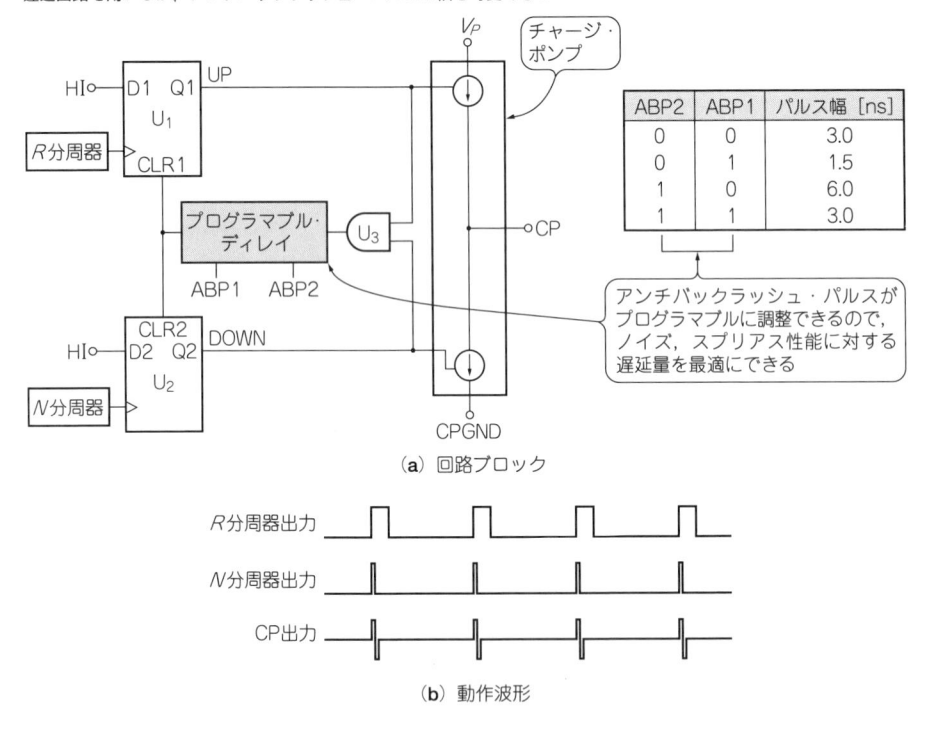

ABP2	ABP1	パルス幅 [ns]
0	0	3.0
0	1	1.5
1	0	6.0
1	1	3.0

アンチバックラッシュ・パルスがプログラマブルに調整できるので，ノイズ，スプリアス性能に対する遅延量を最適にできる

(a) 回路ブロック

(b) 動作波形

● 比較信号を用いてフリップフロップをリセットする方法

　前述したのは，遅延回路によってデッド・ゾーンの影響を軽減する方法でした．別の方法として，入力信号の比較信号 f_r に同期した信号を用いてフリップフロップをリセットすることで，同様に出力パルスを長くでき，動作点の移動をして不感帯をさける方法も用いられます．

▶ 比較信号で不感帯を避ける

　図5-30に，NXPセミコンダクターズ社のPLL IC，SA8025およびSA7025のデータシートに載せられたPFC周辺の構成図とそのタイムチャートを示します．

　ここで，フリップフロップをリセットするAND回路は3入力タイプが用いられており，①はPFCのP出力，②はPFCのN出力から入力されています．そして，③にはREF_IN信号を分周したフリップフロップへの比較周波数Rに同期した一定幅の注入パルスとなるL信号が入力されます．フリップフロップがリセットされるのは③のL信号が"H"になるときなので，結果としてPおよびNの出力パルスは t_s

[図5-30] アンチバックラッシュ回路の例②（NXPセミコンダクターズSA8025およびSA7025）
入力信号の比較信号 f_r に同期した信号を用いてフリップフロップをリセットする

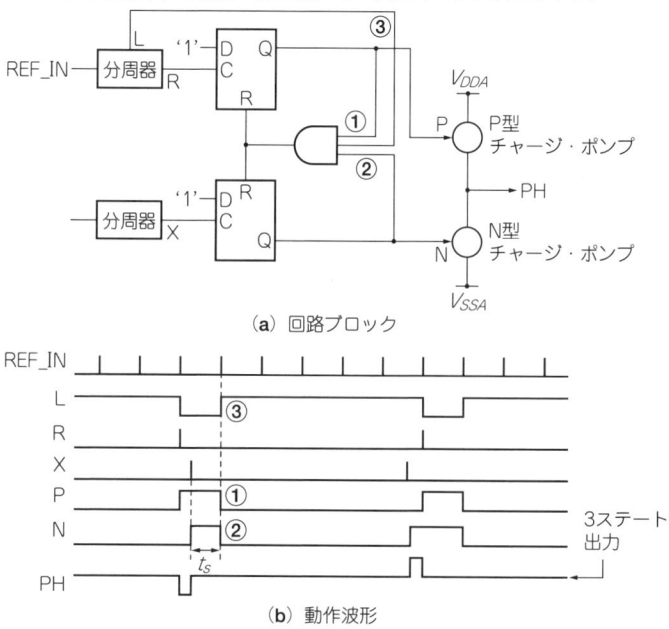

(a) 回路ブロック

(b) 動作波形

ぶん長くなることになります．

そして，このP，N出力パルスによって後段のチャージ・ポンプ回路がドライブされて，3ステート信号としてVCOを駆動することになります．

比較信号Rに同期した一定幅のパルス信号を注入することで，位相比較器はデッド・ゾーンを避けてリニア動作することになるのです．

● 製作するPFCにはアンチバックラッシュ回路を用いない

不感帯を避けるために，アンチバックラッシュ回路の追加は効果的ですが，先にも述べたように比較周波数の漏れスプリアスを悪化させます．

今回，製作しているディスクリート部品によるPFCには，あえて追加しないことにします．なぜなら，設計しているPLLは，オクターブ発振する広帯域VCOを搭載するからです．広帯域を可変できるVCO自体の短期安定度は非常に悪く，アンチバックラッシュ回路を必要とする微小な位相差での動作となることは少ないので，必要ないと判断しました．

PLL ICに備えられたアンチバックラッシュ回路 | 181

[表5-1] **各種位相比較器の位相雑音**(ノイズ・フロアでの値)

位相比較器	位相雑音 [dBc/Hz]
位相周波数比較器	$-145 \sim -155$
ExOR 型位相比較器	$-155 \sim -160$
ダブル・バランスド・ミキサ型位相比較器	$-160 \sim -170$

▶ 安定度の高い発振器を用いる場合は必要

　しかし，安定度の高い狭帯域発振のVCO，さらには誘電体同軸線路や表面弾性波(SAW)共振子などの比較的安定した発振器を用いる場合には，アンチバックラッシュ回路が必要となります．ディスクリート部品(標準ロジックIC)でPFCを組む場合には，**図5-28(a)**に示した遅延回路の一例を参考にしてください．

PFCは他の位相比較器より位相雑音が大きい

　ここまでに，いくつかの位相比較器PCの動作と特徴を見てきました．やはり何と言っても周波数比較機能ももち，簡単にロックインできる位相周波数比較器PFCが使いやすいです．最近のPLL ICに用いられているPFCは，デッド・ゾーンに対する改善もなされているので，その応用範囲はますます広がっています．
　しかしながら，回路内の素子が発生する雑音による位相雑音の比較をすると，残念ながらPFCが一番悪い値となります．なぜなら，PFCには雑音の発生源となる半導体素子が一番多く用いられているからです．

● PLLの低位相雑音設計をするには位相比較器の雑音も重要
　後の章で，「PLLの位相雑音設計」について詳しく説明しますが，基準信号源に位相雑音が特に優れたものを使用しても，もしそれより位相比較器の雑音が悪ければ，その雑音をN分周数ぶん，すなわちN倍した雑音をPLLは出力することになります．
　超ロー・ノイズなPLL設計を求められる場合には，位相比較器のもつ位相雑音の値についても，十分に検討しなければなりません．最後に，私の経験した各種位相比較器の位相雑音(ノイズ・フロアでの値)を**表5-1**に示すので，参考にしてください．

高周波PLL回路のしくみと設計法

第6章

分周器の設計と特性
～周波数を自由に設定するために1/Nの周波数を作るしくみ～

❖

　PLL周波数シンセサイザが作り出す周波数は，水晶発振器の周波数を1/Rして基準信号を作り，それをN倍することで決まります．RとNは分周器の分周数です．
　本章では，この分周器の動作を解説します．分周器はカウンタ回路（計数回路）によって構成されるので，まずカウンタ回路の基本動作を把握しましょう．そして，PLLの出力周波数を可変にするプログラマブル分周器のしくみを調べていきます．
　次に，高周波でPLL周波数シンセサイザを動かすときに必要な分周器の構成について解説します．最後に，最近のPLL専用ICに搭載されている，より高性能な分周器について解説します．

❖

　図6-1に，PLL周波数シンセサイザの基本構成を示します．
本章では，④と⑤に示す分周器を解説します．

[図6-1] PLL周波数シンセサイザの基本構成
本章では④と⑤の分周器を解説する

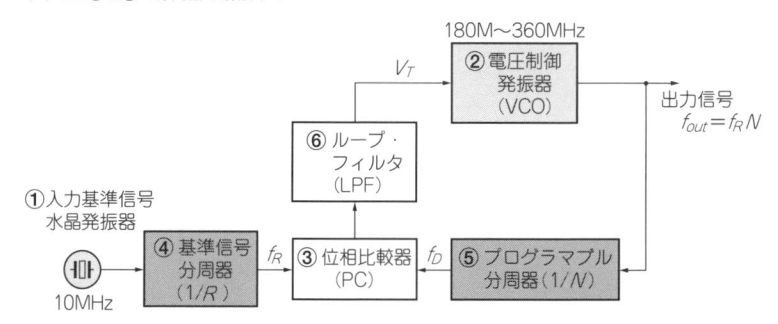

①入力基準信号 水晶発振器 10MHz
②電圧制御発振器（VCO） 180M～360MHz
③位相比較器（PC）
④基準信号分周器（1/R）
⑤プログラマブル分周器（1/N）
⑥ループ・フィルタ（LPF）
V_T
f_R
f_D
出力信号 $f_{out} = f_R N$

183

高周波PLL回路には分周器が三つ使われる

図6-2に示すのは，高周波を扱えるPLL周波数シンセサイザの基本構成です．例として設計/製作しているPLL周波数シンセサイザもこの形です．

高周波PLL周波数シンセサイザの分周器は，

- Ⓐ リファレンス分周器(基準信号分周器)
- Ⓑ プログラマブル分周器
- Ⓒ プリスケーラ分周器

の三つで構成されるのが基本です．

● 出力周波数と分周数の関係

図6-2のPLL周波数シンセサイザの出力周波数と各分周器の分周数との関係を見てみましょう．

PLLが構成されると$f_R = f_D$が成り立つので，基準信号である水晶発振器の周波数をf_Xとすると，出力周波数f_{out}は，式(6-1)で表されます．

$$f_{out} = \frac{NP}{R} f_X \quad \cdots\cdots (6-1)$$

ただし，R：リファレンス分周器の分周数，N：プログラマブル分周器の分周数，P：プリスケーラ分周器の分周数

[図6-2] 高周波PLL周波数シンセサイザには三つの分周器がある
プログラマブル分周器の動作周波数には限界があるので多くの場合はこのような構成が必要になる

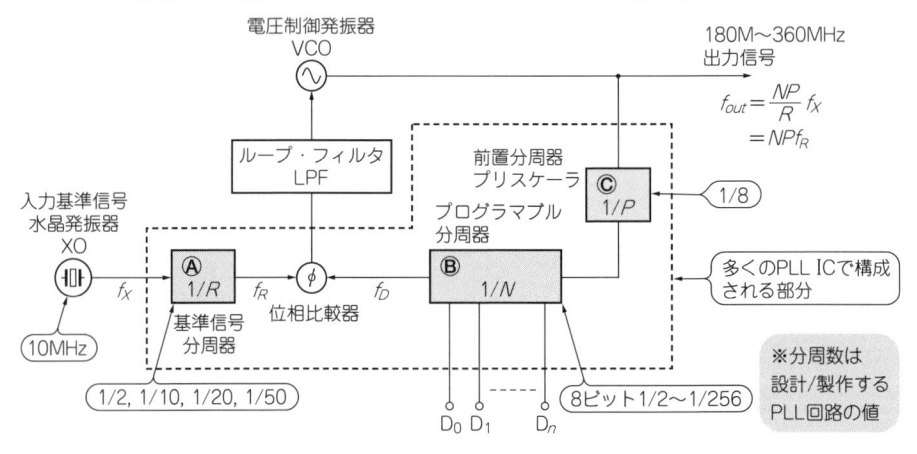

各分周器の分周数と出力周波数f_{out}の関係については，第1章も参照してください．

● 分周器はPLL ICに取り込まれている

　PLL周波数シンセサイザが合成して作り出す新しい周波数は，各分周器の分周数の設定によって決まります．高周波におけるPLL周波数シンセサイザは，動作スピードや使い勝手を含めた性能向上を目指して発展してきたと言えます．

　1980年代には，数百MHzのPLL回路でも，消費電力の多いECL(Emitter Coupled Logic)によるカウンタなどをディスクリート構成で組んでいました．私も，ECLで作ったカウンタの誤動作や発振止めに苦労したことを思い出します．しかし今では，数GHzのPLL回路でも，基本構成の分周器に加えて周波数位相比較器を含めた，図6-2の点線で囲んだ回路を低電力なワンチップPLL ICで構成できてしまいます．

　IC化により，分周器を含めたPLL回路の大部分はブラック・ボックスになっていますが，その基本は図6-2に示す構成です．この三つの分周器を順に設計/製作して，その動作を理解していきましょう．PLL ICに備えられた分周器を用いるとしても，あるいはロジックICで分周器を組むとしても，分周回路としてのカウンタ回路の基本的な考え方やその形を知っておくと，何かと助けになるでしょう．

分周器の基礎となるカウンタ回路の動作

　ここでの分周回路とは，入力される周波数を整数分の1にする周波数変換回路で，カウンタ回路(計数回路)によって構成されます．

● もっとも基本的な分周器

　すべての計数回路の基本となるのは，1/2分周器となる1ビット・カウンタです．
▶ Dフリップフロップを使う方法

　図6-3(b)には，Dフリップフロップ(74HC74など)を用いた1ビット・カウンタを示します．反転出力$\overline{Q}$をD入力にフィードバックさせることによって，クロックの立ち上がりごとに出力が反転します．
▶ JKフリップフロップを使う方法

　図6-3(c)には，JKフリップフロップ(74HC112など)を用いた1ビット・カウンタを示します．J端子およびK端子を"H"としておきクロックを入力すると，出力はトグル動作になります．クロックの立ち下がりごとに出力が反転する回路です．

[図6-3] すべてのカウンタ回路の基礎といえる1/2分周器
フリップフロップによる1ビット・カウンタが1/2分周器になる

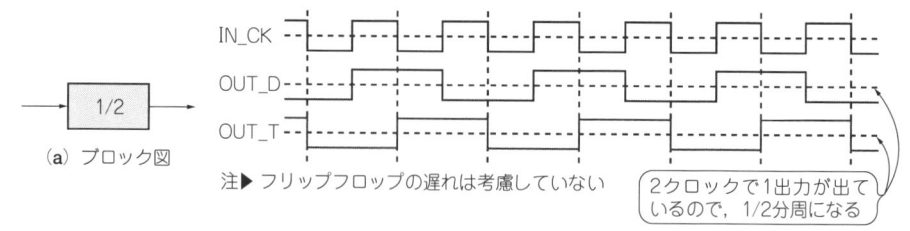

(a) ブロック図

注▶ フリップフロップの遅れは考慮していない

2クロックで1出力が出ているので, 1/2分周になる

(d) 1/2分周のタイムチャート

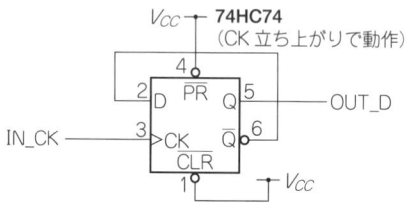

(b) Dフリップフロップによる1ビット・カウンタ

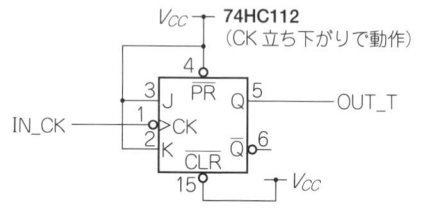

74HC74 (CK立ち上がりで動作)

(c) Tフリップフロップによる1ビット・カウンタ

74HC112 (CK立ち下がりで動作)

このような接続で動作させることをTフリップフロップとも呼びます.

▶時間軸で動作を追ってみよう

これらのフリップフロップのクロック端子に信号を入力すると，どのような信号が出力されるでしょうか．

図6-3(d)に，これらのフリップフロップ回路をシミュレーションしたタイムチャートを示します．シミュレータには，B²SPICE A/D 2000を用いました．

Dフリップフロップ出力OUT_D，およびTフリップフロップ出力OUT_Tともに，2クロックの入力で1クロックを出力するので，入力信号を1/2分周していることになります．

非同期カウンタで構成した分周器は誤動作する場合がある

フリップフロップによる1ビット・カウンタは，計数回路として分周回路の基本です．2段つなげば1/4分周器を構成します．n個のフリップフロップを縦列につなげることによって，nビット・カウンタを構成でき，$1/2^n$分周回路が作れます．

フリップフロップを単に縦列に(出力を入力に)つないでいく方式を，非同期カウンタと呼んでいます．

● 非同期カウンタによる1/8分周器の動作

具体的な動作を1/8分周器としての構成で調べてみましょう．

▶非同期カウンタによる1/8分周器の構成

図6-4(b)には，JKフリップフロップ（Tフリップフロップ接続）を縦列接続した3ビット・カウンタである1/8分周回路を示します．前段の出力が後段の入力クロックとなっています．

▶タイムチャートで動作を確認

フリップフロップ1段の遅れを20 nsとして，計数動作の過程をシミュレーションすると，図6-4(c)に記すタイムチャートになります．

OUT_1では1/2分周，OUT_2では1/4分周，OUT_3では1/8分周された出力が得られています．

▶非同期カウンタでは遅れが蓄積される

しかし，カウンタを通るたびに，立ち下がりのタイミングが少し（20 ns）遅れていきます．段数が多くなればなるほど，この遅れが蓄積されて増えていきます．

非同期カウンタの遅れは，$1/2^n$分周器として用いるのであれば，あまり問題になりません．遅れのぶんだけ位相はずれますが，周波数には影響しないからです．

[図6-4] 1/2分周器を三つ直列にすると1/8分周器が作れる
1/2分周器を n 個直列にすれば$1/2^n$分周器が作れる．ただし波形に遅れが出る

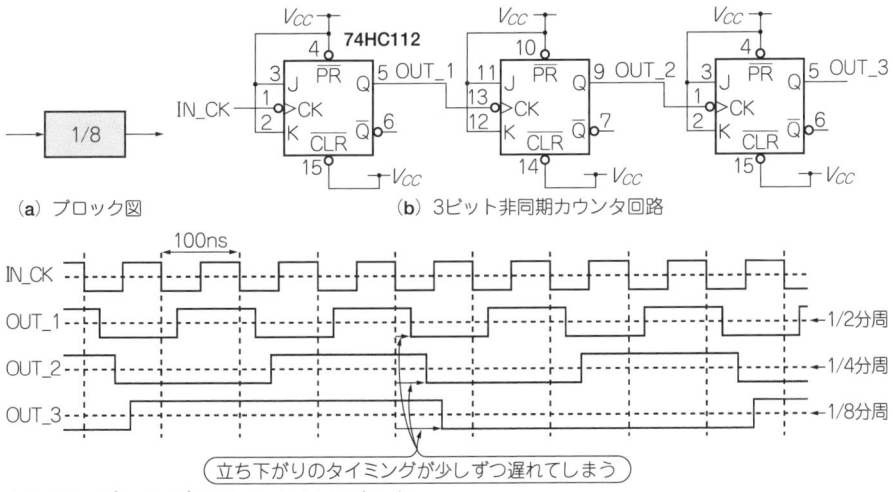

(a) ブロック図　　　　　(b) 3ビット非同期カウンタ回路

立ち下がりのタイミングが少しずつ遅れてしまう

注▶フリップフロップの1段の遅れを20nsとした
(c) 非同期1/8分周動作のタイムチャート

非同期カウンタで構成した分周器は誤動作する場合がある

ところが，任意の分周を実現するN進カウンタを非同期式で構成すると，この遅延時間が問題になります．

● N進カウンタでは遅延時間による誤動作がある

　フリップフロップを用いて，$1/2^n$以外の1/N分周器を作りたいときには，2進カウンタではなく，N進カウンタを構成します．

　N進カウンタを非同期式で組み，カウントがNとなったときにリセットをかける回路になります．しかし，この回路では，非同期カウンタの遅延時間のために，誤動作が発生することがあります．10進カウンタを例に考えてみましょう．

● 非同期式10進カウンタでの誤動作例

　フリップフロップを縦列接続してカウントします．カウントが10までできたら，すべてのフリップフロップをリセットして'0'にすれば，再びカウントが0から始まるので，10をカウントし続けます．

▶ 非同期カウンタによる1/10分周器の構成

　図6-5(a)には，Tフリップフロップを用いた非同期式の10進カウンタの構成を示します．

　カウントが進み，10(2進数で"1010")となるのは，OUT_4，OUT_3，OUT_2，OUT_1の出力が"1010"となったときです．このときNAND入力がすべて"H"となり，出力は"L"になります．すると，各フリップフロップはリセットされ，再び'0'からカウントが進みます．10進カウンタとなるので，OUT_4に1/10分周の出力が得られます．

▶ 遅延のない理想回路ならば問題ない

　図6-5(b)には，この10進カウンタを構成する四つのフリップフロップを遅延のない理想回路としてシミュレートした結果を示します．

　OUT_2の'1'波形が見やすいように，NANDだけ20 ns遅れをもたせています．

　10 MHzのクロックを入力すると，1/10分周である1 MHzが出力されています．非同期10進カウンタの理想的な動作過程を確認できます．

▶ 遅延をもつ実際回路では周波数が高いと誤動作する

　これらのフリップフロップを実際の回路で組んだ場合を検証してみましょう．標準TTLを用いるとして，1段の遅れを最悪値として20 nsほど見込むことにします．NAND回路での遅れも20 nsとして，10 MHzクロック入力でシミュレーションしてみました．図6-5(c)に，その結果を示します．各段のフリップフロップと

[図6-5] 非同期式のN進カウンタは周波数が高くなるとうまく動作しない
非同期で動作しているので、遅れ時間が問題になってしまう

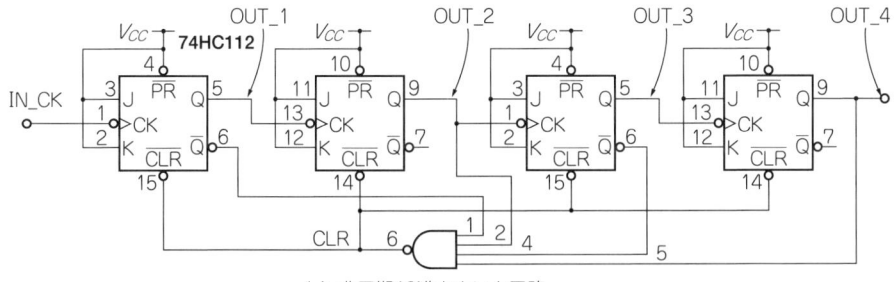

(a) 非同期10進カウンタ回路

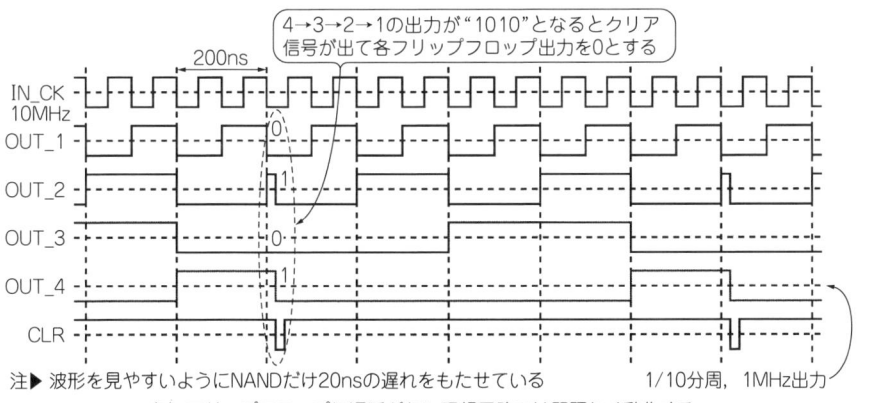

(b) フリップフロップに遅延がない理想回路では問題なく動作する
注▶ 波形を見やすいようにNANDだけ20nsの遅れをもたせている　　1/10分周, 1MHz出力

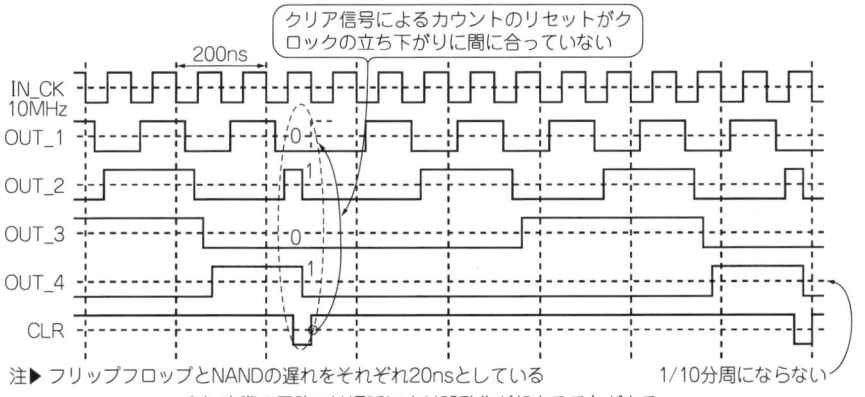

(c) 実際の回路では遅延により誤動作が起きることがある
注▶ フリップフロップとNANDの遅れをそれぞれ20nsとしている　　1/10分周にならない

NAND回路の遅れが足されていきます．そのぶんクリア信号が遅れて，OUT_1での出力が出なくなり，誤動作する様子が見えます．

フリップフロップの遅れを20 nsに見込んだTTLによる非同期10進カウンタでは，10 MHzを1/10に分周できないとわかります．

非同期式N進カウンタでは，段数が多いと遅延が大きくなり，そのぶん高速動作が困難になります．すなわち，高い周波数での分周ができなくなります．

高い周波数で使う分周器は同期カウンタで構成する

非同期カウンタでは遅れの蓄積による誤動作があります．これを解決したカウンタの方式があり，同期カウンタと呼ばれています．

● 同期カウンタによる1/8分周器の動作

非同期カウンタの動作と比べられるよう，図6-4と同じ1/8分周器を例にして動作を調べてみましょう．

▶ 同期カウンタによる1/8分周器の構成

図6-6(b)には，JKフリップフロップを並列接続した3ビット・カウンタである

[図6-6] 同期カウンタを使えば時間遅れの蓄積はない
すべてのフリップフロップが入力クロックのタイミングで動作する

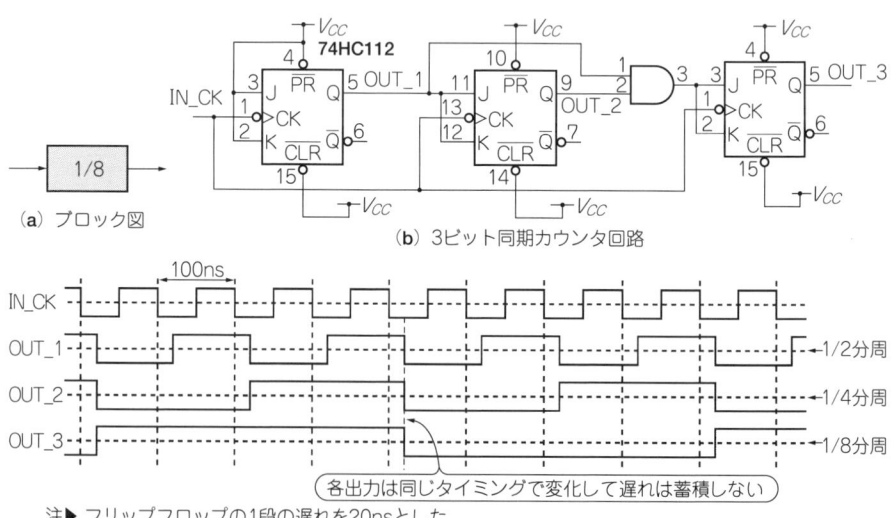

(a) ブロック図
(b) 3ビット同期カウンタ回路
(c) 同期1/8分周のタイムチャート

注▶ フリップフロップの1段の遅れを20nsとした

190　第6章　分周器の設計と特性

1/8分周回路を示しています．並列接続，すなわち入力信号を共通クロックとして，同時にカウント動作させます．1ビット目はクロックの立ち下がりごとに，2ビット目は2回の立ち下がりごとに，3ビット目は4回の立ち下がりごとに出力を反転できるようにNAND回路が挿入されています．

▶タイムチャートで動作を確認する

　非同期式カウンタの場合と同様に，フリップフロップ1段の遅れを20 nsとして，計数動作の過程をシミュレーションすると，図6-6(c)に示すタイムチャートになります．OUT_1では1/2分周，OUT_2では1/4分周，OUT_3では1/8分周された出力が得られています．

▶同期カウンタでは遅れが蓄積されない

　非同期方式とは異なり，各出力は同じタイミングで変化します．遅れが蓄積されないことがわかります．

● **1/N分周器は同期カウンタで作れば大丈夫**

　同期カウンタを用いることで，遅れが蓄積される問題は解決されます．同期カウンタを用いてN進カウンタを組んでみましょう．

▶同期カウンタ74HC163による1/10分周器の構成

　ここでは，実用回路の一例を挙げてみます．4ビットの同期カウンタである74HC163を用いて，先ほどと同じように10進カウンタである1/10分周器を組んでいます．

　74HC163にはリセットおよびプリセット機能が備えられています．図6-7(a)はプリセット機能を用いた10進カウンタの回路です．

　カウント出力のOUT_4からOUT_1の値が"1001"になったときにプリセット（ロード）信号が出て，プリセット入力（"0000"が入力）されます．

▶リセットのタイミングが非同期と違うので注意

　カウント出力が"1010"でなく"1001"のときにプリセット（ロード）信号を出しているのは，74xx163の場合は同期クリアおよび同期プリセットだからです．

　同期プリセットは，プリセット（ロード）信号が"L"に落ちた次のクロック立ち上がりで，プリセット入力をロードしてカウント0とします．10－1＝9の出力でプリセット信号を与える必要があります．

▶タイムチャートで動作を確認する

　図6-7(b)には，動作タイムチャートを示します．10 MHzクロック入力で，カウント出力が"1001"のときにプリセット（ロード）することによって，OUT_4出力

[図6-7] 標準ロジックICで作る同期式10進カウンタの例
見た目の回路は小さいが、同期カウンタが四つ入っている

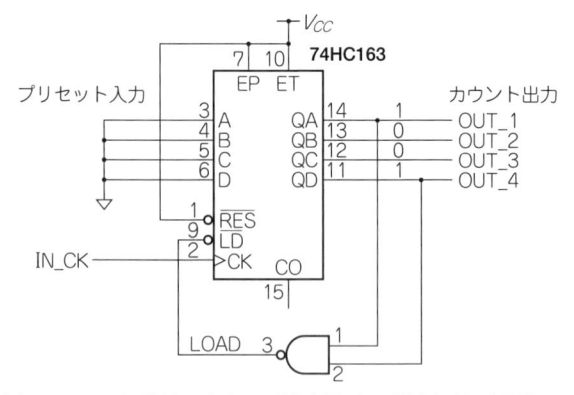

(a) 74HC163のプリセット（ロード入力）による10進カウンタ回路

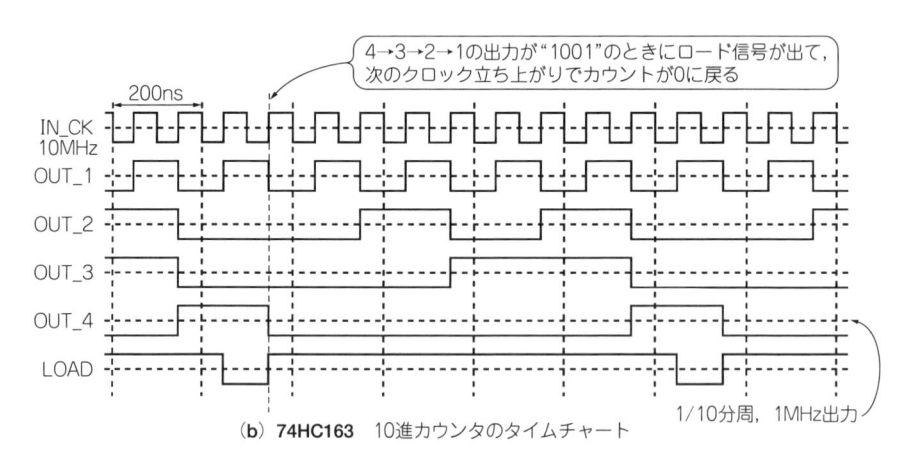

(b) 74HC163 10進カウンタのタイムチャート

が1/10になり、1MHzを出力する様子が確認できます。

▶74HC163でいろいろな1/N分周器を構成できる

このプリセット（ロード）する値となる $N-1$ を変更することによって、自由に N 進カウンタを構成できます。つまり、1/N分周器を構成できます。

この形の分周器は、1/3分周であれ、1/5分周であれ、容易に1/N分周器を作成できます。PLLの設計にも多いに役立てることができます。

分周比固定の分周器

● 適切な比較周波数 f_R を得るための分周器

基準信号分周器$1/R$はPLLの比較周波数（リファレンス）f_Rを決めます．図6-2 (p.184)のPLL周波数シンセサイザの出力周波数f_{out}は，式(6-2)で表されました．

$$f_{out} = \frac{NP}{R} f_X = NPf_R \quad \cdots\cdots\cdots\cdots\cdots\cdots\cdots\cdots\cdots\cdots\cdots\cdots\cdots (6-2)$$

f_Rを決めることは出力周波数の可変幅（ステップ・サイズ）を決めることにもなります．

● 基準信号分周器が必要な理由

f_Rは通常，水晶発振器の出力信号f_Xを固定分周して作り，数kHzから数MHzが一般的です．

水晶振動子は大きさ，性能，作りやすさ，そしてコストの面から数MHz～数十MHzが一般的です．よって，水晶発振器の周波数も一般に数MHz～数十MHzです．

細かなステップ・サイズが必要な場合，水晶発振器の数MHzを固定分周器で$1/R$分周してf_Rとします．今回のPLL周波数シンセサイザでは，f_Rを作る基準信号分周器は固定分周器の組み合わせとします．

▶ICではプログラマブル分周器が一般的

PLL ICの中に備えられている基準信号分周器では，さまざまな仕様に合わせられるようにプログラマブル化された可変分周器が一般的です．ただし，周波数の可変には使わず，固定して使います．

[図6-8] 基準信号分周器のブロック図
基準信号周波数を変えて実験したいのでこのような構成になった

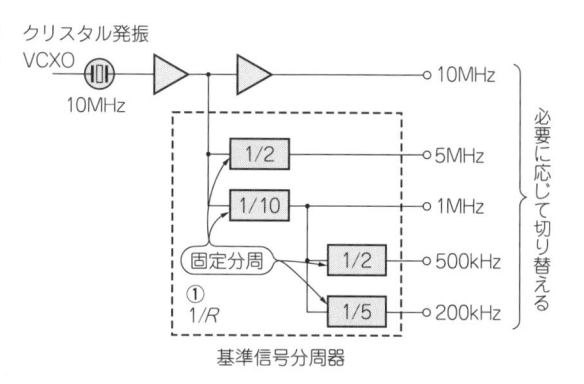

● 実験用に複数の基準周波数を得られるよう構成する

図6-8に，製作する基準信号分周器のブロック図を示します．ステップ・サイズを変えて動作させてみたいので，複数のf_Rを得られるように構成しました．

第2章で，PLL周波数シンセサイザの入力基準信号源として，10 MHzの水晶発振器をVCXOとして製作しました．これを分周してPLLの比較周波数f_Rにします．5種類のステップ・サイズをもつ周波数シンセサイザが構成できます．

● 入手しやすい汎用ロジックICを使う

水晶発振器の周波数は10 MHzです．この程度の周波数ならば，汎用のTTLやCMOSロジックICが問題なく動作します．

74LSシリーズ/74HCシリーズにも多段の非同期カウンタ（リプル・カウンタとも呼ばれる）がいくつかあります．そこで，この74LS/HCシリーズで固定分周器を作

[図6-9] 基準信号分周器に使ったリプル・カウンタ

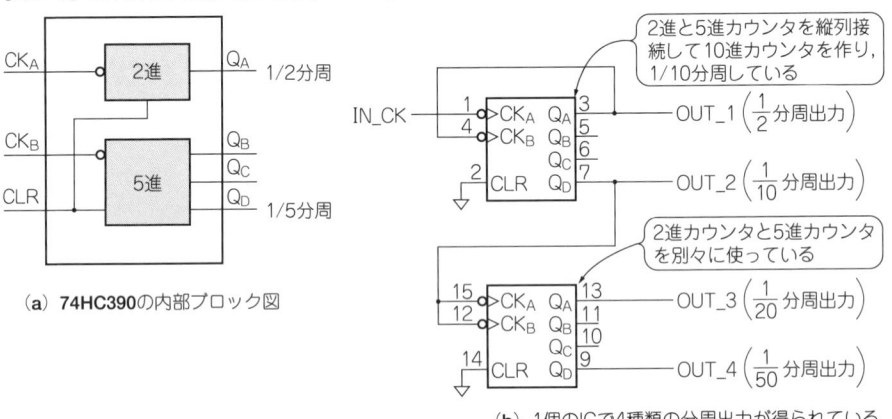

(a) 74HC390の内部ブロック図

(b) 1個のICで4種類の分周出力が得られている

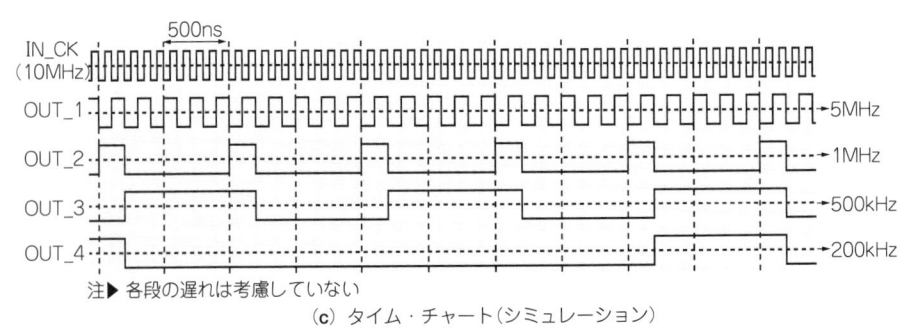

(c) タイム・チャート（シミュレーション）

注▶ 各段の遅れは考慮していない

り，それらを組み合わせることにします．
▶ 2種類のカウンタが内蔵されたICを使用

図6-9(a)に74HC390の内部構成を示します．74LS390も同じです．2進と5進のカウンタが内蔵されています．この2種類のカウンタを縦列接続すると，簡単に非同期10進カウンタを作れて，1/10分周を得ることができます．2進-5進カウンタは2回路入っているので，図6-9(b)に示すように1/10分周出力にもう一つの2進-5進カウンタ回路を接続すれば，1/2，1/10，1/20，1/40の四つの分周器を構成できます．

▶ 分周の動作を確認してみよう

図6-9(c)に，10 MHzをクロックに入力したときの各分周出力のタイムチャートのシミュレーションを示します．シミュレータには，B^2SPICE A/D 2000を用いています．

各カウンタは立ち下がりで動作します．

OUT_1は1/2分周出力で5 MHzを，OUT_2はその出力を1/5分周するので1 MHzが出力されます．OUT_3ではその1 MHzを1/2した500 kHz，OUT_4では1 MHzを1/5した200 kHzを出力します．

● 製作する基準信号分周器の回路図

図6-10に，製作する基準信号分周器の回路図を示します．CMOSロジックの74HC390を用いることにします．

▶ 入力にはレベル変換回路を設ける

基準信号源として製作した10 MHz VCXOからの信号で確実にCMOS回路を駆動できるよう，レベル変換回路を設けています．簡単なトランジスタ・アンプとCMOSロジックのスレッショルド電圧（電源電圧の1/2）へのバイアス回路です．

もしCMOSロジックではなくTTLロジック（74LS390）で構成するなら，スレッショルド電圧は1.2～1.4 V程度にバイアスする必要があります．

▶ 出力にバッファを設ける

出力にはバッファとして74HC00を配置し，50 Ω出力のDCカット仕様としました．

プログラマブル分周器

PLL周波数シンセサイザの出力周波数を変えるには，1/N分周器を可変分周器にする必要があります．

[図6-10] 製作した基準信号分周器の回路図
リプル・カウンタの前後にそれぞれにレベル変換回路とバッファを加えた

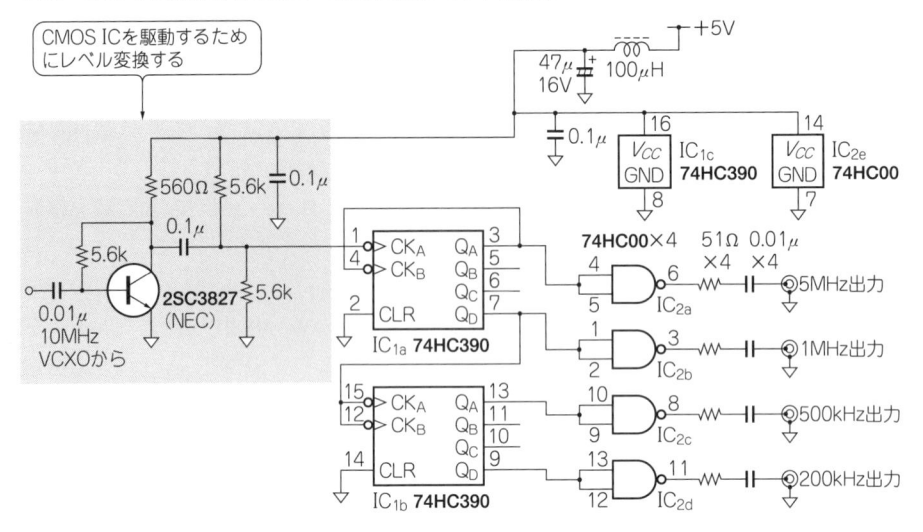

● N進カウンタを使うと簡単に構成できる

図6-2に示す1/N分周器のNの値によって，PLL周波数シンセサイザの出力周波数が決まります．

そのNを動かし，N-1，N，N+1，N+2，…とすれば，出力周波数をステップさせられます．そのためにはデータを設定することによって分周比を選択できる分周回路…プログラマブル分周器が必要です．「プログラマブル」と聞くと，複雑そうに思えます．実際には，同期式N進カウンタで，容易に構成できます．

● プログラマブル分周器の動作を確認する

図6-11(a)に，汎用高速CMOSロジック74AC163を用いた4ビットのプログラマブル分周器の回路図を示します．この回路で，プログラマブル分周器の動作を確認しましょう．74AC163は4ビットの同期カウンタで，プリセット機能が備えられています．このプリセット機能が，プログラマブルにできるポイントです．

▶ プリセット値からのカウント動作を繰り返す

図6-11(b)に，74AC163のステート・ダイアグラムを示します．
例えば，10(1010)の値をプリセット入力したとします．すると，10の値から加算を始め，カウント終了時にキャリー(桁上がり)信号が出力されます．

[図6-11] プログラマブル分周器の基本回路
プリセット入力のデータを変えることでカウント数を変更できる

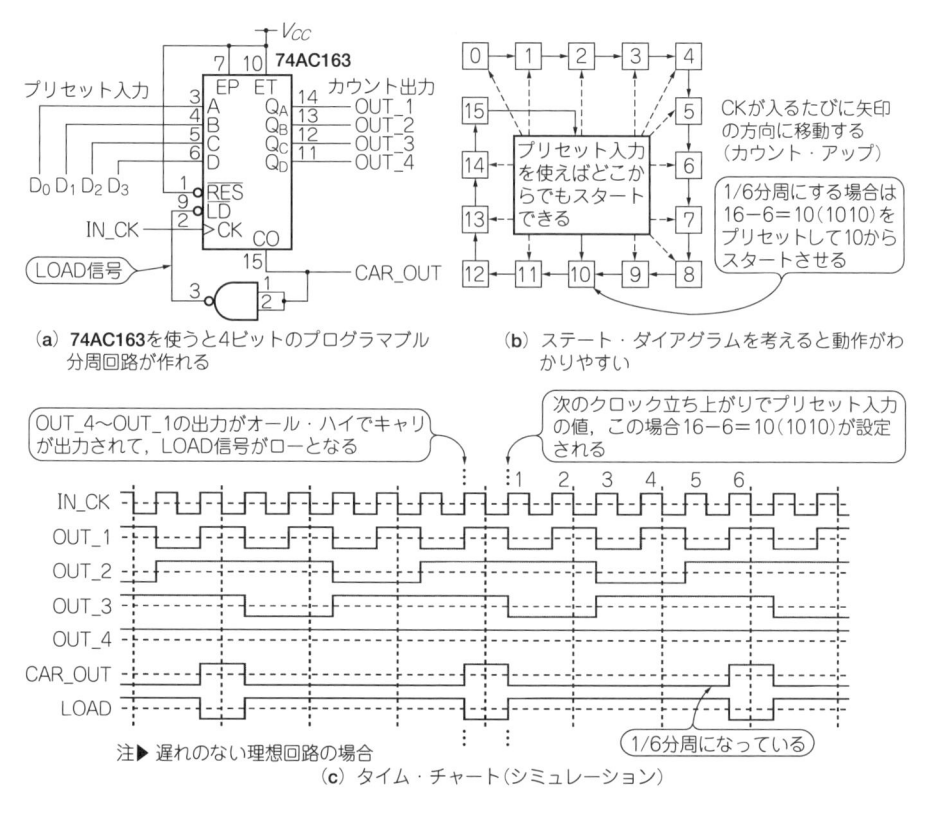

(a) 74AC163を使うと4ビットのプログラマブル分周回路が作れる

(b) ステート・ダイアグラムを考えると動作がわかりやすい

(c) タイム・チャート（シミュレーション）

注▶ 遅れのない理想回路の場合

この信号を反転して，プリセット（ロード）信号とすれば，キャリー信号が出た次のクロックでは，再び10の値からカウントアップします．結果として，1/6分周器が構成されます．図6-11(b)はアップ・カウンタなので，1/6分周として動作させる場合には，16 - 6 = 10（1010）をプリセットする必要があります．

▶シミュレーション波形で動作を確認

図6-11(c)には，1/6分周のプリセット入力としたタイムチャートを示します．

カウント出力がオール・ハイになると，キャリー信号を反転したLOAD信号がローとなり，次のクロックの立ち上がりで10の値がプリセットされます．6クロック後に，再びプリセットされる動作が確認できます．

▶16 - Nの値をプリセットすれば1/N分周器になる

1/N分周したい場合には16 - Nの値をプリセット入力することで，4ビットのプ

ログラマブル分周器を簡単に構成できます．1/2～1/16の分周器となります．

● 8ビットのプログラマブル分周器を製作する

製作するPLL周波数シンセサイザに用いるプログラマブル分周器では，もっと広く周波数を変えたいので，4ビットでは足りません．8ビット（1/2～1/256）構成にします．

▶4ビットのプログラマブル分周器をうまく接続

図6-12(a)には，74AC163を二つ用いた8ビット・プログラマブル分周器の回路図を示します．

イネーブル入力に前段のキャリー出力を接続することで，前段で桁上がりが生じたときだけ，後段のカウンタを動作させることができます．

前段カウンタのキャリー出力CO_1を後段カウンタのイネーブル入力（ここではEP）につなぎます．このCO_1と後段カウンタのキャリー出力CO_2とのNANDを取れば，カウント出力がオール・ハイのときだけローになる信号を得られます．この信号をプリセット（ロード）信号として用いると，8ビットのプログラマブル分周器を構成できます．

▶1/54分周では202をプリセット

1/54分周を例として，その動きを確認します．74AC163はアップカウンタです．4ビットのときと同様に，最大カウント数からNを引いた値をプリセットします．

1/54分周には，256 − 54 = 202（11001010）の値をプリセットします．202の値から加算を開始すると，54回のカウントでオール・ハイになります．

▶シミュレーション波形で動作を確認

図6-12(b)にタイムチャートを示します．

OUT_8～OUT_1の出力がオール・ハイになると，両カウンタのキャリーCO_1とCO_2が出力されてプリセット（ロード）信号OUT_LOADがローになります．

したがって，次のクロックの立ち上がりでプリセット入力の値202（11001010）が設定されます．この値からカウントアップして，54加算されたところで再び202（11001010）の設定に戻るので，1/54分周の動作をします．

1/N分周したい場合には，256 − Nの値をプリセット入力することで8ビットの1/Nプログラマブル分周器として動かすことができます．

[図6-12] 製作した8ビット・プログラマブル分周器

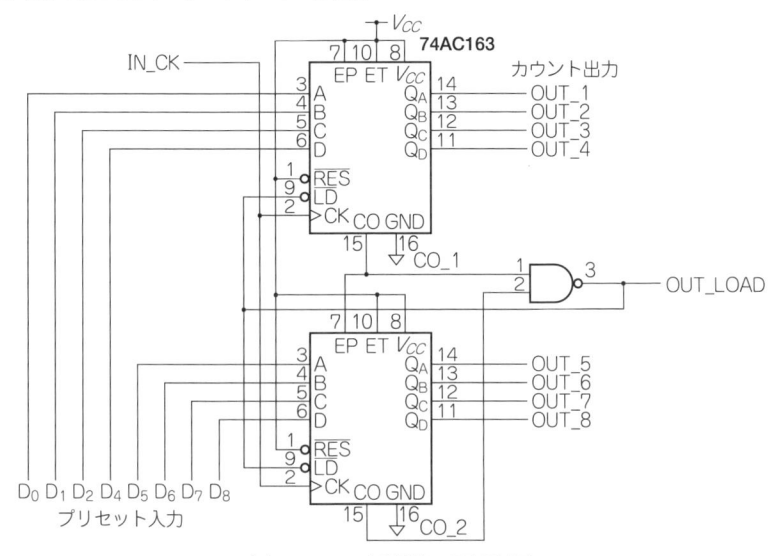

(a) 74AC163を2個使って実現する

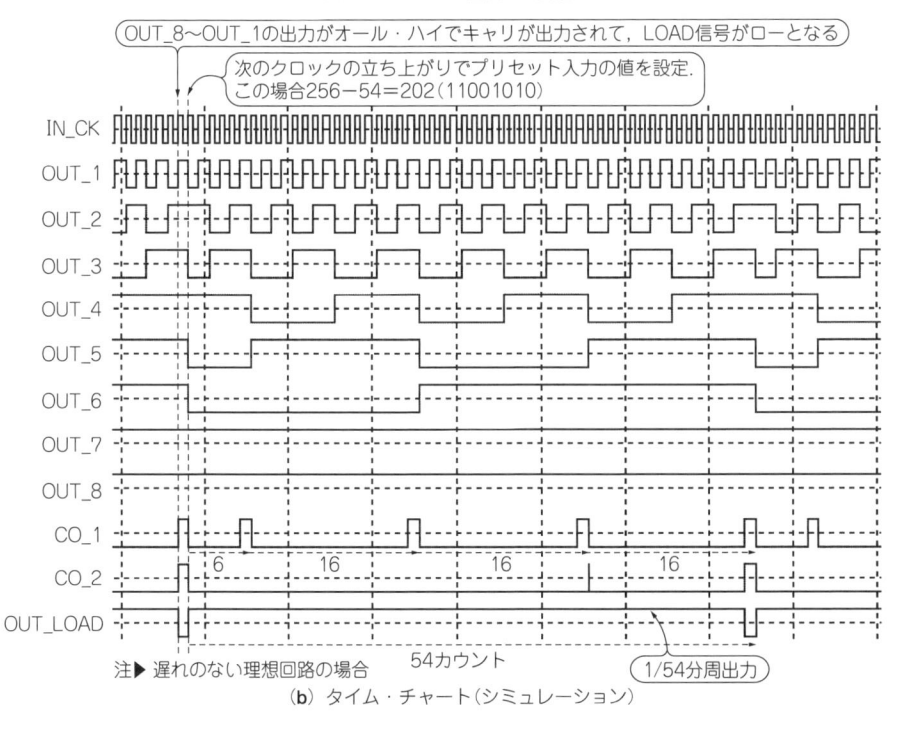

(b) タイム・チャート(シミュレーション)

注▶ 遅れのない理想回路の場合

プログラマブル分周器 | 199

高周波を扱うPLLに必要な分周器 プリスケーラ

図6-2にはもう一つ，前置分周器(プリスケーラ)があります．これは何のためにあるのでしょうか．実は，74AC163を用いた8ビットのプログラマブル分周器の動作スピードには限界があり，180～360 MHzといった出力周波数では直接動作できません．それをカバーするのがプリスケーラです．

● 現実のカウンタ回路には遅れ時間がある

図6-12(b)での論理シミュレーションでは，各カウンタとNANDゲートは理想回路として考え，遅れを考慮していませんでした．

4ビット・カウンタには汎用高速CMOSの74AC163を用い，NANDにも同様に高速CMOSの74AC00を用いたとします．このプログラマブル分周器が，何MHzまで動作可能かをシミュレーションしてみましょう．

▶ 遅れ時間をデータシートから読み取る

74AC163のデータシートを見ると，電源電圧＋5 Vで駆動した際の各カウント出力およびキャリー出力の遅れ時間は5.5 n～8.0 nsとあります．よって遅れを8.0 nsとします．同様に考え，74AC00の遅れは6.0 nsとします．

● プログラマブル分周器が正常動作する周波数には上限がある

▶ 入力を45.5 MHzとしたときの動作

図6-13(a)に示すのは，クロック入力を45.5 MHzとしたときのシミュレーション結果です．OUT_LOAD信号がローに落ちるのが遅れていますが，次のクロックが立ち上がる前なので，その立ち上がりで同期プリセットして202(11001010)が設定されています．ちゃんと期待どおりの1/54分周で動作しています．

▶ 入力を50 MHzとしたときの動作

図6-13(b)に示すのは，クロック入力を50 MHzとしたときのシミュレーション結果です．OUT_LOAD信号が遅れてローに落ちる前に，すでに次のクロックが立ち上がっています．この場合，正しくプリセット入力ができず，誤動作していることが確認できます．

▶ 高周波を広く扱うには上限が低い

実際の回路では室温では50 MHz以上でも動作しました．しかし，温度変動などによる特性の劣化を考慮すれば，最高でも45 MHzとするのが無難でしょう．

ということは，この汎用カウンタICを用いた1/Nプログラマブル分周器では，

[図6-13] 周波数が高くなるとプログラマブル分周器が異常動作する

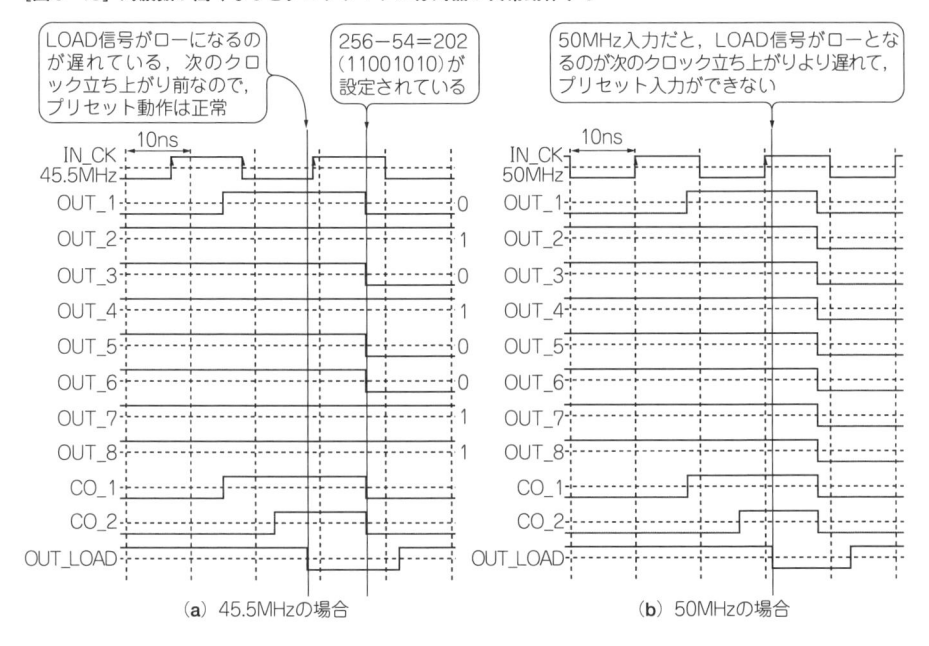

(a) 45.5MHzの場合

LOAD信号がローになるのが遅れている．次のクロック立ち上がり前なので，プリセット動作は正常

256-54=202 (11001010) が設定されている

(b) 50MHzの場合

50MHz入力だと，LOAD信号がローとなるのが次のクロック立ち上がりより遅れて，プリセット入力ができない

45MHz以上の周波数は扱えません．PLL回路全体としても45MHzまでの動作となります．

このように，一般的にプログラマブル分周器の動作スピードには限界があります．現在，PLL IC内に備えられているプログラマブル分周器の最大動作周波数は50MHzより高いのですが，それでも150M～200MHz程度で限界は明らかです．

● **高周波を分周できる固定分周器をプログラマブル分周器の前に追加する**

そこで，高周波PLL周波数シンセサイザを構成するためには，プログラマブル分周器の前にもう一つ分周器を配置します．この分周器をプリスケーラ（prescaler；前置分周器）といいます．出力周波数を分周して，プログラマブル分周器が動作できる周波数に下げるためのものです．

高周波でPLL周波数シンセサイザを組むときの分周器の基本形は，このプリスケーラとプログラマブル分周器の組み合わせになります．

▶ **シングル・モジュラス・タイプのプリスケーラ**

図6-14には，プログラマブル$1/N$分周器の前に，高速な$1/P$固定分周器を配置

[図6-14] シングル・モジュラス・プリスケーラを用いたPLLのブロック構成

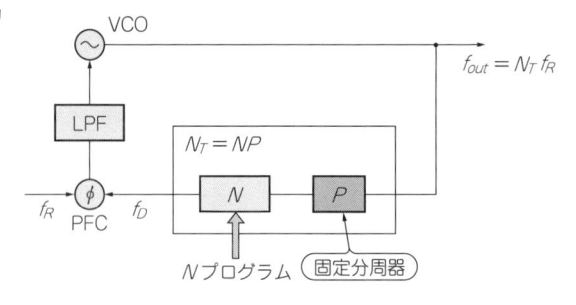

[図6-15] 実際のプリスケーラ分周器の回路

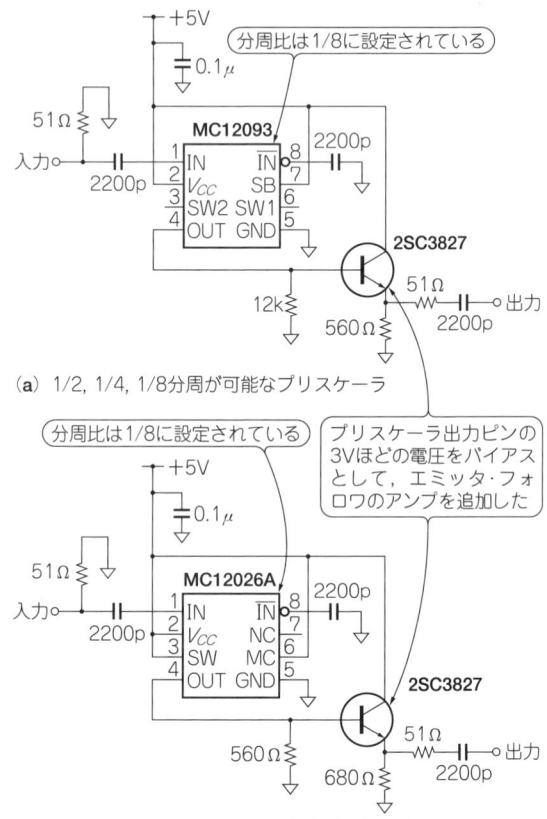

(a) 1/2, 1/4, 1/8分周が可能なプリスケーラ

(b) 1/8, 1/9, 1/16, 1/17分周が可能なプリスケーラ

したPLL周波数シンセサイザのブロック図を示します．固定分周を用いることからシングル・モジュラス・プリスケーラ方式と呼ばれます．

例題のディスクリート設計PLL周波数シンセサイザは，この方式を用います．

● **1/8分周プリスケーラ**

　プログラマブル分周器は45 MHzまで動作しました．プリスケーラとして1/8の固定分周器を置けば360 MHzまでの分周が可能です．目標とした出力周波数180 M～360 MHzのPLLが構成できることになります．

　1/8分周には，オン・セミコンダクター社の低電力仕様のMC12093（1/2，1/4，1/8分周を選択可），またはMC12026A（1/8，1/9，1/16，1/17を選択可）を用いました．

　図6-15に出力回路を含めた回路図を示します．データシートを見ると，MC12093では出力負荷容量2.0 pFで0.8 V_{P-P}程度の分周出力が得られます．MC12026Aでは出力負荷560 Ω，出力負荷容量8 pFで1.6 V_{P-P}程度の出力が得られます．50 Ω系回路につないで出力レベルを確保できるようエミッタ・フォロワを追加しました．

● **シングル・モジュラス・プリスケーラの分周だけ周波数分解能が粗い**

　図6-14に示すように，プリスケーラとプログラマブル分周器を合わせた分周数はNPです．NはN+1，N+2と1ずつステップしますが，Pは固定なのでそれがP倍されます．

　出力周波数の可変ステップ幅は，本来希望するf_Rではなく$f_R P$へと，大幅に粗くなってしまいます．多くのPLL ICでは，この周波数分解能の問題を解決した方法が使われています．

周波数分解能を上げられるパルス・スワロ・カウンタ

● **デュアル・モジュラス・プリスケーラを用いるカウンタ**

　図6-16に，プリスケーラの分周数をPとP+1に切り替えるデュアル・モジュ

[図6-16] デュアル・モジュラス・プリスケーラを用いたパルス・スワロ方式PLLのブロック構成

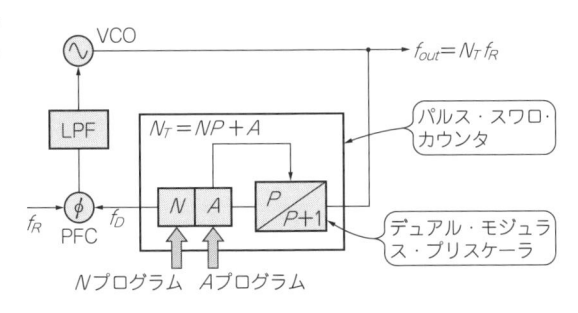

ラス・プリスケーラ方式のPLL周波数シンセサイザのブロック図を示します．

正確にはデュアル・モジュラス・プリスケーラを用いたプログラマブル・カウンタで構成したPLL周波数シンセサイザで，パルス・スワロ(pulse swallow)方式のPLL周波数シンセサイザとも言います．

● **パルス・スワロ・カウンタのしくみ**

デュアル・モジュラス・プリスケーラを使ったカウンタはパルス・スワロ・カウンタと呼ばれます．図6-17に，パルス・スワロ・カウンタの構成図を示します．パルス・スワロ・カウンタは，入力信号f_{in}をP分周，または$P+1$分周したあとにプログラマブル・カウンタのNとAに入力しています．

Aカウンタ(スワロ・カウンタ)は，0から$P-1$分周までプログラマブルに設定できるカウンタです．一方，Nカウンタは通常のプログラマブル・カウンタで，0から設定できる必要はありませんが，自身をプリセットするときにAカウンタも一緒にプリセットする構成となっています．

▶ トータル分周数は$N_T = NP + A$となる

パルス・スワロ・カウンタのトータル分周数は$N_T = NP + A$になります．動作を順に追いながらそれを確かめてみます．ここでは説明をわかりやすくするために，NカウンタとAカウンタはともにダウン・カウンタ(値が1ずつ減る)とします．

① プリスケーラは入力周波数f_{in}を$P+1$で分周する．
② プリスケーラ出力はAカウンタとNカウンタの両方に入力される．AカウンタはA個のパルスでゼロになるので，Aカウンタがゼロになるまでに$(P+1)A$をカウントする．
③ Aカウンタがゼロになると，プリスケーラの分周数をPに切り替える出力(モジュラス・コントロール)が出る．
④ Nカウンタは分周がPに変わったプリスケーラからの入力でカウント・ダウン

[図6-17] パルス・スワロ・カウンタの構成

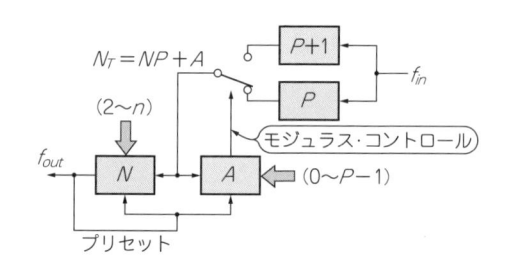

を続ける．NカウンタがゼロになるまでP分周が行われるので，$(N-A)P$をカウントする．

⑤ Nカウンタもゼロになるとプリセットが出力され，AカウンタおよびNカウンタの両方が初期値に設定される．プリスケーラの分周数も$P+1$に戻り，①からの動作を繰り返す．

よって，トータル分周数N_Tは次式で表されます．

$N_T = (P+1)A + P(N-A) = NP + A$

ただし，$N \geq A$

NとAカウンタの値を適切に設定することで，分周数を1カウントずつ変化させることができます．

▶ プリスケーラを配置しても周波数分解能は粗くならない

このように，デュアル・モジュラス・プリスケーラを用いてパルス・スワロ・カウンタを組むことで，周波数分解能を犠牲にすることなく，プリスケーラ方式のメリットを生かすことができます．

製作するPLL周波数シンセサイザでは，シングル・モジュラス・プリスケーラとしました．しかし，先に紹介したMC12026Aは1/8，1/9もしくは1/16，1/17と切り替えられるデュアル・モジュラス・プリスケーラです．これと前回のプログラマブル・ディバイダ74AC163を用いて，図6-17のNとAカウンタを構成してパルス・スワロ・カウンタを容易に構成できます．ぜひ，設計にチャレンジしてください．

パルス・スワロ・カウンタの欠点

優れたパルス・スワロ・カウンタですが，ブラックボックス化して考えるだけで，動作原理を無視して安易に設計すると，設定できない分周数が存在することになるかもしれません．私も以前に失敗したことがあります．具体例で示しましょう．

● 250 M～300 MHz間を5 MHzステップとする例

図6-18は，出力周波数250 M～300 MHz間を5 MHzステップで動かすためのパルス・スワロ・カウンタの構成案です．デュアル・モジュラス・プリスケーラは1/8，1/9としました．Aカウンタは0～7を設定でき，Nカウンタは2～15を設定できます．

▶ 動作条件$N \geq A$を検証する

[図6-18] 250 M～300 MHzパルス・スワロ方式PLLの構成案

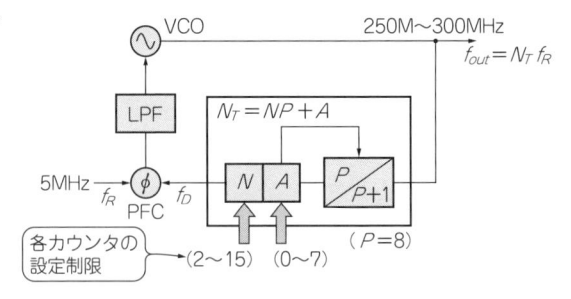

　このパルス・スワロ・カウンタで問題なく動作するか，つまり動作条件$N \geq A$を満たすかを出力周波数の上端と下端で確認します．250 MHz出力時の分周数$N_T = 50$なので，これを設定する各カウンタの値を計算すると，次のようになります．

$N_T = N \times P + A$

$50 = 6 \times 8 + 2$

300 MHz出力時の分周数$N_T = 60$での各カウンタの値を求めると，

$60 = 7 \times 8 + 4$

となります．そして，これらはパルス・スワロ・カウンタの動作条件である$N \geq A$を満足しています．動作周波数の上端と下端で問題なくパルス・スワロの動作条件を満足しているので，この構成案でPLLを組むことにしました．

▶実際の回路を動かすと…275 MHzが出ない？

　実際に動かすと250，255，…270 MHzと設定5 MHzステップでPLLが動きますが，275 MHz出力が出ません．280 MHzからは再び300 MHzまで5 MHzステップでPLLが動きますが，275 MHzだけロックがかかりません．なぜでしょうか？

　275 MHz出力時のN_Tは55です．各カウンタの値を見てみましょう．

$N_T = N \times P + A$

$55 = 6 \times 8 + 7$

Aカウンタの値がNカウンタより大きくなり，$N \geq A$を満足していません．よって，この分周数をパルス・スワロ・カウンタは設定できないのです！

● 連続して設定できる範囲の確認が必要

▶パルス・スワロ・カウンタで連続して設定できる範囲

　このようなミスをしないためには，パルス・スワロ・カウンタで連続して設定できる範囲をよく確認する必要があります．**表6-1**は，このことを表の形でまとめたものです．灰色で塗りつぶした分周数N_Tは設定ができないので，パルス・スワ

[表6-1] プリスケーラ1/8，1/9を使用したときのN_Tに対するAカウンタとNカウンタの値

N\A	0	1	2	3	4	5	6	7
0	0	1	2	3	4	5	6	7
1	8	9	10	11	12	13	14	15
2	16	17	18	19	20	21	22	23
3	24	25	26	27	28	29	30	31
4	32	33	34	35	36	37	38	39
5	40	41	42	43	44	45	46	47
6	48	49	50	51	52	53	54	55
7	56	57	58	59	60	61	62	63
8	64	65	66	67	68	69	70	71
9	72	73	74	75	76	77	78	79
10	80	81	82	83	84	85	86	87
11	88	89	90	91	92	93	94	95
12	96	97	98	99	100	101	102	103
13	104	105	106	107	108	109	110	111
14	112	113	114	115	116	117	118	119
15	120	121	122	123	124	125	126	127

$N_T = 55$ は，設定できない

□で塗りつぶした範囲は，$N < A$ となり設定できない
■で塗りつぶした範囲は，Nカウンタが設定できない

ロ・カウンタを用いてPLLを組むときには，これを考慮した設計が必要です．

プリスケーラのP値に対する連続して設定できる分周数の範囲を式で表すと，次式となります．

$$P^2 - P$$

このことは，パルス・スワロ・カウンタの唯一の欠点であると言えるかもしれません．$P = 8$のとき，連続設定できる分周数は56となります．

また，表6-1に示すように，Aカウンタ（スワロ・カウンタ）は，0から$P-1$を必ず設定できなければなりません．Nカウンタについては通常のプログラマブル・カウンタと同じですが，ここでは2から15までとしました．

なお，私のウェブ・ページ[49]上には，図6-19に示すパルス・スワロ・カウンタの分周数N_Tに対する各カウンタの値を求める計算ツールを準備しているので，活用してください．

分数分周で性能を上げる方法もある

● 分数分周とは

分周器である計数回路の解説の最後に分数分周を取り上げます．

[図6-19] パルス・スワロ方式PLLの各カウンタ設定値を求めるツールの画面

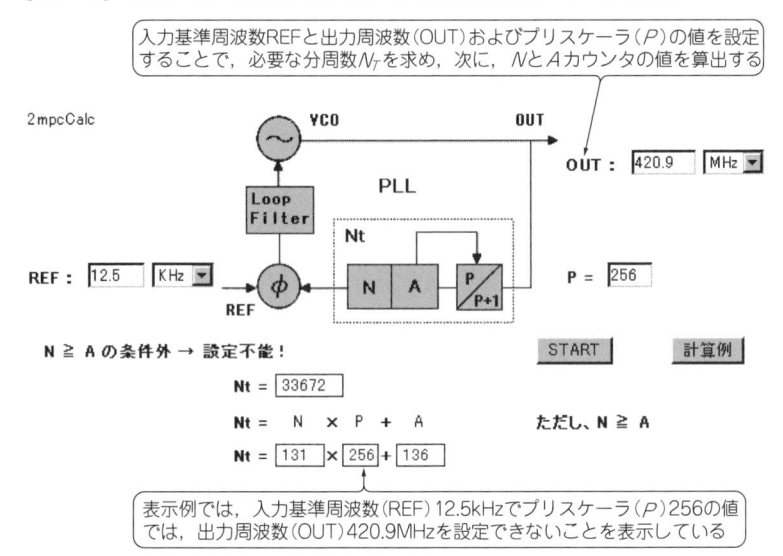

入力基準周波数REFと出力周波数(OUT)およびプリスケーラ(P)の値を設定することで，必要な分周数N_Tを求め，次に，NとAカウンタの値を算出する

2mpcCalc

OUT : 420.9 MHz

REF : 12.5 KHz

P = 256

N ≧ A の条件外 → 設定不能！

Nt = 33672

Nt = N × P + A   ただし，N ≧ A

Nt = 131 × 256 + 136

表示例では，入力基準周波数(REF)12.5kHzでプリスケーラ(P)256の値では，出力周波数(OUT)420.9MHzを設定できないことを表示している

　ここまでPLL周波数シンセサイザに用いる分周器は整数を扱いました．しかし昨今，分数分周を用いてPLL周波数シンセサイザを構成するようになりました．デュアル・モジュラス・プリスケーラの動作を応用しています．

　分数分周は新しい技術ではなく，分数分周器をPLL周波数シンセサイザに用いて製品化したものが，すでに1970年代の後半には登場していたことを記憶しています．当時の分数分周には，アナログでの雑音キャンセル回路を用いることが必要で，個別部品で構成すると回路規模が大きくなるために，計測器の分野(スペアナやシグナル・ソース)に限って用いられていました．しかし，今日ではディジタル信号処理で欠点が解決できるようになりました．最近では小型のPLL ICにも登場しています．分数分周はフラクショナルN(fractional-N)とも呼ばれます．

● 分数分周の利点は比較周波数を高くできること

　理想とするPLL周波数シンセサイザには，周波数の切り替え時間が短く，位相雑音が少ないことが望まれます．

▶ 整数分周と分数分周の比較

　図6-20(a)は，分周数が整数値の整数分周によるPLL周波数シンセサイザの構成です．図6-20(b)には，分周数が分数となっている分数分周によるPLL周波数

シンセサイザの構成を示します．

出力周波数の可変ステップ幅をΔfとするには，整数分周では比較周波数f_Rがステップ幅となりました．分数分周では，ステップ幅はf_R/Fとなります．

例えば，周波数ステップ幅（チャネル・スペース）が30 kHz必要な場合には，整数分周では比較周波数f_Rを30 kHzとしました．分数分周では，それのF倍，例えば$F=16$にすると$f_R=480$ kHzにできるのです．

▶ 高速応答と低位相雑音を得られる

30 kHzのチャネル間隔でも比較周波数f_Rは480 kHzでよいので，可変分周器Nの値は16も少なくできます．ゆえに，

(1) Nの値が小さいのでPLLのループ・ゲインを高くでき，周波数の切り替え時間を高速化できる．

(2) Nの値が小さいのでループ帯域内の位相雑音を少なくできる．

というメリットがあります．これは，PLL周波数シンセサイザを理想に近づけることになります．

▶ 分数値を発生する回路

分数分周は分周器の分周比を時間的に変化させることで，等価的に分数の分周値を実現します．図6-21に分数分周の基本構成を示します．アキュムレータが可変分周器出力パルスのF回のうちK回，分周数を$N+1$に切り替えます．$F-K$回は

[図6-20] 整数分周と分数分周PLL周波数シンセサイザの比較

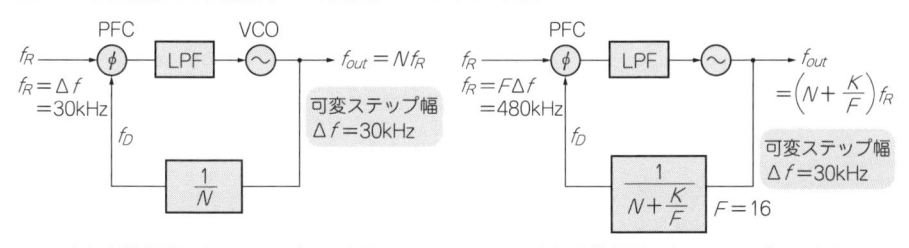

(a) 整数分周によるPLLのブロック図

(b) 分数分周によるPLLのブロック図

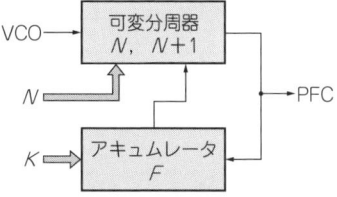

[図6-21] 分数分周の基本構成

分周数Nで動作します．平均の分周数として等価的に$N+K/F$を得られます．

これを式に表すと，式(6-3)となります．

$$N_{ave} = [K(N+1) + (F-K)N]/F = N + K/F \quad \cdots\cdots (6\text{-}3)$$

▶ 分数分周をタイムチャートで表す

　動作を確実に理解するためには，分数分周をタイムチャートに描いてみるとよいでしょう．例えば，$N_{ave} = 10 + 3/16 = 10.1875$とする場合のタイムチャートは，図6-22のように描くことができます．

　アキュムレータが4ビット，$F = 16$で$K = 3$の設定なので，アキュムレータには3ずつ加えられます．そして，オーバーフローが発生したときに分周数$N+1$となります．ですから，

$$N_{ave} = (3 \times 11 + 13 \times 10)/16 = 10.1875$$

として動作します．

● スプリアスの発生が欠点

　分数分周によるPLL周波数シンセサイザの問題点は，スプリアスの発生です．

　図6-21のアキュムレータ1段構成では，中心周波数近傍に高いレベルのスプリアスが発生します．例えば，アキュムレータが4ビット，$F = 16$で，基準クロックが400 kHzであれば，400 kHz/16 = 25 kHzで分周数が変わります．25 kHzとその整数倍の周波数成分が位相比較器の出力に現れ，VCOを変調します．

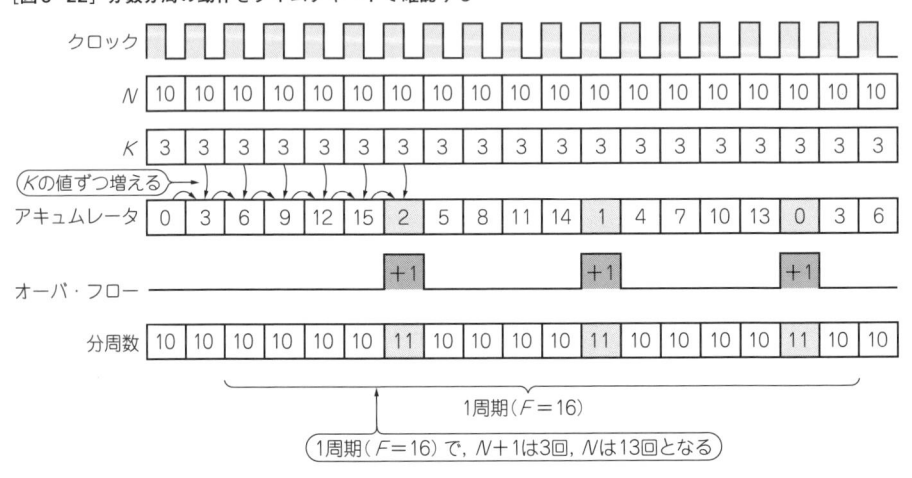

[図6-22] 分数分周の動作をタイムチャートで確認する

このスプリアスを抑圧することが，分数分周方式のPLL周波数シンセサイザの最大の課題となっています．スプリアス抑圧のために，さまざまな方式が考案されてきました．過去においてはアナログ技術が駆使されましたが，最近では種々のディジタル技術が利用されています．$\Delta\Sigma$変調による位相誤差拡散回路を備え，数学的なアルゴリズムに基づいた効率的なスプリアスのキャンセルもなされています．

　近い将来には，分数分周方式のPLL周波数シンセサイザが主流となるかもしれません．

高周波PLL回路のしくみと設計法

第7章
PLLを安定動作させる ループ・フィルタの考え方
～位相遅れ補償をもつ特殊なロー・パス・フィルタを使う理由～

❖

本章から第10章までは，ループ・フィルタの設計法を順序立てて解説します．適切なループ・フィルタを設計できれば，位相雑音やスプリアス特性に優れ，高速で安定したPLLが得られます．本章ではその前段階として，負帰還回路であるPLL回路を安定に動作させるために必要なことを理解します．

そして，PLLの性能向上のために，先人達が工夫し考案したループ・フィルタの形について，順を追って解説します．

❖

特性の鍵をにぎるループ・フィルタ

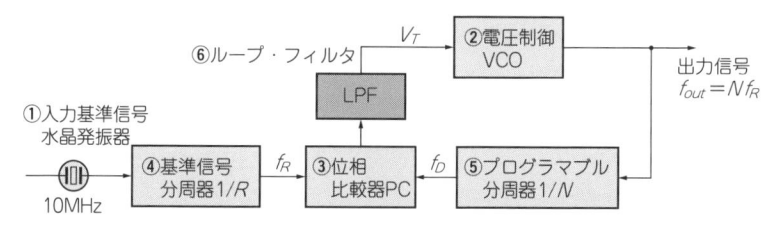

　PLL周波数シンセサイザのブロック図を図7-1に示します．本書では内部動作を理解するために，あえて各ブロックとも，ディスクリート素子で設計してきました．あとはループ・フィルタの設計を残すだけです．

　基本的にはロー・パス・フィルタですから，今まで設計してきた回路に比べて簡単に思えますが，実はPLLを設計するなかで最も難解で，一筋縄ではいかない部

[図7-1] 高周波PLLシンセサイザのブロック図
第2章～第6章で基準信号発振器，VCO，位相比較器，基準信号分周器，プログラマブル分周器を解説してきた．あとはループ・フィルタを残すのみ

①入力基準信号 水晶発振器 10MHz
④基準信号分周器1/R
③位相比較器PC
⑤プログラマブル分周器1/N
②電圧制御VCO
⑥ループ・フィルタ LPF
V_T, f_R, f_D
出力信号 $f_{out} = N f_R$

[図7-2] 現実的なPLL周波数シンセサイザのブロック図
基準信号やVCOは市販モジュールを，位相比較器や分周器はワンチップになったICを使う

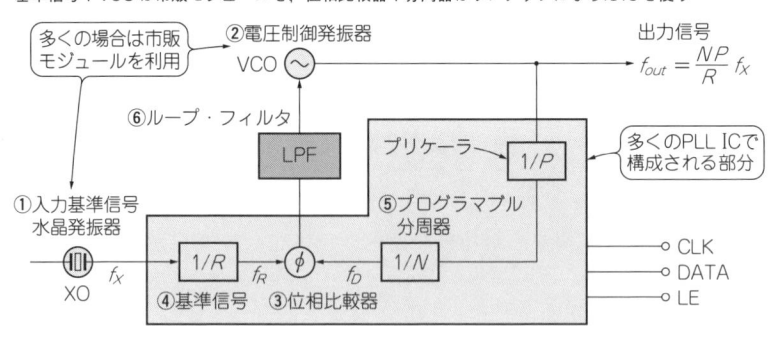

分でもあります．

高周波やアナログ設計に馴れた技術者でも，PLLの設計となるとしきいが高く感じるのは，このループ・フィルタの設計に原因があります．

● モジュールやICを利用してもフィルタ設計は必須

実際にPLL周波数シンセサイザを組む場合は，図7-2のように，PLL用ICとVCOモジュールで作るのが現実的です．

高性能なPLL ICやVCOモジュールを組み合わせれば，思いどおりのPLL周波数シンセサイザができるかというと，そうはいきません．図7-2のブロック図には，IC化やモジュール化がされていないループ・フィルタというブロックがあります．このループ・フィルタの設計が適当でなければ，どんなに高性能なICを使っても，目的の特性は得られません．

LPFの選択で結果オーライ主義にすぎると，経時や量産によるトラブルが発生したときに対処できなくなります．私も，動けば良い…で定数を選定した後でトラブルに遭遇し，頭をかかえた経験があります．

ループ・フィルタの設計が悪いとどうなるか？

ループ・フィルタの設計が悪いと，具体的にどのようなことが起きるのでしょうか．それはループ・フィルタを設計するとき検討が必要な内容でもあるはずです．

● **位相雑音特性が悪化する**

図7-3(a)に，ループ・フィルタの定数を変えたときの雑音特性の例を示します．

キャリアより30 kHz離れた位相雑音を少なくしたいという想定で，VCOの位相雑音を支配的にします．①の定数のループ・フィルタでは，負帰還ループのカットオフ周波数f_Cが高すぎて，さらに位相余裕も少ない状態にあります．ロックはかかっているのですが，今にも発振しそうで不安定です．30 kHzオフセットでの位相雑音も悪化しています．

カットオフ周波数f_Cを下げるように何回か定数を変更すると，②の特性となりました．30 kHzオフセットでの位相雑音は，約-112 dBc/Hzまで下がりました．

[図7-3] ループ・フィルタ設計のミスによる悪影響
この三つはお互いに相反の関係にある

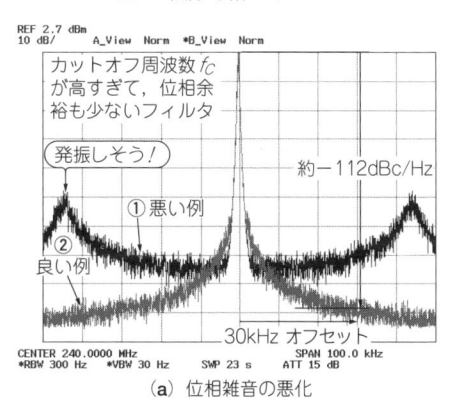

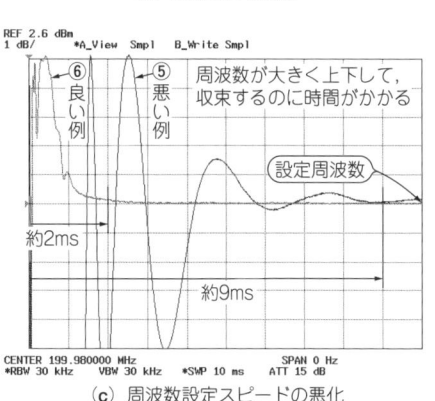

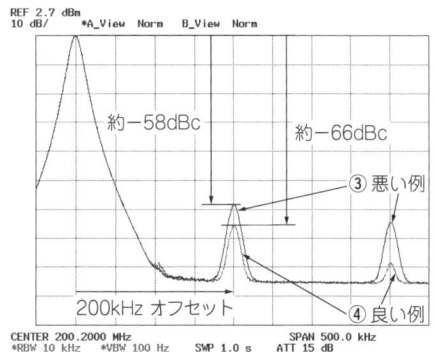

(a) 位相雑音の悪化

(b) リファレンスもれスプリアスの悪化

(c) 周波数設定スピードの悪化

● **スプリアス特性（リファレンスもれ）が悪化する**

位相を比較する周波数として基準信号 $f_R = 200$ kHz を用いているので，この周波数成分が回り込みます．これをリファレンスもれスプリアスと呼びます．図7-3(b)は，リファレンスもれを確認したデータです．③のデータでは，200 kHz 離れのスプリアスとして，約 −58 dBc ほどです．

もう少し改善するために，さらにカットオフ周波数 f_C を下げました．④の波形データとなり，約 −66 dBc まで抑圧できました．このループ・フィルタ定数で決定でしょうか？

● **応答特性（周波数設定スピード）が悪化する**

時間軸での応答特性，つまり周波数が設定される時間を測定してみましょう．図7-3(c)は，スペアナのゼロ・スパンとビデオ・トリガを利用した簡易な方法で測定したデータです．管面の縦軸の中心でトリガをかけるようにして，設定周波数を横切ったときからの時間軸応答を測定しています．

⑤のデータは，カットオフ周波数 f_C を下げ，位相余裕 ϕ_C も少ないときの応答特性です．周波数が大きく上下して，設定すべき周波数に収束するのにおよそ9 ms もかかっています．

無線LANのような広い周波数帯域を使った無線通信などでは，頻繁に周波数を切り替えます．そのような用途に使われるPLLは，周波数が切り替わったときの過渡応答特性が重要です．

応答特性を改善するには，ある程度広帯域の設計が必要です．カットオフ周波数 f_C を高くすることになるので，再びオフセット周波数の高いところでの位相雑音は悪化します．リファレンスもれスプリアスも増加することが気がかりです．

● **目的に応じてバランスのとれた設計が必要**

このように，ループ・フィルタ一つで，PLLシンセサイザの特性は良くも悪くもなります．しかも，上記の低位相雑音（スプリアス抑圧を含め）と高速応答は，多くの場合トレード・オフになります．図7-2のようなIC化されたPLL周波数シンセサイザでは，設計の大部分は目的にあったループ・フィルタにあるといっても過言ではありません．

● **ループ・フィルタは特殊なロー・パス・フィルタ**

ループ・フィルタの役割を要約すると，次のようにまとめられます．

位相比較器から出力される位相差に比例した誤差信号パルスをリプルの少ない
直流電圧に変えてVCOに加える

　ロー・パス・フィルタ(LPF)を使えば，信号パルスからリプル成分を除いて直流を得ることができます．では，ループ・フィルタとして単純にLPFを設ければよいかというと，そうではありません．ループ・フィルタには，PLL(フェーズ・ロックト・ループ)という負帰還ループを安定なものにする役目もあるからです．とは言っても，LPFを理解していないと話が進みません．まずはそこから解説します．

RC回路のゲインと位相の周波数特性を理解しよう

　RC回路によるロー・パス・フィルタ(LPF)のゲインと位相の周波数特性を十分に理解する必要があります．フィルタの伝達関数を解いて，ボーデ線図に表せますが，手間を省くためにシミュレータを用います．これまで何度か使ってきたS-NAP LEです．

● RC1段のラグ・フィルタ

　PLLでは，位相が遅れるだけのLPFをラグ・フィルタと呼んでいます．そう書くと，遅れるだけでないフィルタもあるようにきこえます．実際にあるのですが，それについては後述します．

　図7-4(a)には，RC1段のLPFを示します．$R_1 = 10\ \text{k}\Omega$，$C_1 = 0.15\ \mu\text{F}$の定数を与えると，カットオフ周波数$f_1 ≒ 100\ \text{Hz}$です．

　このLPFに100 Hzの信号を入力すると，出力ではどのような信号になるでしょうか？　図7-4(b)には，時間軸でみた入力-出力の特性を示します．振幅1 Vの入力が0.707 V(-3 dB)で出力されます．位相は45°遅れます．

　出力のゲインと位相の周波数特性を計算すると，図7-4(c), (d)です．

　カットオフ周波数$f_1 ≒ 100\ \text{Hz}$で-3 dBとなり，$10f_1$では-20 dBまで落ちます．その後も-20 dB/dec(周波数が10倍で1/10になる)，もしくは-6 dB/oct(周波数が2倍で半分になる)の割合で下がっていきます．

　位相特性は，ほぼ$0.1f_1$の周波数から遅れ始めて$f_1 ≒ 100\ \text{Hz}$で45°遅れ，さらに$10f_1$ほどの周波数では90°遅れます．その後は-90°のままです．

● **RC2段のラグ・フィルタ**

ラグ・フィルタ2段の特性をシミュレーションします．図7-5(a)は，カットオフ周波数$f_1 ≒ 100$ Hzのフィルタにもう1段，$f_2 ≒ 100$ kHzのRCフィルタを追加したものです．図7-5(b)，(c)は，これのゲインと位相の周波数特性を計算したものです．f_1からf_2の間は-20 dB/decで下がり，さらにf_2以上では-40 dB/decの勾配です．1 MHzでは-100 dBほど減衰しています．位相はf_1で45°ほど遅れ，f_2では-135°ほどです．1 MHz以上では-180°ほどです．

● **ゲインとともに位相も変わる**

この二つのフィルタを例を見てわかるように，ロー・パス・フィルタは高い周波数でゲインを落とすことができますが，同時に位相遅れももちます．

PLL回路はフィードバックを利用する負帰還回路なので，この位相遅れが問題となってくるのです．

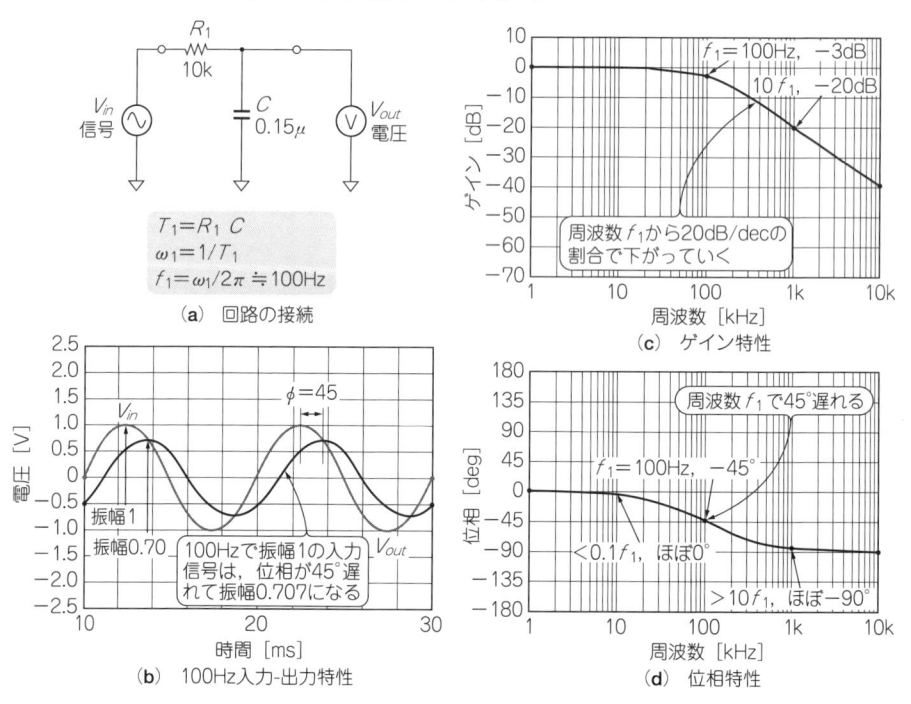

[図7-4] カットオフ周波数100 Hzのラグ・フィルタ（シミュレーション）
ロー・パス・フィルタ．位相が遅れるのでラグ（遅れ）・フィルタという

[図7-5] カットオフ周波数100 Hzのラグ・フィルタ2段（シミュレーション）
高域で十分にゲインが落ちている

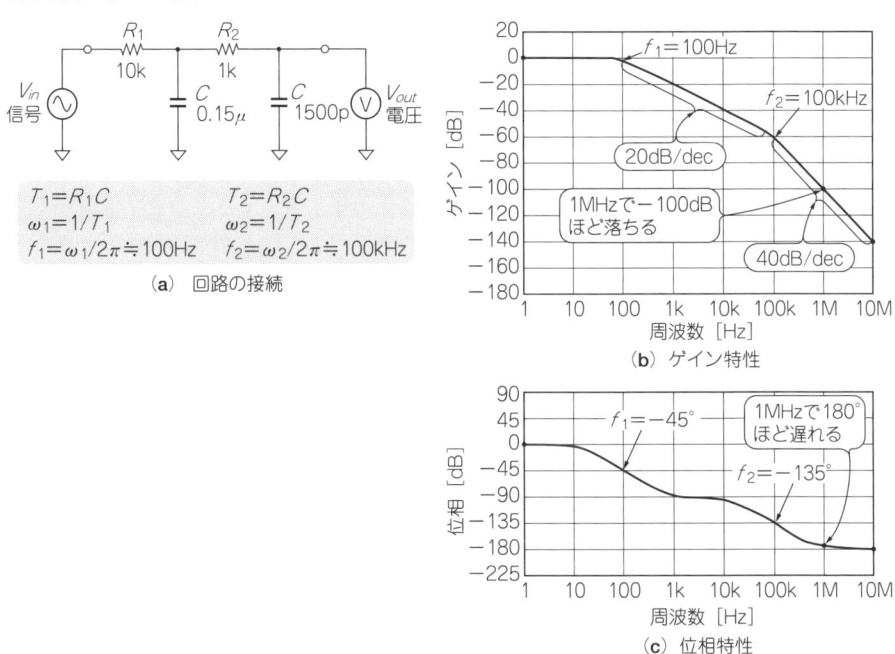

$T_1 = R_1 C$
$\omega_1 = 1/T_1$
$f_1 = \omega_1/2\pi \fallingdotseq 100Hz$

$T_2 = R_2 C$
$\omega_2 = 1/T_2$
$f_2 = \omega_2/2\pi \fallingdotseq 100kHz$

(a) 回路の接続

(b) ゲイン特性

(c) 位相特性

PLL回路は負帰還回路

結果（出力）を原因（入力）側へ戻すことをフィードバック（帰還する）と言います．

● 正帰還発振回路モデル

PLL回路はまさしく負帰還回路です．正帰還回路の説明は必要ないと思われるでしょうか？

いいえ，負帰還PLL回路が不安定になる理由を知るためには，逆に発振してしまう条件を考えることが手助けとなります．

図7-6(a)に，正帰還である発振器のモデル図を記します．発振器モデルについては，VCOやVCXO設計（第1章～第4章）でも説明しました．ここではバルクハウゼン（Barkhausen）の発振条件を用いましょう．

正帰還発振回路の閉ループ特性 A_F は次式です．

[図7-6] 正帰還回路と負帰還回路の違いは？
発振条件と安定条件を理解しておこう

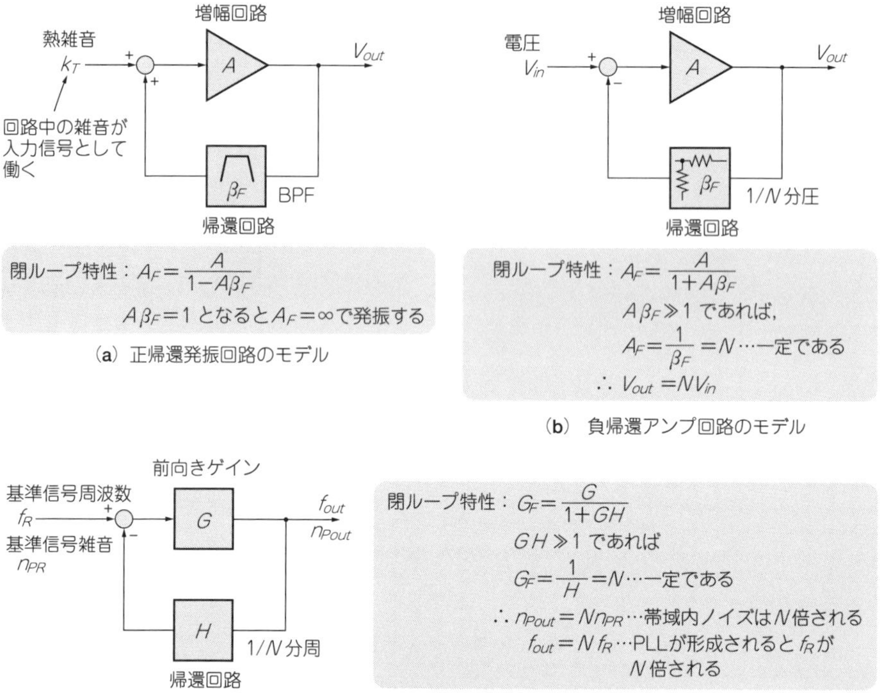

(a) 正帰還発振回路のモデル

閉ループ特性：$A_F = \dfrac{A}{1 - A\beta_F}$

$A\beta_F = 1$ となると $A_F = \infty$ で発振する

(b) 負帰還アンプ回路のモデル

閉ループ特性：$A_F = \dfrac{A}{1 + A\beta_F}$

$A\beta_F \gg 1$ であれば，

$A_F = \dfrac{1}{\beta_F} = N$ …一定である

$\therefore V_{out} = N V_{in}$

(c) PLL回路のモデル

閉ループ特性：$G_F = \dfrac{G}{1 + GH}$

$GH \gg 1$ であれば

$G_F = \dfrac{1}{H} = N$ …一定である

$\therefore n_{Pout} = N n_{PR}$ …帯域内ノイズは N 倍される
$f_{out} = N f_R$ …PLLが形成されると f_R が N 倍される

$$A_F = \dfrac{1}{1 - A\beta_F} \quad \cdots (7\text{-}1)$$

ただし，$A\beta_F$：開ループ特性

数学的には $A\beta_F = 1$ のときに，閉ループ特性 A_F は無限大 ($A_F = \infty$) となり，β_F で選択された周波数で発振します．$A\beta_F = 1$ とはすなわち，$A\beta_F$ の実数部が1で，虚数部が0 (位相が0°) になる状態です．実際には，位相が0°となる周波数の開ループ・ゲイン $A\beta_F$ が1以上あれば，発振がスタートするという意味です．

● **負帰還アンプ回路モデル**

負帰還アンプ回路のモデルを**図7-6(b)**に示します．負帰還アンプ回路の閉ループ特性 A_F は次式です．

$$A_F = \frac{A}{1 + A\beta_F} \quad \cdots\cdots(7\text{-}2)$$

　負帰還では，位相が180°違う入力と出力が結び合わされます．$A\beta_F \gg 1$であれば，すなわち$A\beta_F$が1より十分に大きければ，$A_F = 1/\beta_F$です．このとき帰還回路が1/N分圧回路で構成されるならば，出力V_{out}は次式となります．

$$V_{out} = NV_{in} \quad \cdots\cdots(7\text{-}3)$$

　増幅回路のゲインAの変動にかかわらず，N倍一定の増幅ができます．

● **PLL回路モデルは負帰還モデルに近い**

　PLL回路のモデルは，どのように表せるでしょうか．アンプ回路モデルの表記法に合わせると，PLLも図7-6(c)に記すように負帰還モデルで表せます．位相が180°違う入力と出力が結び合わされる負帰還回路なので，閉ループ特性G_Fは，次式のように表せます．

$$G_F = \frac{G}{1 + GH} \quad \cdots\cdots(7\text{-}4)$$

　PLLの出力位相雑音n_{Pout}は，$GH \gg 1$が成り立つ帯域であれば，次式のように入力基準信号の位相雑音n_{PR}のN倍(帰還回路が1/N分周器で構成されているなら)です．

$$n_{Pout} = Nn_{PR} \quad \cdots\cdots(7\text{-}5)$$

　出力周波数f_{out}も，負帰還が形成されていれば，入力基準信号周波数f_RのN倍です．

$$f_{out} = Nf_R \quad \cdots\cdots(7\text{-}6)$$

● **負帰還と正帰還は隣り合わせ**

　負帰還アンプ回路として実用するには，$A\beta_F \gg 1$が必要です．しかし，これは常に満たされるわけではありません．実際の増幅器のゲインAは，周波数によって変わるからです．低周波では$A\beta_F \gg 1$を満たしていても，高周波になると，ゲインは小さくなり位相が遅れるLPFのような特性をもちます．

　ある周波数f_Cでは位相の遅れが180°になるかもしれません．Aの大きさをA_0とすれば，$A\beta_F = -A_0\beta_F$と極性が変わったことになります．負帰還アンプ回路のゲインA_Fは次式となります．

$$A_F = \frac{A}{1 - A_0\beta_F} \quad \cdots\cdots(7\text{-}7)$$

この式と発振器の式がほぼ同じことからわかるように，この状態は正帰還で，$A_0\beta_F = 1$なら発振します．発振まではしなくても，$A\beta_F$が-1に近付くことで負帰還増幅器は不安定になり，周波数特性にピークが出ます．

PLL回路でも同様で，正帰還に近い状態になると，位相雑音にピークが出る，周波数を変更したときに落ち着くまで時間がかかるなどの悪影響が発生し，正常に動作しないこともあります．

逆に正帰還についても同様です．高周波のLC発振回路では，増幅回路で位相やゲインが思ったより変わってしまうので，なかなか予定した周波数で発振しません．発振器の設計の基礎（第2章）でも解説しました．

では，負帰還アンプ回路やPLL回路を安定に動作させるにはどうすればよいのでしょうか．

安定な負帰還回路の条件

● 負帰還回路の周波数特性をボーデ線図に表す

負帰還は，その利点の代償として，安定度について考えなければなりません．ボーデ線図を用いて表し，視覚的に捉えることにします．

図7-7は周波数特性を加味した負帰還アンプ回路のモデルです．低周波での増幅回路のゲインを120 dBとします．高周波になると増幅回路のゲインは下がります．ここでは，説明のためにP$_1$(1 kHz)とP$_2$(1 MHz)の2ヶ所にポール…$f_C = 1/(2\pi RC)$のRC時定数をもつことにします．

[図7-7] 負帰還アンプ回路のモデル
時定数と分圧器によって安定度が決まる

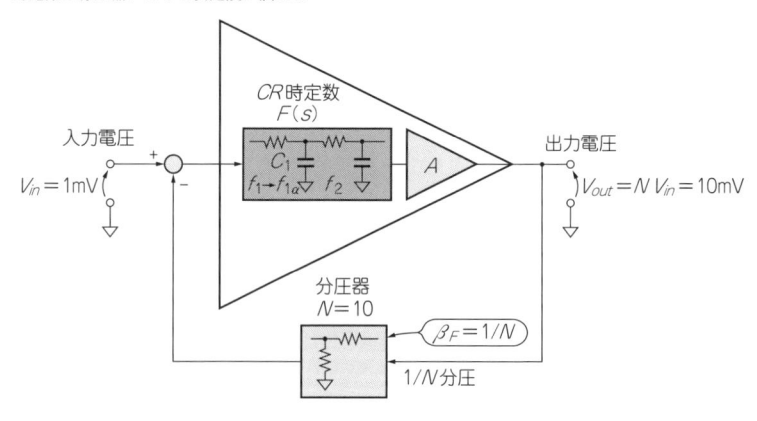

[図7-8]　図7-7でモデル化した負帰還アンプ回路の周波数特性
ゲインと位相をペアで使うボーデ線図に表した

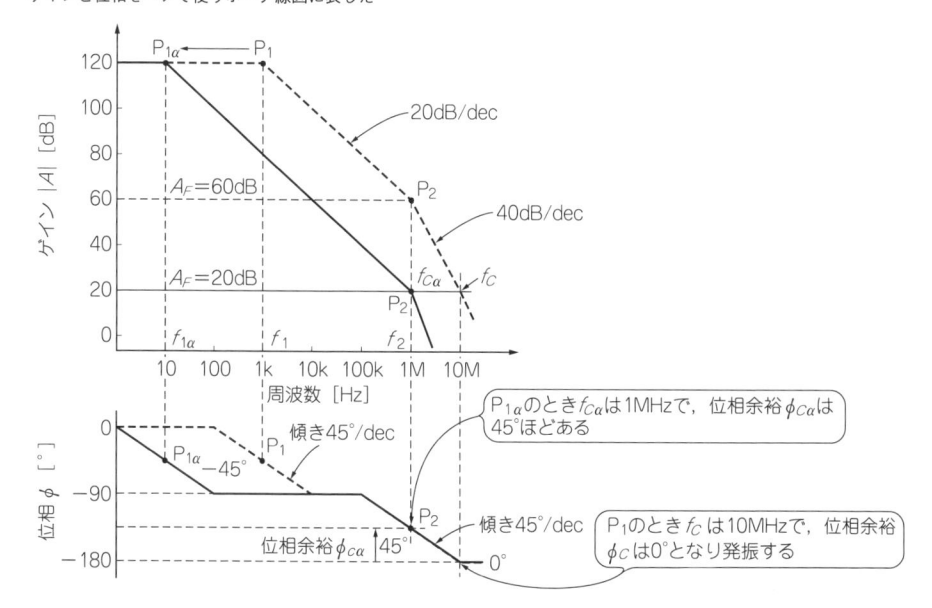

(図中注記)
- 20dB/dec
- 40dB/dec
- $A_F=60dB$
- $A_F=20dB$
- $P_{1α}$のとき$f_{Cα}$は1MHzで，位相余裕$\phi_{Cα}$は45°ほどある
- 傾き45°/dec
- 位相余裕$\phi_{Cα}$　45°
- P_1のときf_Cは10MHzで，位相余裕ϕ_Cは0°となり発振する

　増幅回路の周波数特性をボーデ線図で表したのが**図7-8**です．ゲインと位相の周波数特性がわかります．周波数がごく低いところでのゲインが120 dBとなっている以外は，RC 2段のフィルタと同じです．

　ゲインはRC時定数のためP_1（1 kHz）以上で－20 dB/decになり，P_2（1 MHz）以上ではさらに－20 dB/decが加わって－40 dB/decになります．位相も，1 kHzで45°を中心に45°/decの傾きをもち，同様の遅れが1 MHzでも加わって，合計で最大180°で遅れます．

● 位相余裕が45°以上あれば安定に動作する

　帰還ループを一巡したときのゲインが1以上あって位相が180°遅れると，負帰還のつもりが正帰還になって発振します．

　安定かどうかを判断する基準として，負帰還ループを一巡したゲインが1になる周波数において，位相遅れが180°に対してどのくらい余裕があるのかを使います．これを位相余裕といいます．

　帰還増幅器が安定に動作する位相余裕は，一般的に$\phi_C=45°$以上です．負帰還をかけた後のゲインA_Fが60 dB以上であれば安定に動作し，A_Fを60 dB以下とす

れば不安定となります．もし，$A_F = 20$ dBになるようNを10に設定すると，負帰還ループを一巡したゲイン$A\beta_F = A/N$が1になる周波数（10 MHz）で位相遅れが180°になり，発振します．

● **位相遅れが135°になる周波数で一巡ゲインを1以下にすれば安定する**

　$A_F = 20$ dB（10倍）の負帰還アンプ回路として安定に動作させるには，どうすればよいでしょうか？　位相余裕ϕ_Cが45°あれば安定に動作します．そこで，位相遅れが135°になる周波数で，負帰還ループを一巡したゲイン$A\beta_F = A/N$が1になればよいと考えてみましょう．

　図7-7に示すC_1の値を大きくすると，一つ目のポール（RC時定数）の位置がP_1（1 kHz）から下がります．P_{1a}（10 Hz）まで下げると，帰還ループを一巡したゲインA/Nが1になる周波数…ループ・ゲインのカットオフ周波数は$f_{Ca} = 1$ MHzとなり，位相余裕$\phi_{Ca} = 45$°なので安定に動作できます．

● **PLL回路でも同様に考えれば良いのだが…**

　PLL回路も，負帰還アンプと同様の考えかたが使えます．しかし，大きく異なるところもあります．

　先ほど例に出した図7-7では，増幅回路に二つの時定数がありました．PLL回路でも同様に，図7-5のようなRC2段のループ・フィルタを使えそうに思えます．

　ところが，そうはいきません．PLLの場合には，負帰還ループを一巡するとき，フィルタの位相遅れがなくても，位相が90°遅れてしまうのです．

位相で考えるとVCOの動作は90°遅れ

　PLLは，周波数引き込み過程により周波数誤差Δfを減少させていき，その後，位相誤差$\Delta \theta$が減少していく同期状態へと系を追い込んでいきます．

　図7-9は，PLLを制御システムと考えた場合のモデル図です．PLLが正常動作し，位相まで同期した状態を考えています．小信号等価回路と同様に，微小区間を考えれば線形です．ここではラプラス変換して伝達関数（sの関数）を求めてみます．

　どのようなループ・フィルタを作る必要があるのかを検討しているので，PLL回路のうち，ループ・フィルタ以外のブロックの動作を理解することが必要です．

　まずはPLL回路のうち，ループ・フィルタ$F(s)$以外のブロックをモデル化します．次にシミュレータS-NAP[13][14]でモデルを解いて，そのゲインと位相の周波

[図7-9] 伝達関数で記述したPLLの制御モデル
PLLは位相を制御するのでθで書いている

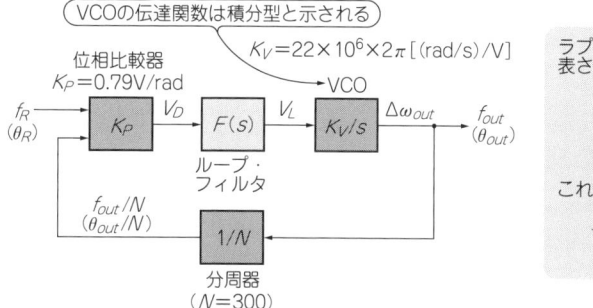

位相比較器 $K_P=0.79$V/rad

VCOの伝達関数は積分型と示される
$K_V=22\times 10^6 \times 2\pi$ [(rad/s)/V]
VCO

f_R (θ_R) → K_P → V_D → $F(s)$ → V_L → K_V/s → $\Delta\omega_{out}$ → f_{out} (θ_{out})

ループ・フィルタ

f_{out}/N (θ_{out}/N) ← $1/N$ ←

分周器 ($N=300$)

ラプラス表記法を用いると以下のように表される
$$V_D(s) = K_P[\theta_R(s) - \theta_{out}(s)/N]$$
$$V_L(s) = F(s)V_D(s)$$
$$\theta_{out}(s) = \frac{K_V V_L(s)}{s}$$
これを変形して伝達関数を求めると
$$\frac{\theta_{out}(s)}{\theta_R(s)} = \frac{K_V K_P F(s)}{s + \frac{K_V K_P F(s)}{N}}$$

数特性を調べてみましょう.

● **VCOをモデル化する**

VCOはループ・フィルタから出力される電圧により出力周波数が変わります.このVCOの出力を位相で表すことを考えてみましょう.

出力周波数を角周波数ω[rad/s]で考えると,これは単位時間あたりの角度変化です.位相角θ[rad]の微小時間変化$d\theta/dt$は角周波数になります.よって,ループ・フィルタの誤差電圧$V_L(t)$による角周波数の変化ぶん$\Delta\omega_{out}$は,出力位相θ_{out}を使って次式のように表せます.

$$\Delta\omega_{out} = \frac{d\theta_{out}(t)}{dt} = K_V V_L(t) \quad \cdots\cdots (7-8)$$

ただし,K_V:VCOの変換ゲイン[rad/s/V]
この式をラプラス変換します.

$$\mathcal{L}\left(\frac{d\theta_{out}(t)}{dt}\right) = s\theta_{out}(s) = K_V V_L(s) \quad \cdots\cdots (7-9)$$

ゆえに,

$$\theta_{out}(s) = \frac{K_V V_L(s)}{s} \quad \cdots\cdots (7-10)$$

VCOの出力位相θ_{out}は,入力コントロール電圧V_Lの積分値に比例すると求められました.したがって,VCOの伝達関数は積分形K_V/sで表されます.

● **VCOの伝達関数を電気回路にすると積分器に相当**

　伝達関数が積分器で表されることは，何を意味するのでしょうか？　VCOの伝達関数（K_V/s，もしくは$K_V/j\omega$）を同一な電気回路に置き換えることで，その意味を理解できます．

　図7-10(a)は，VCOの伝達関数を電気回路としたモデル図です．VCOモデルは，ゲイン$A(=K_V)$のアンプと積分器($1/s$)によって表せます．

　VCOの感度特性が22 MHz/Vの場合のゲインと位相の周波数特性をシミュレータで計算させると，図7-10(b)の特性となります．

　結果から明らかなように，VCOのゲイン特性は20 dB/decで減少して，ゲイン1倍の周波数が22 MHzとなっています．位相特性は90°一定の遅れがあります．VCOだけで90°の位相遅れがあり，PLLの位相余裕を少なくします．この位相遅れが，ループ・フィルタの設計を難しくするのです．

[図7-10] **VCOのモデル**
積分器となり位相が90°遅れる

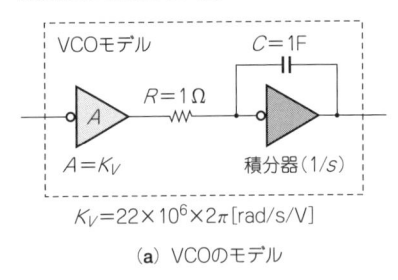

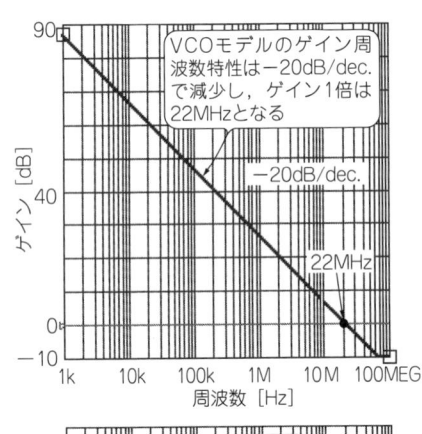

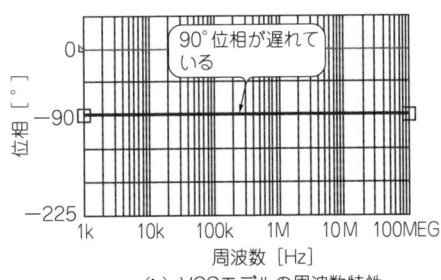

$K_V = 22 \times 10^6 \times 2\pi$ [rad/s/V]

(a) VCOのモデル

(b) VCOモデルの周波数特性

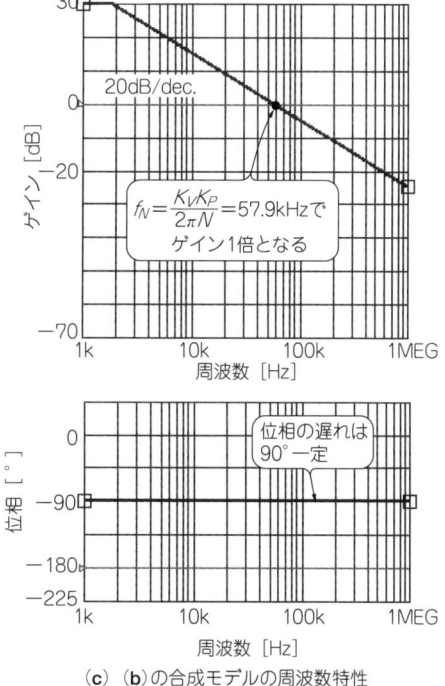

● ループ・フィルタ以外をモデル化する

ループ・フィルタ $F(s)$ 以外の回路として，VCOの他には，位相比較器と分周器があります．これらを電気回路に置き換えると，図7-11(a)に記すように単純なアンプ回路になります．

位相比較器の場合はそのゲイン K_P をアンプのゲインとし，分周器であれば分周比 $1/N$ をアンプのゲインにしてモデル化できます．位相比較器ゲイン K_P の求め方は，第5章に記した位相比較器の解説を参照してください．

▶ VCOと位相比較器と分周器の合成モデル

PLLのループ・フィルタ $F(s)$ 以外のモデル，すなわち，VCOと位相比較器と分周器の合成モデルは，図7-11(b)の回路としてまとめて表せます．

アンプのゲイン部分は $A = K_V K_P / N$ となります．

[図7-11] VCO＋位相比較器＋分周器の合成モデル
ゲインは K_V, K_P, N で決まり位相は常に90°遅れ

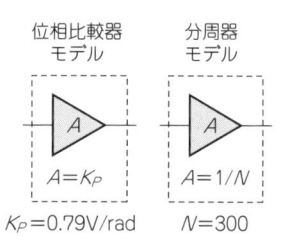

(a) 位相比較器と分周器のモデル
位相比較器モデル $A = K_P$, $K_P = 0.79$ V/rad
分周器モデル $A = 1/N$, $N = 300$

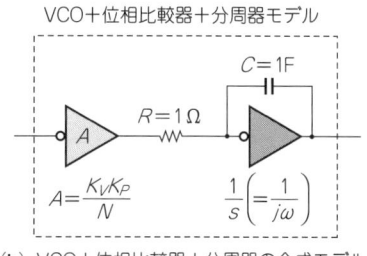

(b) VCO＋位相比較器＋分周器の合成モデル
$A = \dfrac{K_V K_P}{N}$, $R = 1\,\Omega$, $C = 1$ F, $\dfrac{1}{s}\left(= \dfrac{1}{j\omega}\right)$

(c) (b)の合成モデルの周波数特性

20dB/dec.
$f_N = \dfrac{K_V K_P}{2\pi N} = 57.9$ kHz でゲイン1倍となる

位相の遅れは90°一定

位相で考えるとVCOの動作は90°遅れ | 227

● ループ・フィルタ以外の周波数特性

位相比較器のゲイン（感度）を $K_P = 0.79$ V/rad，分周器の分周数を $N = 300$，VCOの感度を先ほどの22 MHz/Vとした場合を考えてみます．

ループ・フィルタ以外の回路のゲインと位相の周波数特性をシミュレータで計算させます．結果を図7-11(c)に示します．

VCOと位相比較器と分周器の合成ゲイン特性が0 dB（1倍）となる周波数 f_N を求めてみます．合成ゲイン特性が0 dBとなる角周波数を ω_N とおくと，

$$\left| \frac{K_V K_P}{N} \frac{1}{j\omega_N} \right| = 1$$

$$\therefore \omega_N = \frac{K_V K_P}{N}$$

よって，

$$f_N = \frac{K_V K_P}{2\pi N} = 57.9 \text{ kHz} \quad \cdots\cdots\cdots\cdots\cdots\cdots\cdots\cdots\cdots\cdots\cdots\cdots\cdots (7\text{-}11)$$

VCO＋位相比較器＋分周器の合成モデルの特性には1次の遅れが存在し，位相が90°遅れています．ループ・ゲインは，VCOのゲインや位相比較器のゲイン（感度）だけでなく，分周数 N の値によっても変わります．

● オープン・ループ解析でフィルタの条件を検討する

ループ・フィルタ以外のゲインと位相の周波数特性を求めることができました．これにループ・フィルタ $F(s)$ を加えて，PLLのオープン・ループによる解析を行ってみます．

PLLの教科書では，ループ・フィルタとしてこれから解説するラグ・フィルタやラグ・リード・フィルタなどを接続し，伝達関数を解いて説明してあります．しかし，数式だけでは挫折しかねないので，ここではシミュレータを用いて特性を図示して解説します．

RC1段フィルタをループ・フィルタにすると

最も単純な RC 1段のLPF（ラグ・フィルタ）をループ・フィルタとして加えたPLL回路を考えてみます．

● フィルタ単体での特性

図7-12に示すのは，ラグ・フィルタ単体での周波数特性です．このフィルタをPLLのループ・フィルタに用いるにはどうすればよいでしょうか．

● 負帰還ループのカットオフ周波数を10 kHzにする

ループ・フィルタによって，負帰還ループのカットオフ周波数f_Cとそこでの位

Column
周波数は位相を微分することで得られる

正弦波の成り立ちは，円運動により容易に図示することができます．図7-Aに，反時計回りに半径Aの円運動をする点Pの動きを示しました．

図から，位相の変化量は，時間に比例していることに気付きます．そしてに相変化の傾きが周波数となります．よって位相と周波数は次の関係です．

- 位相を時間微分すれば周波数となる
- 周波数を時間積分すれば位相となる

PLLはフェーズ・ロックト・ループという名前のとおり，位相が一致するように動作します．その結果として，周波数が一致します．

[図7-A] 位相と周波数の関係

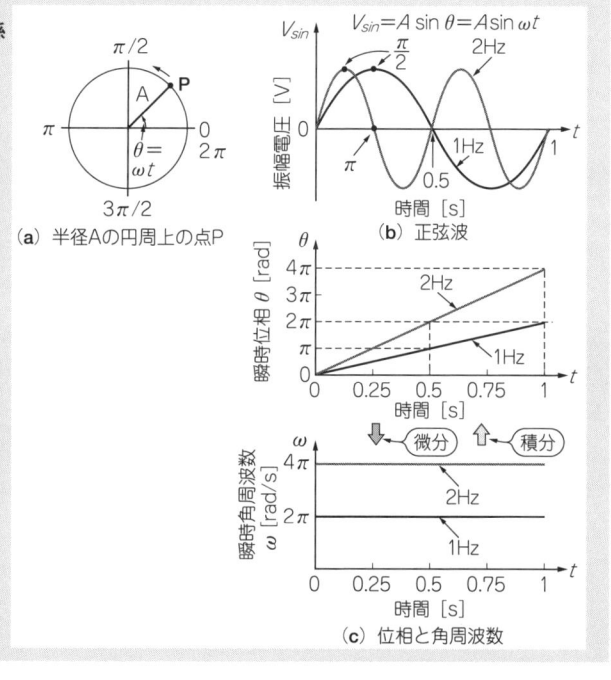

(a) 半径Aの円周上の点P

(b) 正弦波　$V_{sin} = A\sin\theta = A\sin\omega t$

(c) 位相と角周波数

RC1段フィルタをループ・フィルタにすると

[図7-12] ラグ・フィルタ
単純な RC 1 段のロー・パス・フィルタのこと. 位相遅れがあるためにラグ・フィルタと呼ばれる

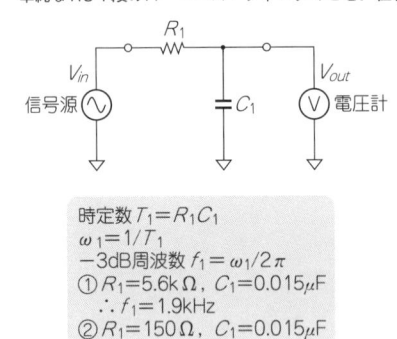

時定数 $T_1 = R_1 C_1$
$\omega_1 = 1/T_1$
−3dB 周波数 $f_1 = \omega_1/2\pi$
① $R_1 = 5.6\text{k}\Omega$, $C_1 = 0.015\mu\text{F}$
  ∴ $f_1 ≒ 1.9\text{kHz}$
② $R_1 = 150\Omega$, $C_1 = 0.015\mu\text{F}$
  ∴ $f_1 ≒ 70\text{kHz}$

(a) RC によるロー・パス・フィルタ

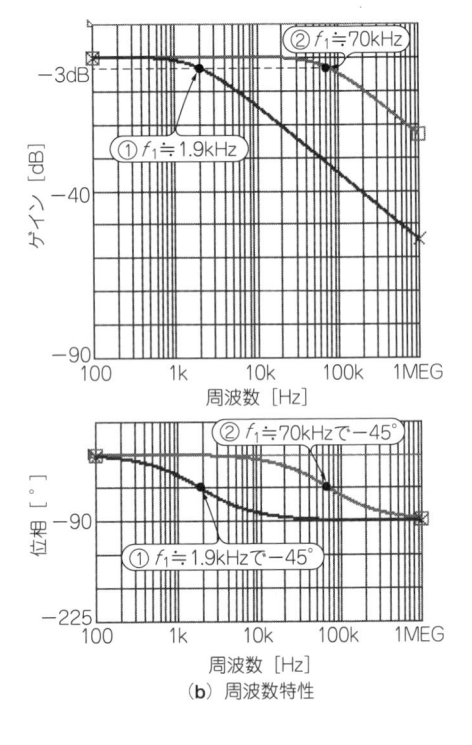

(b) 周波数特性

相余裕 ϕ_C を決めることで, PLL のノイズ特性と応答特性が決定されます.

ここでは図 7-13 (a) に示すように, 入力基準周波数 $f_R = 1\,\text{MHz}$, 分周数 $N = 300$, 出力周波数 $f_{out} = 300\,\text{MHz}$ の PLL をラグ・フィルタを用いて設計します.

負帰還ループのカットオフ周波数 f_C をどの周波数に選ぶかは重要な問題です. 位相雑音特性, 応答特性, リファレンスもれスプリアス (この場合は入力基準周波数 $f_R = 1\,\text{MHz}$) の低減などを考慮して, $f_C ≒ 10\,\text{kHz}$ で設計できればよいと考えます.

▶ ラグ・フィルタの定数を調整する

ループ・フィルタ以外の VCO, 位相比較器, 分周器の合成特性は図 7-11 (c) に示しました. これに図 7-12 (b) のラグ・フィルタの特性を加えて, 負帰還ループのカットオフ周波数を $f_C ≒ 10\,\text{kHz}$ とします.

ラグ・フィルタの −3 dB 周波数を① $f_1 ≒ 1.9\,\text{kHz}$ ($R_1 = 5.6\,\text{k}\Omega$, $C_1 = 0.01\,\mu\text{F}$) に調整することで, 図 7-13 (b) に示すように $f_C ≒ 10\,\text{kHz}$ となりました. しかし, これでは問題があります. 負帰還安定性の確認が必要です.

[図7-13] ラグ・フィルタを用いたPLLのモデル
カットオフ周波数と位相余裕の希望が両立しない

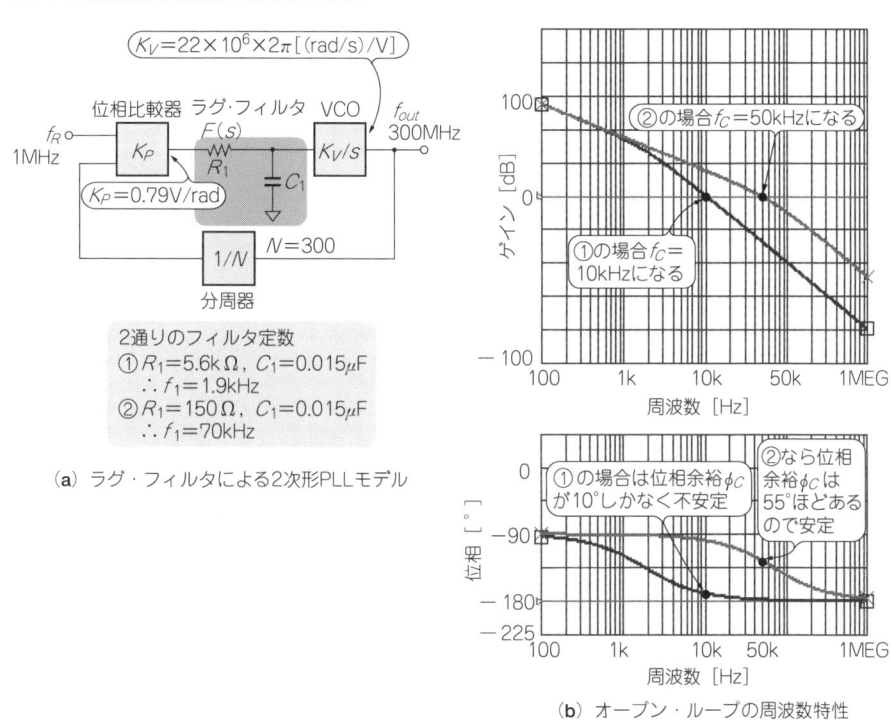

$K_V = 22 \times 10^6 \times 2\pi$ [(rad/s)/V]

位相比較器　ラグ・フィルタ　VCO
f_R ─ K_P ─ $F(s)$ ─ K_V/s ─ f_{out}
1MHz　　　　R_1　　　　　　300MHz
　　　　　　　C_1
$K_P = 0.79$ V/rad

$1/N$　　$N=300$
分周器

2通りのフィルタ定数
① $R_1 = 5.6$ kΩ, $C_1 = 0.015 \mu$F
　∴ $f_1 = 1.9$ kHz
② $R_1 = 150$ Ω, $C_1 = 0.015 \mu$F
　∴ $f_1 = 70$ kHz

(a) ラグ・フィルタによる2次形PLLモデル

②の場合 $f_C = 50$ kHzになる
①の場合 $f_C = 10$ kHzになる

(b) オープン・ループの周波数特性

①の場合は位相余裕 ϕ_C が10°しかなく不安定
②なら位相余裕 ϕ_C は55°ほどあるので安定

● 位相余裕が少なすぎて不安定になってしまう

PLL回路の安定性は，負帰還ループの一巡ゲインが1倍となるカットオフ周波数 f_C における位相が-180°に対してどのくらい余裕があるかをみる，位相余裕という値により判断します．安定動作には通常45°ほどの位相余裕が必要です．負帰還ループの一巡ゲインが1倍になるのはオープン・ループ・ゲインが1倍のときです．

図7-13(b)①の位相余裕 ϕ_C は10°しかありません．これはPLLが安定性を失っていることを示します．位相余裕を増すにはどうすればよいでしょうか？

● 十分な位相余裕をもたせると特性が悪化する

ラグ・フィルタを用いたPLLで位相余裕を増すには，ラグ・フィルタのカットオフ周波数を高くするしかありません．

図7-12に示したラグ・フィルタの-3dB周波数を② $f_1 \fallingdotseq 70$ kHz ($R_1 = 150$ Ω,

$C_1 = 0.01\,\mu\text{F}$ に調整してループ・フィルタとすると，図7-13(b)②に示すように位相余裕は $\phi_C \fallingdotseq 55°$ となり，十分な値を得られました．

しかし，負帰還ループのカットオフ周波数 f_C は約 50 kHz に上昇し，1 MHz における減衰量も少なくなります．雑音特性やリファレンスもれスプリアス特性が悪化してしまうと予想できます．

● **カットオフ周波数と位相余裕を独立に選べない**

一つの時定数しかもたないラグ・フィルタでは，f_C と ϕ_C を独立に設定できません．PLLの帯域を重視して定数を選ぶと安定性を失い，逆に安定性を高めるなら帯域特性が犠牲になります．この欠点を解決するループ・フィルタとして，次に説明するラグ・リード・フィルタが知られています．

[図7-14] **典型的なラグ・リード・フィルタ**
位相遅れの周波数 f_1 と位相進みの周波数 f_2 が十分に離れている場合

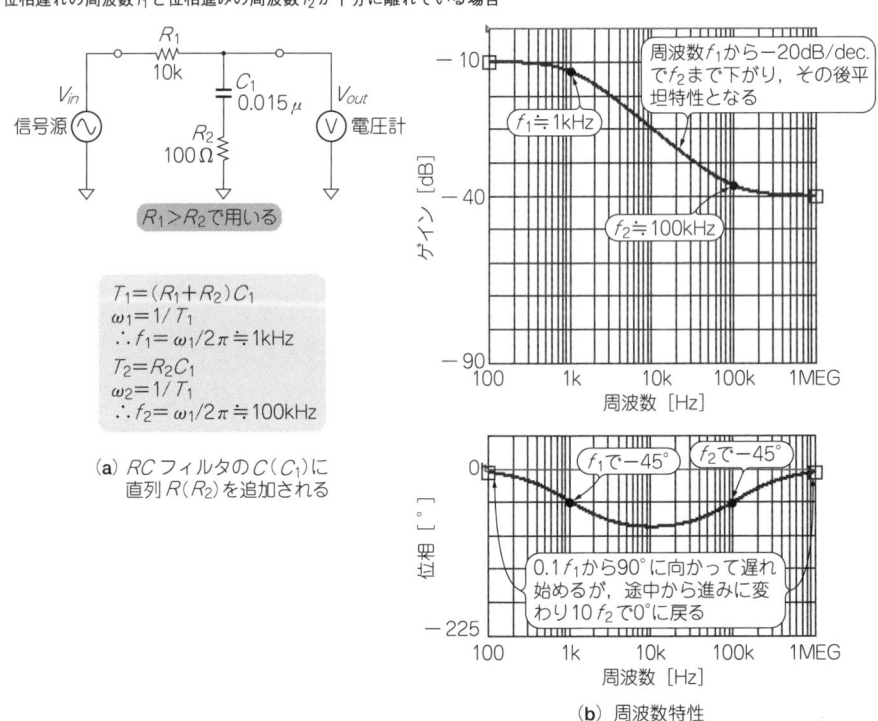

$T_1 = (R_1 + R_2)C_1$
$\omega_1 = 1/T_1$
$\therefore f_1 = \omega_1/2\pi \fallingdotseq 1\text{kHz}$
$T_2 = R_2 C_1$
$\omega_2 = 1/T_2$
$\therefore f_2 = \omega_1/2\pi \fallingdotseq 100\text{kHz}$

(a) RCフィルタの $C(C_1)$ に直列 $R(R_2)$ を追加される

周波数 f_1 から -20dB/dec. で f_2 まで下がり，その後平坦特性となる

$f_1 \fallingdotseq 1\text{kHz}$
$f_2 \fallingdotseq 100\text{kHz}$

f_1 で $-45°$　f_2 で $-45°$

$0.1 f_1$ から $90°$ に向かって遅れ始めるが，途中から進みに変わり $10 f_2$ で $0°$ に戻る

(b) 周波数特性

位相余裕を確保しやすいラグ・リード・フィルタ

ラグ・リード・フィルタの「ラグ」は「遅れる」,「リード」は「進む」という意味です.ラグ・フィルタは遅れだけをもつフィルタでしたが,ラグ・リード・フィルタはどのような特性をもつのでしょうか.

● ラグ・リード・フィルタ単体での特性

図7-14(a)にラグ・リード・フィルタの一例を示します.$R_1 = 10 \text{ k}\Omega$,$C_1 = 0.015 \text{ }\mu\text{F}$,$R_2 = 100 \text{ }\Omega$として,ゲインと位相の周波数特性をシミュレーションした結果を図7-14(b)に示します.

$f_1 \fallingdotseq 1 \text{ kHz}$付近ではラグ特性になっていて,ゲインは落ちていき位相は90°に向かって遅れています.そのあと,$f_2 \fallingdotseq 100 \text{ kHz}$付近からがリード特性です.ゲインは平坦となり,位相は進んで再び0°に戻ることになります.

[図7-15] 安定性と雑音/応答特性を両立できるラグ・リード・フィルタ
f_1とf_2の周波数をループ・フィルタ向けに調整したときの定数と特性

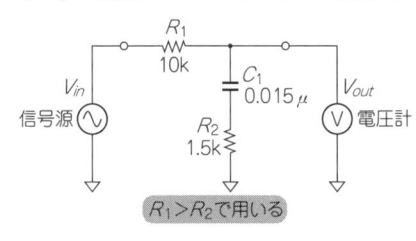

$T_1 = (R_1 + R_2)C_1$
$\omega_1 = 1/T_1$
$\therefore f_1 = \omega_1/2\pi \fallingdotseq 992 \text{Hz}$

$T_2 = R_2 C_1$
$\omega_2 = 1/T_1$
$\therefore f_2 = \omega_1/2\pi \fallingdotseq 7 \text{kHz}$

(a) このような定数にする

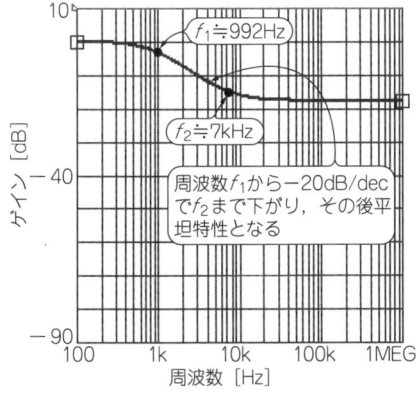

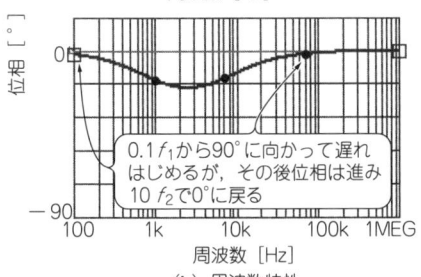

(b) 周波数特性

周波数f_1から−20dB/decでf_2まで下がり,その後平坦特性となる

$0.1 f_1$から90°に向かって遅れはじめるが,その後位相は進み$10 f_2$で0°に戻る

このように，最初に位相が遅れてそのあと位相遅れのない状態に戻る特性を備えたフィルタがラグ・リード・フィルタです．

　このフィルタをPLLのループ・フィルタとしてうまく用いるならば，PLLの位相余裕を改善し，安定したPLL回路を作ることができます．**図7-15**に，$f_1 ≒ 992$ Hz，$f_2 ≒ 7$ kHzとしたラグ・リード・フィルタ単体の特性を示します．

● カットオフ周波数を自由に選べる

　図7-16(a)には，ラグ・リード・フィルタを用いたPLLのモデルを示します．
　ラグ・フィルタでは安定な設計ができなかった負帰還ループのカットオフ周波数 $f_C ≒ 10$ kHzという条件で，位相余裕 $\phi_C ≒ 60°$ の設計に挑戦してみましょう．
▶ $f_C = 10$ kHzかつ位相余裕 $\phi_C ≒ 60°$ が可能
　図7-15に示したように，ラグ・リード・フィルタのR_1とR_2(ただし$R_1 > R_2$)そ

[図7-16] ラグ・リード・フィルタを用いたPLLは目標のカットオフ周波数と位相余裕が両立する
位相雑音特性と応答特性は満足できそうだがまだスプリアス特性に改善の余地がある

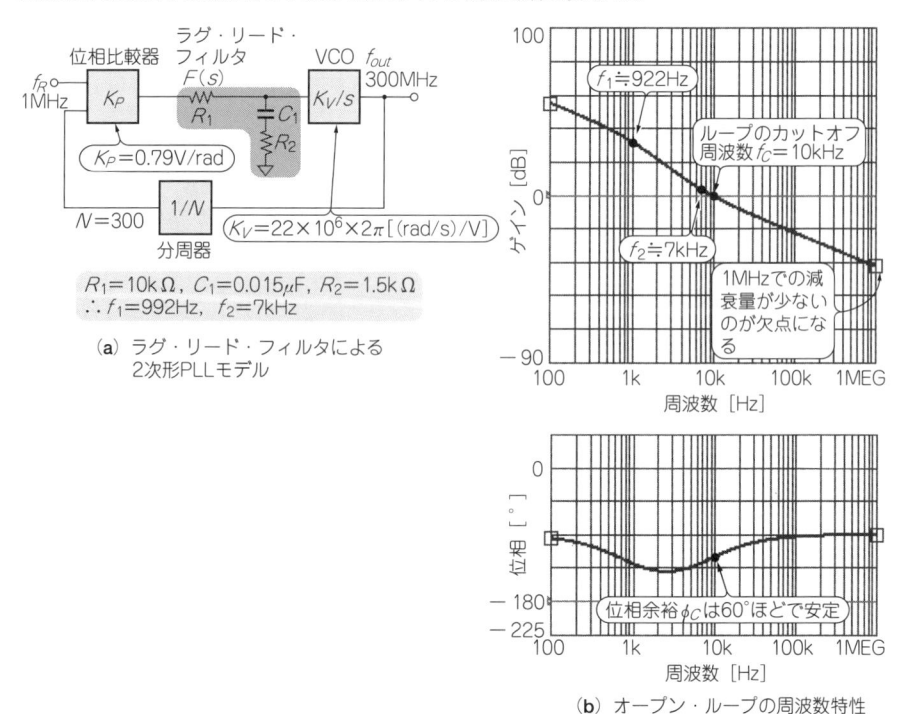

(a) ラグ・リード・フィルタによる2次形PLLモデル

R_1=10kΩ, C_1=0.015μF, R_2=1.5kΩ
∴ f_1=992Hz, f_2=7kHz

K_P=0.79V/rad
N=300
K_V=22×10^6×2π[(rad/s)/V]

(b) オープン・ループの周波数特性

してC_1を調整して，$f_1 ≒ 992\,\mathrm{Hz}$，$f_2 ≒ 7\,\mathrm{kHz}$の特性にすると，**図7-16(b)** に示すように負帰還ループのカットオフ周波数$f_C ≒ 10\,\mathrm{kHz}$のPLLとなります．位相余裕も$\phi_C ≒ 60°$になっています．

　ラグ・リード・フィルタを用いることで，f_Cとϕ_Cを独立に設定することが可能になります．PLLの安定性を失うことなく，自由な帯域制限ができるのです．

　目標としたf_Cとϕ_Cにできたので，PLLの位相雑音特性と，次章で説明する応答特性の両方を満足できます．

● リファレンスもれスプリアスが抑えにくい

　ラグ・リード・フィルタにも欠点があります．

　図7-15(b) を見ると，周波数特性が周波数f_1から$-20\,\mathrm{dB/dec}$でf_2まで下がりますが，f_2より高い周波数は平坦特性に戻ってしまいます．ラグ・リード・フィルタでは，高い周波数の減衰量が少なくなっているため，不要な成分を取り除く能力が悪くなっています．

　設計しているPLLの入力基準信号f_Rは$1\,\mathrm{MHz}$です．この周波数でリファレンスもれスプリアスがあるはずです．これをどのくらい抑圧できるかを考えてみると，**図7-15** のラグ・リード・フィルタでは$1\,\mathrm{MHz}$で$-20\,\mathrm{dBc}$の抑圧能力しかありません．リファレンスもれスプリアスを抑圧する効果が足りないことが考えられます．

　リファレンスもれスプリアスを改善するために，リード特性で位相を戻して安定性を確保した後，再び高域へ向かって減衰する特性をもつループ・フィルタを用いることはできないかと思いつきます．

欠点の少ない実用的なループ・フィルタ

● ラグ・リード・フィルタ＋高域減衰

　ラグ・リード・フィルタの弱点は高域減衰の少なさなので，リード特性で安定性を確保した後に，高域で再び減衰特性になるフィルタが考えられます．

　そのようなフィルタをPLLに用いることで，カットオフ周波数f_Cと位相余裕ϕ_Cを独立して設定できるだけでなく，リファレンスもれスプリアスの抑圧も可能になりそうです．この形のループ・フィルタを使ったPLLの一巡伝達関数（一巡ループ特性）は，3次式で表すことができ（p.244のColumn参照），3次形のループ・フィルタといいます．

● **フィルタ単体での特性**

図7-17(a)に回路図を示します．図7-17(b)には，特性を簡略化した漸近線で記しました．図7-17(c)に周波数特性を示します．

$f_1 ≒ 500\,Hz$付近ではラグ特性で，ゲインは落ちていき，位相は90°に向かって遅れていきます．

$f_2 ≒ 3\,kHz$あたりからリード特性になります．ゲインは平坦になり，位相は進んで0°に向かって変化していきます．

$f_3 ≒ 40\,kHz$近辺から再びラグ特性になります．ゲインは-20 dB/decで落ちていきます．位相も$0.1f_3$から再び90°に向かって遅れていきます．

[図7-17] ラグ・リード・フィルタの高域に減衰特性をもたせる
ラグ・リード・ラグ・フィルタともいう

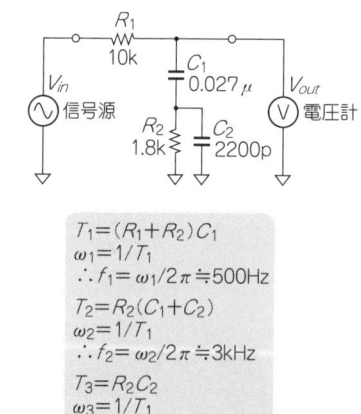

(a) このようなフィルタ構成を考える

$T_1 = (R_1 + R_2)C_1$
$\omega_1 = 1/T_1$
$\therefore f_1 = \omega_1/2\pi ≒ 500\,Hz$

$T_2 = R_2(C_1 + C_2)$
$\omega_2 = 1/T_1$
$\therefore f_2 = \omega_2/2\pi ≒ 3\,kHz$

$T_3 = R_2 C_2$
$\omega_3 = 1/T_1$
$\therefore f_3 = \omega_3/2\pi ≒ 40\,kHz$

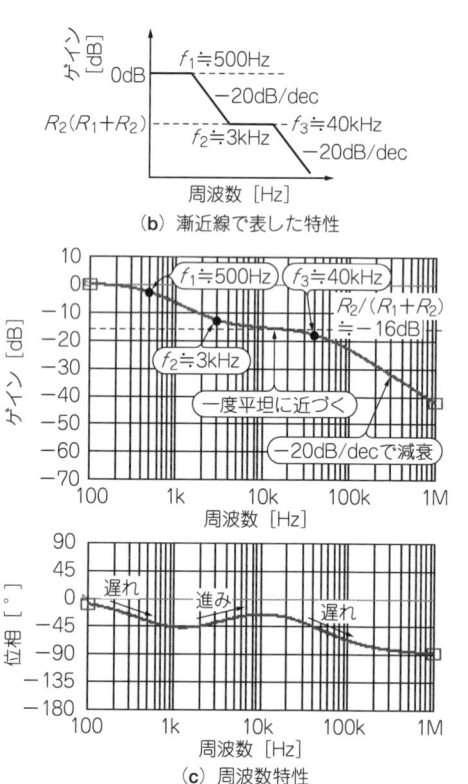

$R_2/(R_1 + R_2) ≒ -16\,dB$

(b) 漸近線で表した特性

(c) 周波数特性

● 負帰還ループを一巡した周波数特性

　図7-18(a)には，図7-17(a)のパッシブ・フィルタを用いて3次形にしたPLLのモデル図を示します．

　図7-17に示したパッシブ・フィルタの特性を見るとわかるように，位相が最大に戻る周波数は$\sqrt{f_2 f_3}$です．ループのカットオフ周波数$f_C = \sqrt{f_2 f_3}$となるように設定すれば，位相余裕をもっとも大きく増すことができます．

　平坦部のゲインは$R_2/(R_1 + R_2)$です．カットオフ周波数f_Cでのゲインが$R_2/(R_1 + R_2)$となるようにフィルタの定数を選ぶことになります．

　図7-17と同じ$f_1 \fallingdotseq 500\,\text{Hz}$, $f_2 \fallingdotseq 3\,\text{kHz}$, $f_3 \fallingdotseq 40\,\text{kHz}$にすることで，図7-18(b)に示す特性のPLLを構成することができます．

● リファレンス周波数でも十分な減衰が得られる

　ラグ・リード・フィルタと同じく，$f_C \fallingdotseq 10\,\text{kHz}$で位相余裕$\phi_C \fallingdotseq 60°$の特性が得られます．さらにラグ・リード・フィルタでは得られなかった1 MHz離れでの減衰量も十分にとれているので，リファレンスもれスプリアスを抑圧できます．

[図7-18] 3次形PLLを構成することができる
カットオフ周波数，位相余裕，高域減衰の三つが満たされている

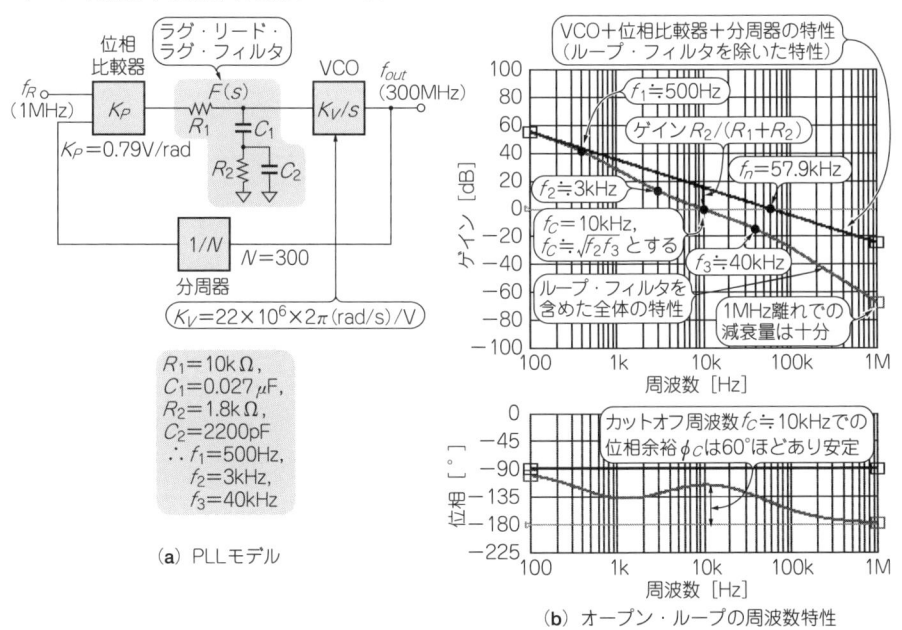

(a) PLLモデル

(b) オープン・ループの周波数特性

欠点の少ない実用的なループ・フィルタ　237

● カットオフ周波数 f_C を f_N より高くできない

3次形のPLLとすることで，カットオフ周波数，位相余裕，スプリアス抑圧の三つの要求を満たす設計が可能となりました．しかし，まだ万能ではありません．

ここまでの例では，カットオフ周波数 $f_C ≒ 10\,\mathrm{kHz}$ として説明してきました．では，$f_C ≒ 100\,\mathrm{kHz}$ の広帯域なPLLを構成できるでしょうか？

残念ながら，このパッシブ・フィルタでは構成できません．図7-18(b)を見ると，「VCO＋位相比較器＋分周器の合成特性」がゲイン1倍(0 dB)となる周波数 f_N は57.9 kHzです．

パッシブ・フィルタでは，f_C を f_N 以上の周波数にできません．つまり，パッシブ・フィルタでは広帯域のPLLを構成できない場合があります．

広帯域を可能にするにはアクティブ化が必要

どのようにすれば広帯域の(例えば $f_C ≒ 100\,\mathrm{kHz}$ の)PLLを組むことができるでしょうか？

● どこかでゲインを増やす必要がある

一つの方法としては，図7-19に示すように，PLLのループ・フィルタ以外の回路でのゲインを大きくして，等価的に f_N を高くすることが考えられます．ここではループ・フィルタとVCOの間にゲイン A 倍のアンプを設けています．

● アクティブ・フィルタにするのがお勧め

広帯域のPLLを構成するには，アクティブ・フィルタを用いる方法もあります．この方式のほうが部品点数も少なくなり，OPアンプなどから誘発する位相雑音が

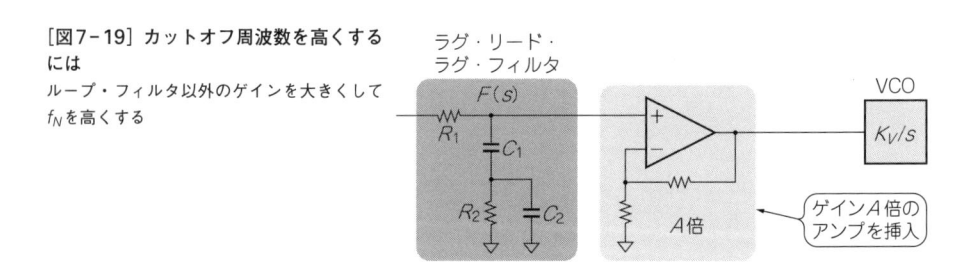

[図7-19] カットオフ周波数を高くするには
ループ・フィルタ以外のゲインを大きくして f_N を高くする

Column
位相をロックすることで周波数は一致する

PLLは位相をロックします．つまり，PLLが働くことによって，位相変化が一定になります．このことが，なぜ周波数が一致することになるのでしょうか．簡単な例で整理します．

図7-B(a)に示す構成のように，2 Hzを基準周波数として20 Hzを出力しているPLL回路を考えます．VCOの周波数が温度変化などで動いて，位相比較器の入力周波数で，基準信号周波数f_Rより少し高い周波数f_Nになったとします．

位相比較器に入る信号を正弦波とすると，f_Rとf_Nは図7-B(b)に示す時間軸での波形となります．これを位相の変化量で表すと，図7-B(c)となります．つまり，位相変化も基準信号位相θ_Rより少し進んだ位相θ_Nとなります．

そこで，PLLはこの位相変化を一定にするように働きはじめ，$\theta_N = \theta_R$になるようにVCOの発振周波数を調整します．その結果，周波数も$f_R = f_N$に一致することになります．PLLの出力ではN倍された周波数となり，20 Hzを維持します．

[図7-B] 位相が一致するように動作することで周波数も一致する
θ_Rとθ_Nが一致するのでf_Rとf_Nも一致，出力周波数はNf_Rになる

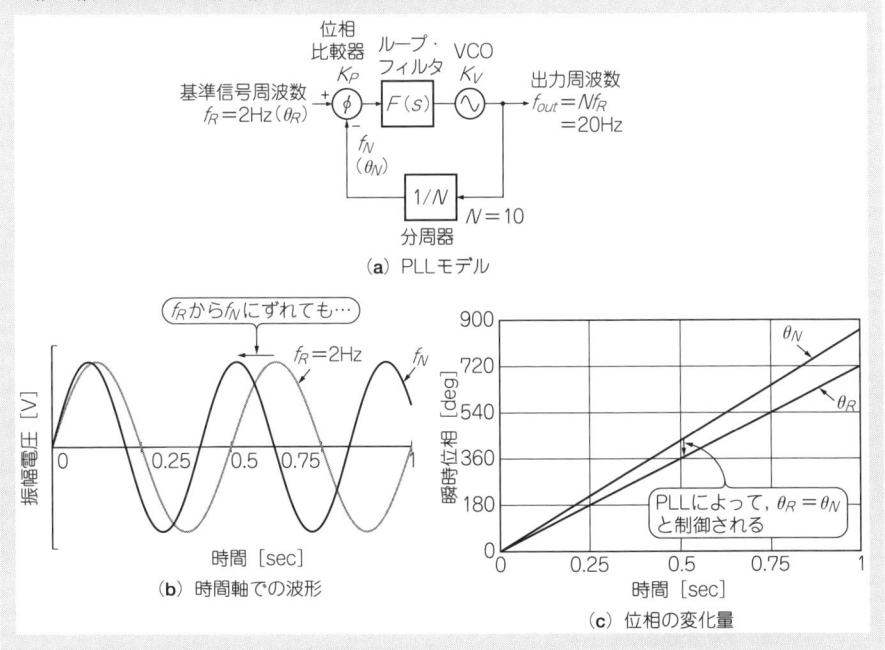

(a) PLLモデル

(b) 時間軸での波形

(c) 位相の変化量

広帯域を可能にするにはアクティブ化が必要

低く抑えられるのでお勧めです．

PLLを3次形にするアクティブ・フィルタの構成はいくつかあります．**図7-20**(a)の回路に一例を示します．ここでは動作説明のしやすい定数としました．

図7-20(b)に周波数特性を示します．ゲインが20 dB/decで落ちていくラグ特性の位相をf_2の周波数で45°ほど戻すことができ，ゲイン特性が平坦となります．その後，f_3の周波数から再びラグ特性としてゲインが落ちて位相も遅れていきます．このアクティブ・フィルタでは反転アンプを使用するので，0°からではなく，180°のポイントから位相がずれていきます．その結果，図に示す位相特性となります．

▶ R_2/R_1の比で平坦部のゲインが決まる

PLLを3次形にするアクティブ・フィルタの平坦部のゲインとf_1, f_2, f_3の周波数を求める式を**図7-20**に記しました．

R_2/R_1の比で平坦部のゲインが決まりますが，R_1の値を変える（f_1の周波数を変更する）ことで他の値に影響せず平坦部のゲインを変えられ，非常に便利です．

例えば，R_1 = 10 kΩであればf_1 ≒ 106 Hzです．平坦部のゲインは，R_2/R_1 = −20 dBとなります．次にR_1 = 100 Ωとするとf_1 ≒ 10.6 kHzです．平坦部のゲインは

[図7-20] 3次形アクティブ・ループ・フィルタの例
ゲインをもたせることができるのでカットオフ周波数を高くできる

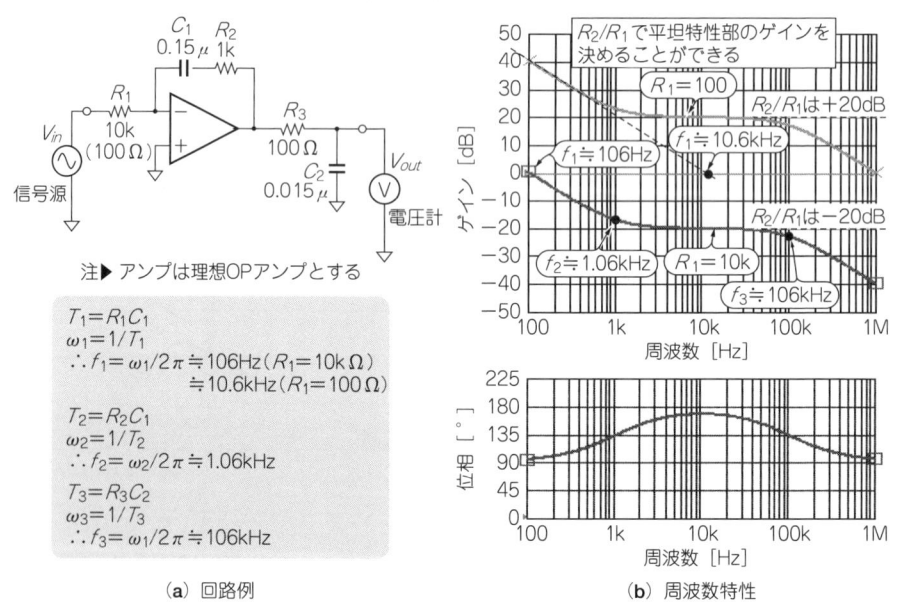

$T_1 = R_1 C_1$
$\omega_1 = 1/T_1$
∴ $f_1 = \omega_1/2\pi$ ≒ 106Hz（R_1=10kΩ）
　　　　　　≒ 10.6kHz（R_1=100Ω）

$T_2 = R_2 C_1$
$\omega_2 = 1/T_2$
∴ $f_2 = \omega_2/2\pi$ ≒ 1.06kHz

$T_3 = R_3 C_2$
$\omega_3 = 1/T_3$
∴ $f_3 = \omega_1/2\pi$ ≒ 106kHz

(a) 回路例　　　　　　　　　(b) 周波数特性

$R_2/R_1 = +20$ dB となります．

　R_1 の値を変更することで，平坦部のゲインをプラスにできるので，カットオフ周波数を高くした広帯域な PLL を容易に構成できます．

3次形アクティブ・フィルタを使ったPLLの例

　このアクティブ・フィルタを用いて3次形のPLLを構成してみましょう．

● カットオフ周波数を 10 kHz にする場合

　これまでと同様に，$f_C ≒ 10$ kHz で位相余裕 $\phi_C ≒ 60°$ を目標にしてみます．

▶ f_C から f_2 と f_3 を決める

　位相が最大に戻る周波数をループのカットオフ周波数 f_C としたいので，次式となるように f_2 と f_3 を調整します．

　　$f_C ≒ \sqrt{f_2 f_3} ≒ 10$ kHz

　位相の戻りは f_2 と f_3 の比によって変わります．位相の戻りが60°となるように調整します．

▶ フィルタ以外のゲインから R_1 と R_2 を決める

　$f_C ≒ 10$ kHz での「VCO＋位相比較器＋分周器の特性」のゲインが ＋15 dB ほどなので，アクティブ・フィルタの平坦部のゲイン R_2/R_1 を次式となるように調整します．

　　$R_2/R_1 ≒ 0.178$（∵ -15 dB ≒ 0.178倍）

　図7-21(a)に示した定数は $f_C ≒ 10$ kHz を目標にして決定したものです．**図7-21**(b)の実線は，$f_C ≒ 10$ kHz とするアクティブ・フィルタの特性です．

▶ 目標どおりの特性が得られている

　このアクティブ・フィルタを用いた3次形のPLLが**図7-22**(a)です．

　図7-22(b)に一巡ループ特性を示します．実線で記した 10 kHz でのゲインが 0 dB となっているので，この周波数がループのカットオフ周波数 f_C です．$f_C = 10$ kHz での位相余裕 ϕ_C を確認すると，$\phi_C ≒ 60°$ となっています．このアクティブ・フィルタの定数で，十分に安定した PLL として動作します．

　なお，アクティブ・フィルタは反転アンプとなっているので，シミュレーションの際にはもう一つ反転アンプを挿入して位相を戻し，位相遅れの値がわかりやすいようにしています．

[図7-21] PLLのカットオフ周波数を10 kHz/100 kHzにするアクティブ・フィルタ
位相比較器の負荷になるR_1を1 kΩと決めて設計した

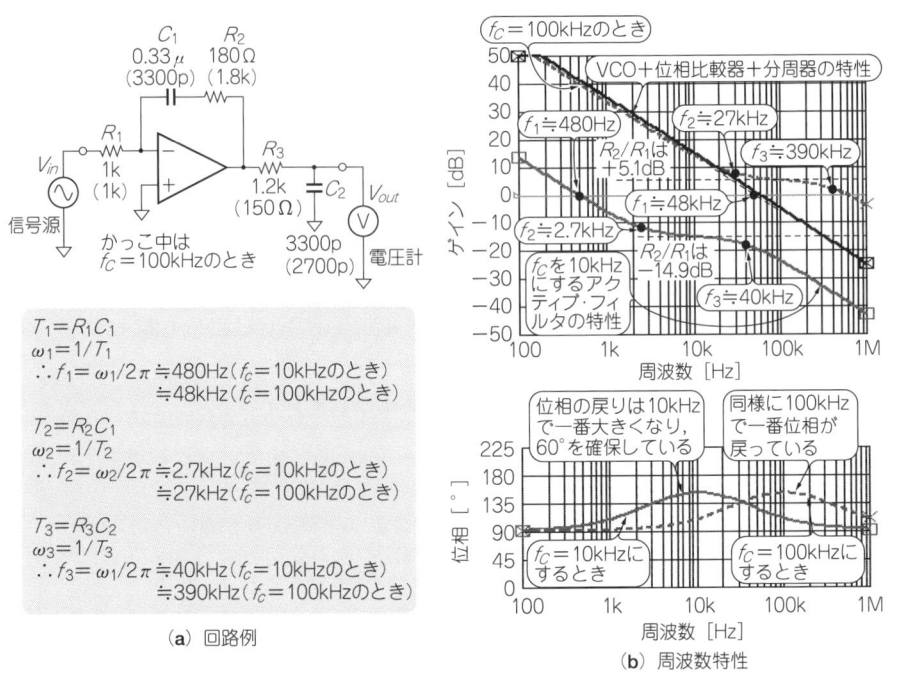

(a) 回路例

$T_1 = R_1 C_1$
$\omega_1 = 1/T_1$
∴ $f_1 = \omega_1/2\pi \fallingdotseq 480\text{Hz}$ ($f_C = 10\text{kHz}$のとき)
  $\fallingdotseq 48\text{kHz}$ ($f_C = 100\text{kHz}$のとき)

$T_2 = R_2 C_1$
$\omega_2 = 1/T_2$
∴ $f_2 = \omega_2/2\pi \fallingdotseq 2.7\text{kHz}$ ($f_C = 10\text{kHz}$のとき)
  $\fallingdotseq 27\text{kHz}$ ($f_C = 100\text{kHz}$のとき)

$T_3 = R_3 C_2$
$\omega_3 = 1/T_3$
∴ $f_3 = \omega_1/2\pi \fallingdotseq 40\text{kHz}$ ($f_C = 10\text{kHz}$のとき)
  $\fallingdotseq 390\text{kHz}$ ($f_C = 100\text{kHz}$のとき)

(b) 周波数特性

● カットオフ周波数を100 kHzにする場合

　同じアクティブ・フィルタを用いて，より広帯域なPLLを構成してみましょう．カットオフ周波数$f_C \fallingdotseq 100$ kHzで位相余裕$\phi_C \fallingdotseq 60°$を目標とします．

▶ f_Cからf_2とf_3を決める

　位相が最大に戻る周波数をループのカットオフ周波数f_Cとしたいので，次式となるようにf_2とf_3を調整します．

$$f_C \fallingdotseq \sqrt{f_2 f_3} \fallingdotseq 100 \text{ kHz}$$

このとき，位相の戻りが60°となるようにf_2とf_3を調整します．

▶ 必要なゲインからR_1とR_2を決める

　$f_C \fallingdotseq 100$ kHzでの「VCO＋位相比較器＋分周器の特性」のゲインが−5 dBほどなので，アクティブ・フィルタの平坦部のゲインR_2/R_1が次式となるように調整します．

$$R_2/R_1 \fallingdotseq 1.78 (\because +5 \text{ dB} \fallingdotseq 1.78\text{倍})$$

[図7-22] カットオフ周波数を10 kHz/100 kHzにした3次形PLL
目的のカットオフ周波数と位相余裕が実現できている

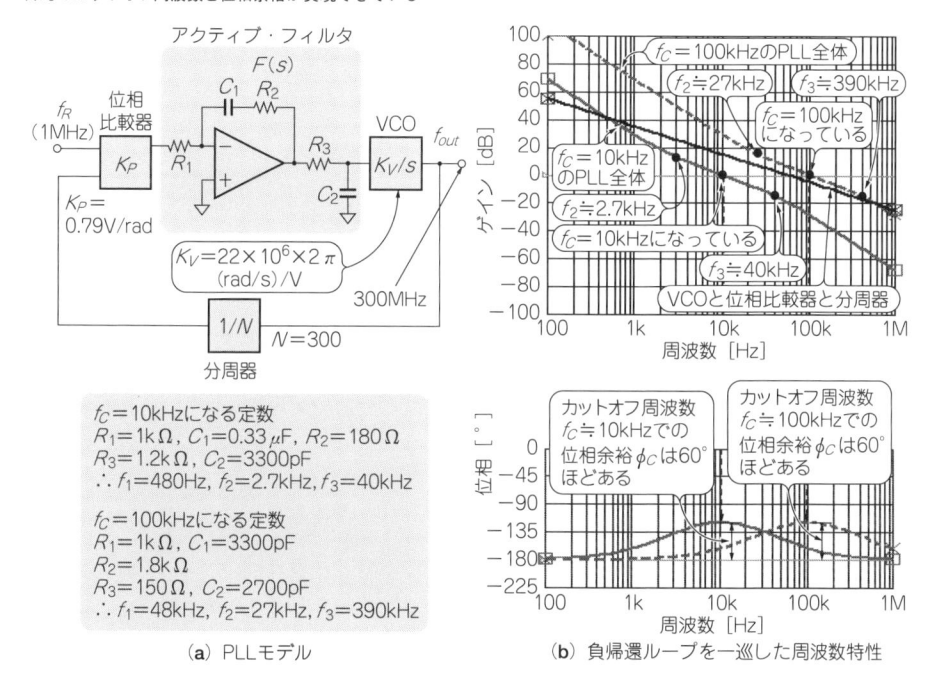

(a) PLLモデル

$f_C = 10\,\text{kHz}$になる定数
$R_1 = 1\,\text{k}\Omega$, $C_1 = 0.33\,\mu\text{F}$, $R_2 = 180\,\Omega$
$R_3 = 1.2\,\text{k}\Omega$, $C_2 = 3300\,\text{pF}$
∴ $f_1 = 480\,\text{Hz}$, $f_2 = 2.7\,\text{kHz}$, $f_3 = 40\,\text{kHz}$

$f_C = 100\,\text{kHz}$になる定数
$R_1 = 1\,\text{k}\Omega$, $C_1 = 3300\,\text{pF}$
$R_2 = 1.8\,\text{k}\Omega$
$R_3 = 150\,\Omega$, $C_2 = 2700\,\text{pF}$
∴ $f_1 = 48\,\text{kHz}$, $f_2 = 27\,\text{kHz}$, $f_3 = 390\,\text{kHz}$

(b) 負帰還ループを一巡した周波数特性

図7-21(a)でかっこの中へ記した定数は, $f_C \fallingdotseq 100\,\text{kHz}$を目標にして決定したものです. 図7-21(b)の破線は $f_C \fallingdotseq 100\,\text{kHz}$ でのアクティブ・フィルタの特性です.
▶ カットオフ周波数100 kHzで目標の特性が得られた
　先と同様に3次形のPLLの一巡ループ特性を描かせると, 図7-22(b)の破線で記した結果となります. 100 kHzでのゲインが0 dBとなるので, この周波数がループのカットオフ周波数 f_C です. $f_C = 100\,\text{kHz}$ での位相余裕 ϕ_C を確認すると, $\phi_C \fallingdotseq 60°$ と十分に安定な値になっています.
　このようにアクティブ・フィルタを用いることでゲインを容易に調整できます. 広帯域のPLL, この例では $f_N \fallingdotseq 57.9\,\text{kHz}$ 以上のカットオフ周波数のPLLも簡単に構成できます. これがアクティブ・フィルタを用いたPLLの最大の利点です.

● シミュレーションだけでは設計が難しい場合もある
　今回解説したシミュレーションで特性を確認しながら設計する方法では, ある程度カット・アンド・トライでフィルタ定数を決めなければなりません.

[図7-23] 3次形PLLを作るループ・フィルタの別の例

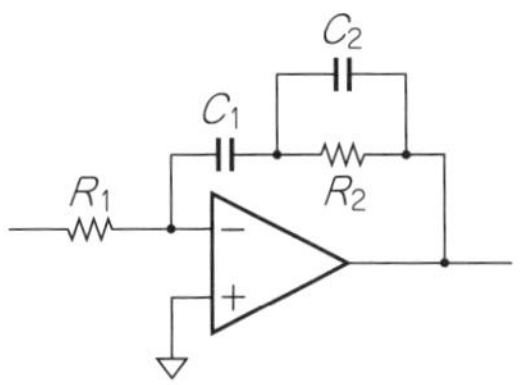

$T_1 = R_1C_1$ $T_2 = R_2(C_1+C_2)$ $T_3 = R_2C_2$
$\omega_1 = 1/T_1$ $\omega_2 = 1/T_2$ $\omega_3 = 1/T_3$
$\therefore f_1 = \omega_1/2\pi$ $\therefore f_2 = \omega_2/2\pi$ $\therefore f_3 = \omega_3/2\pi$

Column
PLLの負帰還ループを一巡した特性を求める

図7-CはPLLのモデル図です．×の点でループを切断して，PLLの一巡ループ特性（開ループ伝達関数）$P_{open}(s)$を求めます．

$$P_{open}(s) = K_P F(s) \frac{K_V}{s} \frac{1}{N}$$

$K = \dfrac{K_P K_V}{N}$ とすると

$$P_{open} = K \frac{F(s)}{s}$$

① ラグ・フィルタを用いた場合

ラグ・フィルタの伝達関数$F_1(s)$は，

$$F_1(s) = \frac{1}{sT_1+1}$$

ただし，$T_1 = R_1 C_1$

ゆえに開ループ伝達関数$P_{open1}(s)$は，

$$P_{open1}(s) = K\frac{F_1(s)}{s} = \frac{K}{s^2 T_1 + s}$$

② ラグ・リード・フィルタを用いた場合

ラグ・リード・フィルタの伝達関数$F_2(s)$は，

$$F_2(s) = \frac{sT_2+1}{s(T_1+T_2)+1}$$

ただし，$T_1 = (R_1+R_2)C_1$，$T_2 = R_2 C_1$

ゆえに開ループ伝達関数$P_{open2}(s)$は，

$$P_{open2}(s) = K\frac{F_2(s)}{s} = \frac{K(sT_2+1)}{s^2(T_1+T_2)+1}$$

図7-23に3次形PLLを構成できるアクティブ・フィルタの別の例を示します．図7-21のフィルタと比べると，部品点数が減るぶん，重複した定数で性能が決まります．このようなフィルタでは，カット・アンド・トライで定数を決めるのが難しくなります．必要な条件を与えれば，計算でフィルタ定数を得られるはずです．この手法については，第9章で解説します．準備として，ColumnでPLLの伝達関数を求めておきます．

③ ラグ・リード・ラグ・フィルタを用いた場合
フィルタ単体での伝達関数 $F_3(s)$ は，

$$F_3(s) = \frac{sT_2+1}{sT_1(sT_3+1)}$$

ただし，$T_1=(R_1+R_2)C_1$，$T_2=R_2(C_1+C_2)$，$T_3=R_2C_2$
ゆえに開ループ伝達関数 $P_{open3}(s)$ は，

$$P_{open3}(s) = K\frac{F_3(s)}{s} = \left(\frac{K}{T_1}\right)\left(\frac{sT_2+1}{s^2(sT_3+1)}\right) = \left(\frac{K}{T_1}\right)\left(\frac{sT_2+1}{s^3T_3+s^2}\right)$$

$P_{open3}(s)$ だけ3次形になっています．

[図7-C] PLLのモデル図

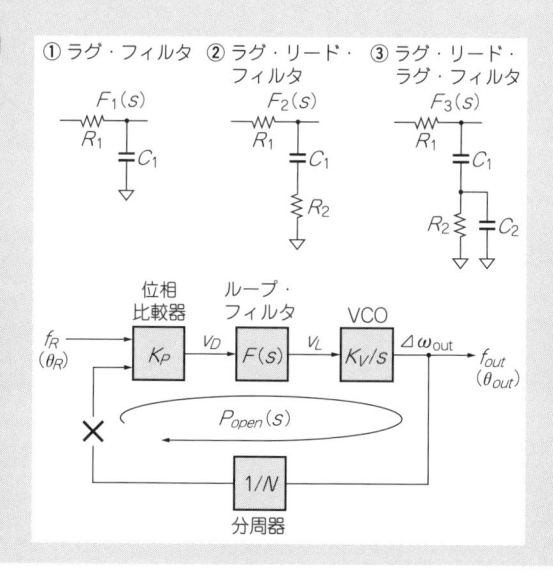

① ラグ・フィルタ　② ラグ・リード・フィルタ　③ ラグ・リード・ラグ・フィルタ

第8章

良好な過渡特性を得る
ループ・フィルタの考え方
~出力周波数を切り替えたときの応答を高速化するには~

PLL回路の特性はループ・フィルタの設計でいろいろと影響を受けます．位相雑音特性はもちろん，周波数を切り替えたときの過渡応答特性も大きく変わります．

本章では，PLL周波数シンセサイザの時間軸での応答特性がなぜ重要となるのかを解説し，時間軸の振動特性を表現する減衰係数 ζ ，固有周波数 ω_D などの意味を解説します．

次に，PLLの過渡応答特性を数式で求める手順を示し，目的の周波数に早く収束するためには，どのようなループ・フィルタの設計が必要になるかを解説します．

　PLL周波数シンセサイザは，システムで必要とするさまざまな周波数を正確に得るために使われます．マイコンのクロックのように一定の周波数を出し続ける用途もあれば，無線LANのように頻繁に周波数を切り替える用途もあります．

　無線LANや第三世代携帯電話，デジタル放送など，ここ10年ほどの間に出てきているディジタル化された通信/放送では，周波数を高速に切り替えるPLL周波数シンセサイザの要求が強くなっています．

　周波数を頻繁に切り替える用途では，周波数特性では把握しにくい時間軸での応答特性が問題になってきます．

周波数を切り替えてもすぐには目的の周波数にならない

　私が仕事を始めたころのPLL周波数シンセサイザは，安定に動かすだけで要求仕様をほとんど満足できました．高精度な周波数が得られれば十分だったからです．
　しかし最近のPLL周波数シンセサイザでは，適切なスペクトラム純度，つまり

スプリアスや位相雑音が小さいことに対する要求に加えて，時間軸で高速に応答することへの要求も厳しくなっています．

● 周波数を切り替えるには分周数Nを変える

図8-1は，PLL周波数シンセサイザのモデル図です．

基準周波数 $f_R = 1$ MHz で動作中に，分周器の分周数 $N = 250 \rightarrow 300$ に変更します．PLL負帰還が構成されていれば，この変更により出力周波数 f_{out} は 250 MHz → 300 MHz に変化します．

● 一瞬で周波数が切り替わるのが理想だが…

図8-2に，出力周波数が切り替わるときの様子を横軸を時間，縦軸を周波数として表しました．

PLLはフィードバック制御の一種です．このような帰還回路の理想は，目標値が変化したとき，出力がその値にすぐに追従することです．

PLL周波数シンセサイザでも，出力周波数を変更するために分周器のNの値を

[図8-1] PLL周波数シンセサイザの出力周波数を変える
分周器の分周数Nを変えれば出力周波数が変わる

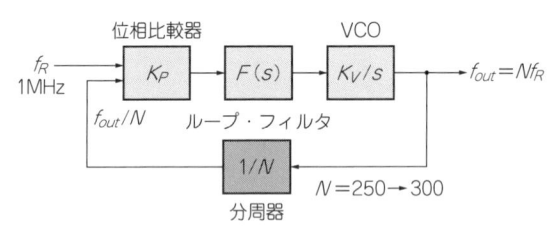

[図8-2] 理想的な応答特性と現実の応答特性の違い
現実の応答特性はリンギングがあり，目標値になるまで時間がかかる

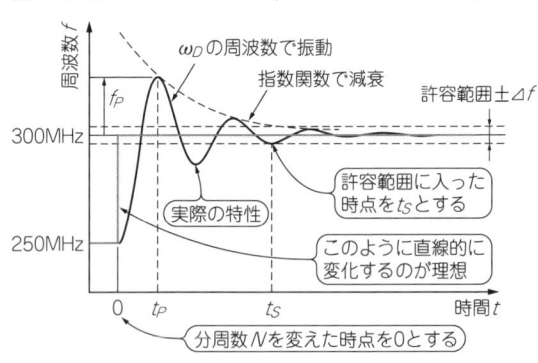

[図8-3] オーバーシュート周波数 f_P が大きいと問題がある
ほかの周波数で伝送している信号を妨害してしまうかもしれない

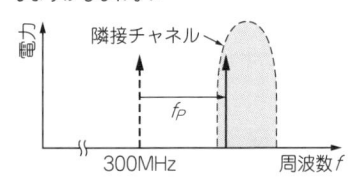

248　第8章　良好な過渡特性を得るループ・フィルタの考え方

変えたならば，それにすぐに追従して，常に制御量を目標値(設定周波数)に一致できることが理想です．

例えば，250だったNの値を300にすれば，それと同時に300 MHzを出力できることが理想です．図8-2の灰色の線で示すような，250 MHzから300 MHzへ直線的に変化する動作です．

● 実際には行き過ぎて振動しながら目標へ近付く

実際には図8-2の黒色の線に示すように，周波数は遅れを伴って変化し，そのうえ目標値を行き過ぎる場合がほとんどです．

ここでは，周波数の行き過ぎ(オーバーシュート)の最大値f_Pが時刻t_Pで生じるとします．無線機器では，このオーバーシュートした周波数f_Pが大きいと，隣のチャネルの周波数を横切ってしまうこともありえます(図8-3)．他の機器が伝送している信号を妨害してしまうかもしれません．

さらに，オーバーシュートした後は，一定の周波数ω_Dで振動しながら，指数関数による減衰特性で目標の値に収束します．目標の周波数となるまでに，一定の時間がかかります．

● 時間軸での性能を表現する指標

目標周波数にどれだけ早く近付くかを表現する方法を決めておきましょう．

通常は，許容範囲$\pm \varDelta f$[Hz]($\pm \varDelta$%)を決めて，これに収まるまでの時間を整定時間t_S[sec](settling time)として性能を表現します．例えば，許容範囲$\varDelta f = \pm 100$ Hzで$t_S \leq 10$ ms，といった表現方法です．

● 目的に応じて必要な性能はさまざま

この性能は，PLL周波数シンセサイザが使われる目的によって決められることになります．

例えば，TDMAを代表とするタイム・ドメイン特性を重視した通信システムの送受信機では，この設定時間が短い必要があります．ところが，設定時間を短くしようと，立ち上がりだけを速くしすぎると，オーバーシュートの周波数f_Pが大きくなり，先ほど解説したように隣接チャネルに悪影響を及ぼすかもしれません．

PLLの設計には，周波数特性での雑音特性やスプリアスに加えて，これら時間軸での動きや過渡応答特性をよく理解することも必要なのです．

PLLの設計には過渡応答の理解が欠かせない

● 過渡応答の知識はループ・フィルタ設計に必要

　PLL周波数シンセサイザの時間軸上での性能である過渡応答特性は，ループ・フィルタの設計によって決まります．

　私はスペクトラム・アナライザやシグナル・ソースのPLL周波数シンセサイザを設計していました．これらのシンセサイザは，複数のPLLで構成され，位相雑音特性や過渡応答特性の向上が常に要求されています．

　それらの設計にも大分慣れたころ，数十ms→数ms→数百μsと，高速な切り替え時間が要求される時代へと移りました．慣れによる油断と，ループ・フィルタの定数合わせは後で何とかなるとの考えで(チェンジニアの仕事は得意だったので)，過渡応答を考慮した基本設計をおろそかにしてしまい，苦労しました．

　そこで自動制御の専門書を紐解いたのですが，今度は数式とのにらめっこに陥ってしまい，減衰係数(damping factor)ζと固有角周波数ω_D(natural frequency)との関係などについて，具体的なイメージをもてませんでした．

● 過渡応答特性を表現する値の意味を理解する

　自分にとって最もわかりやすかったのは，馴れた電子回路の具体例で考えることでした．簡単な抵抗，コンデンサ，コイルの直列回路の過渡現象で減衰係数ζと固有周波数ω_Dの関係を調べることで，この二つの値の関係をイメージすることができました．

　ここでも，PLLでの過渡応答特性の詳細を述べる前に，抵抗，コンデンサ，コイルでの過渡応答現象について記すことにします．

*RLC*直列回路を例に過渡現象を理解する

● *RLC*直列回路の過渡応答特性は減衰振動になる

　図8-4(a)は，抵抗R，コイルL，コンデンサCの直列回路に，スイッチSを通して電源Vを接続したときの電流値を測定する回路を示しています．

　図8-4(b)はそのときの電流値の変化を示したものです．このような減衰振動となることは容易に想像できます．ギターの弦を弾いた後は時間とともに音が小さくなっていきますが，これとまったく同じことでR，L，Cの直列回路も減衰振動となります．

[図8-4] RLC直列回路の過渡応答

PLLを含む自動制御の多くは，このRLC回路と同じ過渡特性で近似できる，または近似できるように設計する

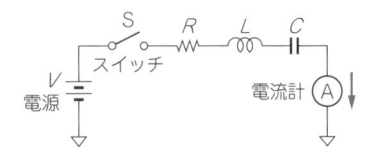

（a）t＝0でスイッチSをONにする

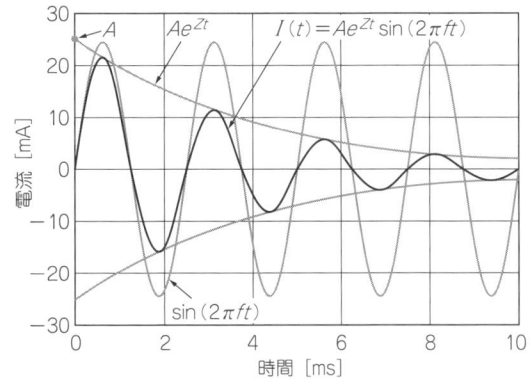

（b）電流波形は振動しながら減衰していく

● **RLC直列回路の減衰振動を示す式**

これを数式で表すとどうなるでしょうか？

数学的には，指数関数を伴った形の式(8-1)となります．

$$I(t) = Ae^{Zt}\sin(2\pi ft) \quad \cdots\cdots (8\text{-}1)$$

ただし，A：時刻 $t = 0$ での振幅，Z：減衰定数（負の値になる），f：周波数

この式を，減衰振動の状態を示す値であるζ，ω_N，ω_Dを用いて書き換えると式(8-2)となります．

$$I(t) = CV\frac{\omega_N}{\sqrt{1-\zeta^2}}e^{-\zeta\omega_N t}\sin(\omega_D t) \quad \cdots\cdots (8\text{-}2)$$

ただし，C：容量[F]，V：電源電圧[V]，ζ：減衰係数(damping factor)，ω_N：非減衰固有角周波数(undamped natural frequency)，ω_D：減衰固有角周波数(damped natural frequency)

減衰振動は通常，この式(8-2)の形で表現します．この形に書き換えることに，どんな意味があるのでしょうか．減衰の状態を示す変数ζ，ω_N，ω_Dについて調べてみましょう．

振動の減衰しやすさを示す減衰係数 ζ

減衰係数ζは，一般的には機械的な振動特性を評価するときに使う値です．ζは，電子回路設計では使われる頻度が少ないと感じるかもしれません．しかし，共振の

[図8-5] 減衰係数 ζ と共振の鋭さ Q の関係
同じ特性を別の方法で表現しているだけなので簡単に変換できる

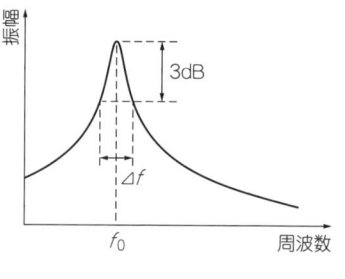

共振の鋭さ：$Q = \dfrac{f_0}{\Delta f}$
（山の鋭さを表す）
減衰係数　：$\zeta = \dfrac{\Delta f}{2f_0}$
（山の傾きを表す）
$\therefore \zeta = \dfrac{1}{2Q}$

鋭さを表す Q ならば馴染み深いものではないでしょうか．
　この ζ と Q は，次式に記すように逆数的な関係にあります．

$$\zeta = \frac{1}{2Q} \quad \cdots\cdots\cdots(8\text{-}3)$$

図8-5には，減衰係数 ζ と共振の鋭さ Q の関係について記しました．ζ で考えて混乱したときは，Q で考え直すと，意外にすっきりするかもしれません．

● 減衰係数 ζ を変えたときの振動のようす
　減衰係数 ζ が変わると，図8-3(b)に示した RLC 直列共振回路の減衰振動がどのように変化するのかを見てみましょう．
　式(8-2)を解いて図示してもよいのですが，シュミレータのトランジェント解析を用いることにします．シミュレータにはS-NAP[13]を使いました．
▶ $R = 6\,\Omega$ での Q と ζ の値と減衰波形
　Q の値は次式で決まります．

$$Q = \frac{1}{R}\sqrt{\frac{L}{C}} \quad \cdots\cdots\cdots(8\text{-}4)$$

図8-6(a)の直列共振回路で，$V = 10\,\text{V}$，$C = 1\,\mu\text{F}$，$L = 0.1\,\text{H}$ とします．$R = 6\,\Omega$ のとき Q は式(8-4)から

$$Q = \frac{1}{6} \times \sqrt{\frac{0.1}{1 \times 10^{-6}}} = 52.7$$

と求まります．直列共振と Q の関係については，第3章の「LCR 共振回路の性能は Q で表す」も参照してください．
　ζ は式(8-3)より，次の値となります．

$$\zeta = \frac{1}{2 \times 52.7} = 0.0095$$

この減衰振動のシミュレーション波形を**図8-6**(b)の灰色の線に示します．

[図8-6] 減衰係数ζが違うと減衰振動の波形が異なる
ζが0に近いと振動が長く続き，ζが1に近いと振動しなくなる

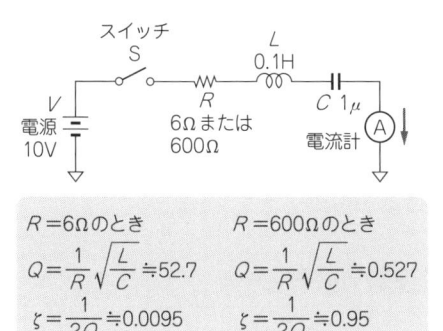

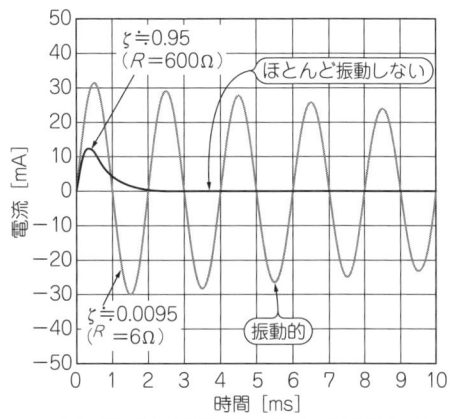

$R = 6\Omega$のとき
$Q = \dfrac{1}{R}\sqrt{\dfrac{L}{C}} \fallingdotseq 52.7$
$\zeta = \dfrac{1}{2Q} \fallingdotseq 0.0095$

$R = 600\Omega$のとき
$Q = \dfrac{1}{R}\sqrt{\dfrac{L}{C}} \fallingdotseq 0.527$
$\zeta = \dfrac{1}{2Q} \fallingdotseq 0.95$

(a) 抵抗を6Ωと600Ωに切り替える

(b) 6Ωのときは振動し600Ωでは振動しない

▶ $R = 600\,\Omega$でのQとζの値と減衰波形

$R = 600\,\Omega$にするとどうでしょうか．同様に，Q値は次式で求まります．

$$Q = \dfrac{1}{600} \times \sqrt{\dfrac{0.1}{1 \times 10^{-6}}} = 0.527$$

ζも同様に次の値となります．

$$\zeta = \dfrac{1}{2 \times 0.527} = 0.95$$

この減衰振動のシミュレーション波形は，図8-6(b)の黒色の線となります．

● 減衰係数ζと減衰波形の関係

▶ ζが小さいと振動的

減衰係数ζが小さいほど，つまりQが大きいほど，振動的になります．振幅の減衰はゆるやかです．もし$R = 0$が実現できて，$\zeta = 0 (Q = \infty)$になると，減衰のない持続振動，すなわち発振になります．第1章でLC発振器の動作原理を解説したときに記したことと同じです．

▶ ζが大きいと振動が生じにくくなる

逆に，ζが大きいほど，つまりQが小さいほど振幅の減衰はすみやかです．さらに，$\zeta \geqq 1$になると振動は生じなくなります．

▶ ζが1より大きいか否かで特性を分類できる

自動制御の教本では次のようにまとめられています．
- $\zeta < 1$の場合は不足制動(振動的)
- $\zeta = 1$の場合は臨界制動(臨界的)
- $\zeta > 1$の場合は過制動(非振動的)

上の例やPLLでは，$\zeta < 1$の不足制動(振動的)な状態を扱います．実際のPLLでは，不足制動になってしまう場合がほとんどだからです．

減衰振動の固有角周波数ω_Dとω_N

減衰振動するときの，その振動の周波数について調べてみます．

● ω_Dとω_Nにはζで決まる関係がある

式(8-2)には，正弦波の振動角周波数(円振動数)としてω_Dが記されています．そして，角周波数成分としてもう一つω_Nも記されています．これらにはどのような関係があるのでしょうか？

$$\omega_D = \omega_N \sqrt{1 - \zeta^2} \quad \cdots\cdots\cdots\cdots\cdots\cdots\cdots\cdots\cdots (8-5)$$

ω_Dは，減衰係数ζが小さいほどω_Nに近づきます．$\zeta = 0$($Q = \infty$)の場合(発振状態)，$\omega_D = \omega_N$となります．減衰係数ζが大きいほど(制動作用が強いほど)，角周波数ω_Dは低くなることもわかります．

ここでは，ω_Dを減衰固有角周波数(damped natural frequency)，そしてω_Nを非減衰固有角周波数(undamped natural frequency)と呼ぶことにします．

● 減衰係数ζを変えたときのω_Dの変化

実際に減衰係数ζによってω_Dとω_Nにどのような違いが出るのかを計算します．

図8-7(a)の直列共振回路で，$V = 10$ V，$C = 1\,\mu$F，$L = 0.405$ Hとします．非減衰固有角周波数ω_Nは次式で求まります．これはLC共振の角周波数です．

$$\omega_N = \frac{1}{\sqrt{LC}} = \frac{1}{\sqrt{0.405 \times 1 \times 10^{-6}}} \fallingdotseq 1571.35 \text{ rad/s} \quad \cdots\cdots\cdots (8-6)$$

ゆえに共振周波数f_Nとその周期T_Nは，

$$f_N = \frac{1571}{2\pi} \fallingdotseq 250 \text{ Hz} (\therefore T_N \fallingdotseq \frac{1}{250} \fallingdotseq 4 \text{ ms})$$

となります．グラフを見やすいように，共振周波数を250 Hz，1周期4 msになる

[図8-7] 減衰係数ζが違うと振動の周波数(周期)も異なる
ζが1に近くて減衰が強いほど周波数が低く,周期が長くなる

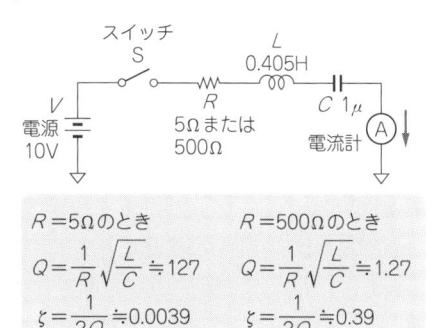

$R = 5\,\Omega$のとき
$$Q = \frac{1}{R}\sqrt{\frac{L}{C}} \fallingdotseq 127$$
$$\zeta = \frac{1}{2Q} \fallingdotseq 0.0039$$

$R = 500\,\Omega$のとき
$$Q = \frac{1}{R}\sqrt{\frac{L}{C}} \fallingdotseq 1.27$$
$$\zeta = \frac{1}{2Q} \fallingdotseq 0.39$$

(a) 抵抗を5Ωと500Ωに変えて減衰係数を変える

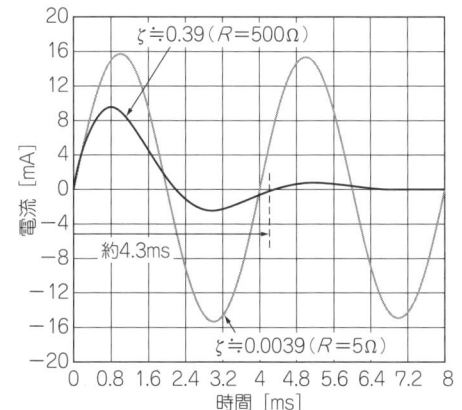

(b) 周期が異なっているのがわかる

ような定数にしたからです.

▶ $R = 5\,\Omega$での減衰固有角周波数ω_D

$R = 5\,\Omega$として減衰係数ζを求めましょう. Qは式(8-4)から,

$$Q = \frac{1}{5} \times \sqrt{\frac{0.405}{1 \times 10^{-6}}} = 127$$

です. 式(8-3)からζが次のように求まります.

$$\zeta = \frac{1}{2 \times 127} \fallingdotseq 0.0039$$

ゆえに,減衰固有角周波数ω_Dは式(8-5)により,次のように算出されます.

$$\omega_D = 1571.35 \times \sqrt{1 - 0.0039^2} \fallingdotseq 1571.33 \text{ rad/s}$$

これは式(8-6)で求めた非減衰固有角周波数ω_Nとほぼ同じです.この減衰振動のシミュレーション波形を図8-7(b)の灰色の線に示します.

▶ $R = 500\,\Omega$での減衰固有角周波数ω_D

$R = 500\,\Omega$での減衰係数ζを同様に求めます.

$$Q = \frac{1}{500} \times \sqrt{\frac{0.405}{1 \times 10^{-6}}} = 1.27$$

$$\zeta = \frac{1}{2 \times 1.27} \fallingdotseq 0.39$$

減衰固有角周波数ω_Dは,同様に次のように算出されます.

$$\omega_D \fallingdotseq 1571\sqrt{1-0.39^2} \fallingdotseq 1447 \text{ rad/s}$$

よって，減衰固有周波数 f_D とその周期 T_D は，

$$f_D \fallingdotseq \frac{1447}{2\pi} \fallingdotseq 230 \text{ Hz}$$

$$T_D \fallingdotseq \frac{1}{230} = 4.3 \text{ ms}$$

 LC 共振周波数である f_N が，制動作用により20 Hzほど低くなったことを示します．この減衰振動のシミュレーション波形は，**図8-7(b)** の黒色の線となります．

● 減衰係数 ζ と減衰固有角周波数 ω_D の関係

 図8-7(b)から明らかなように，減衰係数 $\zeta \fallingdotseq 0.0039$ と小さいときには制動作用がほとんど働かないので，$\omega_D \fallingdotseq \omega_N$ となります．減衰係数 $\zeta \fallingdotseq 0.39$ になると制動作用が強くなるので，振動する周波数 ω_D が低くなることが確認できます．

PLLの過渡応答特性を数式で求める手順

 PSpiceなどのSPICE系の回路シミュレータを用いることで，PLLが閉じたループになっているときの時間軸特性を見ることはできますが，ここでは次のような手順で過渡応答特性を調べることで，より理解を深めたいと思います．
① PLLの開ループの伝達関数（sの関数）を求め，そこから閉ループの伝達関数を求める
② 閉ループ伝達関数に入力信号を加えてラプラス逆変換し，t の関数で表現された出力周波数を得る
③ 減衰係数 ζ (ゼータ) と非減衰固有角周波数 ω_N を与えて過渡応答特性を描く

 ラプラス変換や複素数など，数学的な知識については記しませんので，専門書などを参照してください．
 PLLの過渡応答を求める手順を例を用いながら説明します．

簡単な例でPLLの伝達関数を求める

 PLLをブロック線図に置き替え，入出力の伝達関数を求めていきます．

[図8-8] PLLモデルをブロック線図で考えて閉ループ伝達関数を求める
フィルタの伝達関数，開ループ伝達関数から閉ループ伝達関数が求まる

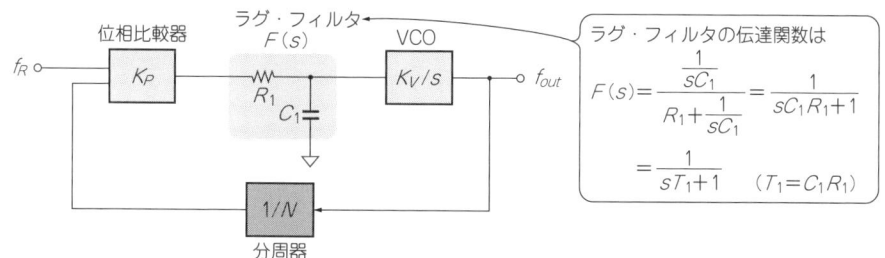

ラグ・フィルタの伝達関数は

$$F(s) = \cfrac{\cfrac{1}{sC_1}}{R_1 + \cfrac{1}{sC_1}} = \cfrac{1}{sC_1 R_1 + 1}$$

$$= \cfrac{1}{sT_1 + 1} \quad (T_1 = C_1 R_1)$$

(a) ラグ・フィルタによる2次型PLLモデル

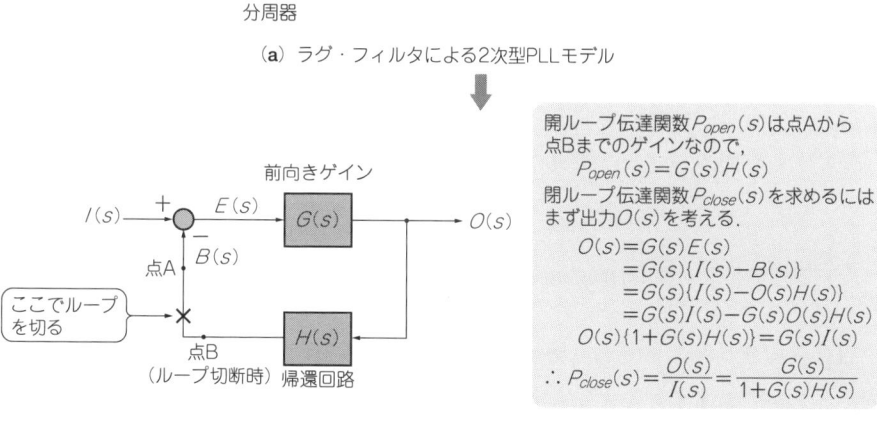

開ループ伝達関数 $P_{open}(s)$ は点Aから点Bまでのゲインなので，
$P_{open}(s) = G(s)H(s)$
閉ループ伝達関数 $P_{close}(s)$ を求めるにはまず出力 $O(s)$ を考える．
$O(s) = G(s)E(s)$
$= G(s)\{I(s) - B(s)\}$
$= G(s)\{I(s) - O(s)H(s)\}$
$= G(s)I(s) - G(s)O(s)H(s)$
$O(s)\{1 + G(s)H(s)\} = G(s)I(s)$
$\therefore P_{close}(s) = \cfrac{O(s)}{I(s)} = \cfrac{G(s)}{1 + G(s)H(s)}$

(b) PLLのブロック線図

● 最も簡単なラグ・フィルタの場合で考える

　図8-8(a)にPLLのモデルを示します．ループ・フィルタに伝達関数が最も簡単になるラグ・フィルタを用いた場合を考えます．図8-8(b)が書き換えたブロック線図です．

● まずは開ループ伝達関数を求める

　このブロック線図から，PLLの開ループでの伝達関数 $P_{open}(s)$ を求めます．図の×のポイントでループを切ったときの入出力特性ですから，次式となります．

$$P_{open}(s) = G(s)H(s) = \frac{K}{N}\frac{F(s)}{s} \quad \cdots\cdots(8-7)$$

ただし，$K = K_P K_V$，K_P：位相比較器のゲイン[V/rad]，K_V：VCOの変換ゲイン[(rad/s)/V]

ラグ・フィルタの伝達関数 $F(s)$ は次式となります．

$$F(s) = \frac{1}{sT_1 + 1} \quad \cdots\cdots (8\text{-}8)$$

ただし，$T_1 = C_1 R_1$

式(8-7)と式(8-8)から開ループ伝達関数$P_{open}(s)$は次式で表されます．

$$P_{open}(s) = \frac{K}{N} \frac{1}{s(sT_1 + 1)} = \frac{K}{N} \frac{1}{s^2 T_1 + s}$$

$$\therefore P_{open}(s) = \frac{K_P K_V}{N} \frac{1}{s^2 C_1 R_1 + s} \quad \cdots\cdots (8\text{-}9)$$

● 開ループ伝達関数から閉ループ伝達関数を求める

PLLの閉ループ伝達関数$P_{close}(s)$を求めます．
先に求めた開ループ伝達関数$G(s)H(s)$から，次式のように表されます．

$$P_{close}(s) = \frac{G(s)}{1 + G(s)H(s)} = \frac{\dfrac{KF(s)}{s}}{1 + \dfrac{K}{N}\dfrac{F(s)}{s}} \quad \cdots\cdots (8\text{-}10)$$

同様にラグ・フィルタの伝達関数$F(s)$をこれに代入して解くことで式(8-11)を導くことができます．

$$P_{close}(s) = \frac{\dfrac{K}{s^2 T_1 + s}}{1 + \dfrac{K}{N}\dfrac{1}{s^2 T_1 + s}} = \frac{\dfrac{K}{T_1}}{s^2 + \dfrac{s}{T_1} + \dfrac{K}{NT_1}}$$

$$\therefore P_{close}(s) = \frac{\dfrac{K_P K_V}{C_1 R_1}}{s^2 + \dfrac{1}{C_1 R_1} s + \dfrac{K_P K_V}{N C_1 R_1}} \quad \cdots\cdots (8\text{-}11)$$

● 伝達関数から周波数特性を求める

伝達関数(sの関数)のsを$j\omega$に置き換えることで，ゲインと位相の周波数応答を求めることができます．

式(8-9)の開ループ伝達関数で$s \to j\omega$に置換しボーデ線図に表すことで，開ループにおけるゲイン周波数特性と位相周波数特性の関係がわかります．

PLL負帰還回路の安定性は，開ループ・ゲインが1倍となるカットオフ周波数f_Cでの位相が－180°よりどのくらい余裕があるかを目安にできます．開ループ伝達関数から周波数応答を求めるだけで，安定性を確かめられることになります．

伝達関数から過渡応答特性を表す式を求める

　時間軸の過渡応答特性を調べるには，式(8-11)の閉ループ伝達関数をラプラス逆変換して，sの関数からtの関数に戻すことになります．閉ループ伝達関数$P_{close}(s)$に入力信号$X(s)$を加えた出力信号$Y(s)$は次式で表されます．

$$Y(s) = P_{close}(s)X(s) \quad \cdots\cdots (8\text{-}12)$$

　この式をラプラス逆変換すれば，入力信号$x(t)$を与えた場合の過渡応答$y(t)$となる次式を得られます．

$$y(t) = \mathcal{L}^{-1}[P_{close}(s)x(s)] \quad \cdots\cdots (8\text{-}13)$$

　ただし，$\mathcal{L}^{-1}$はラプラス逆変換を表す

　入力信号$X(s)$として与える関数の形によって，過渡応答特性$y(t)$は異なります．

● 周波数を切り替える＝ステップ応答

　PLLでは，周波数を変更する場合の過渡応答特性が重要です．例えば，250 MHzから300 MHzに周波数をステップしたときに，どのような過渡応答特性になるかということです．PLLの過渡応答はステップ応答で，入力信号$x(t)$として単位ステップ関数を与えることになります．

　単位ステップ関数とは図8-9に表すように，時間tが$t<0$では値が常に0，$t>0$となると値が常に1となる時間の関数です．

　$x(t) = 1 (t>0)$のラプラス変換は次式です．

$$\mathcal{L}\{X(t)\} = X(s) = \frac{1}{s} \quad \cdots\cdots (8\text{-}14)$$

　ステップ波形($1/s$)とは，$t>0$で動く積分器の特性と同じです．

[図8-9] 過渡応答を求めるときに使う単位ステップ関数
この波形が入力されたと考えて過渡応答波形（ステップ応答）を求める

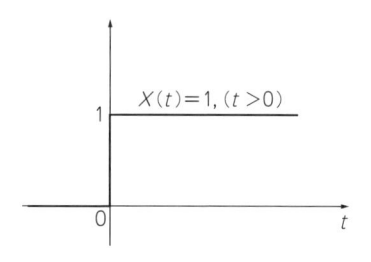

$X(t) = 1, (t>0)$

● **応答特性の評価に使う ω_N と ζ で表現する**

ラグ・フィルタを用いた2次形PLLである式(8-11)の閉ループ伝達関数 $P_{close}(s)$ は，本章の前半で解説した固有各周波数 ω_N と減衰係数 ζ を使って，次のように書き換えられます．

$$P_{close}(s) = \frac{A\omega_N^2}{s^2 + 2\zeta\omega_N s + \omega_N^2} \quad \cdots\cdots (8\text{-}15)$$

ただし，$\omega_N^2 = \dfrac{K_P K_V}{NC_1 R_1}$, $2\zeta\omega_N = \dfrac{1}{C_1 R_1}$

● **ラプラス逆変換してステップ応答を求める**

式(8-15)にステップ波形を与えてラプラス逆変換し，時間軸の応答特性を求めます．2次形では，根の値（$\zeta<1$, $\zeta=1$, $\zeta>1$）によって $y(t)$ が3種類できます．PLLでは $\zeta<1$，つまり不足制動（振動的）の場合に注目します．実際のPLLはほとんどの場合，不足制動になるからです．

過渡応答 $y(t)$ は次式で求められます．

$$\begin{aligned} y(t) &= \mathcal{L}^{-1}\left[\frac{A\omega_N^2}{s^2 + 2\zeta\omega_N s + \omega_N^2}\frac{1}{s}\right] \\ &= A\left[1 - e^{-\zeta\omega_N t}\left\{\cos(\omega_D t) + \frac{\omega_N}{\sqrt{1-\zeta^2}}\sin(\omega_D t)\right\}\right] \quad \cdots (8\text{-}16) \end{aligned}$$

ただし，$\omega_D = \omega_N\sqrt{1-\zeta}$, A：定常値（ゲイン），ζ：減衰係数，ω_N：非減衰固有角周波数，ω_D：減衰固有角周波数

ここでは結果だけを記しました．実際に解くには，部分分数展開など面倒な計算が必要です．解き方については自動制御の教科書などを参照してください．

● **PLLの過渡応答 $f(t)$ を求める**

出力周波数を f_1 から f_2 にステップさせたときのPLLの過渡応答 $f(t)$ を求める式へ式(8-16)を変形すると，次式のようになります．

$$f(t) = f_2 + (f_1 - f_2)e^{-\zeta\omega_N t}\left\{\cos(\omega_D t) + \frac{\zeta}{\sqrt{1-\zeta^2}}\sin(\omega_D t)\right\} \quad \cdots\cdots (8-17)$$

よって，この式を用いてPLLの過渡応答特性を描かせることができます．

PLLの過渡応答がどのような形になるか見てみよう

　PLLの過渡応答特性を表す式が求まりました．ところで，これはどんな応答特性になるのでしょうか．

● まずは応答特性を表す ω_N と ζ で考える

　過渡応答の特性を表す値として，固有周波数（正確には非減衰固有周波数）$f_N = \omega_N/2\pi$ と減衰係数 ζ がありました．ループ・フィルタなどにどんな定数が必要かということは考えずに，この二つの値によって応答特性がどう変わるかを確認しておきましょう．

　図8-10は，2次型PLLの過渡応答特性を式(8-17)から計算して，横軸を時間，縦軸を周波数として表した図です．周波数を $f_1 = 250$ MHzから $f_2 = 300$ MHzまでステップさせたときの過渡応答をExcelで計算させました．

▶ $f_N = 5$ kHzで減衰係数 $\zeta = 0.1$ とした特性

　①の結果は，固有周波数 $f_N = 5$ kHzで減衰係数 $\zeta = 0.1$ の場合です．

　ζ が小さいので不安定となり振動的です．周期も長く，なかなか300 MHzに収束しません．

▶ $f_N = 5$ kHzで減衰係数 $\zeta = 0.7$ とした特性

　②の結果は，$f_N = 5$ kHzのまま，$\zeta = 0.7$ と大きくした場合です．ζ が大きいので振動することなく，200 μs ほどで300 MHzに収束しています．

[図8-10] 図8-8のPLLモデルから求めたステップ応答
出力周波数を250 MHzから300 MHzに変えたとした．f_N と ζ の違いで応答波形が異なる

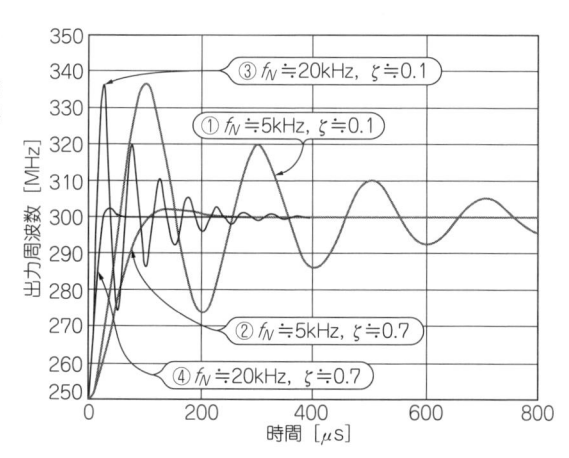

③ $f_N \fallingdotseq 20$kHz, $\zeta \fallingdotseq 0.1$
① $f_N \fallingdotseq 5$kHz, $\zeta \fallingdotseq 0.1$
② $f_N \fallingdotseq 5$kHz, $\zeta \fallingdotseq 0.7$
④ $f_N \fallingdotseq 20$kHz, $\zeta \fallingdotseq 0.7$

▶ f_N = 20 kHzで減衰係数 ζ = 0.1とした特性

③の結果は，f_N = 20 kHzと高くして，ζ = 0.1の場合です．ζが小さいので振動的ですが，固有周波数 f_N が高く周期が短いので，①よりは速く収束しています．

▶ f_N = 20 kHzで減衰係数 ζ =0.7とした特性

④の結果は，f_N を20 kHzと高くして，かつ ζ =0.7と減衰係数も大きくした場合です．周期が短いのに加えて，ζ が大きいので振動することなく，一番早く（50 μ secほどで）300 MHzに応答しています．

● 目的の周波数に早く収束するPLLにするには

固有周波数 f_N と減衰係数 ζ の値によってPLLの過渡応答特性は大きく変わります．図8-10の結果から，過渡応答特性を優れたものにするには，次の二つが重要となります．

① 固有周波数 f_N を高くする
② 減衰係数 ζ が極端に小さい値にならないようにする．PLLの教科書の多くは ζ ≒ 0.7を選んでいる

この二つのことは，周波数特性ではPLLのもつ負帰還ループのカットオフ周波数 f_C を高くすること，十分な位相余裕 ϕ_C をもたせることに繋がります．

ループ・フィルタの定数が f_N と ζ の値を決めるので，PLLの過渡応答特性を優れたものにするループ・フィルタの設計が重要になります．

ラグ・フィルタを用いたPLLの過渡応答特性

図8-11に記した定数でどのような過渡応答になるかを計算してみましょう．

[図8-11] 2次型PLLモデルに実際の値を入れてみる
伝達関数から f_N と ζ が求められるので応答特性も求められる

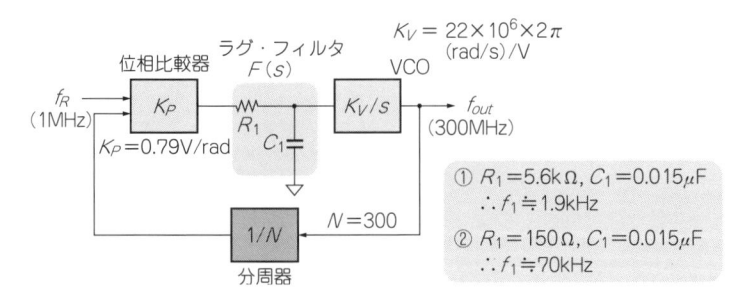

位相比較器　ラグ・フィルタ $F(s)$　VCO
K_V = 22×10^6×2π (rad/s)/V
f_R (1MHz) → K_P → R_1, C_1 → K_V/s → f_{out} (300MHz)
K_P =0.79V/rad
N =300　1/N　分周器

① R_1 =5.6kΩ, C_1 =0.015μF
∴ f_1 ≒ 1.9kHz
② R_1 =150Ω, C_1 =0.015μF
∴ f_1 ≒ 70kHz

[図8-12] 図8-11のモデルの開ループ周波数特性
フィルタの定数により位相余裕が大きく変わっている

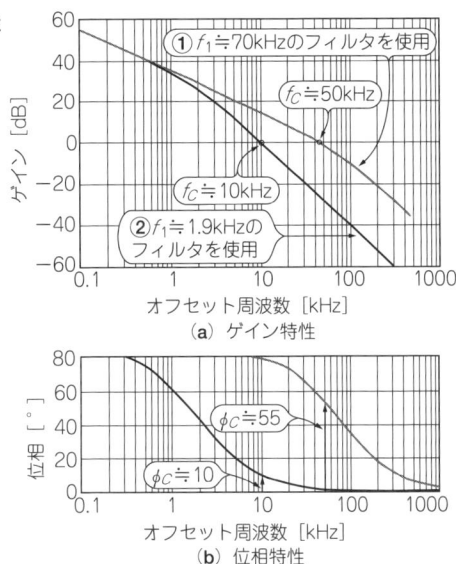

(a) ゲイン特性
① $f_1 \fallingdotseq 70\,\text{kHz}$のフィルタを使用
② $f_1 \fallingdotseq 1.9\,\text{kHz}$のフィルタを使用
$f_C \fallingdotseq 50\,\text{kHz}$
$f_C \fallingdotseq 10\,\text{kHz}$

(b) 位相特性
$\phi_C \fallingdotseq 55$
$\phi_C \fallingdotseq 10$

　この図に示した定数は，第7章の図7-13，ラグ・フィルタによる開ループ伝達特性を求めたときと同じ定数です．第7章ではシミュレータS-NAPを用いて伝達特性を求めました．

● ラグ・フィルタのカットオフ周波数 $f_1 \fallingdotseq 1.9\,\text{kHz}$ の場合

▶ 周波数特性から位相余裕を見る

　開ループ伝達関数 $P_{open}(s)$ の周波数特性を見てみましょう．先の式(8-9)を用いてExcelで計算させました．$R_1=5.6\,\text{k}\Omega$，$C_1=0.015\,\mu\text{F}$(フィルタのカットオフ $f_1 \fallingdotseq 1.9\,\text{kHz}$)の定数とすると，**図8-12**に示すように，ループのカットオフ周波数 f_C は約10 kHzとなりました．位相余裕 ϕ_C は10°しかありません．

　次に，この場合の固有周波数 f_N と減衰係数 ζ の値を求めます．先に記したように，ω_N と ζ は次式で表されました．

$$\omega_N{}^2 = \frac{K_P K_V}{N C_1 R_1} \quad \cdots\cdots (8\text{-}18)$$

$$2\zeta\omega_N = \frac{1}{C_1 R_1} \quad \cdots\cdots (8\text{-}19)$$

$\omega_N(f_N)$ と ζ は次の値となります．

[図8-13] 図8-11のモデルの過度応答
②で応答を速くできたがオーバーシュートがまだ残る

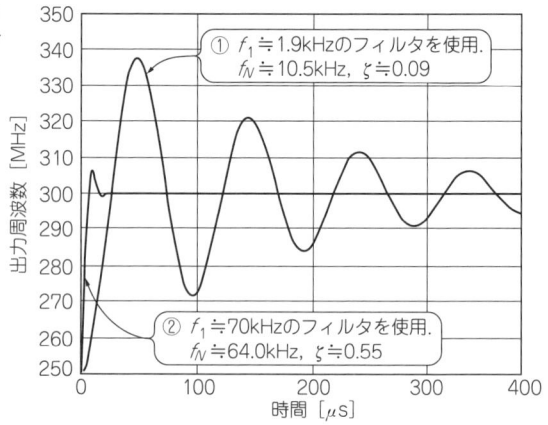

① $f_1 ≒ 1.9\text{kHz}$のフィルタを使用．
$f_N ≒ 10.5\text{kHz}$, $\zeta ≒ 0.09$

② $f_1 ≒ 70\text{kHz}$のフィルタを使用．
$f_N ≒ 64.0\text{kHz}$, $\zeta ≒ 0.55$

$\omega_N = 6.58 \times 10^4$ rad/s

∴ $f_N = 10.5$ kHz

$\zeta = 0.09$

図8-13には，ラグ・フィルタを用いた2次型PLLに周波数$f_1 = 250$ MHzから$f_2 = 300$ MHzまでのステップ波形を入力したときの過度応答特性$f(t)$を計算させて描いたものです．

▶ 減衰係数ζが小さく振動する

①は固有周波数$f_N ≒ 10.5$ kHzで，減衰係数$\zeta ≒ 0.09$の過度応答特性を示しています．減衰係数ζが非常に小さいため，持続振動が長くなっています．この定数のラグ・フィルタでは，周波数を高速に安定して切り替える必要のある周波数シンセサイザに使用できません．

● ラグ・フィルタのカットオフ$f_1 ≒ 70$ kHzの場合

$R_1 = 150\ \Omega$，$C_1 = 0.015\ \mu\text{F}$（フィルタのカットオフ$f_1 ≒ 70$ kHz）の定数とすると，図8-12に示すようにループのカットオフ周波数は$f_C ≒ 50$ kHzとなりました．そして位相余裕も$\phi_C ≒ 55°$まで大きくなりました．

同様に，式(8-18)と式(8-19)からω_N（つまりf_N）とζを求めると，次の値となります．

$\omega_N = 4.02 \times 10^5$ rad/s

∴ $f_N = 64.0$ kHz

$\zeta = 0.55$

▶ f_Nが高くζも大きいので速く収束する

図8-13の②はこのときの過渡応答特性です．固有周波数$f_N ≒ 64\,\text{kHz}$，減衰係数$\zeta ≒ 0.55$です．減衰係数ζは0.55まで大きくなり，持続振動は短くなっています．

固有周波数f_Nは64\,kHzです．振動する周波数は高くなり，250\,MHzから300\,MHzに30\,μsで応答し，高速な周波数シンセサイザになります．

▶ オーバーシュートを減らす方法

②の結果を見ると，オーバーシュートする部分が気にかかります．
ラグ・フィルタを使った2次型PLLではオーバーシュートを抑えるにはζをさらに大きくします．つまり，$T_1 = C_1 R_1$を小さくすることになります．ただし，ζとともにf_Nも高くなります．

第7章で説明したように，一つの時定数しかもたないラグ・フィルタでは，f_Cとϕ_Cを独立には設定できませんでした．ですから，ラグ・フィルタを使ったPLLではf_Nとζを独立して設定できないことになります．

そこで，f_Cとϕ_C(またはf_Nとζ)をある程度は独立に設定できるラグ・リード・フィルタを用いることにしてみましょう．

ラグ・リード・フィルタを用いたPLLの過渡応答特性

こちらも，第7章の図7-16のラグ・リード・フィルタの定数と同じにしてみます(図8-14)．

● 閉ループ伝達関数を求める

解析の手順は，先のラグ・フィルタを用いた場合と同じです．ラグ・フィルタではなくラグ・リード・フィルタの伝達関数$F(s)$を代入してPLLの閉ループ伝達関数$P_{close}(s)$を求めます．そして，それをラプラス逆変換することになります．

[図8-14] ラグ・リード・フィルタを使った2次型PLLモデルにしてみる
フィルタ部分の伝達関数が変わるので閉ループ特性も変わる

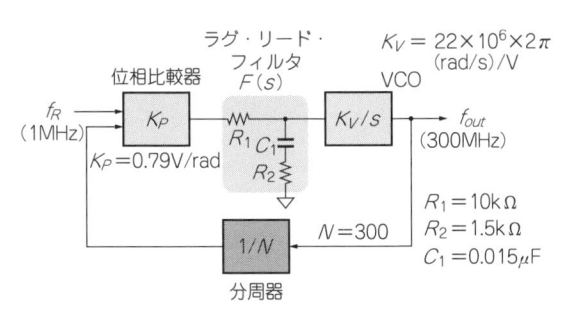

- f_R (1MHz)
- $K_P = 0.79$V/rad
- $K_V = 22 \times 10^6 \times 2\pi$ (rad/s)/V
- f_{out} (300MHz)
- $N = 300$
- $R_1 = 10$kΩ
- $R_2 = 1.5$kΩ
- $C_1 = 0.015\mu$F

● ω_Nとζを求める

ここでは数式の導き方は省略しますが，ω_Nとζは次式として表されます．

$$\omega_N{}^2 = \frac{K_P K_V}{NC_1(R_1 + R_2)} \quad \cdots\cdots (8\text{-}20)$$

$$2\zeta\omega_N = \frac{N + K_P K_V C_1 R_2}{NC_1(R_1 + R_2)} \quad \cdots\cdots (8\text{-}21)$$

● 周波数特性を求める

ラグ・リード・フィルタの定数を $R_1 = 10\,\mathrm{k\Omega}$，$C_1 = 0.015\,\mu\mathrm{F}$，$R_2 = 1.5\,\mathrm{k\Omega}$ とし

[図8-15] ラグ・リード・フィルタを使った場合の周波数特性

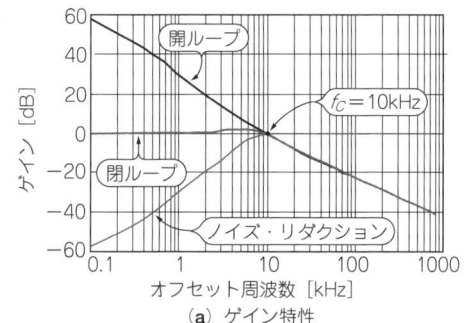

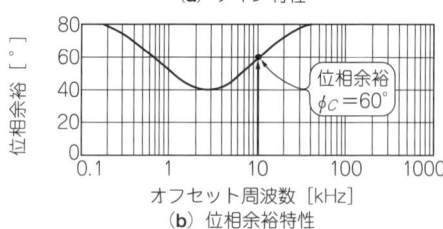

(a) ゲイン特性

(b) 位相余裕特性

[図8-16] ラグ・リード・フィルタを使った場合の応答特性
②ならラグ・フィルタの図8-13②と比べてもオーバーシュートが抑えられている

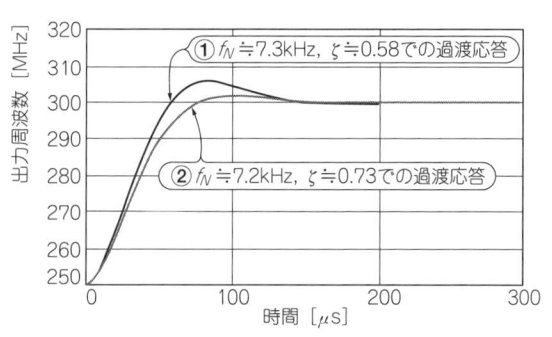

① $f_N \fallingdotseq 7.3\,\mathrm{kHz}$，$\zeta \fallingdotseq 0.58$ での過渡応答
② $f_N \fallingdotseq 7.2\,\mathrm{kHz}$，$\zeta \fallingdotseq 0.73$ での過渡応答

て，開ループ伝達特性$P_{open}(s)$を描かせます．

図8-15からわかるように，ループのカットオフ周波数$f_C ≒ 10$ kHzで位相余裕$\phi_C ≒ 60°$であることを確認できます．閉ループ伝達特性$P_{close}(s)$もいっしょに描いています．ノイズ・リダクションの特性も描いていますが，いまは説明しません．

● 過渡応答特性を求める

図8-16はラグ・リード・フィルタを用いた2次型PLLで出力周波数$f_1 = 250$ MHzから$f_2 = 300$ MHzまでステップ応答させたときの過渡応答特性$f(t)$を描かせたものです．

固有周波数f_Nと減衰係数ζの値は，式(8-20)と式(8-21)より次の値となります．

$\omega_N = 4.59 \times 10^4$ rad/s

∴ $f_N = 7.3$ kHz

$\zeta = 0.58$

過渡応答波形は図8-16の①に示す特性で，少しオーバーシュートしています．

● 過渡応答特性を改善するには

オーバーシュートを抑えたいのであれば，減衰係数ζを大きくしなければいけません．ラグ・フィルタの場合には，減衰係数ζを大きくすると固有周波数f_Nも高くなってしまいました．ラグ・リード・フィルタでは，固有周波数f_Nを変えずに減衰係数ζを大きくできます．

周波数特性でいえば，PLLのカットオフf_Cを変えずに位相余裕ϕ_Cを増やすことに相当します．$R_2 = 2.0$ kΩに変更することで，固有周波数$f_N ≒ 7.2$ kHzとf_Nを大きく変化させることなく減衰係数を$\zeta ≒ 0.73$まで大きくできます．

図8-16の②に示すようにオーバーシュートのほとんどない過渡応答特性とすることができます．

高周波PLL回路のしくみと設計法

第9章

設計条件から
ループ・フィルタの定数を決める

～カットオフ周波数f_Cと位相余裕ϕ_Cを与えてフィルタ定数を算出する～

> 近年のPLL設計においては周波数精度だけでなく，位相雑音特性や周波数の切り替えスピード，そしてスプリアス特性が重要視されます．
>
> これらを満足するためには，負帰還ループのカットオフ周波数f_Cと位相余裕ϕ_Cを自由に選べて，かつ高域での減衰量も十分に取れる必要があり，第7章の後半で解説した3次形PLLが必要です．
>
> 本章では，そのような特性の良いPLLを自在に設計する方法を解説します．そして，具体的なループ・フィルタ定数の求め方をいくつかの設計例から示します．

現在は，用途に合わせてさまざまなPLL用ICが用意されています．決まった仕様であれば，ループ・フィルタ定数はICメーカの推奨値で問題ないでしょう．

しかし，VCOなど使用する部品が推奨品でなかったり，仕様が異なる…出力周波数や基準周波数などが異なったりするのであれば，ループ・フィルタを自分で設計しなければなりません．

さらに，位相雑音特性やスプリアス特性で最高の性能を求めるなら，負帰還ループのカットオフ周波数を適切に設定するために，ループ・フィルタの定数を自分で決める必要があります．

● フィルタ定数を求める式を導く

本章では，必要な仕様やフィルタ以外の回路ブロックの条件から，フィルタの定数を求める式を導きます．

フィルタ以外の回路ブロックの条件として，VCOの変換ゲインをK_V，位相比較器のゲインをK_P，分周数をNとします．それらの値に加えて，負帰還ループのカットオフ周波数f_Cと位相余裕ϕ_Cの値を与えることで，ループ・フィルタの各定数

を算出できる式を導きます．

要求されたf_Cとϕ_Cの値からループ・フィルタ定数を算出できるので大変便利です．

どのようなフィルタが必要なのか

● PLLという負帰還制御が安定な条件

PLLの安定条件は，普通のOPアンプなどの負帰還の安定条件と同じで，負帰還ループの一巡ゲインが0 dBになる周波数で位相余裕が45°以上あれば安定です．

PLLのループ・フィルタの設計が難しいのは，ループ・フィルタ以外の部分ですでに位相が90°回ってしまっているためです．単純な負帰還回路であれば，位相余裕を45°確保するとしても180°−45°=135°の位相遅れが許されるはずです．それがPLLのループ・フィルタになると，90°−45°=45°しか許されません．

単純な1次のCRロー・パス・フィルタでは，−6 dB/octで減衰する帯域で位相遅れが90°あるので，設定できるカットオフ周波数や位相余裕がかなり限られます．そこで，周波数特性はロー・パス・フィルタに近く，かつ位相が戻る特性をもつようなフィルタを使い，位相の戻る周波数を合わせ込む必要があります．

● PLLの伝達関数が3次になるループ・フィルタが必要

古典的なPLLの設計手法では，PLLを2次形とするラグ・リード・フィルタを主に用いていました．しかし，応答特性と位相雑音特性，さらにはスプリアス特性を最適化する必要のある近代のPLLは，3次形ループ以上で設計します．

PLLの伝達特性を3次形以上とすれば，カットオフ周波数f_Cと位相余裕ϕ_Cを独立して設定できるのに加えて，フィルタの切れを増すことができます．2次形PLLより高域での減衰量を確保できるので，リファレンスもれスプリアスも小さくできます．

● 完全積分にするためアクティブ・フィルタを使う

図9−1に，第7章で解説したパッシブ・フィルタによるラグ・リード・フィルタ＋高域減衰特性を示します．0 Hzでのゲインは0 dBです．ループ・フィルタ以外の合成ゲインが0 dBとなる周波数をf_Nとすると，パッシブ・フィルタではループのカットオフ周波数f_Cをf_N以上にできません．

f_Nよりf_Cを高くする…広帯域なPLLを構成する方法として，第7章ではアクティブ・フィルタを使う方法を紹介しました．

図9−2には，アクティブ・フィルタで構成したラグ・リード・フィルタ＋高域

[図9-1] パッシブ・フィルタの例と周波数特性
不完全積分であり，負帰還ループのカットオフ周波数に制限がある

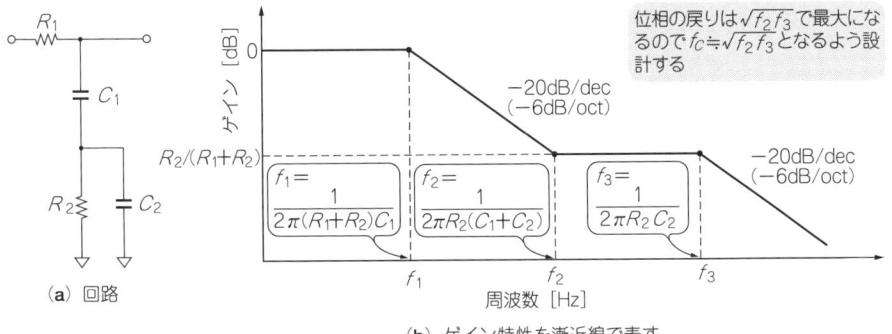

位相の戻りは$\sqrt{f_2 f_3}$で最大になるので$f_C \approx \sqrt{f_2 f_3}$となるよう設計する

$f_1 = \dfrac{1}{2\pi(R_1+R_2)C_1}$

$f_2 = \dfrac{1}{2\pi R_2(C_1+C_2)}$

$f_3 = \dfrac{1}{2\pi R_2 C_2}$

(a) 回路
(b) ゲイン特性を漸近線で表す

[図9-2] アクティブ・フィルタの例と周波数特性
完全積分で負帰還ループのカットオフ周波数を自由に選ぶことができる

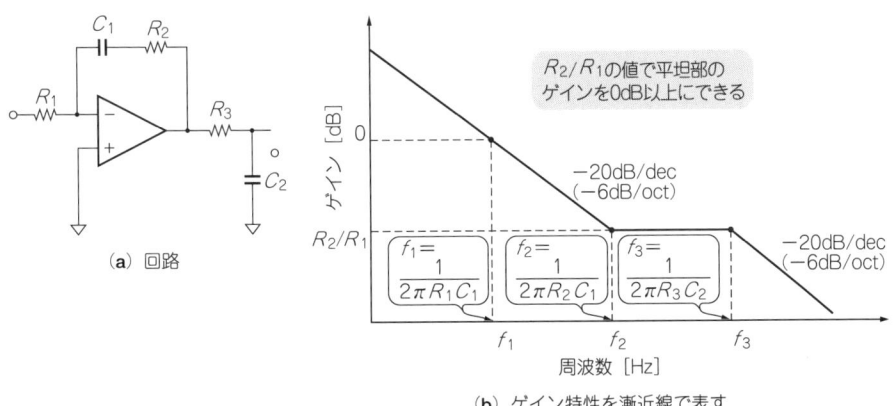

R_2/R_1の値で平坦部のゲインを0dB以上にできる

$f_1 = \dfrac{1}{2\pi R_1 C_1}$

$f_2 = \dfrac{1}{2\pi R_2 C_1}$

$f_3 = \dfrac{1}{2\pi R_3 C_2}$

(a) 回路
(b) ゲイン特性を漸近線で表す

減衰特性を示します．OPアンプを使うと理想的には完全積分となり，0Hzでのゲインは理想的には無限大です．実際には，OPアンプのゲインが有限なので，限界はあります．

● チャージ・ポンプとパッシブ・フィルタでも良い

　チャージ・ポンプを使った場合も等価的に**図9-2**とほぼ同じモデルになるので，完全積分の形になり，カットオフ周波数を自由に選べます．
　第7章にはパッシブ・フィルタではカットオフ周波数f_Cをf_N以上にできないと記しました．しかし，3ステート動作のチャージ・ポンプを伴った位相比較器であれ

[図9-3] チャージ・ポンプを利用したPLLのモデル

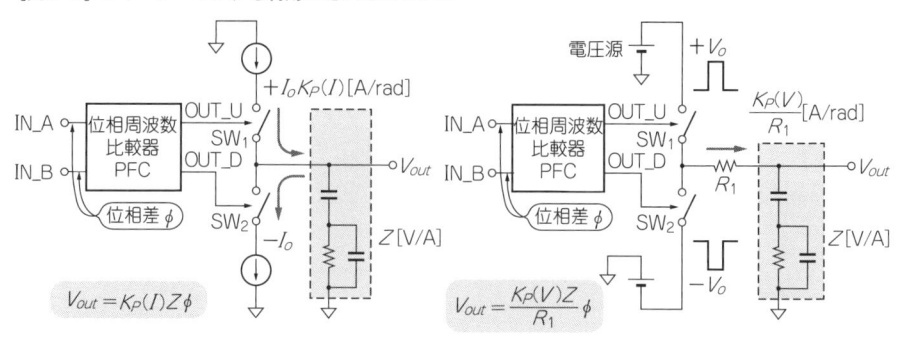

(a) 電流出力によるチャージ・ポンプとループ・フィルタ　(c) 電圧出力によるチャージ・ポンプとループ・フィルタ

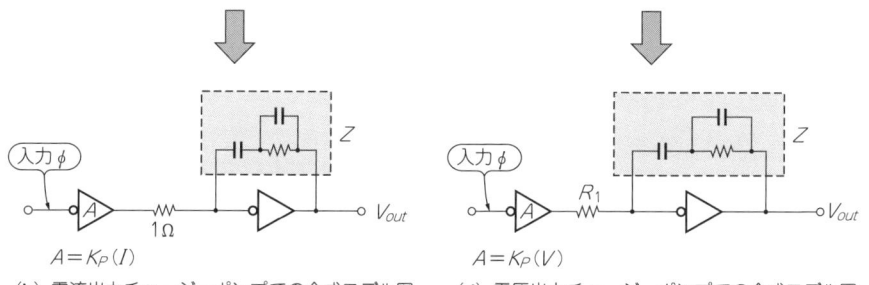

(b) 電流出力チャージ・ポンプでの合成モデル図　(d) 電圧出力チャージ・ポンプでの合成モデル図

ば，パッシブ・フィルタとの接続でもf_Cをf_N以上にできます．

現在のPLL ICでは，通常，チャージ・ポンプが搭載されているので，パッシブ・フィルタとの接続でループ・フィルタを設計するのが一般的です．

図9-3には，チャージ・ポンプを伴った位相比較器とパッシブ・フィルタの合成モデルを記します．電流出力タイプ，電圧出力タイプとも完全積分のモデルとなります．シミュレータで開ループ伝達関数を描かせる場合には，完全積分のモデルを使います．

ループ・フィルタの回路構成

図9-4に示すモデルのPLLは，完全積分の動作を負帰還ループにもつ3次形PLLになります．完全積分を実現するには，アクティブ・フィルタを使う方法と，チャージ・ポンプとパッシブ・フィルタを組み合わせる方法とがあります．

[図9-4] 完全積分で3次形となるPLLの構成例
アクティブ・フィルタによる方法とチャージ・ポンプによる方法の2種類ある

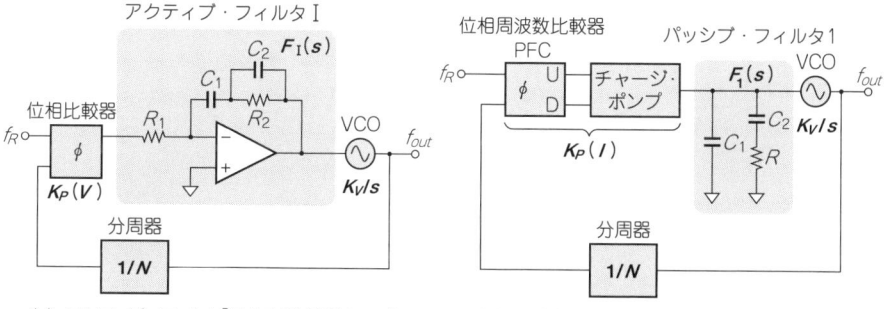

(a) アクティブ・フィルタIによる3次形PLLモデル

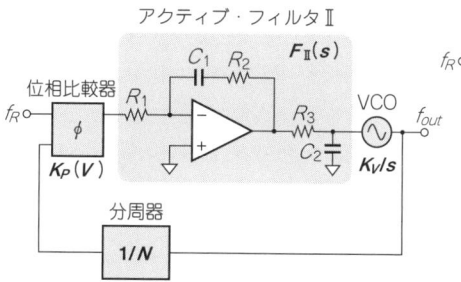

(b) アクティブ・フィルタIIによる3次形PLLモデル

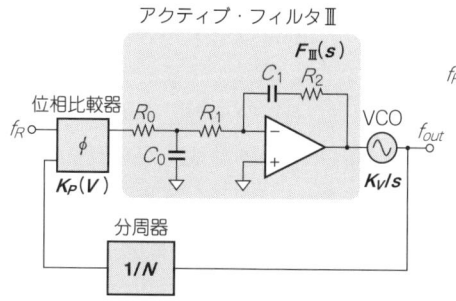

(c) アクティブ・フィルタIIIによる3次形PLLモデル

(d) 電流出力チャージ・ポンプとパッシブ・フィルタ1による3次形PLLモデル

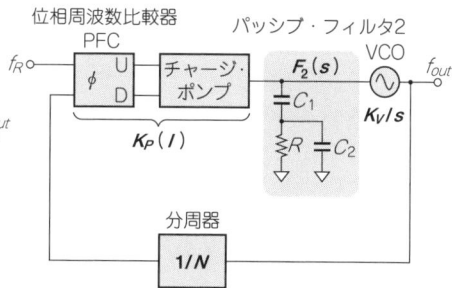

(e) 電流出力チャージ・ポンプとパッシブ・フィルタ2による3次形PLLモデル

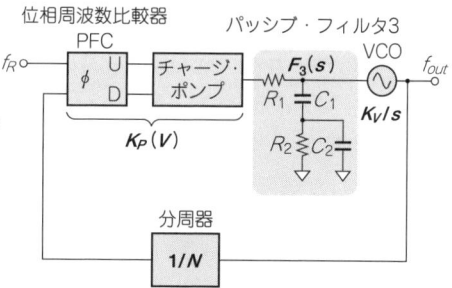

(f) 電圧出力チャージ・ポンプとパッシブ・フィルタ3による3次形PLLモデル

ループ・フィルタの回路構成 | 273

[図9-5] 位相周波数比較器と差動アンプ・フィルタ回路による構成例
位相周波数比較器の出力は二つあるので差動アンプ回路が必要になる

差動入力にしたアクティブ・フィルタⅡ

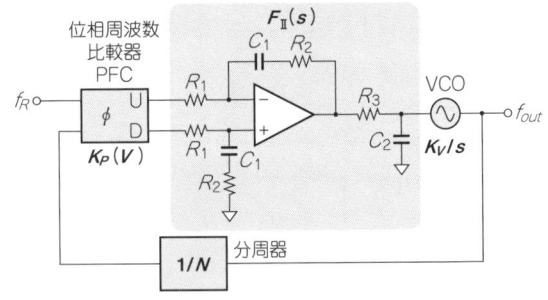

● アクティブ・フィルタを使う構成

図9-4(a),(b),(c)に示すモデル中のループ・フィルタは,OPアンプによるアクティブ・フィルタで構成された完全積分のループ・フィルタです.

RCの構成は若干違いますが,これらはすべて3次形のPLLとなります.

PLLを位相周波数比較器PFCで構成するのであれば,図9-5に示すように,U出力とD出力の両方をOPアンプによる差動増幅器で受ける形になります.この図の回路で完全積分のループ・フィルタとなり,また3次形のPLL回路を構成できます.昨今のOPアンプは性能が向上しているので,例題として設計しているPLL回路は,この構成を用いています.詳しくは第5章も参照してください.

● チャージ・ポンプとパッシブ・フィルタの構成

図9-4(d),(e),(f)に示すモデルは,位相周波数比較器PFC出力にチャージ・ポンプを設けて,位相比較の出力を3ステート動作にした場合です.これらも完全積分の動作をするループ・フィルタとなり,3次形のPLLを構成できます.

チャージ・ポンプを用いた場合には,完全積分の動作はしますが,チャージ・ポンプの電源電圧より高い電圧を出力できません.高いVCO駆動電圧が必要な場合には,図9-6に示すようにパッシブ・フィルタの代わりにOPアンプによるアクティブ・フィルタを設け,OPアンプの電源電圧を高くして必要な出力電圧を得ます.

完全積分3次形PLLのループ特性をボーデ線図で表す

完全積分3次形PLLの開ループ伝達関数$P_{open}(s)$のゲインと位相の関係がどうなっているか,ボーデ線図に描いて確認してみましょう.ここではボーデ線図を折れ線近似で表します.

[図9-6] チャージ・ポンプとアクティブ・フィルタ回路によるループ・フィルタの構成例
チャージ・ポンプの電源電圧より高い出力電圧が必要なら，アクティブ・フィルタを接続する

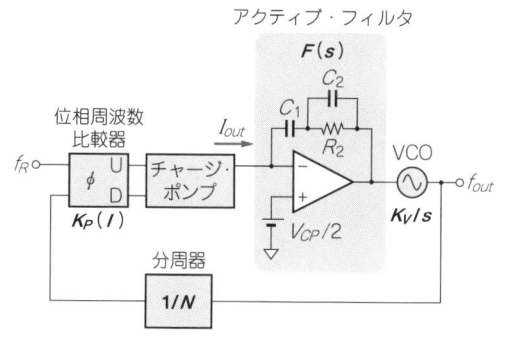

[図9-7] PLLモデルをブロック線図にする
この図から伝達関数を求める

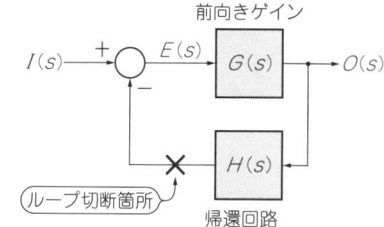

● PLLモデルをブロック線図で表現する

PLLモデルをブロック線図で表すと，図9-7となります．
PLLの開ループ伝達関数 $P_{open}(s)$ は，次式で表せました．

$$P_{open}(s) = G(s)H(s) = \frac{K_P K_V}{N} \frac{F(s)}{s} \quad\cdots\cdots(9\text{-}1)$$

ただし，$F(s)$：ループ・フィルタの伝達関数，K_V：VCOの変換ゲイン[(rad/s)/V]，K_P：位相比較器のゲイン[V/rad]

● 3次形PLLでの開ループ伝達関数を求める

図9-4に示した3次形PLLを構成するループ・フィルタの伝達関数 $F(s)$ の一般式は，フィルタの定数から決まる三つの時定数 T_1, T_2, T_3 を使って次式のように表せます．

$$F(s) = \frac{sT_2 + 1}{sT_1(sT_3 + 1)} \quad\cdots\cdots(9\text{-}2)$$

このように，3次形PLLを構成するループ・フィルタの伝達関数は2次です．
ゆえに，式(9-1)の開ループ伝達関数 $P_{open}(s)$ は次式となります．

$$P_{open}(s) = G(s)H(s) = \frac{K_P K_V}{N} \frac{sT_2 + 1}{s^2 T_1 (sT_3 + 1)} \quad\cdots\cdots(9\text{-}3)$$

PLLの伝達関数は3次の形となります．

● 開ループ伝達関数の周波数特性を図に描く

式(9-3)の周波数応答をボード線図で描くと図9-8です．横軸は角周波数ω [rad/s]とします．

▶ 周波数-ゲイン特性

$\omega = 1$でのゲイン$K_P K_V/NT_1$から，ゲインは40 dB/decの傾きで落ちていきます．$\omega_2=1/T_2$より周波数が高くなると，1次進みの要素(sT_2+1)が重なり，20 dB/decの傾きになります．さらに，$\omega_3=1/T_3$以上になると，1次遅れの要素$[1/(sT_3+1)]$も重なります．ω_3以上は再び40 dB/decの傾きになります．

▶ 周波数-位相特性

位相特性を見ると，完全積分の反転アンプが入るので，周波数が低いところでは$-180°$となっています．$\omega_2/10$の周波数からは進みの要素となり，位相は$10\omega_2$で$-90°$になる傾きで進んでいきます．$\omega_3/10$の周波数からは，遅れの要素が見えます．位相は$10\omega_2$で$-180°$となる傾きが重なり，進みがなまり，次第に遅れていきます．

[図9-8] 開ループ伝達関数をボード線図に描く
この図から要求仕様(f_C, ϕ_C)とフィルタ定数で決まる値(T_1, T_2, T_3)の関係を求める

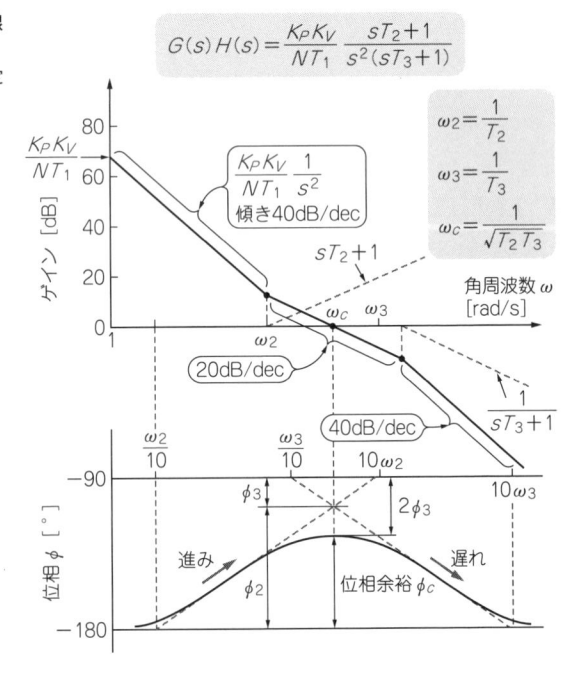

$$G(s)H(s) = \frac{K_P K_V}{NT_1} \frac{sT_2+1}{s^2(sT_3+1)}$$

$\omega_2 = \frac{1}{T_2}$

$\omega_3 = \frac{1}{T_3}$

$\omega_C = \frac{1}{\sqrt{T_2 T_3}}$

ループ特性の条件からフィルタの条件を求める

　ループ特性の条件は，第7章や第8章で見たように，負帰還ループのカットオフ周波数ω_Cと位相余裕ϕ_Cにまとめられます．ループ・フィルタに必要な条件を求めるために，**図9-8**に示すカットオフ周波数$\omega_C(=2\pi f_C)$と位相余裕ϕ_Cを希望値とするT_1，T_2，T_3の値を求めます．

　T_1，T_2，T_3が算出されれば，これらの値から，ループ・フィルタの定数を導くことができます．

● フィルタの時定数 T_2 と T_3 を導くための式

▶ ω_Cは位相の進みが一番増す周波数

　位相の戻りが最大になる周波数は$\sqrt{\omega_2 \omega_3}$です．この周波数をω_Cとすれば，位相余裕を確保できます．よってω_Cは次式とします．

$$\omega_C = \sqrt{\omega_2 \omega_3} = \frac{1}{\sqrt{T_2 T_3}} \quad \cdots\cdots (9\text{-}4)$$

▶ ボーデ線図から位相についての条件を取り出す

　ω_Cを式(9-4)とすれば，**図9-8**から以下の関係が導けます．

$$\phi_2 + \phi_3 = 90° \quad \cdots\cdots (9\text{-}5)$$
$$\phi_C = \phi_2 - \phi_3 \quad \cdots\cdots (9\text{-}6)$$
$$\tan \phi_2 = \omega_C T_2 \quad \cdots\cdots (9\text{-}7)$$
$$\tan \phi_3 = \omega_C T_3 \quad \cdots\cdots (9\text{-}8)$$

　式(9-5)と式(9-6)からϕ_2を求めて式(9-7)へ代入すると，T_2が求まります．

$$T_2 = \frac{1}{\omega_C} \tan\left(\frac{90 + \phi_C}{2}\right) \quad \cdots\cdots (9\text{-}9)$$

　T_2が求まれば，式(9-4)からT_3を算出できます．

$$T_3 = \frac{1}{\omega_C^2 T_2} \quad \cdots\cdots (9\text{-}10)$$

● フィルタの時定数 T_1 を導くための式

▶ ω_Cは開ループ伝達関数が1になる周波数

　式(9-3)の開ループ伝達関数に，$s \to j\omega$の置換を施すと，次式となります．

$$G(s)H(s) = \frac{K_P K_V}{N T_1} \frac{1 + j\omega T_2}{-\omega^2 (1 + j\omega T_3)} \quad \cdots\cdots (9\text{-}11)$$

$\omega = \omega_C$ のときは $|G(s)H(s)| = 1$ となります．ゆえに，T_1 は次式より求められます．

$$T_1 = \frac{K_P K_V}{N} \left| \frac{1 + j\omega_C T_2}{-\omega_C^2 (1 + j\omega_C T_3)} \right| \quad \cdots\cdots\cdots\cdots (9\text{-}12)$$

$\omega_C = 2\pi f_C$ なので，ループのカットオフ周波数 f_C と位相余裕 ϕ_C の値を与えることで，T_2，T_3，T_1 を導くことができます．

アクティブ・フィルタの定数を求める

PLLを3次形にする完全積分のループ・フィルタは図9-4に示したように構成方法がいくつかあります．ここでは例として，図9-4(a),(b)に示すアクティブ・フィルタⅠとⅡの定数を算出する式を導きます．

● アクティブ・フィルタⅠの場合

図9-9は，アクティブ・フィルタⅠの回路です．このフィルタの伝達関数 $F_\mathrm{I}(s)$ は次式から求まります．

$$F_\mathrm{I}(s) = \frac{V_2(s)}{V_1(s)} = \frac{\dfrac{1}{sC_1} + \dfrac{R_2}{1 + sC_2 R_2}}{R_1} = \frac{\dfrac{s_1 R_2 + sC_2 R_2 + 1}{sC_1 (1 + sC_2 R_2)}}{R_1}$$

$$= \frac{s(C_1 R_2 + C_2 R_2) + 1}{sC_1 R_1 (sC_2 R_2 + 1)} \quad \cdots\cdots\cdots\cdots (9\text{-}13)$$

フィルタの伝達関数 $F(s)$ の一般式は，式(9-2)で表されました．

[図9-9] アクティブ・フィルタⅠで定数と T_1, T_2, T_3 の関係を求める

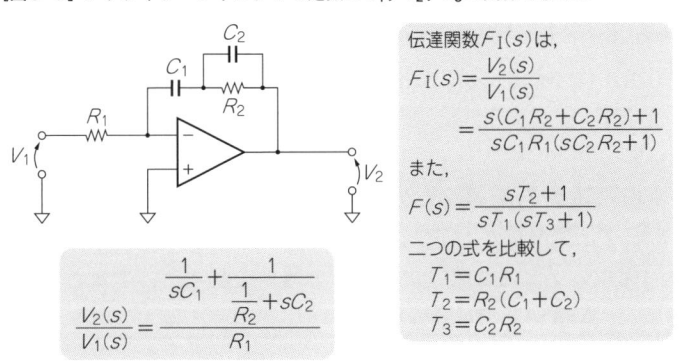

伝達関数 $F_\mathrm{I}(s)$ は，

$$F_\mathrm{I}(s) = \frac{V_2(s)}{V_1(s)}$$

$$= \frac{s(C_1 R_2 + C_2 R_2) + 1}{sC_1 R_1 (sC_2 R_2 + 1)}$$

また，

$$F(s) = \frac{sT_2 + 1}{sT_1 (sT_3 + 1)}$$

二つの式を比較して，
$T_1 = C_1 R_1$
$T_2 = R_2 (C_1 + C_2)$
$T_3 = C_2 R_2$

$$\frac{V_2(s)}{V_1(s)} = \frac{\dfrac{1}{sC_1} + \dfrac{1}{\dfrac{1}{R_2} + sC_2}}{R_1}$$

$$F(s) = \frac{sT_2 + 1}{sT_1(sT_3 + 1)}$$

式(9-13)と式(9-2)を比較すると，時定数 T_1，T_2，T_3 は次式となります．

$T_1 = C_1 R_1$ ･･･(9-14)

$T_2 = R_2(C_1 + C_2)$ ･･(9-15)

$T_3 = C_2 R_2$ ･･･(9-16)

アクティブ・フィルタⅠの定数 R_1，C_1，R_2，C_2 は，式(9-14)，(9-15)，(9-16)から求めることができます．

● **アクティブ・フィルタⅡの場合**

図9-10は，アクティブ・フィルタⅡの回路です．このフィルタの伝達関数 $F_{\mathrm{II}}(s)$ を求めてみます．

$$\frac{V_3(s)}{V_1(s)} = \frac{1/sC_1 + R_2}{R_1} = \frac{sC_1R_2 + 1}{sC_1R_1} \quad \cdots\cdots\cdots\cdots\cdots\cdots\cdots\cdots (9\text{-}17)$$

$$\frac{V_2(s)}{V_3(s)} = \frac{1/sC_2}{R_3 + 1/sC_2} = \frac{1}{sC_2R_3 + 1} \quad \cdots\cdots\cdots\cdots\cdots\cdots\cdots\cdots (9\text{-}18)$$

よって，

$$F_{\mathrm{II}}(s) = \frac{V_2(s)}{V_1(s)} = \frac{sC_1R_2 + 1}{sC_1R_1} \cdot \frac{1}{sC_2R_3 + 1} = \frac{sC_1R_2 + 1}{sC_1R_1(sC_2R_3 + 1)} \quad \cdots\cdots (9\text{-}19)$$

これを式(9-2)と比較して T_1，T_2，T_3 は次式となります．

[図9-10] アクティブ・フィルタⅡで定数と T_1，T_2，T_3 の関係を求める

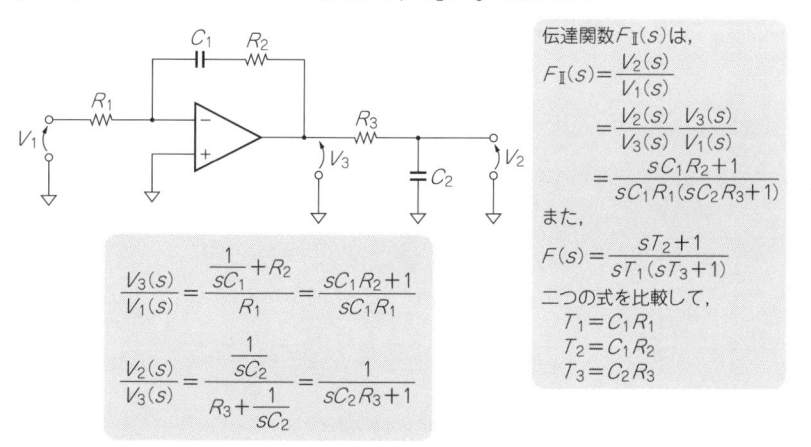

伝達関数 $F_{\mathrm{II}}(s)$ は，
$$F_{\mathrm{II}}(s) = \frac{V_2(s)}{V_1(s)}$$
$$= \frac{V_2(s)}{V_3(s)} \cdot \frac{V_3(s)}{V_1(s)}$$
$$= \frac{sC_1R_2 + 1}{sC_1R_1(sC_2R_3 + 1)}$$

また，
$$F(s) = \frac{sT_2 + 1}{sT_1(sT_3 + 1)}$$

二つの式を比較して，
$T_1 = C_1R_1$
$T_2 = C_1R_2$
$T_3 = C_2R_3$

$$\frac{V_3(s)}{V_1(s)} = \frac{\frac{1}{sC_1} + R_2}{R_1} = \frac{sC_1R_2 + 1}{sC_1R_1}$$

$$\frac{V_2(s)}{V_3(s)} = \frac{\frac{1}{sC_2}}{R_3 + \frac{1}{sC_2}} = \frac{1}{sC_2R_3 + 1}$$

$$T_1 = C_1 R_1 \quad \cdots\cdots\cdots\cdots\cdots\cdots\cdots\cdots\cdots\cdots\cdots\cdots\cdots\cdots\cdots\cdots\cdots\cdots\cdots\cdots\cdots\cdots\cdots\cdots\cdots\cdots (9\text{-}20)$$
$$T_2 = C_1 R_2 \quad \cdots\cdots\cdots\cdots\cdots\cdots\cdots\cdots\cdots\cdots\cdots\cdots\cdots\cdots\cdots\cdots\cdots\cdots\cdots\cdots\cdots\cdots\cdots\cdots\cdots\cdots (9\text{-}21)$$
$$T_3 = C_2 R_3 \quad \cdots\cdots\cdots\cdots\cdots\cdots\cdots\cdots\cdots\cdots\cdots\cdots\cdots\cdots\cdots\cdots\cdots\cdots\cdots\cdots\cdots\cdots\cdots\cdots\cdots\cdots (9\text{-}22)$$

アクティブ・フィルタⅡの各定数 R_1, R_2, C_1, R_3, C_2 は，式 (9-20)，(9-21)，(9-22) から求められます．

チャージ・ポンプに使うパッシブ・フィルタの定数を求める

図9-11に，電流出力型チャージ・ポンプによる完全積分となる3次形PLLを構成するフィルタ2種を示します．これらのフィルタは，電流 I_{in} を電圧 V_{out} に変換するインピーダンスです．

● パッシブ・フィルタ1の場合

フィルタ1の伝達関数は次式となります．
$$F_1(s) = \frac{V_{out}(s)}{I_{in}(s)} = \frac{(R + 1/sC_2)(1/sC_1)}{R + 1/sC_2 + 1/sC_1}$$

[図9-11] パッシブ・フィルタで定数と T_1, T_2, T_3 の関係を求める

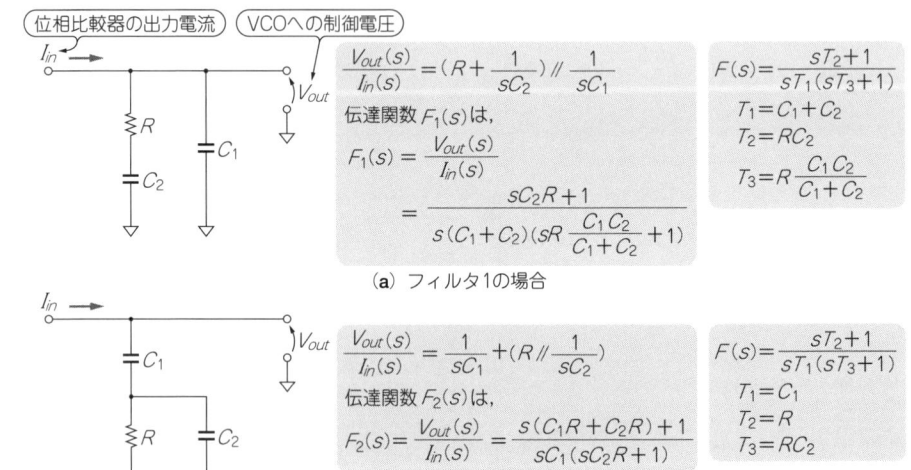

(a) フィルタ1の場合

$$\frac{V_{out}(s)}{I_{in}(s)} = (R + \frac{1}{sC_2}) // \frac{1}{sC_1}$$

伝達関数 $F_1(s)$ は，
$$F_1(s) = \frac{V_{out}(s)}{I_{in}(s)} = \frac{sC_2 R + 1}{s(C_1 + C_2)(sR\frac{C_1 C_2}{C_1 + C_2} + 1)}$$

$$F(s) = \frac{sT_2 + 1}{sT_1(sT_3 + 1)}$$
$$T_1 = C_1 + C_2$$
$$T_2 = RC_2$$
$$T_3 = R\frac{C_1 C_2}{C_1 + C_2}$$

(b) フィルタ2の場合

$$\frac{V_{out}(s)}{I_{in}(s)} = \frac{1}{sC_1} + (R // \frac{1}{sC_2})$$

伝達関数 $F_2(s)$ は，
$$F_2(s) = \frac{V_{out}(s)}{I_{in}(s)} = \frac{s(C_1 R + C_2 R) + 1}{sC_1(sC_2 R + 1)}$$

$$F(s) = \frac{sT_2 + 1}{sT_1(sT_3 + 1)}$$
$$T_1 = C_1$$
$$T_2 = R$$
$$T_3 = RC_2$$

$$= \frac{sC_2R + 1}{s(C_1 + C_2)\left(sR\dfrac{C_1C_2}{C_1 + C_2} + 1\right)} \quad \cdots\cdots\cdots\cdots\cdots\cdots\cdots\cdots\cdots (9\text{-}23)$$

フィルタ（2次形）の伝達関数 $F(s)$ の一般式は式 (9-2) で表されたので，比較すると T_1, T_2, T_3 は次式となります.

$$T_1 = C_1 + C_2 \cdots\cdots\cdots\cdots\cdots\cdots\cdots\cdots\cdots\cdots\cdots\cdots\cdots\cdots\cdots\cdots\cdots\cdots\cdots\cdots (9\text{-}24)$$

$$T_2 = RC_2 \cdots\cdots\cdots\cdots\cdots\cdots\cdots\cdots\cdots\cdots\cdots\cdots\cdots\cdots\cdots\cdots\cdots\cdots\cdots\cdots\cdots (9\text{-}25)$$

$$T_3 = R\frac{C_1C_2}{C_1 + C_2} \cdots\cdots\cdots\cdots\cdots\cdots\cdots\cdots\cdots\cdots\cdots\cdots\cdots\cdots\cdots\cdots (9\text{-}26)$$

式 (9-24), (9-25), (9-26) の関係から R, C_1, C_2 を求めることができます.

● パッシブ・フィルタ2の場合

同様に，フィルタ2の伝達関数は次式です.

$$F_2(s) = \frac{V_{out}(s)}{I_{in}(s)} = \frac{R/sC_2}{1/sC_2 + R} + \frac{1}{sC_1} = \frac{s(C_1R + C_2R) + 1}{sC_1(sC_2R + 1)} \cdots\cdots\cdots (9\text{-}27)$$

式 (9-2) と比較すると, T_1, T_2, T_3 は次式です.

$$T_1 = C_1 \cdots\cdots\cdots\cdots\cdots\cdots\cdots\cdots\cdots\cdots\cdots\cdots\cdots\cdots\cdots\cdots\cdots\cdots\cdots\cdots\cdots\cdots (9\text{-}28)$$

$$T_2 = R(C_1 + C_2) \cdots\cdots\cdots\cdots\cdots\cdots\cdots\cdots\cdots\cdots\cdots\cdots\cdots\cdots\cdots\cdots (9\text{-}29)$$

$$T_3 = RC_2 \cdots\cdots\cdots\cdots\cdots\cdots\cdots\cdots\cdots\cdots\cdots\cdots\cdots\cdots\cdots\cdots\cdots\cdots\cdots\cdots\cdots (9\text{-}30)$$

式 (9-28), (9-29), (9-30) の関係から R, C_1, C_2 を求めることができます.

アクティブ・フィルタの定数算出例

本書で題材にしているPLL用ICを使わずに設計したPLL回路を例に，ループ・フィルタを設計してみましょう．仕様を図9-12に示しました．

● フィルタ以外の回路ブロックの特性

入力の基準信号 $f_R = 1\,\text{MHz}$ で $N = 300$ とし，出力周波数 $f_{out} = 300\,\text{MHz}$ のPLL回路とします．VCOは第4章で評価したもので，感度を $22\,\text{MHz/V}$ とします．入力電圧が1V変化したとき出力周波数が22MHz変わるので，変換ゲイン $K_V[(\text{rad/s})/\text{V}]$ は次式となります.

$$K_V = \frac{\varDelta f}{\varDelta V} 2\pi = 22 \times 10^6 \times 2\pi \quad \cdots\cdots\cdots\cdots\cdots\cdots\cdots\cdots\cdots\cdots\cdots (9\text{-}31)$$

[図9-12] このような設計仕様をもつPLL回路のループ・フィルタを設計してみる
VCOの感度や位相比較器のゲインなどは第2章～第6章で実際に設計/紹介した回路の値を使っている

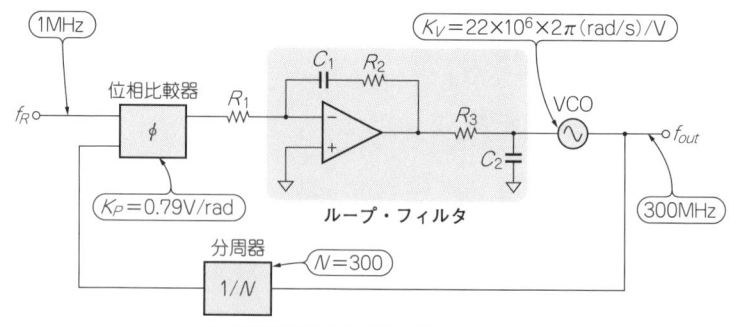

項　目	値
基準信号（比較周波数）f_R	1MHz
分周数 N	300
出力周波数 f_{out}	300MHz
VCO感度 f_V	22MHz/V
位相比較器のゲイン K_P	0.79V/rad
カットオフ周波数 f_C	10kHz
位相余裕 ϕ_C	60°

位相比較器は第5章で解説したもので，実測したゲイン K_P は 0.79 V/rad です．

● ループ特性の要求

ループのカットオフ周波数 $f_C = 10$ kHz，位相余裕 $\phi_C = 60°$ となるループ・フィルタが必要だとします．この値にした理由は次章で解説します．

● アクティブ・フィルタⅡを用いた場合

アクティブ・フィルタⅡを用いたPLLのループ・フィルタ定数を求めてみましょう．

▶STEP1：時定数の値を求める

カットオフ周波数 f_C ($\omega_C = 2\pi f_C$) と位相余裕 ϕ_C の値から式(9-9)，(9-10)を使い T_2 と T_3 を算出します．

$$T_2 = \frac{1}{\omega_C} \tan\left(\frac{90 + \phi_C}{2}\right) \fallingdotseq 5.94 \times 10^{-5}$$

$$\therefore f_2 = 1/(2\pi T_2) \fallingdotseq 2.68 \text{ kHz}$$

$$T_3 = \frac{1}{\omega_C^2 T_2} \fallingdotseq 4.26 \times 10^{-6}$$

$$\therefore f_3 = 1/(2\pi T_3) \fallingdotseq 37.32 \text{ kHz}$$

続いて T_1 を式(9-12)から算出します.

$$T_1 = \frac{K_P K_V}{N} \left| \frac{1 + j\omega_C T_2}{-\omega_C^2(1 + j\omega_C T_3)} \right| = 3.44 \times 10^{-4}$$

$$\therefore f_1 = 1/(2\pi T_1) = 462 \text{ Hz}$$

▶STEP2：フィルタ定数を求める

T_1, T_2, T_3 が求まったので，これらから図9-12に示すアクティブ・フィルタの定数を決めます．三つの時定数 T_1, T_2, T_3 とフィルタの定数 R_1, R_2, C_1, R_3, C_2 は，式(9-20)，式(9-21)，式(9-22)の関係にあります．

式(9-20)と式(9-21)を使うと，R_1, R_2, C_1 のいずれか一つを決めれば他の定数が決まります．式(9-22)から R_3, C_2 のどちらかを決めれば，もう一方の定数が求まります．ここでは，コンデンサの値 C_1 と C_2 を決めて他の定数を求めます．抵抗値が低すぎたり高すぎたりしないように様子をみて $C_1 = 0.33\,\mu\text{F}$，$C_2 = 3300\,\text{pF}$ とします．

R_1 は，次式より算出できます．

$$R_1 = T_1/C_1 = 1.04 \text{ k}\Omega$$

実際の抵抗にはこの値はないので，E12系列の定数として1 kΩとします．

R_2 は，次式より算出できます．

$$R_2 = T_2/C_1 = 179.9\,\Omega$$

E12系列から選び定数は180 Ωとします．

R_3 は，次式より算出できます．

$$R_3 = T_3/C_2 = 1.29 \text{ k}\Omega$$

E12系列から選び定数は1.2 kΩとします．

以上から，カットオフ周波数 $f_C = 10$ kHzで位相余裕 $\phi_C = 60°$ のフィルタ定数は，$R_1 = 1\,\text{k}\Omega$，$R_2 = 180\,\Omega$，$C_1 = 0.033\,\mu\text{F}$，$R_3 = 1.2\,\text{k}\Omega$，$C_2 = 3300\,\text{pF}$ となります．

● アクティブ・フィルタIを用いた場合

アクティブ・フィルタIでもフィルタ定数を式(9-14)，式(9-15)，式(9-16)より算出できます．この場合，R_1, R_2, C_1, R_3, C_2 のいずれか一つを定めれば，他の定数がすべて決まります．ただし，アクティブ・フィルタIIの場合より計算が多少面倒になります．

[図9-13] フィルタ定数を計算ツールで求める
どの定数を先に決めても値を計算してくれる

■ 3. Active-network 1 型 ループ・フィルタ の 計算

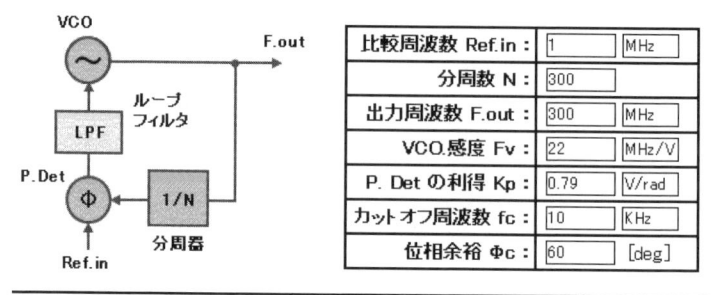

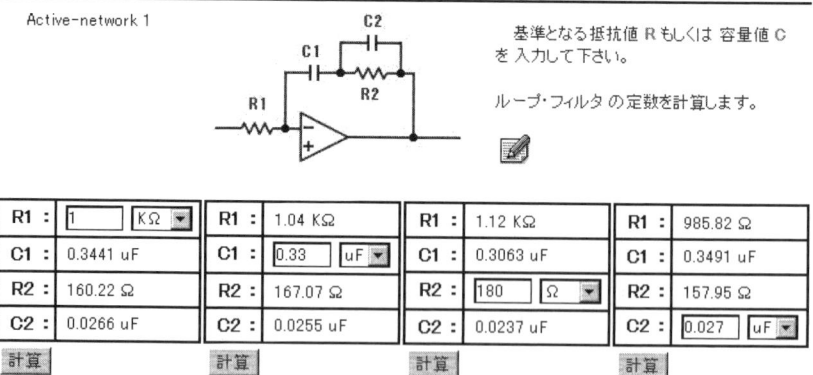

比較周波数 Ref.in :	1	MHz
分周数 N :	300	
出力周波数 F.out :	300	MHz
VCO.感度 Fv :	22	MHz/V
P. Det の利得 Kp :	0.79	V/rad
カットオフ周波数 fc :	10	KHz
位相余裕 Φc :	60	[deg]

Active-network 1

基準となる抵抗値 R もしくは 容量値 C を 入力して下さい。
ループ・フィルタ の 定数を計算します。

R1 :	1 KΩ	R1 :	1.04 KΩ	R1 :	1.12 KΩ	R1 :	985.82 Ω
C1 :	0.3441 uF	C1 :	0.33 uF	C1 :	0.3063 uF	C1 :	0.3491 uF
R2 :	160.22 Ω	R2 :	167.07 Ω	R2 :	180 Ω	R2 :	157.95 Ω
C2 :	0.0266 uF	C2 :	0.0255 uF	C2 :	0.0237 uF	C2 :	0.027 uF

▶計算ツールを用意しておくと手間がかからない

　私のウェブ・ページ[49]上では，アクティブ・フィルタⅠ，Ⅱによるループ・フィルタの定数計算を簡単に行えるツールを準備しているので，活用してください．

　図9-13に，このツールを用いて計算したアクティブ・フィルタⅠの各定数を示します．実際に用いる定数にすると $R_1 = 1\,\text{k}\Omega$, $R_2 = 180\,\Omega$, $C_1 = 0.33\,\mu\text{F}$, $C_2 = 0.027\,\mu\text{F}$ となります．

● 実際に用いる値での特性を確かめる

　実際に用いる定数は計算値と少し異なります．カットオフ周波数 f_C と位相余裕 ϕ_C がどの程度ずれるかを，開ループ伝達関数 $G(s)H(s)$ をボーデ線図に描いて確認してみましょう．

▶周波数特性を計算で求めて確かめる

周波数ゲイン特性は，先の式(9-11)を解くことで求められます．周波数位相特性には式(9-6)，式(9-7)，式(9-8)の関係を解くことで得られます．ここでは結果だけを記します．**図9-14**はExcelで計算させてグラフに表したものです．

▶ シミュレータでも確認できる

　PLLをモデル化すると，S-NAPなどのAC解析可能なシミュレータを用いて負帰還ループの特性を描かせられます．**図9-15**はシミュレータS-NAPによる開ループ伝達関数の周波数特性です．もちろん，計算による結果とシミュレータによる結果は，まったく同じです．

　実際に用いる定数でもカットオフ周波数 $f_C \fallingdotseq 10\,\mathrm{kHz}$ で位相余裕 $\phi_C \fallingdotseq 60°$ にあることが確認できました．

[図9-14] 手計算で定数を設計したフィルタの周波数特性
Excelで計算させてグラフにした

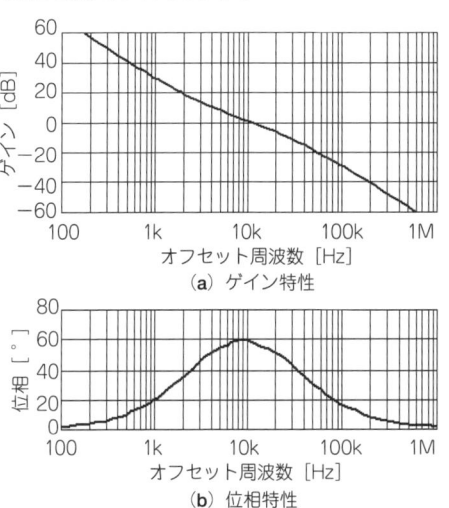

(a) ゲイン特性

(b) 位相特性

[図9-15] シミュレーションでも周波数特性を確かめてみた
シミュレータにはS-NAPを利用した

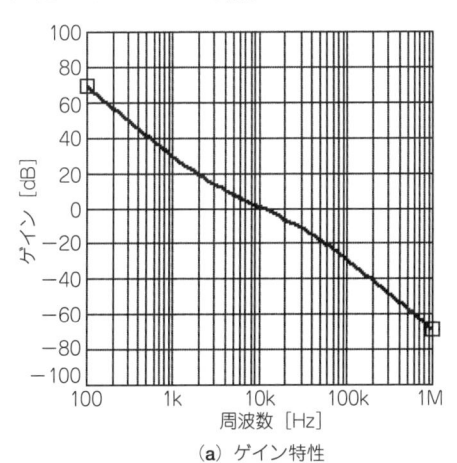

(a) ゲイン特性

(b) 位相特性

パッシブ・フィルタの定数算出例

● 電流出力型チャージ・ポンプを伴う3次形PLLの回路

図9-16は電流出力型チャージ・ポンプを伴った3次形PLLの構成例です．後に紹介するPLL用IC ADF4112を利用したPLL回路を想定しています．

VCOのゲインは$K_V = 22 \times 10^6 \times 2\pi$ [(rad/s)/V]とします．チャージ・ポンプの出力電流$I_{out} = 5$ mAとすると，位相比較器のゲイン$K_P(I) = 5$ mA$/2\pi \fallingdotseq$ 0.00079 A/radです．基準周波数$f_R = 1$ MHzで分周数$N = 300$として，出力周波数$f_{out} = 300$ MHzを得るPLLにしてみます．負帰還ループのカットオフ周波数は$f_C = 10$ kHzで，位相余裕$\phi_C = 45°$のPLLとして動作できるように，ループ・フィルタの定数R，C_1，C_2を設定します．

● 要求仕様からフィルタの条件を算出する

式(9-9)に$\omega_C = 2\pi f_C$，$f_C = 10$ kHz，$\phi_C = 45°$を代入すると，T_2が得られます．

$T_2 \fallingdotseq 3.84 \times 10^{-5}$

得られたT_2を式(9-10)に代入するとT_3が得られます．

$T_3 \fallingdotseq 6.59 \times 10^{-6}$

式(9-12)にT_2，T_3のほか$K_V = 22 \times 10^6 \times 2\pi$，$K_P = 0.00079$，$N = 300$を代入して$T_1$が得られます．

$T_1 \fallingdotseq 2.24 \times 10^{-7}$

● パッシブ・フィルタ1を用いた場合

アクティブ・フィルタの場合と異なり，T_1，T_2，T_3という三つの値に対して未知数がR，C_1，C_2の三つですから，定数に自由度はなく，一意に決まります．

[図9-16] 電流出力型チャージ・ポンプによる3次形PLLモデル

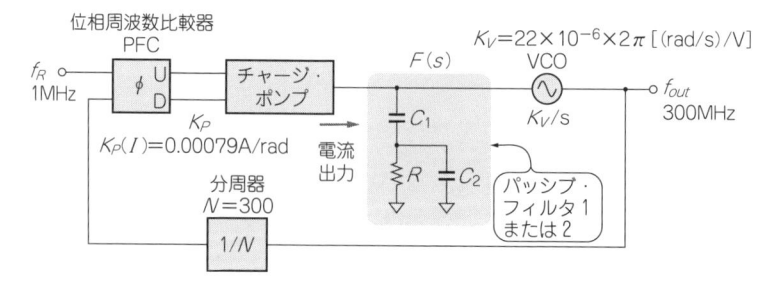

フィルタ定数は式(9-24)，式(9-25)，式(9-26)より算出できます．
$R ≒ 2.07 \times 10^2$
$C_1 ≒ 3.85 \times 10^{-8}$
$C_2 ≒ 1.86 \times 10^{-7}$

● パッシブ・フィルタ2を用いた場合

同様に，フィルタ定数は式(9-28)，式(9-29)，式(9-30)より算出できます．
$R ≒ 1.42 \times 10^2$
$C_1 ≒ 2.24 \times 10^{-7}$
$C_2 ≒ 4.65 \times 10^{-8}$

● 計算ツールを使うと手軽

私のウェブ・ページ上では，チャージ・ポンプ用にパッシブ・フィルタ1，2，

[図9-17] ウェブ上の計算ツールで求めたパッシブ・フィルタ2の定数

■ 3. Passive-network 2 型 ループ・フィルタ定数の計算結果

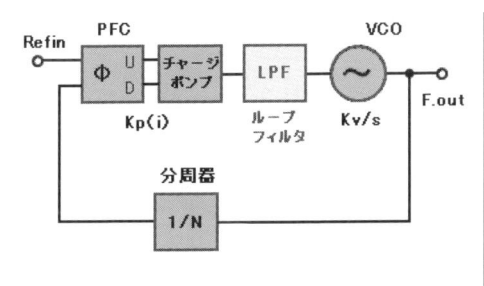

基準周波数 Refin :	1 MHz
分周数 N :	300
出力周波数 F.out :	300 MHz
VCO.感度 VF :	22 MHz/V
VCO.利得 Kv :	138229960 [rad/s/v]
PFC+CPの利得 Kp :	0.000796 A/rad
カットオフ周波数 fc :	10 KHz
位相余裕 Φc :	45 [deg.]

Passive-network 2

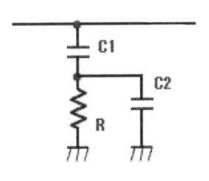

下に，ループ・フィルタ定数を算出しました．
計算値に近い実際の部品定数に置き換えて，用います．

R :	141.92 Ω	→ 150Ω
C1 :	0.2243 uF	→ 2.2 μF
C2 :	0.0465 uF	→ 0.047 μF

[図9-18] PLLモデルからシミュレータを使って描いた開ループ伝達関数

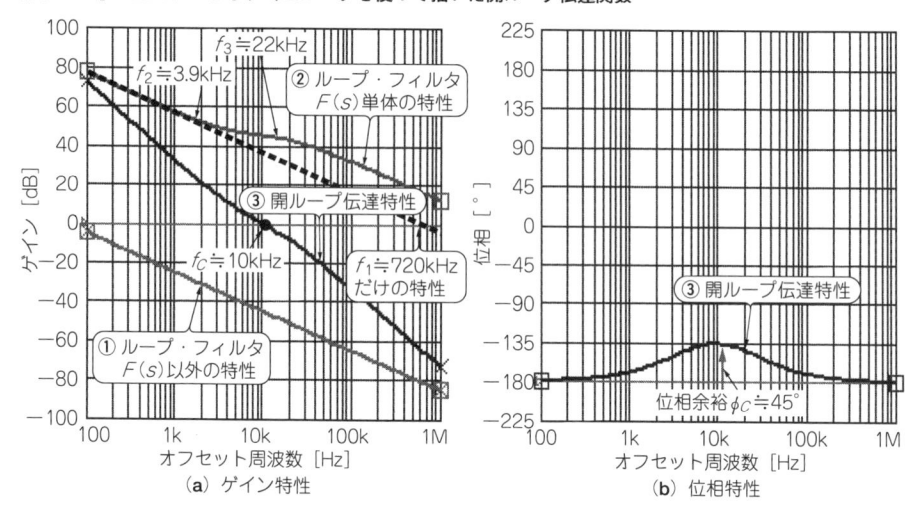

(a) ゲイン特性

(b) 位相特性

およびアクティブ・フィルタを使った場合の定数計算を簡単に行えるツールを準備しているので，ご活用ください．

図9-17にこのツールを用いて計算したパッシブ・フィルタ2の定数を示します．実際に用いる定数にすると，$R = 150\,\Omega$，$C_1 = 0.22\,\mu\mathrm{F}$，$C_2 = 0.047\,\mu\mathrm{F}$です．

● 実際に用いる定数での特性をシミュレータで確認する

図9-18に示すのは，図9-16のモデルからRFシミュレータで描かせた周波数特性です．

①がループ・フィルタ以外の伝達特性で，②がループ・フィルタ$F(s)$の伝達特性です．パッシブ・フィルタ2で$R = 150\,\Omega$，$C_1 = 0.22\,\mu\mathrm{F}$，$C_2 = 0.047\,\mu\mathrm{F}$とした値です．

①の特性に②の特性が足されると，③に示す開ループ伝達特性となります．開ループ伝達特性$P_{open}(s) = 1$となるカットオフ周波数は$f_C ≒ 10\,\mathrm{kHz}$で，位相余裕は$\phi_C ≒ 45°$となっています．設計どおりです．

ループ・フィルタの設計例と位相雑音特性の違い

アナログ・デバイセズ製の汎用PLL IC ADF4110シリーズを用いたチャージ・ポンプ出力の3次形PLLを設計してみます．位相比較する基準周波数f_R，負帰還ル

ープのカットオフ周波数f_Cをいくつか変えて設計します．期待どおりの特性となっているか，SSB位相雑音を測定して確かめます．

● 実験用ボードの構成

図9-19にADF4112を搭載した実験用ボードの構成を，**写真9-1**にその外観を示します．

いろいろなアプリケーションに対応するために，低位相雑音のVCOを二つ搭載し，スイッチで切り替えることで500 M～920 MHzという広帯域の出力を得ます．ループ・フィルタも，CRだけのパッシブ・タイプと，OPアンプを用いるアクティブ・タイプを選択できるようにしてあります．

● ループ・フィルタを設計するための準備

適切なループ・フィルタ定数を設計するためには，ループ・フィルタ以外の部分の特性，特にVCOの変換ゲインK_Vと位相比較器のゲインK_Pを知らなければなりません．

▶VCOの変換ゲインを求める

VCOの変換ゲインK_Vを求めるには，VCOの駆動電圧の変化ΔVに対する出力周

[図9-19] **実験ボードの構成**
ADF4112を使ってループ・フィルタの実験ができる

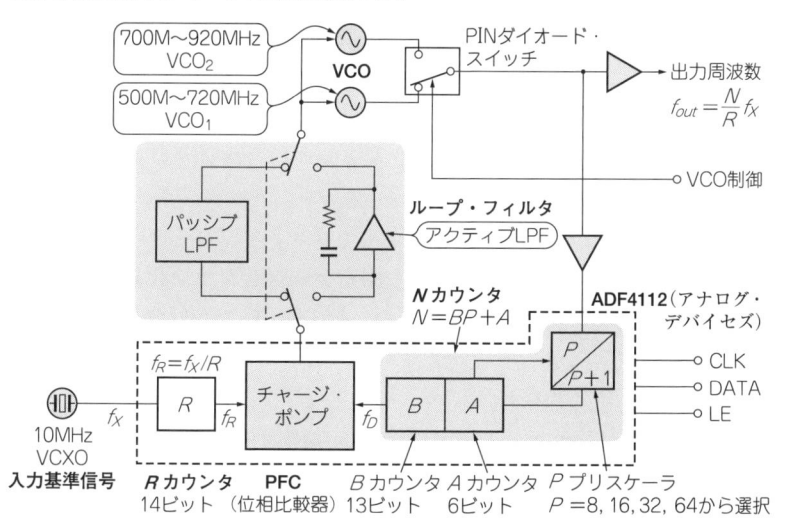

[写真9-1] 実験用ボードの外観

波数の変化Δfを測定して，感度特性[Hz/V]（1Vあたり何Hz動くか）を測定しておく必要があります．市販のVCOモジュールを使う場合はカタログ値を採用できますが，できれば実測しておくべきです．

図9-20には，実験ボードに搭載したマイクロストリップ・ラインによる共振回路を使ったVCOのV-F特性とその感度の測定データをグラフ化しました．

このように，感度はVCOによって異なり，同じVCOでも周波数により大きな差があることが一般的です．

▶位相比較器のゲインを求める

図9-21は電流出力チャージ・ポンプを伴った周波数位相比較器PFCの位相差-出力特性です．ゲインK_P[A/rad]は，位相差2πのとき出力電流I_{out}とすると，次式となります．

[図9-20] 実験ボードに搭載されたVCOの周波数特性および感度特性
ループ・フィルタ設計に重要な感度特性は一定ではない

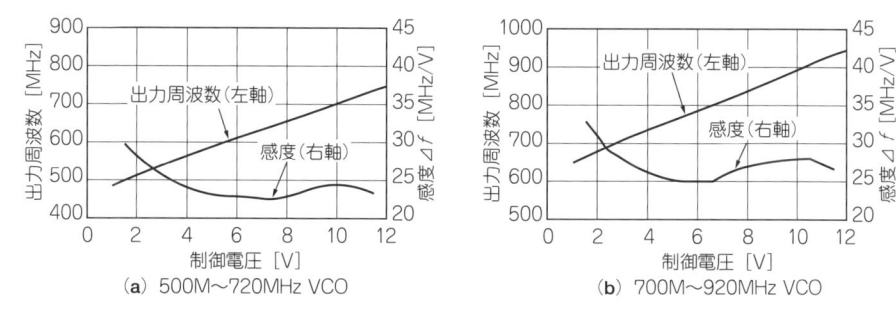

(a) 500M〜720MHz VCO

(b) 700M〜920MHz VCO

[図9-21] チャージ・ポンプ出力の位相比較器がもつ位相差-出力電流特性

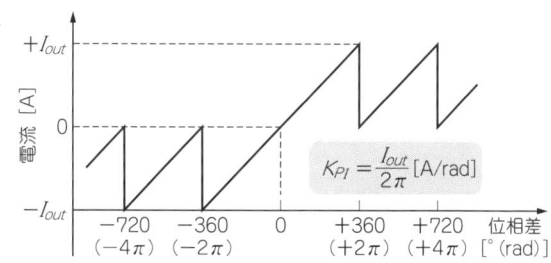

$$K_{PI} = \frac{I_{out}}{2\pi} \text{[A/rad]}$$

$$K_P = \frac{I_{out}}{2\pi} \quad \cdots \cdots (9\text{-}32)$$

▶チャージ・ポンプ回路の出力電流

PLL IC ADF4112では，マイコンなどから内部レジスタの設定を変えることでチャージ・ポンプの出力電流I_{out}を8段階に変更できます．8段階の最大値をI_{CP}とすると，I_{CP}は1ピンに接続する抵抗値R_{set}によって式(9-33)で決まります．R_{set}の値は，2.7 k〜10 kΩの範囲となっています．

$$I_{CP} = \frac{23.5}{R_{set}} \quad \cdots \cdots (9\text{-}33)$$

今回の実験ではR_{set} = 4.7 kΩとしました．I_{CP} = 5.0 mAで，0.625 mAずつ8通りのI_{out}が設定できます．ここでは最大の5 mAで使います．

● **カットオフ周波数f_Cを変えて設計する**

ループ・フィルタを設計するためには，負帰還ループであるPLLのカットオフ周波数f_Cを決める必要があります．カットオフ周波数は，PLLの要求特性や使用する発振器の位相雑音などにより最適値が異なります．そこで，ここではカットオ

フ周波数 f_C を変えて，それぞれの仕様でループ定数の設計を試みます．

出力周波数を 760 MHz に固定して，$f_C ≒ 10$ kHz, $f_C ≒ 500$ Hz, $f_C ≒ 100$ kHz と カットオフ周波数を変えた場合に，適切なループ定数を設計して位相雑音を評価します．

● カットオフ周波数 $f_C ≒ 10$ kHz とした設計例と位相雑音特性

位相を比較する基準周波数を 200 kHz とします．出力周波数は 760 MHz なので，分周数 N = 3800 です．

図 9-20(b) より，760 MHz 付近での VCO 感度は 26 MHz/V です．VCO のゲイン $K_V = 26 × 10^6 × 2π$ [(rad/s)/V] となります．チャージ・ポンプは出力電流 I_{out} = 5.0 mA で用いるので，位相比較器のゲイン K_P は 5 mA/$2π$ = 0.000796 A/rad となります．

これらの設計条件で，カットオフ周波数 $f_C ≒ 10$ kHz, 位相余裕 $Φ_C ≒ 60°$ の仕様

[図 9-22] ウェブ上のループ・フィルタの定数を算出するツールを使用

■ 3. Passive-network 1 型 ループ・フィルタ定数の計算結果

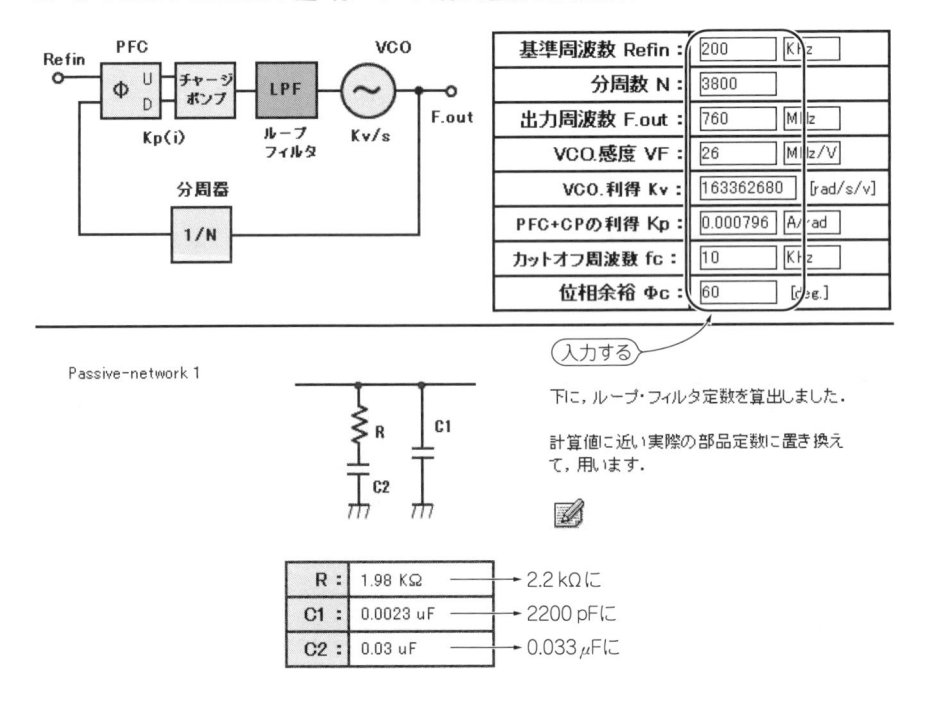

[図9-23] $f_C = 10$ kHz, $\phi_C = 60°$ で設計したループ・フィルタの定数

ツール(図9-22)で得られた値に修正を加えた

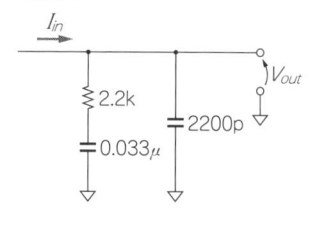

[図9-24] 図9-23のループ・フィルタを使った場合の実測SSB位相雑音特性

カットオフ周波数が10kHzになっていることがわかる

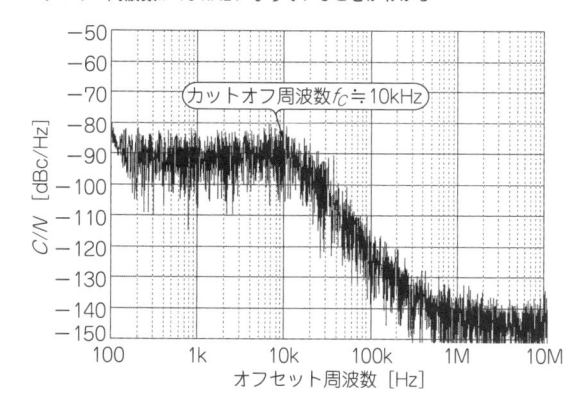

のループ・フィルタを設計してみます．

ここでは図9-12(a)のパッシブ・フィルタ1にします．図9-22には，計算ツールにより算出したループ定数を記しました．伝達特性を描かせた結果も考慮して，部品として入手しやすい定数に調整します．検討の結果，$R = 1.98$ kΩ → 2.2 kΩ，$C_1 = 0.0023$ μF → 2200 pF，$C_2 = 0.03$ μF → 0.033 μF とし，図9-23のようなループ・フィルタとしました．

図9-24に，このループ・フィルタを使ったときのPLL出力のSSB位相雑音特性を示します．

▶ 10 kHzで位相雑音の傾きが大きく変わっている

$f_C ≒ 10$ kHz を境に，位相雑音特性の傾きが大きく変わっています．PLLによるVCO雑音のリダクション効果が確認できます．PLLループのカットオフ周波数が10 kHzになっていることの証明です．

● カットオフ周波数 $f_C ≒ 500$ Hz とした設計例と位相雑音特性

位相を比較する基準周波数を12.5 kHzとします．出力周波数は760 MHzなので，分周数 $N = 60800$ です．カットオフ周波数 $f_C ≒ 500$ Hz，位相余裕 $\phi_C ≒ 45°$ 仕様のループ・フィルタを設計します．

図9-25に同様の手順で算出した実際に用いるループ定数を示します．この定数のループ・フィルタを使って測定したSSB位相雑音特性を図9-27に示します．

▶ およそ500 Hzで位相雑音の傾きが変わる

ループ・フィルタの設計例と位相雑音特性の違い

[図9-25] f_C≒500 Hz, ϕ_C≒45°で設計したループ・フィルタの定数

先の例と同様にツールを使って定数を求め，入手可能な値に調整する

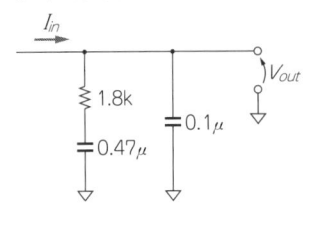

[図9-26] 図9-25のループ・フィルタを使った場合の実測SSB位相雑音特性

PLLによる位相雑音の抑圧が減ったため，位相雑音は増加している

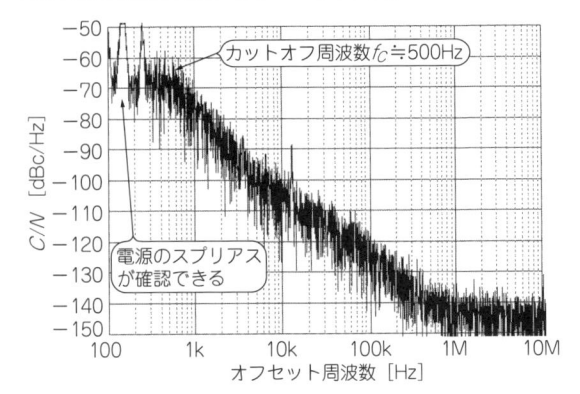

先ほどは，10 kHzと広帯域なPLLだったのに対して，今度は狭帯域PLLです．f_C≒500 Hzを境に位相雑音特性の傾きが変わっています．

VCO雑音のリダクション効果が少なくなるので，電源周波数のゆらぎによるスプリアスが確認されます．

● **カットオフ周波数f_C≒100 kHzとした設計例と位相雑音特性**

位相比較する基準周波数を5 MHzとします．出力周波数は760 MHzなので，分周数N = 152です．カットオフ周波数f_C≒100 kHz，位相余裕ϕ_C≒60°という仕様のループ・フィルタを設計します．

図9-27に，同様の手順で求めたループ・フィルタの定数を示します．測定したSSB位相雑音特性を図9-28に示します．

▶ 広い帯域で小さな位相雑音を得られる

広帯域PLLなので，f_C≒100 kHzを境に位相雑音特性の傾きが変わっています．Nの値も小さいので，オフセット周波数100 kHz以下のSSB位相雑音は基準信号源ノイズとADF4112がもつノイズが足された値の152倍の位相雑音となります．

測定結果から，−100 dBc/Hzより少ない値を確認できます．

● **高い制御電圧が必要な場合はアクティブ型を使う**

電流出力のチャージ・ポンプとパッシブ・フィルタにより完全積分のPLLを構成した場合に，一つ注意しなければならないことがあります．チャージ・ポンプを

[図9-27] f_C = 100 kHz, ϕ_C ≒ 60°で設計したループ・フィルタの定数

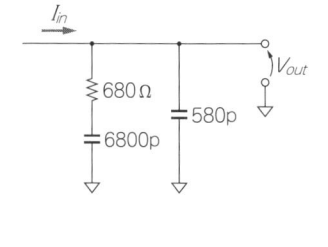

[図9-28] 図9-27のループ・フィルタを使った場合の実測SSB位相雑音特性

広帯域にPLLがかかっていて，分周数が低いこともあり位相雑音が低くなっている

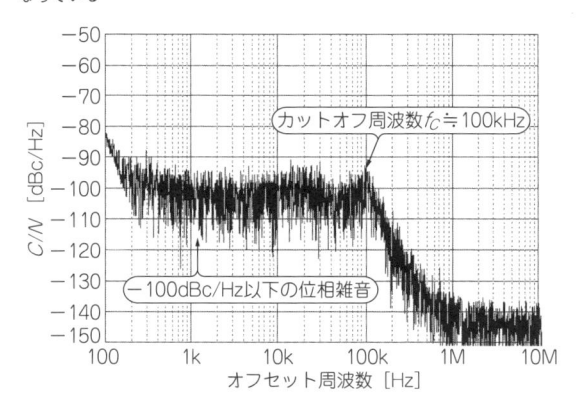

[図9-29] 電流出力チャージ・ポンプとアクティブ・フィルタ3次PLLのモデル

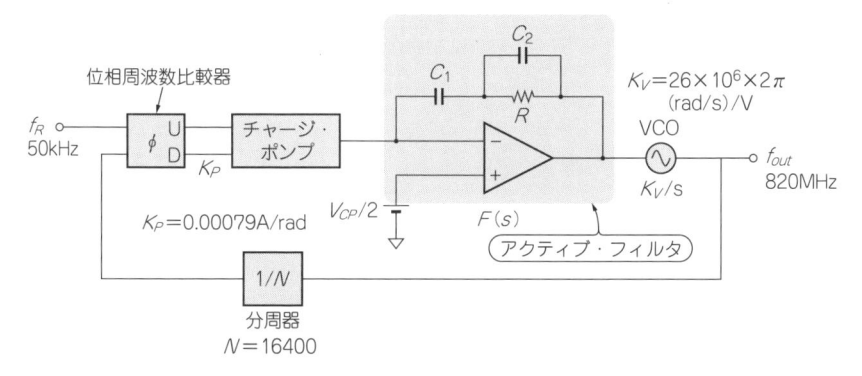

駆動している電源V_Pより高い電圧を出力できないという点です．

ADF4112のV_P電源は他の電源と独立していて，最大定格で+7Vまで用いることができます．実験ボードではV_P ≒ +6Vにしました．VCOの制御電圧はこれ以上の電圧にできません．

例えば，図9-20(b)の700～920 MHz VCOの場合，制御電圧に6V以上を必要とする790 MHz以上の周波数は，このままでは出力できないことになります．このような場合は，チャージ・ポンプとアクティブ・フィルタを組み合わせた構成を取ることになります．図9-29はその一例です．このようなOPアンプを用いれば，VCOの制御電圧をOPアンプの電源電圧の近くまで出力できることになります．

ループ・フィルタの設計例と位相雑音特性の違い | **295**

[図9-30] アクティブ・フィルタ用定数算出ツールの画面の一部
必要な仕様や各部の設定は図9-24と同様に入力する

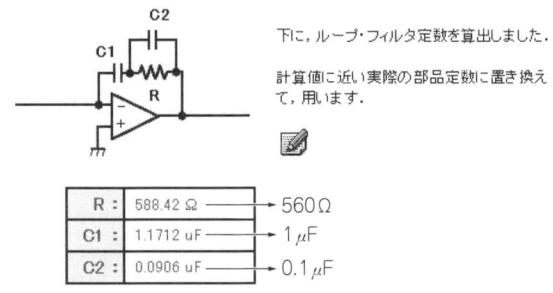

下に，ループ・フィルタ定数を算出しました．計算値に近い実際の部品定数に置き換えて，用います．

R : 588.42 Ω → 560 Ω
C1 : 1.1712 uF → 1 μF
C2 : 0.0906 uF → 0.1 μF

[図9-31] カットオフ周波数 f_C ≒ 800 Hz, 出力周波数820 MHzのSSB位相雑音

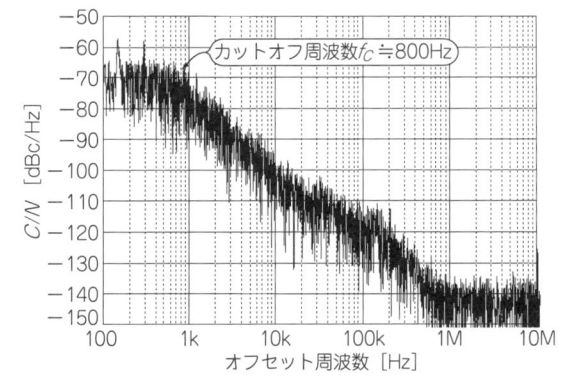

● チャージ・ポンプと組み合わせるアクティブ型の設計例と位相雑音特性

790 MHzを越え，820 MHzを出力するように設計してみましょう．位相比較する基準周波数を50 kHzとします．出力周波数は820 MHzなので，分周数 N = 16400です．カットオフ周波数 f_C ≒ 800 Hz, 位相余裕 ϕ_C ≒ 60°という仕様のループ・フィルタを設計します．このアクティブ・フィルタを用いた計算ツールも私のウェブ・ページ[49]上で公開しています．図9-30は計算結果です．

図9-31には，測定したSSB位相雑音特性を示します．雑音の形から，設計どおりのカットオフ周波数 f_C ≒ 800 Hzにあることが確認できます．

チャージ・ポンプ出力にアクティブ・フィルタを組み合せることで，高い制御電圧を必要とするVCOを用いたPLLを容易に設計できます．

高周波PLL回路のしくみと設計法

第10章
良好な位相雑音特性を得る ループ・フィルタの設計法
～PLL出力の位相雑音を最小にするループ・フィルタ定数を決める～

❖

本章では，PLLが出力する位相雑音を最小にする方法を考えていきます．
第9章で，PLLのカットオフ周波数f_Cと位相余裕ϕ_Cが与えられたら，その特性を作るループ・フィルタ定数を算出できるようになりました．
そこで本章では，PLLが出力する位相雑音を最小にするためには，カットオフ周波数f_Cと位相余裕ϕ_Cをどの値に決めればよいのかを解説します．

❖

　PLLの設計では，負帰還ループの一巡ゲインが1になるカットオフ周波数f_Cと，f_Cでの位相余裕ϕ_Cの決め方が重要です．これを誤ると，位相雑音特性や過度応答特性などが悪化します．
　本章では，計算でPLL出力の位相雑音を予測する方法について解説します．表計算ソフトウェアExcelの助けを借ります．
　PLLで主に位相雑音の発生源となるのは基準信号源とVCOです．この二つから発生するSSB位相雑音がわかると，カットオフ周波数f_Cで位相余裕ϕ_CとするPLLが出力するSSB位相雑音を予測できます．

PLLの位相余裕ϕ_Cと位相雑音の関係を定量的に求める

　位相余裕ϕ_Cによってカットオフ周波数f_C近辺の位相雑音特性が変わります．位相余裕が小さいと位相雑音が盛り上がります．
　位相余裕による盛り上がりの有無を予測して，実験で確かめてみましょう．
　まず，負帰還ループのカットオフ周波数f_C近辺における位相雑音の盛り上がりを計算する方法を解説します．

❶ f_C 近辺での位相雑音の盛り上がりを予測する閉ループ・モジュラス M

　PLL回路を負帰還増幅回路のように見れば，PLLは基準信号源の位相雑音を閉ループ伝達関数のぶん増幅することがわかると思います．伝達関数にピークがあれば，位相雑音特性もピークをもちます．

　周波数特性カーブ(盛り上がりの有無)だけに注目できるよう，閉ループ伝達関数を分周数 N で正規化した値を使いましょう．閉ループ・モジュラス(closed loop modulus)と呼ばれる値で，通常 M を使って表します．閉ループ・モジュラス M の周波数特性に盛り上がりがあれば，位相雑音も盛り上がります．

　図10-1にPLLのブロック線図を示します．閉ループ伝達関数 $P_{close}(s)$ は，前向きゲイン $G(s)$ と開ループ伝達関数 $P_{open}(s)$ を使って，次式で表せました．

$$P_{close}(s) = \frac{G(s)}{1 + P_{open}(s)} \quad \cdots (10\text{-}1)$$

$P_{open}(s)$ は帰還回路の伝達関数 $H(s)$ を使って次のように表すこともできました．

$$P_{open}(s) = G(s)H(s) \quad \cdots (10\text{-}2)$$

よって式(10-1)は次のようにも表現できます．

$$P_{close}(s) = \frac{G(s)}{1 + G(s)H(s)} \quad \cdots (10\text{-}3)$$

式(10-3)を分周数 N で割った値が閉ループ・モジュラス M です．PLLでは $H(s) = 1/N$ であることから，

$$M = \frac{G(s)/N}{1 + G(s)H(s)} = \frac{G(s)H(s)}{1 + G(s)H(s)} \quad \cdots (10\text{-}4)$$

[図10-1] 位相雑音の周波数特性を考えるためにPLLをブロック線図で表す
基準信号源の位相雑音に対する周波数特性カーブを示す閉ループ・モジュラス M と，VCOの位相雑音に対する周波数特性カーブを示すノイズ・リダクション G_{NR} の二つの値を導入する

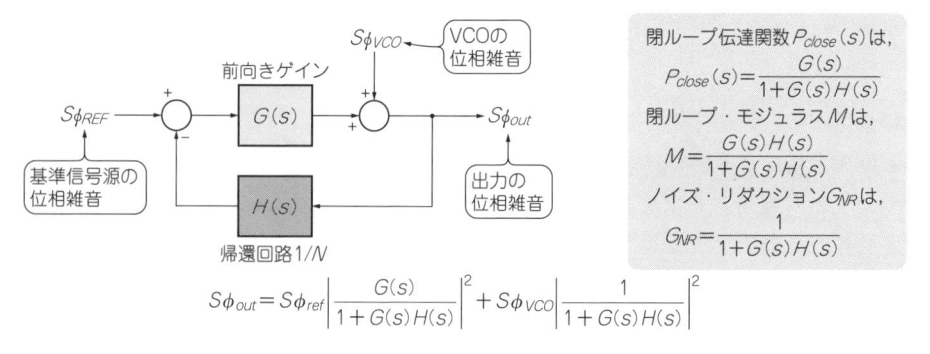

閉ループ伝達関数 $P_{close}(s)$ は，
$$P_{close}(s) = \frac{G(s)}{1 + G(s)H(s)}$$
閉ループ・モジュラス M は，
$$M = \frac{G(s)H(s)}{1 + G(s)H(s)}$$
ノイズ・リダクション G_{NR} は，
$$G_{NR} = \frac{1}{1 + G(s)H(s)}$$

$$S\phi_{out} = S\phi_{ref} \left| \frac{G(s)}{1 + G(s)H(s)} \right|^2 + S\phi_{VCO} \left| \frac{1}{1 + G(s)H(s)} \right|^2$$

となります．式(10-4)を使えば，閉ループ伝達関数の周波数特性カーブを開ループ伝達関数と共に表現でき，後で出てくる図10-3(a)のように描けます．

❷ PLLによるVCO位相雑音の抑圧量を示すノイズ・リダクション G_{NR}

PLLはVCOから発生する位相雑音を減らす働きをもちます．どの程度のリダクション(抑圧量)をもつかを示す値が，ノイズ・リダクション G_{NR} です．

VCOの位相雑音が出力されるまでの前向きゲインは，VCOのあとにゲインをもつ回路がないので1倍と考えられます．よってノイズ・リダクション G_{NR} は次式から算出できます．

$$G_{NR} = \frac{1}{1+P_{open}(s)} = \frac{1}{1+G(s)H(s)} \quad \cdots\cdots(10\text{-}5)$$

この値の周波数特性に盛り上がりがある場合も，位相雑音は盛り上がります．

● 3次形PLLでの開ループ伝達関数を式で表すと…

位相雑音の盛り上がりの有無を調べるため，式(10-2)の閉ループ・モジュラス M と式(10-5)のノイズ・リダクション G_{NR} の周波数特性を描きましょう．ところで，開ループ伝達関数 $P_{open}(s)$ はどんな値だったでしょうか．

3次形PLLの開ループ伝達関数 $P_{open}(s)$ は次式です．

$$P_{open}(s) = \frac{K_P K_V}{N} \frac{F(s)}{s} \quad \cdots\cdots(10\text{-}6)$$

ただし，$F(s)$：ループ・フィルタの伝達特性，K_V：VCOの変換ゲイン[(rad/s)/V]，K_P：位相比較器のゲイン[V/rad]

ここで $F(s)$ は，

$$F(s) = \frac{sT_2+1}{sT_1(sT_3+1)} \quad \cdots\cdots(10\text{-}7)$$

ただし，T_1，T_2，T_3 はループ・フィルタの時定数

です．よって，開ループ伝達関数は次式となります．

$$P_{open}(s) = \frac{K_P K_V}{NT_1} \frac{sT_2+1}{s^2(sT_3+1)} \quad \cdots\cdots(10\text{-}8)$$

この開ループ伝達関数，それから閉ループ・モジュラス M とノイズ・リダクション G_{NR} を描かせてみます．

● **位相余裕が十分ある（$\phi_C ≒ 60°$）場合の特性は良好**

図10-2に示す仕様のPLLを考えます．アクティブ・フィルタには，第9章で紹介したアクティブ・フィルタⅠを用いています．

カットオフ周波数$f_C ≒ 10\,\text{kHz}$，位相余裕$\phi_C ≒ 60°$のPLLとするアクティブ・フィルタⅠの定数は$R_1 = 1\,\text{k}\Omega$，$R_2 = 180\,\Omega$，$C_1 = 0.33\,\mu\text{F}$，$C_2 = 0.027\,\mu\text{F}$と算出されました．この場合のT_1，T_2，T_3は次式から求まります．

$$T_1 = C_1 R_2 ≒ 3.3 \times 10^{-4} \quad \cdots\cdots\cdots\cdots\cdots\cdots\cdots\cdots\cdots\cdots\cdots\cdots\cdots\cdots (10\text{-}9)$$

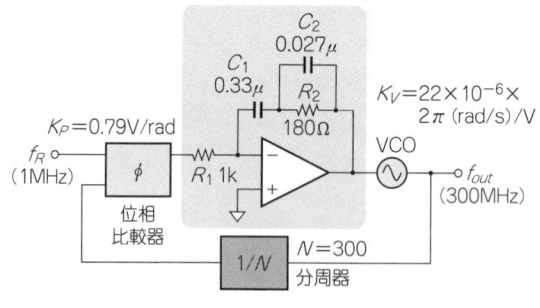

$$T_2 = R_2(C_1 + C_2) ≒ 6.42 \times 10^{-5} \quad \cdots\cdots\cdots\cdots\cdots\cdots\cdots\cdots\cdots\cdots (10\text{-}10)$$

$$T_3 = C_2 R_2 ≒ 4.86 \times 10^{-6} \quad \cdots\cdots\cdots\cdots\cdots\cdots\cdots\cdots\cdots\cdots\cdots\cdots (10\text{-}11)$$

これらの値を式(10-8)に代入すれば，開ループ伝達関数$P_{open}(s)$をボード線図に表せます．

同様の手順で，式(10-4)の閉ループ・モジュラスMと式(10-5)のノイズ・リダクションG_{NR}を計算し，ボード線図に表すことができます．

[図10-2] 位相余裕$\phi_C = 60°$のPLL回路の例
カットオフ周波数は第9章の例に合わせて10 kHzとした

[図10-3] 位相余裕$\phi_C = 60°$のPLLの周波数特性
閉ループ・モジュラスM，ノイズ・リダクションG_{NR}，ともにピークはない

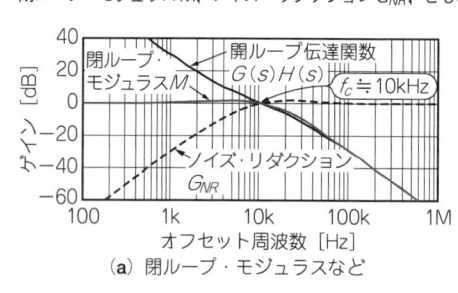

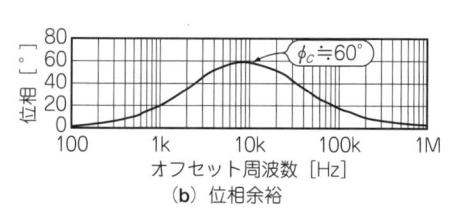

（a）閉ループ・モジュラスなど
（b）位相余裕

▶盛り上がりのない周波数特性が得られる

図10-3のグラフに,その結果を示します.カットオフ周波数$f_C ≒ 10\,\mathrm{kHz}$で位相余裕$\phi_C ≒ 60°$であることを確認できます.

閉ループ・モジュラスMとノイズ・リダクションG_{NR}の周波数特性から,カットオフ周波数の10 kHz近辺で位相雑音の盛り上がりがない良好な状態が期待できそうです.カットオフ周波数以下ではVCOの位相雑音も低減されそうです.

● 位相余裕が少ない($\phi_C ≒ 15°$)場合は位相雑音が盛り上がりそう

位相余裕ϕ_Cが少なくなると,閉ループ・モジュラスMおよびノイズ・リダクションG_{NR}はどのような周波数特性になるのでしょうか？

カットオフ周波数$f_C ≒ 10\,\mathrm{kHz}$で位相余裕$\phi_C ≒ 15°$のフィルタ定数を図10-4に示します.この場合のT_1, T_2, T_3は次式から求まります.

$$T_1 = C_1 R_2 ≒ 1.2 \times 10^{-4} \quad\cdots\cdots\cdots (10\text{-}12)$$
$$T_2 = R_2(C_1 + C_2) ≒ 2.04 \times 10^{-5} \quad\cdots\cdots\cdots (10\text{-}13)$$
$$T_3 = C_2 R_2 ≒ 1.22 \times 10^{-5} \quad\cdots\cdots\cdots (10\text{-}14)$$

このときの閉ループ・モジュラスMとノイズ・リダクションG_{NR}の特性を図

[図10-4] 図10-3の位相余裕ϕ_Cを15°に減らすループ・フィルタ
位相余裕が減ったときの理論特性をグラフに描かせる

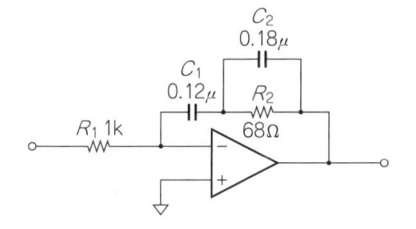

時定数は,
$T_1 = C_1 R_1 ≒ 1.2 \times 10^{-4}$
$T_2 = R_2(C_1 + C_2) ≒ 2.04 \times 10^{-5}$
$T_3 = C_2 R_2 ≒ 1.22 \times 10^{-5}$

[図10-5] 位相余裕$\phi_C = 15°$のPLLの周波数特性
閉ループ・モジュラスM,ノイズ・リダクションG_{NR}ともにピークがあり,位相雑音にもピークが出ることが予測される

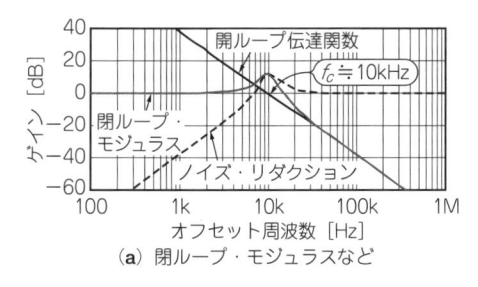

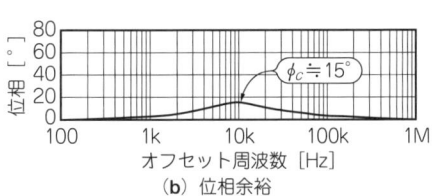

(a) 閉ループ・モジュラスなど

(b) 位相余裕

10-5に示します．カットオフ周波数$f_C \fallingdotseq 10\,\text{kHz}$近辺でのノイズ・リダクション効果はなく，逆に雑音の盛り上がりが10 dB以上にもなることが予測されます．

● 位相雑音の違いを実験で確認する

実際のPLL回路におけるSSB位相雑音の実測値を図10-6に示します．

▶ 位相余裕が少ない場合は盛り上がりができている

図10-6の灰色線が，位相余裕が少ないループ・フィルタ定数としたPLL回路の位相雑音です．

カットオフ周波数$f_C \fallingdotseq 5\,\text{kHz}$，位相余裕$\phi_C \fallingdotseq 30°$とした場合で，位相余裕$\phi_C \fallingdotseq 15°$までは少なくしていませんが，カットオフ周波数近辺で位相雑音の好ましくない盛り上がりが観測できます．

▶ 位相余裕が60°と十分な場合はピークがない

一方，黒色で示したデータは位相余裕$\phi_C \fallingdotseq 60°$の場合です．

比較する雑音データが重ならないようにカットオフ周波数$f_C \fallingdotseq 1\,\text{kHz}$としました．こちらはカットオフ周波数近辺で雑音の盛り上がりはなく良好な特性です．

● 位相余裕は45°以上ないと位相雑音が悪化する

このように，PLLの位相雑音特性は位相余裕ϕ_Cの値に影響され，ループ・フィルタの設計をより難しくしている原因の一つです．

位相余裕ϕ_Cの設定には第8章で解説した応答特性などの条件も考慮しますが，私の場合には一般的に$\phi_C \fallingdotseq 45 \sim 60°$の値を選び，位相雑音の盛り上がりを避けています．

[図10-6] 実測でも位相余裕が少ないと位相雑音にピークが出ることを確認
見やすさのためにカットオフ周波数も変えているので，ピークの有無だけを見てほしい

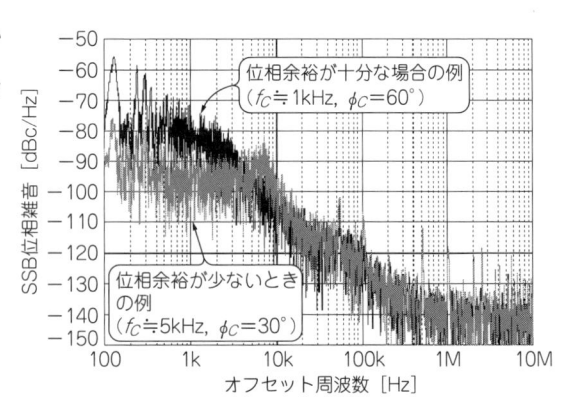

位相余裕が十分な場合の例（$f_C \fallingdotseq 1\text{kHz}$, $\phi_C \fallingdotseq 60°$）

位相余裕が少ないときの例（$f_C \fallingdotseq 5\text{kHz}$, $\phi_C \fallingdotseq 30°$）

PLLのカットオフ周波数 f_C と位相雑音の関係

閉ループ・モジュラス M とノイズ・リダクション G_{NR} だけでは，基準信号源やVCOがもつ位相雑音の影響までは把握できません．結果として，カットオフ周波数 f_C の最適値はわかりません．

カットオフ周波数 f_C の最適値を求めるには，カットオフ周波数 f_C とPLLが出力する位相雑音の関係を調べておく必要があります．そのためには，位相雑音がどこから発生してどのように出力されるかを知らなくてはいけません．

● 基準信号源とVCOだけを位相雑音の発生源と考える

図10-7は，PLL周波数シンセサイザのブロック線図に位相雑音の発生源を付加したモデル図です．

ここでは，基準信号源の位相雑音 $S\phi_{ref}$ [dBc/Hz] と，VCOの位相雑音 $S\phi_{VCO}$ [dBc/Hz] の二つだけを考えます．

図10-7に示したように，分周器や位相比較器デバイスのもつ位相雑音 $S\phi_{DIV}$ [dBc/Hz]， $S\phi_{PC}$ [dBc/Hz] も存在します．ループ・フィルタ素子による位相雑音 $S\phi_{LPF}$ [dBc/Hz] についても考慮しなければならない場合もあります．

これらの位相雑音は，きわめて低雑音のPLL周波数シンセサイザを設計する場合に考慮しなければなりません．しかし，説明や計算が複雑になり過ぎることを避けるために，本書の解説では省略します．

[図10-7] 位相雑音の発生源は多数あるが主なものは基準信号源とVCO
非常に小さな位相雑音を目指すならすべての位相雑音の発生源を考慮する

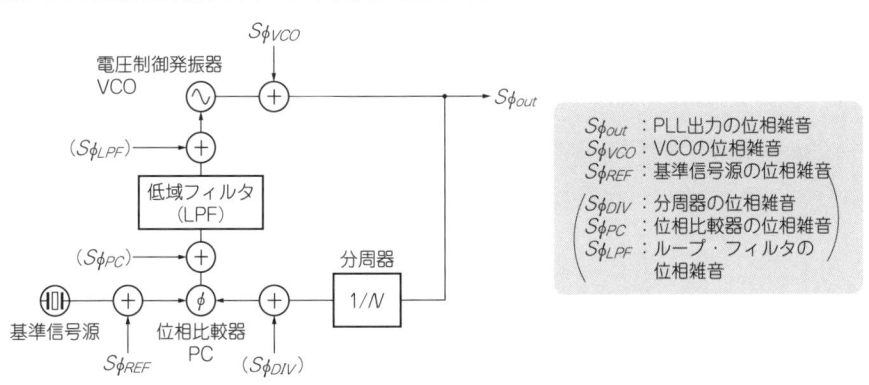

$S\phi_{out}$：PLL出力の位相雑音
$S\phi_{VCO}$：VCOの位相雑音
$S\phi_{REF}$：基準信号源の位相雑音
$S\phi_{DIV}$：分周器の位相雑音
$S\phi_{PC}$：位相比較器の位相雑音
$S\phi_{LPF}$：ループ・フィルタの位相雑音

● PLLの出力に現れる位相雑音の算出式

基準信号源の位相雑音$S\phi_{ref}$とVCOの位相雑音$S\phi_{VCO}$の二つだけを考えると，図10-1のブロック線図となります．PLL出力の位相雑音$S\phi_{out}$は次式で表せます．

$$S\phi_{out} = S\phi_{ref}\left|\frac{G(s)}{1+G(s)H(s)}\right|^2 + S\phi_{VCO}\left|\frac{1}{1+G(s)H(s)}\right|^2 \cdots\cdots\cdots(10\text{-}15)$$

この式(10-15)が，PLL出力の位相雑音$S\phi_{out}$を導くための基本式です．$S\phi_{ref}$の項にあるのは閉ループ伝達関数$P_{close}(s)$，$S\phi_{VCO}$の項にあるのはノイズ・リダクションG_{NR}です．

● VCOや基準信号源の位相雑音は周波数特性をもつ

VCOの位相雑音$S\phi_{VCO}$，そして水晶発振器を用いた基準信号源の位相雑音$S\phi_{ref}$は，それぞれどのような周波数特性だったでしょうか．

VCOや水晶発振器のSSB位相雑音の形は，一般に図10-8に示すようにf_m^{-n}の形をしています．

フリッカ・コーナ周波数f_{FC}や共振回路の帯域幅$\varDelta BW$によって決まる値$\varDelta BW/2$ ($=f_0/2Q_L$)の位置の違いで，傾きが変わりました．f_m^{-3}の範囲では$-9\,\text{dB/oct}$($-30\,\text{dB/dec}$)の傾きで，f_m^{-2}の範囲では$-6\,\text{dB/oct}$($-20\,\text{dB/dec}$)の傾きで，f_m^{-1}の範囲では$-3\,\text{dB/oct}$($-10\,\text{dB/dec}$)の傾きで雑音が減少していきます．

発振器の位相雑音は，半導体から生ずる雑音によってキャリアに変調がかかり発生します．このことは第1章で詳しく解説したので，参照してください．

● PLLの出力に現れる位相雑音の周波数特性を予測する

VCOおよび基準信号源の位相雑音は，PLLによってどのように合成されるでし

[図10-8] 発振器の位相雑音は一般にこのような周波数特性をもつ
基準信号源に使われる水晶発振器とVCOに使われるLC発振器では，f_{FC}や$\varDelta BW/2$の位置に違いがあり，特性カーブが異なっていた

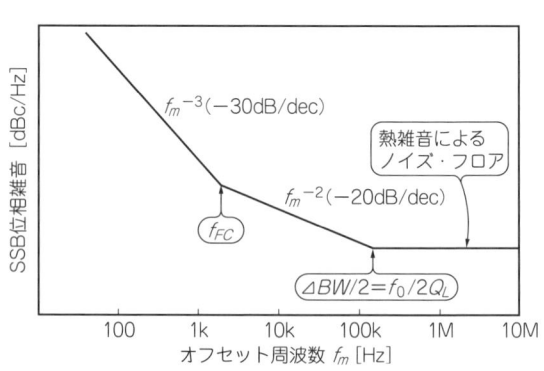

ょうか．VCOと基準信号源の位相雑音に具体的な周波数特性を仮定して，式(10-15)の表す値をExcelで描かせてみましょう．

はじめに**図10-2**に示した仕様，すなわちカットオフ周波数f_C = 10 kHzで位相余裕ϕ_C = 60°のPLLを解析してみましょう．Nの値は300です．

▶ VCOの位相雑音の仮定
- 1 kHzオフセットで-80 dBc/Hz
- 1 kHz以下は-30 dB/decの傾きをもつ
- 10 kHzオフセットで-100 dBc/Hz
- 10 kHz以上では-20 dB/decの傾きをもつ

▶ 基準信号源の位相雑音の仮定
- 1 kHzオフセットで-150 dBc/Hz
- 1 kHz以下は-10 dB/decの傾きをもつ
- 10 kHzオフセット以上で-155 dBc/Hz一定

10 kHz以上が一定なのは，ノイズ・フロアを想定しているからです．

▶ 二つの位相雑音が合成されて現れる

図10-9にシミュレーション結果を示します．基準信号源の位相雑音$S\phi_{ref}$とVCO位相雑音$S\phi_{VCO}$がPLLによって合成されています．出力位相雑音$S\phi_{out}$は，カットオフ周波数f_Cを境にしてカーブが異なっているのがわかります．

オフセット周波数がf_Cより低いと，基準信号源の位相雑音のN倍の値($N \times S\phi_{ref}$)へ近付いていきます．オフセット周波数がf_Cより高いと，VCOの位相雑音$S\phi_{VCO}$の値へと近付いていきます．

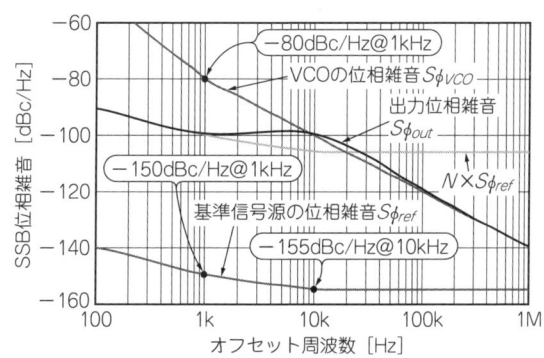

[図10-9] **出力位相雑音特性を計算で求めることができる**
図のような特性の基準信号源とVCOで図10-2のPLL回路を作った場合

PLLのカットオフ周波数f_Cと位相雑音の関係 | 305

● **VCOの位相雑音を変える**

▶VCOの位相雑音が悪化すると雑音特性に盛り上がりができてしまう

カットオフ周波数$f_C ≒ 10\,\mathrm{kHz}$，位相余裕$\phi_C ≒ 60°$のPLLのまま，VCOの位相雑音$S\phi_{VCO}$を悪化させてみましょう．全体的に10 dB悪化させ，10 kHzオフセットで$-90\,\mathrm{dBc/Hz}$とします．

図10-10にExcelの計算結果を示します．ピークをもたないはずの位相余裕$\phi_C ≒ 60°$の仕様ですが，VCOの雑音が悪化したぶん，PLL出力での位相雑音$S\phi_{out}$はカットオフ周波数$f_C ≒ 10\,\mathrm{kHz}$近辺で盛り上がってしまいます．

▶VCOの位相雑音が良くなってもf_Cがそのままでは位相雑音があまり改善しない

次にVCOの位相雑音が良い場合を考えます．10 kHzオフセットでの位相雑音を$-100\,\mathrm{dBc/Hz}$から15 dBも改善した$-115\,\mathrm{dBc/Hz}$の高性能VCOができたとします．

図10-11にExcelで計算させた結果を示します．VCOの位相雑音は10 kHzオフ

[図10-10] VCOの位相雑音$S\phi_{VCO}$が10 dB悪化した場合
f_C付近で位相雑音が盛り上がってしまう

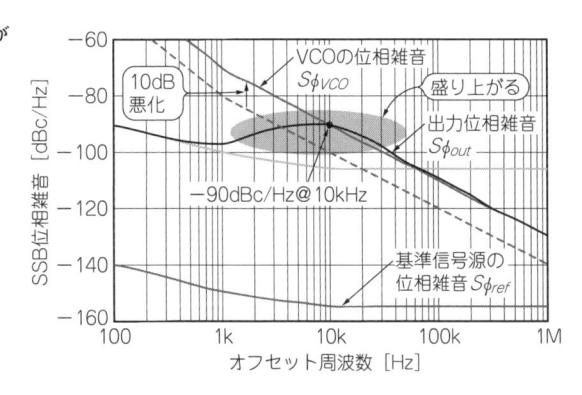

[図10-11] VCOの位相雑音$S\phi_{VCO}$が15 dB改善した場合
f_C付近の雑音特性があまり改善されない

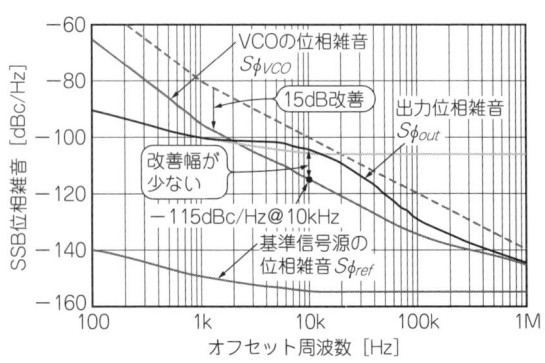

セットで−115 dBc/Hzと良くなったのに，PLL出力の位相雑音$S\phi_{out}$はカットオフ周波数$f_C ≒ 10$ kHz近辺で−104 dBc/Hzほどです．VCO雑音の改善ぶんほど良くなっていません．VCOの特性改善を生かして，10 kHzオフセットで−115 dBc/Hzほどの位相雑音にすることは可能でしょうか？

● カットオフ周波数を変える

今度はVCOの位相雑音を固定し，カットオフ周波数f_Cを10 kHzから動かしてみます．VCOの位相雑音ははじめと同じ10 kHzオフセットで−100 dBc/Hzとします．

▶ カットオフ周波数を下げるとオフセット周波数が低いところで位相雑音が悪化

図10-9の結果は，カットオフ周波数$f_C ≒ 10$ kHzで位相余裕$\phi_C ≒ 60°$でした．$\phi_C ≒ 60°$のままでカットオフ周波数を低くして，$f_C ≒ 1$ kHzのPLLとします．

図10-12にExcelで計算させたグラフを示します．オフセット周波数が低いところの位相雑音が悪化しています．オフセット周波数1 kHzの位相雑音は図10-9でわかるように最良で$S\phi_{ref} \times N$(−100 dBc/Hzほど)にすることが可能です．しかしこの$f_C ≒ 1$ kHzのPLLではVCOの位相雑音に近くなり，−80 dBc/Hzと悪化しています．

▶ カットオフ周波数を上げるとオフセット周波数が高いところで位相雑音が悪化

カットオフ周波数を高くしてみます．$\phi_C ≒ 60°$のまま，$f_C ≒ 100$ kHzとしてみましょう．

図10-13にExcelで計算させたグラフを示します．今度はオフセット周波数が高いところで位相雑音が悪化しています．オフセット周波数100 kHzの位相雑音は，図10-9のように最良で$S\phi_{VCO}$の値(−120 dBc/Hzほど)にできます．しかし$f_C ≒ 100$ kHzのPLLでは，基準信号源のN倍程度の値である−105 dBc/Hzに悪化しています．

[図10-12] カットオフ周波数を下げた場合
基準信号源の特性が生かせず，図10-9に比べ1 kHz付近の雑音特性が悪化している

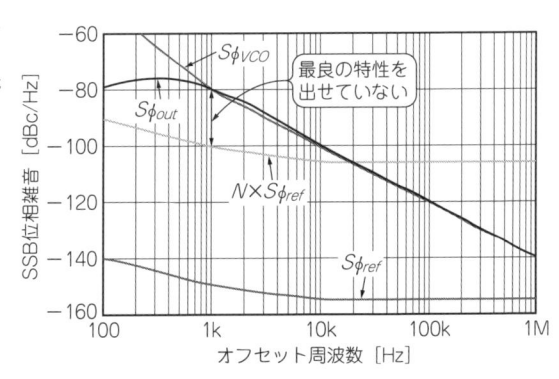

[図10-13] カットオフ周波数を上げた場合
VCOの雑音特性が生かせず，図10-9と比べ100 kHz付近の雑音特性が悪化している

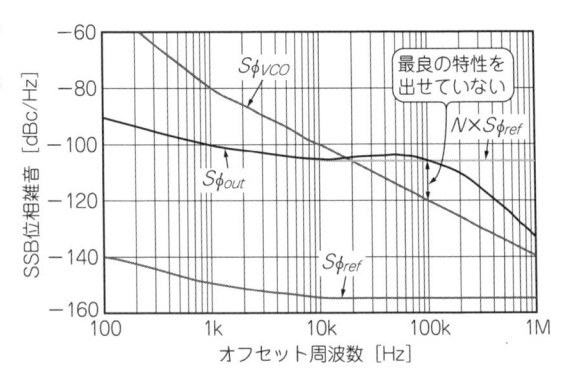

（グラフ中ラベル：$S\phi_{VCO}$，$S\phi_{out}$，$S\phi_{ref}$，$N \times S\phi_{ref}$，最良の特性を出せていない，SSB位相雑音 [dBc/Hz]，オフセット周波数 [Hz]）

● カットオフ周波数f_Cは発振器の位相雑音で最適値が変わる

PLL出力での位相雑音$S\phi_{out}$は，ループのカットオフ周波数f_Cの選択によって大きく変わります．カットオフ周波数f_Cを決めるループ・フィルタの設計が重要となります．

先ほど図10-11で，VCOの位相雑音が改善できたとき，出力の位相雑音を改善することはできますか？と質問しました．これらの仮想実験で，すでに答えは得られたと思います．

f_Cを境に位相雑音の要因が入れ替わる

位相雑音の主な発生源は，発振器である基準信号源とVCOの二つです．この二つの位相雑音がわかれば，PLL出力の位相雑音の理想値を計算できます．

では，基準信号源(水晶発振器)の位相雑音とVCOの位相雑音は，PLLのループ特性によってどのような影響を受けて，PLL出力に現れるのでしょうか．

● 基準信号源の位相雑音はLPFを通した形で出力される

位相雑音の発生源を考えたPLLのモデル図から，基準信号源の位相雑音に関する部分だけを取り出すと，図10-14のようなモデル図になります．この図から，基準信号源の位相雑音$S\phi_{ref}$に対するPLLのループ周波数応答特性，すなわち伝達関数$S\phi_{out}/S\phi_{ref}$を求められます．

どのような周波数特性になるかを調べるのが目的なので，この図をさらに簡略化して，分周数$N=1$かつループ・フィルタの伝達関数$F(s)=1$とします．すると，図10-14のモデルから次式が導けます．

[図10-14] 基準信号源の位相雑音だけを考えたPLLのモデル
基準信号源の位相雑音がPLLによりどのような影響を受けるか求める

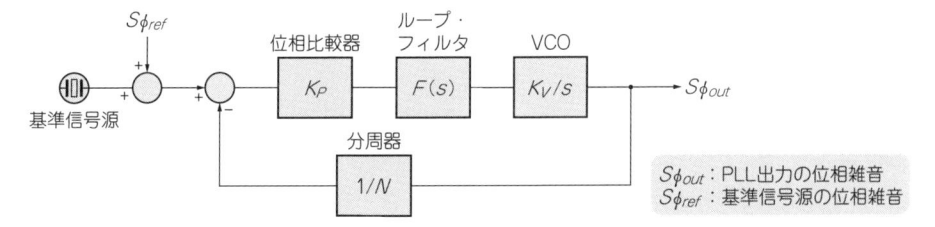

$$(S\phi_{ref} - S\phi_{out}) K_P \frac{K_V}{s} = S\phi_{out} \quad \cdots\cdots (10\text{-}16)$$

ただし，K_V：VCOの変換ゲイン[(rad/s)/V]，K_P：位相比較器のゲイン[V/rad]

ゆえに，

$$\frac{S\phi_{out}}{S\phi_{ref}} = \frac{\frac{K_P K_V}{s}}{1 + \frac{K_P K_V}{s}} = \frac{1}{1 + \frac{s}{K_P K_V}} \quad \cdots\cdots (10\text{-}17)$$

となります．

▶ 基準信号源の位相雑音に対してPLLはLPFになる

1次ロー・パス・フィルタ(LPF)の伝達関数$G_{LPF}(s)$は一般的に次式で表されます．

$$G_{LPF}(s) = \frac{1}{1 + sT} \quad \cdots\cdots (10\text{-}18)$$

式(10-17)もこのLPFの関数を表しています．つまり，基準信号源を由来とする位相雑音は，PLLによってLPFを通した形で出力されます．

式(10-17)と式(10-18)を比較すると

$$T = \frac{1}{K_P K_V} \quad \cdots\cdots (10\text{-}19)$$

です．よって，基準信号源の位相雑音に対するLPFのカットオフ周波数f_{CLPF}は次式となります．

$$f_{CLPF} = \frac{\omega_C}{2\pi} = \frac{1}{2\pi T} = \frac{K_P K_V}{2\pi} \quad \cdots\cdots (10\text{-}20)$$

● VCOの位相雑音はHPFを通した形で出力される

　位相雑音の発生源をVCOだけに簡略化したPLLのモデル図を図10-15に示します．先ほどと同様に，VCOの位相雑音$S\phi_{VCO}$に対するループの周波数応答特性，すなわち伝達関数$S\phi_{out}/S\phi_{VCO}$を求めます．

　ここでも，分周数$N=1$，ループ・フィルタの伝達関数$F(s)=1$と簡略化します．すると，図10-15から次式が導けます．

$$-S\phi_{out}K_P\frac{K_V}{s}+S\phi_{VCO}=S\phi_{out} \quad\cdots\cdots(10\text{-}21)$$

ゆえに，

$$\frac{S\phi_{out}}{S\phi_{VCO}}=\frac{1}{1+\dfrac{K_P K_V}{s}} \quad\cdots\cdots(10\text{-}22)$$

となります．

▶VCOの位相雑音に対してPLLはHPFになる

　1次ハイ・パス・フィルタ（HPF）の伝達関数$G_{HPF}(s)$は一般的に次式で表されます．

$$G_{HPF}(s)=\frac{1}{1+\dfrac{1}{sT}} \quad\cdots\cdots(10\text{-}23)$$

　よって式（10-22）はHPFの関数を表しています．つまり，VCOの位相雑音はPLLによってHPFを通した形で出力されます．この場合のカットオフ周波数f_{CHPF}は次式となります．

$$f_{CHPF}=\frac{K_P K_V}{2\pi} \quad\cdots\cdots(10\text{-}24)$$

[図10-15] **VCOの位相雑音だけを考えたPLLのモデル**
VCOの位相雑音がPLLによりどのような影響を受けるか求める

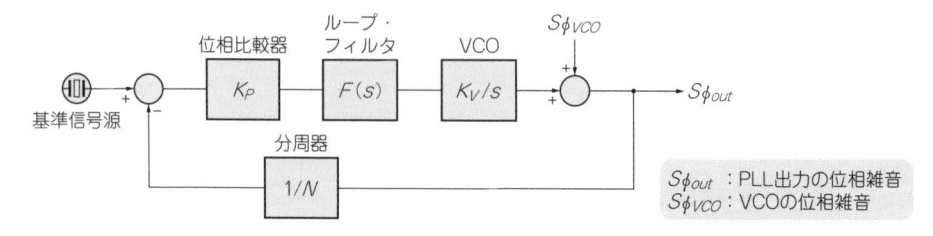

$S\phi_{out}$：PLL出力の位相雑音
$S\phi_{VCO}$：VCOの位相雑音

● f_C以下では基準信号源,f_C以上ではVCOが位相雑音の発生源になる

　式(10-20)のカットオフ周波数f_{CLPF},式(10-24)のカットオフ周波数f_{CHPF}は同じ値になっています.実は,この周波数は開ループ伝達関数$P_{open}(s)$が1倍になる周波数f_Cです.$N=1$かつ$F(s)=1$ならば,

$$P_{open}(s) = \frac{K_P K_V}{s} \quad \cdots\cdots(10\text{-}25)$$

です.f_Cではこれが1倍になるので,

$$1 = \frac{K_P K_V}{2\pi f_C}$$

$$\therefore f_C = \frac{K_P K_V}{2\pi} \quad \cdots\cdots(10\text{-}26)$$

　このことから,PLLの出力に現れる位相雑音は,二つの信号源からの位相雑音が合成されていて,カットオフ周波数f_Cを境に主な雑音源が切り替わることがわかります.

　オフセット周波数が低いほうでは基準信号源による位相雑音に支配され,オフセット周波数が高いほうではVCOの位相雑音に支配されます.この例は$N=1$かつ$F(s)=1$と簡略していますが,Nや$F(s)$が変わっても,出力に現れる位相雑音の主な発生源が周波数によって切り替わる特性自体は変わりません.

　PLL周波数シンセサイザで位相雑音が低くなるように設計するには,PLLのこの特性をうまく用いる必要があります.

発振器の位相雑音特性からf_Cの最適値を求める

　カットオフ周波数f_Cの違いにより,位相雑音の形がどのように変わるかをまとめます.

● 二つの発振器からの位相雑音の交点f_{cross}に注目する

　図10-16は,基準信号源とVCOの位相雑音を固定して,カットオフ周波数f_Cを三つの位置に変えたときの出力位相雑音の概念図です.基準信号源の位相雑音のN倍($S\phi_{ref} \times N$)とVCOの位相雑音($S\phi_{VCO}$)が交差する周波数をf_{cross}とします.

▶ $f_C = f_{cross}$での位相雑音

　最も位相雑音が小さいのは,図10-16(b)の場合です.$f_C = f_{cross}$となるようにf_Cを決めた場合です.PLLの働きにより,カットオフ周波数f_Cを境にして位相雑音

[図10-16] カットオフ周波数 f_C の設定による位相雑音特性の違い
二つの位相雑音の交点 f_{cross} に f_C を合わせると最も良い位相雑音特性が得られる

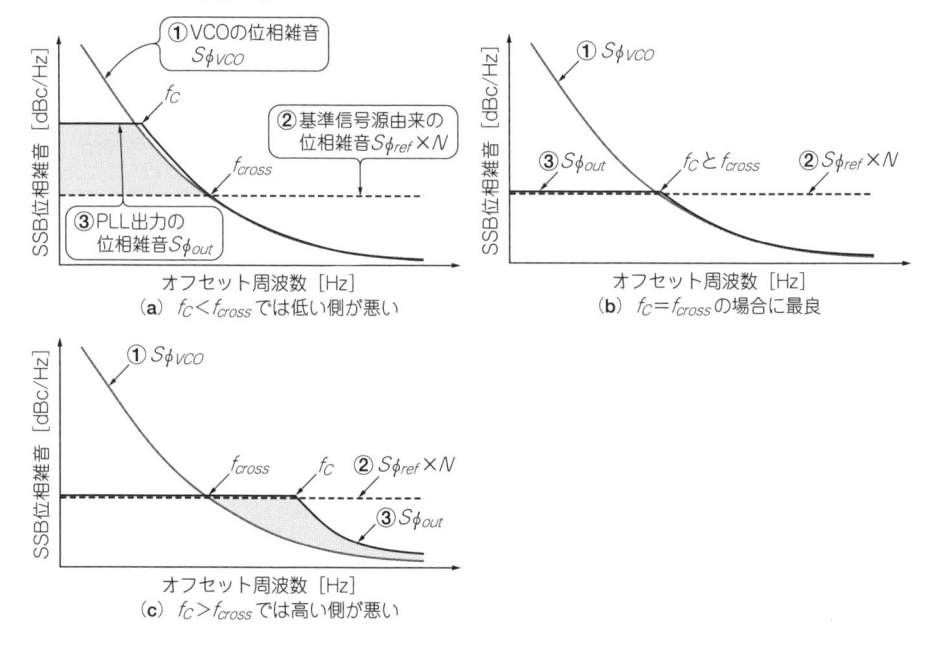

(a) $f_C < f_{cross}$ では低い側が悪い

(b) $f_C = f_{cross}$ の場合に最良

(c) $f_C > f_{cross}$ では高い側が悪い

の主な発生源が異なっています。f_C より低いオフセット周波数では基準信号源に基づいた位相雑音に，f_C より高いオフセット周波数ではVCOの位相雑音になります。

▶ $f_C < f_{cross}$ での位相雑音

図10-16(a)は，$f_C < f_{cross}$ となるよう f_C を決めた場合です。図10-16(b)に比べて，f_{cross} より低いオフセット周波数での位相雑音が大幅に悪化しています。

▶ $f_C > f_{cross}$ での位相雑音

図10-16(c)は，$f_C > f_{cross}$ となるよう f_C を決めた場合です。図10-16(b)に比べて，今度は f_{cross} より高いオフセット周波数での位相雑音が大幅に悪化します。

● f_C を f_{cross} に合わせれば位相雑音を改善できる

PLLのカットオフ周波数 f_C を f_{cross} に合わせることで，最も効率良く基準信号源とVCOの位相雑音を合成できます。両方の位相雑音の良いほうを用いるということです。

図10-17に示すのは，VCOの位相雑音が良くなっても f_C がそのままでは位相雑音があまり改善しないことを示したときのVCOと基準信号源の位相雑音です。

[図10-17] カットオフ周波数 f_C を位相雑音の交点と同じ周波数にすると…
図10-11と見比べると，位相雑音が改善されているのがわかる

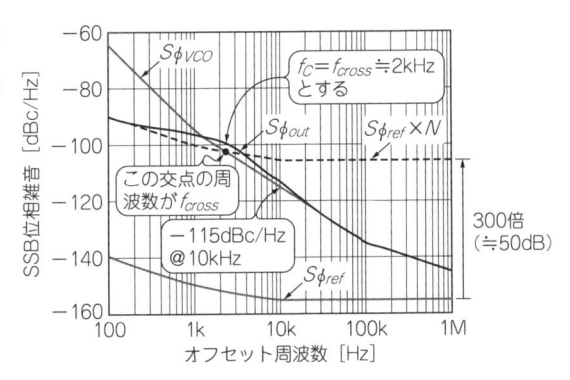

　カットオフ周波数 f_C を変えないと位相雑音が改善しないならば，カットオフ周波数 f_C をどの位置にするのが最適なのでしょうか．先に述べたように，f_C の最適値は f_{cross} です．VCOの位相雑音（$S\phi_{VCO}$）と基準信号源の位相雑音の N 倍（$S\phi_{ref} \times N$）が交差するポイントは約2 kHzです．よって，$f_C = f_{cross} \fallingdotseq 2$ kHzとなります．

　計算した $f_C \fallingdotseq 2$ kHzで，位相余裕 $\phi_C \fallingdotseq 60°$ とするループ・フィルタの定数を図10-18に書き込みました．f_C と ϕ_C からループ・フィルタの定数を求める方法は，第9章を参照してください．私のウェブ・ページ[49]に計算ツールが準備してあります．

　このループ・フィルタを用いた場合にPLLから出力される位相雑音をシミュレーションすると，図10-17に示す $S\phi_{out}$ となります．$f_C = f_{cross} \fallingdotseq 2$ kHzを境に，基準信号源の位相雑音の N 倍（$S\phi_{ref} \times N$）は，f_C をカットオフ周波数とするLPFを通したことになります．VCOの位相雑音（$S\phi_{VCO}$）は f_C をカットオフ周波数とするHPFを通したことになります．

　$f_C = f_{cross} \fallingdotseq 2$ kHzを境に，低い周波数では基準信号の位相雑音の N 倍へと置換されます．f_C より高い周波数ではVCOの位相雑音へと置換されます．ゆえに，双方のもつ位相雑音の良いほうを用いることになるので，位相雑音を最良にできるのです．

f_C は分周数 N などで変わるので補正も考える

　位相雑音を最良にする f_C の最適値がわかりました．しかし，もう一つ考慮すべきことがあります．

● 位相雑音は分周数 **N** によって変化する

図10-17では，分周数 $N = 300$ で，基準信号源の位相雑音は300倍されています．分周数 N の値が変わると位相雑音はどのように変化するのでしょうか？

PLLの出力周波数は N の値で変更できます．図10-18では基準信号源の周波数 $f_R = 1\,\text{MHz}$，分周数 $N = 300$ から出力周波数 $f_{out} = 300\,\text{MHz}$ が得られています．

基準信号源の周波数 $f_R = 10\,\text{MHz}$ として，分周数 $N = 30$ でも，同じ $300\,\text{MHz}$ を得ることができます．ループ・フィルタの定数を $N = 300$ で $f_C \fallingdotseq 2\,\text{kHz}$ としたときの値のまま，$f_R = 10\,\text{MHz}$ で $N = 30$ とした位相雑音を図10-19に示します．

基準信号源の位相雑音を N 倍するその N が，300から30へと小さくなります．基準信号源の位相雑音は $30\,\text{dB}$ しかアップしません．結果として，PLLの出力位相雑音は $10\,\text{kHz}$ オフセット付近で盛り上がる形となってしまいます．

[図10-18] 図10-17のカットオフ周波数 $f_C = 2\,\text{kHz}$ で位相余裕 $\phi_C = 60°$ のPLL
フィルタの定数は f_C と ϕ_C の値から計算している

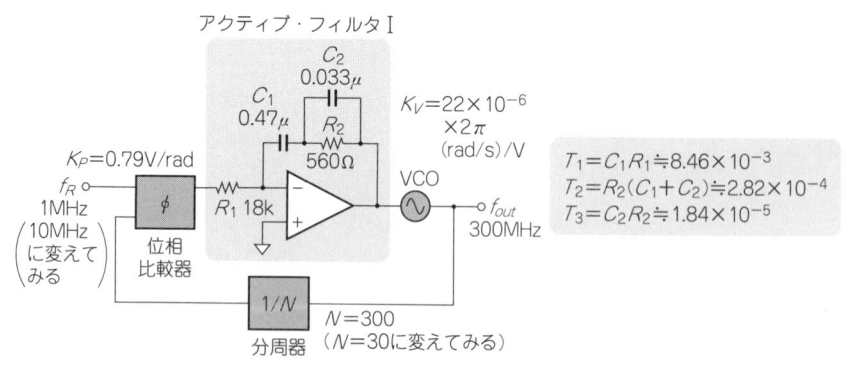

[図10-19] 図10-18のPLLで基準信号源 $f_R = 10\,\text{MHz}$，分周数 $N = 30$ に変えた場合
出力周波数は同じ $300\,\text{MHz}$ だが，位相雑音特性は大きく変わってしまう

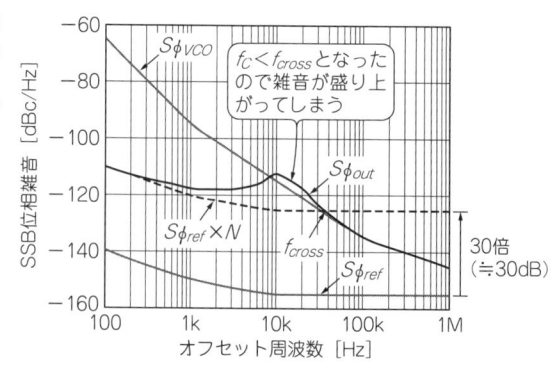

● カットオフ周波数 f_C と分周数 N の関係

カットオフ周波数 f_C と分周数 N の関係は，どのようになっているのでしょうか．

図10-14と図10-15で，基準信号源とVCOの位相雑音がPLL出力ではどのような特性になるかを調べたときは，簡略して $N=1$ にしていました．分周数 N を略さない場合は，どうなるでしょうか．

基準信号源が由来の位相雑音は，次式です．

$$\left(S\phi_{ref} - \frac{S\phi_{out}}{N}\right) K_P \frac{K_V}{s} = S\phi_{out} \quad \cdots\cdots\cdots (10\text{-}27)$$

VCOが由来の位相雑音は，次式です．

$$-\frac{S\phi_{out}}{N} K_P \frac{K_V}{s} + S\phi_{VCO} = S\phi_{out} \quad \cdots\cdots\cdots (10\text{-}28)$$

$N=1$ の場合と同様に解いて，LPFやHPFの一般式と比較すると，次の式が得られます．

$$T = \frac{N}{K_P K_V} \quad \cdots\cdots\cdots (10\text{-}29)$$

この式から，カットオフ周波数 f_C を次式のように求められます．

$$f_C = \frac{K_P K_V}{2 \pi N} \quad \cdots\cdots\cdots (10\text{-}30)$$

● 分周数 N の違いによる出力位相雑音特性の違い

式(10-30)のカットオフ周波数 f_C と分周数 N の関係から，分周数 N により位相雑音の周波数特性がどう変わるかをイメージできます．

図10-20は，基準信号源およびVCOからの位相雑音が変わらないとして，同じループ・フィルタを使ったまま分周数 N の値だけを変えたときの出力位相雑音の変化を示した概念図です．

▶ 分周数 N_C で $f_C = f_{cross}$ としたときの位相雑音

図10-20(b)は分周数 N_C として，基準信号源の位相雑音の N_C 倍とVCOの位相雑音が交差する周波数 f_{cross} にカットオフ周波数 f_C を合わせた場合です．

▶ $N_1 > N_C$ での位相雑音

図10-20(a)は，分周数を N_C より大きな値 N_1 ($N_1 > N_C$) にした場合です．式(10-30)から明らかなように，ループ・フィルタが固定なら，分周数を大きくすると，等価的にカットオフ周波数 f_C が低くなります．

[図10-20] 分周数 N を変えたときの位相雑音特性の違い
ある分周数で f_C を最適に設定しても，分周数 N が変われば最適ではなくなる

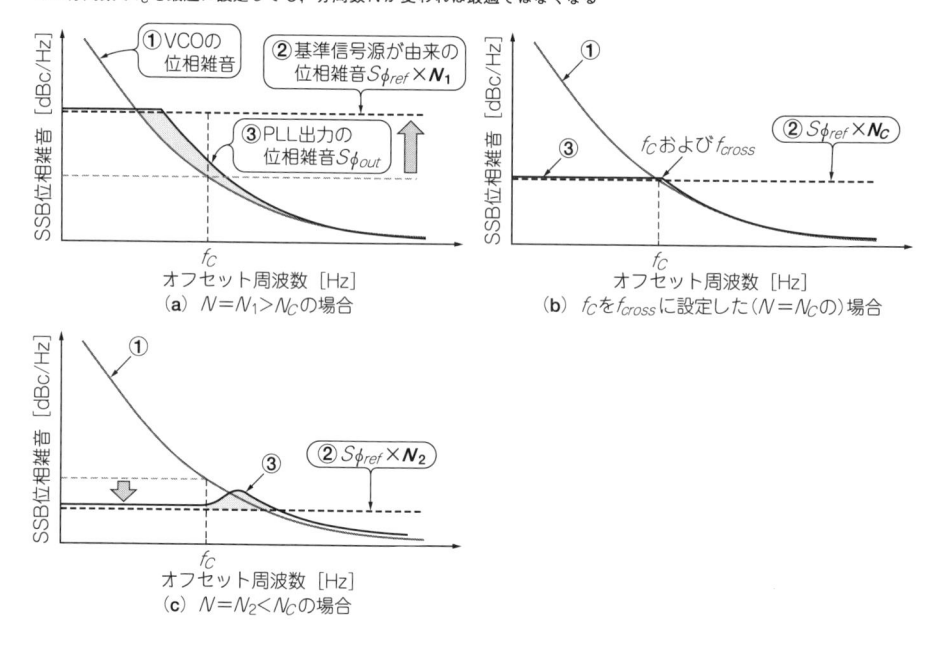

(a) $N=N_1>N_C$ の場合

(b) f_C を f_{cross} に設定した ($N=N_C$ の) 場合

(c) $N=N_2<N_C$ の場合

▶ $N_2<N_C$ での位相雑音

図10-20(c)は，分周数を N_C より小さな値 N_2 ($N_2<N_C$) にした場合です．分周数が小さくなることで，今度は等価的にカットオフ周波数 f_C が高くなっています．

● **N の値が変化しても f_C を最適な値に保つには**

N の値が大きく変わる仕様のPLLでは，この分周数により f_C が変わってしまうことを考慮した設計が必要です．低位相雑音にするには，ループ・フィルタ定数を切り替えるようにして，N の違いに伴う f_C の変化を補正する必要が生じます．

最近のPLL ICには，第9章で例にしたADF4112のように，位相比較器のゲイン K_P を変化させることで式(10-30)の N の違いによる f_C の変化を補正する機能をもったものがあります[48]．これを有効に用いれば，定数を切り替えるループ・フィルタを作らなくても，N の値によらず低位相雑音が実現できます．

[図10-21] 620 M〜950 MHz 広帯域VCOの感度特性の例

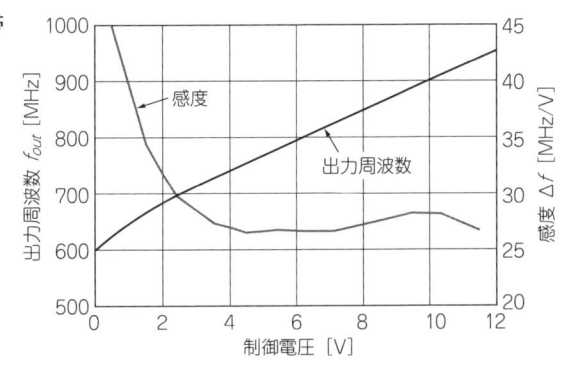

● VCOの変換ゲイン K_V の違いによる位相雑音の変化

式(10-30)をよく検討すると，もう一つカットオフ周波数 f_C を等価的に変えてしまう要因があることに気付きます．それはVCOの変換ゲイン K_V です．

位相比較器のゲイン K_P は，同じ位相比較器を使っている限り大きく変わることはありません．ところが，VCOの変換ゲイン K_V は，その変化を考慮しなければならない場合があります．特に，広帯域のVCOでは図10-21のように発振周波数によって K_V が大きく異なることがあります．必要に応じて，先と同様な方法で f_C の変化を補います．

PLLの位相雑音を最も良くするループ・フィルタの設計手順

まとめとして，PLLの位相雑音が最も良くなるよう設計する手順を以下に示します．
① 基準信号源とVCOの位相雑音の値を知る
② 基準信号の位相雑音が分周数で N 倍された雑音と，VCOの位相雑音とが交差するオフセット周波数 f_{cross} を求める
③ カットオフ周波数 $f_C \fallingdotseq f_{cross}$ とするループ・フィルタの定数を計算する
④ N や K_V の値が異なることで f_C がどの程度動くかを求め，必要に応じてこれを補う
⑤ 実際に位相雑音特性を測定して検証する

個別部品で設計している例題のPLL回路で，ループ・フィルタの設計を試みます．ここでは，二つの設計例を紹介します．

$N_T = 360$, $f_R = 500\,\text{kHz}$, $f_{out} = 180\,\text{MHz}$ の設計例

図10-22に設計するPLLの構成を示します．
基準信号源を $f_R = 500\,\text{kHz}$ とします．前置分周器（プリスケーラ）$P = 8$ を備えているので，プログラマブル分周器の設定を $N = 45$ とすればトータル分周数 $N_T = 360$ となり，出力周波数 $f_{out} = N_T \times 500\,\text{kHz} = 180\,\text{MHz}$ を出力できます．

❶ VCOと基準信号源の位相雑音

▶VCOの位相雑音

VCOは第4章で紹介した180M～360MHzのVCOです．はじめに，180MHz出力でのVCO位相雑音を求めます．
スペアナを用いて測定することで，SSB位相雑音を1Hz換算（単位：dBc/Hz）として求めます．
VCOの位相雑音は，第4章に記した方法で測定しました．図10-23に記すVCOの位相雑音 $S\phi_{VCO}$ は実測値を元にしています．

▶基準信号源の位相雑音

基準信号源の $f_R = 500\,\text{kHz}$ は，第2章で設計/製作した10MHzのVCXOを20分周して得ています．計算上は，10MHz VCXOの位相雑音を1/20（−26dB）した，ごく低い位相雑音になると考えられます．しかし，実際には分周器や位相比較器のもつ位相雑音によって制限されます．

[図10-22] **最も低い位相雑音を実現するループ・フィルタの設計例**（その1）
ループ・フィルタ以外の部分は本書で紹介してきたもの．500kHzから180MHzを作る

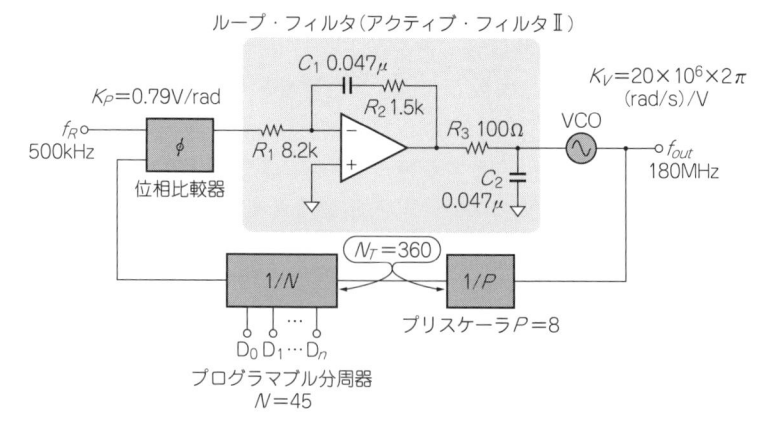

ループ・フィルタ（アクティブ・フィルタⅡ）

$K_P = 0.79\,\text{V/rad}$
f_R 500kHz
位相比較器
$C_1\ 0.047\mu$
$R_2\ 1.5\text{k}$
$R_1\ 8.2\text{k}$
$R_3\ 100\Omega$
$C_2\ 0.047\mu$
$K_V = 20 \times 10^6 \times 2\pi$ (rad/s)/V
VCO
f_{out} 180MHz
$N_T = 360$
1/N
$D_0\ D_1 \cdots D_n$
プログラマブル分周器
$N = 45$
1/P
プリスケーラ $P = 8$

図10-23に記す基準信号の位相雑音$S\phi_{ref}$は，第5章と第6章で設計した分周器と位相比較器がもつ位相雑音の総和です．

❷ f_{cross}を求める

基準信号の位相雑音を分周数N_T倍した値，$S\phi_{ref} \times 360$の値を図10-23に書き込みます．これとVCOの位相雑音が交差するオフセット周波数f_{cross}を求めます．すると$f_{cross} \fallingdotseq 8$ kHzです．

❸ $f_C \fallingdotseq f_{cross} \fallingdotseq 8$ kHzとするループ・フィルタ定数を求める

180 MHz近辺でのVCO感度(ゲイン)$K_V \fallingdotseq 20$ MHz/Vです．位相比較器のゲイン$K_P \fallingdotseq 0.79$ V/radで，分周数$N_T = 360$です．カットオフ周波数$f_C \fallingdotseq 8$ kHz，位相余裕$\phi_C = 60°$となるループ・フィルタ定数を計算します．

私のウェブ・ページで公開している計算ツールを用いて，アクティブ・フィルタⅡの定数を求め，E12系列に置き替えると，図10-22に記した定数となります．

▶このタイプのループ・フィルタを使う理由

例題のPLL回路ではループ・フィルタにアクティブ・フィルタⅡの形を用いています．部品配置の関係でOPアンプとVCOの距離が少し長くなるため，VCOの直前にR_3とC_2を配置することで，飛び込みなどのスプリアス成分を抑圧する効果も期待したからです．

● 位相雑音のシミュレーションと実測値

このループ・フィルタを用いたPLL出力での位相雑音をシミュレーションすると，図10-23に示す$S\phi_{out}$となります．カットオフ周波数$f_C \fallingdotseq 8$ kHzを境に，低い

[図10-23] 図10-22のPLL回路の出力位相雑音特性の計算値
基準信号源やVCOの位相雑音特性は実測値を基にしている

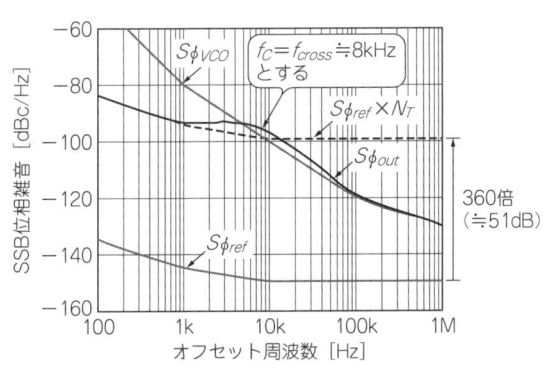

$N_T = 360$，$f_R = 500$ kHz，$f_{out} = 180$ MHzの設計例

周波数では基準信号源の位相雑音の360倍の値へと近付きます．f_Cより高い周波数では，VCOの位相雑音へと近付くことになります．

図10-26は，スペアナで実測したSSB位相雑音を1Hz換算したデータです．灰色線で示したデータは$f_C ≒ 8\,\mathrm{kHz}$とした位相雑音です．$f_C ≒ 8\,\mathrm{kHz}$を境に位相雑音の傾きが変わっています．図10-23でシミュレーションした出力$S\phi_{out}$とほぼ合致しています．

$N_T = 1400, f_R = 200\,\mathrm{kHz}, f_{out} = 280\,\mathrm{MHz}$の設計例

図10-24に設計するPLLの構成を示します．

今度は，基準信号$f_R = 200\,\mathrm{kHz}$とします．前置分周器（プリスケーラ）$P = 8$を備えているので，プログラマブル分周器の設定を$N = 175$とすればトータル分周数$N_T = 1400$となります．このとき，出力周波数$f_{out} = N_T × 200\,\mathrm{kHz} = 280\,\mathrm{MHz}$を出力できます．

❶ VCOと基準信号源の位相雑音

VCOの発振周波数は280MHzですが，先の例と同じ位相雑音としています．

基準信号源の位相雑音も，分周器と位相比較器がもつ位相雑音の総和で，先の例と同じです．それらの位相雑音を図10-25中に記します．

[図10-24] 最も低い位相雑音を実現するループ・フィルタの設計例（その2）
$f_R = 200\,\mathrm{kHz}$，$N_T = 1400$で$f_{out} = 280\,\mathrm{MHz}$を得るPLL回路

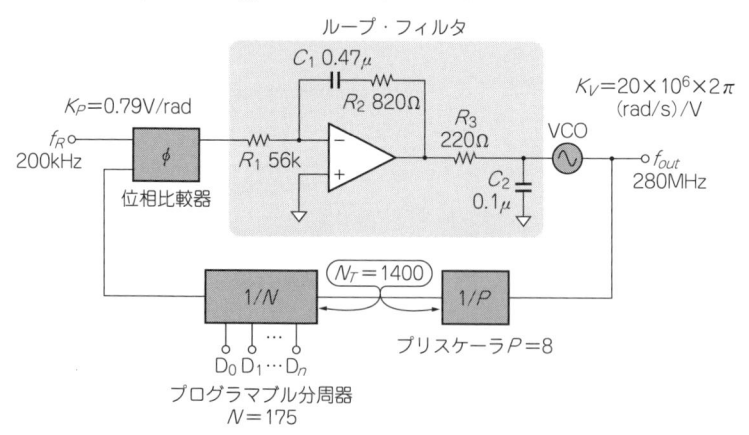

❷ f_{cross}を求める

基準信号源の位相雑音を分周数N_T倍した値$S\phi_{ref} \times 1400$を**図10-25**に書き込みます．それとVCOの位相雑音が交差するオフセット周波数f_{cross}を求めます．この場合，$f_{cross} \fallingdotseq 1.5\ \text{kHz}$となります．

❸ $f_C \fallingdotseq f_{cross} \fallingdotseq$ 1.5 kHzとするループ・フィルタ定数を求める

VCO感度$K_V \fallingdotseq 20\ \text{MHz/V}$，位相比較器のゲイン$K_P \fallingdotseq 0.79\ \text{V/rad}$，分周数$N_T$ = 1400です．これらの値を使ってカットオフ周波数$f_C \fallingdotseq 1.5\ \text{kHz}$，位相余裕$\phi_C$ = 60°でのループ・フィルタ定数を計算します．

得られた値をE12系列に置き替えると，**図10-24**に記した定数となります．

● 位相雑音のシミュレーションと実測値

このループ・フィルタを用いたPLL出力での位相雑音をシミュレーションすると，**図10-25**に示す$S\phi_{out}$となります．カットオフ周波数$f_C \fallingdotseq 1.5\ \text{kHz}$を境に，低

[図10-25] 図10-24のPLL回路の出力位相雑音特性の計算値
Nが大きいのでそのぶんf_Cの最適周波数は下がる

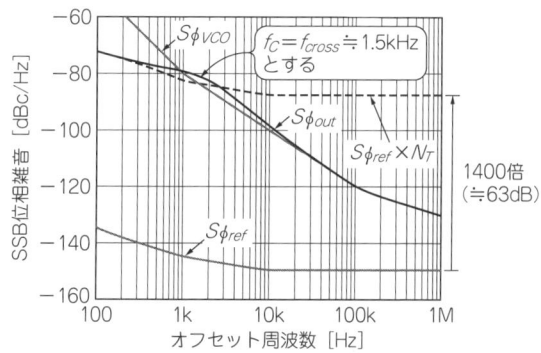

[図10-26] 図10-22および図10-24のPLL回路で実測したPLL出力の位相雑音特性
傾きが変わっているので雑音源が切り替わっていることがわかる

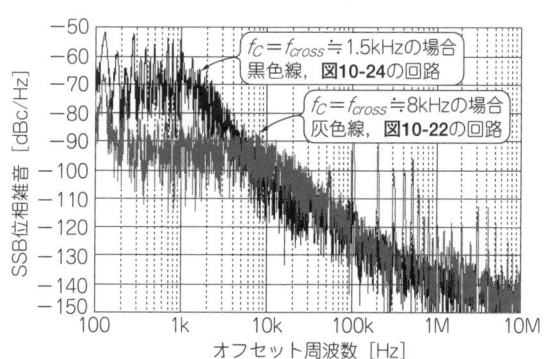

N_T= 1400，f_R= 200 kHz，f_{out}= 280 MHzの設計例

い周波数では基準信号源の位相雑音の1400倍の値へと近付きます．f_Cより高い周波数では，VCOの位相雑音へと近付くことになります．

図10-26の実測のSSB位相雑音で，黒色線で示したデータは$f_C ≒ 1.5$ kHzとした位相雑音です．$f_C ≒ 1.5$ kHzを境に位相雑音の傾きが変わっています．図10-25でシミュレーションした出力$S\phi_{out}$とほぼ合致しています．

これらの例が示すように，カットオフ周波数$f_C ≒ f_{cross}$になるようにループ・フィルタ定数を定めることで，PLLの位相雑音が最も低くなるように設計できます．

Column
熱雑音とその極限値

雑音の発生は，多くの場合，抵抗体で発生する熱雑音を主要因と考えることができます．

抵抗体が発生する熱雑音V_Nは，次式で与えられます．

$$V_N = \sqrt{4kTRf_{BW}} \ [\text{V}]$$

ただし，k：ボルツマン定数（$=1.38 \times 10^{-23}$）[J/K]，T：絶対温度[K]，R：抵抗値[Ω]，f_{BW}：帯域幅[Hz]

単位帯域幅（1 Hz）あたりの熱雑音V_{NU}を考えると，

$$V_{NU} = \sqrt{4kTR} \ [\text{V}/\sqrt{\text{Hz}}]$$

と表されます．例えば1 kΩだと，温度が室温$T=290$ Kの場合，

$$V_N ≒ 4 \ \text{nV}/\sqrt{\text{Hz}}$$

となります．

雑音電力P_Nは，$P=V^2/R$から，

$$P_N = 4kTf_{BW} [\text{W}]$$

となります．

▶高周波では整合を考える必要がある

インピーダンスRの雑音源から，入力インピーダンスRの回路へ雑音電力が送られたとすると，電圧振幅が1/2になるので回路へ入力される雑音電力P_Iは，

$$P_I = V_N^2/4R = kTf_{BW} \ [\text{W}]$$

となります．

単位帯域幅（1 Hz）あたりの雑音電力密度P_{NU}を考えると，$f_{BW}=1$ Hzを代入して，

$$P_{NU} = kT ≒ 4 \times 10^{-21} \ \text{W} ≒ 4 \times 10^{-18} \ \text{mW}$$

です．これはdB単位で表現すると，

$$P_{NU} = -174 \ \text{dBm}$$

となります．この値が室温における熱雑音の極限値で，これ以上ノイズの小さい回路は作れません．もし信号のレベルが＋10 dBmならば，S/N比の理論上の限界値は184 dBになります．

高周波PLL回路のしくみと設計法

第11章

PLL回路の応用
~PLLによる変復調とPLL技術の応用例~

❖

PLL周波数シンセサイザが得意とすることの一つに，安定した角度変調波（PM波とFM波）を容易に出力できる点が挙げられます．身近な例としては，FMトランスミッタがあります．PLLによって安定した搬送波を作り出し（すなわち選局して），これにFM変調をかけて信号を送信します．

PLL周波数シンセサイザを使って安定した角度変調波を生み出すにはどのようにしたらよいかを解説します．

角度変調以外のPLL回路の応用もいくつか紹介します．

❖

変調のしくみと角度変調

変調とは情報信号（例えば音声信号）に比例した変化を搬送波信号（キャリア）に加えることです．では，どのようにすれば情報信号に比例した変化を搬送波信号に加えることができるでしょうか？

● 円運動から正弦波の発生を考える

搬送波の基本波形は正弦波です．図11-1には円運動による正弦波の発生を図示しました．点Pは，角速度ω [rad/s]で反時計方向に半径Aの円運動をしています．

例えば，角度$\theta = 0°$のとき水平投影xはA，垂直投影yは0です．角度$\theta = 90°$（$\pi/2$ rad）のとき水平投影xは0，垂直投影yはAです．

1周360°は2π radです．1秒当たりの回転角は，1回転当たりの角度と1秒当たりの回転数の積$2\pi f$です．したがって時間tに掃引する角度は$\theta = 2\pi f t$です．

正弦波の基本式は次式で表せます．
- ベクトルの実数部

変調のしくみと角度変調 | 323

[図11-1] 正弦波を回転ベクトルでできていると考える
実際には何かが回転しているわけではないが，このように考えると都合が良い

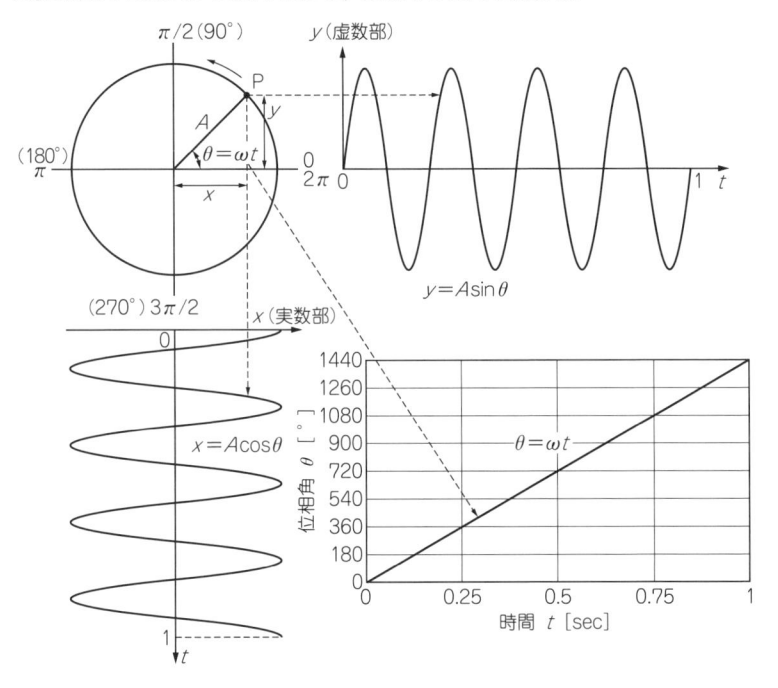

$$x = A \cos \theta = A \cos(\omega t) = A \cos(2\pi ft) \quad \cdots\cdots(11\text{-}1)$$

● ベクトルの虚数部

$$y = A \sin \theta = A \sin(\omega t) = A \sin(2\pi ft) \quad \cdots\cdots(11\text{-}2)$$

正弦波は微分しても積分（±90°）しても，正弦波のままです．

● 変調…情報信号を搬送波に加える方法

情報信号に比例した変化を搬送波（正弦波）に与える方法を考えましょう．

正弦波の基本式から実数部を考えた式（11-1）を例にとります．この正弦波 $A \cos \theta$ は，振幅 A と角度 θ の二つを可変できることがわかります．振幅 A を情報に応じて変化させると振幅変調（AM：Amplitude Modulation）となり，角度 θ を情報に応じて変化させると角度変調（Angle Modulation）となります．

PLLを用いると，後者の角度変調波を安定して得られます．

● 角度変調の基礎

正弦波の角度 θ を変化させて情報を伝達する代表的な方式に，位相変調（PM：Phase Modulation）と周波数変調（FM：Frequency Modulation）とがあります．

PM変調では，搬送波の位相を変調信号を用いて直線的に変化させます．FM変調では，変調波により搬送波の周波数を変化させます．

▶ 位相変調波（PM波）を表す式

被変調波（変調された搬送波）$e(t)$ を次式として表すことにしましょう．

$$e(t) = E(t)\cos\{\theta(t)\} \quad \cdots\cdots(11\text{-}3)$$

ただし，$E(t)$：瞬時振幅，$\theta(t)$：瞬時位相角

無変調の搬送波角周波数を ω_C とすると，瞬時位相角 $\theta(t) = \omega_C t$ となり，時間とともに直線的に増加します（図11-1を参照）．

この位相を変調角周波数 ω_M に比例して変化させると，位相角は次式のように表せます．

$$\theta(t) = \omega_C t + \Delta\phi\cos(\omega_M t) \quad \cdots\cdots(11\text{-}4)$$

$\Delta\phi$ [rad] は変調信号の振幅値 E_M にともなった位相偏移で，最大位相偏移といいます．

ゆえにPM波は次式で表せます．

$$e(t) = E_C \cos\{\omega_C t + \Delta\phi\cos(\omega_M t)\} \quad \cdots\cdots(11\text{-}5)$$

ただし，E_C：無変調での搬送波振幅

位相変調度を特性づける変調指数 M は，次のように定義されています．

$$M = \Delta\phi \quad \cdots\cdots(11\text{-}6)$$

▶ 周波数変調（FM波）を表す式

FM波の場合には，搬送波角周波数 ω_C を変調角周波数 ω_M に比例して変化させます．瞬時角周波数 ω は次式で表せます．

$$\omega = \omega_C + \Delta\omega\cos(\omega_M t) \quad \cdots\cdots(11\text{-}7)$$

位相角は瞬時角周波数 ω を時間積分したものですから，次式となります．

$$\theta(t) = \int\{\omega_C + \Delta\omega\cos(\omega_M t)\}\,dt = \omega_C t + \frac{\Delta\omega}{\omega_M}\sin(\omega_M t) \quad \cdots\cdots(11\text{-}8)$$

したがって，FM波は次式で表せます．

$$e(t) = E_C \cos\left\{\omega_C t + \frac{\Delta\omega}{\omega_M}\sin(\omega_M t)\right\} \quad \cdots\cdots(11\text{-}9)$$

$\Delta\omega$ [rad/s] は変調信号の振幅値 E_M に応じた角周波数偏移で最大角周波数偏移といいます．

周波数変調度を特性づける変調指数 M は，次のように定義されています．

$$M = \frac{\Delta \omega}{\omega_M} = \frac{\Delta f}{f_M} \quad \cdots\cdots\cdots\cdots\cdots\cdots\cdots\cdots\cdots\cdots\cdots\cdots\cdots\cdots (11\text{-}10)$$

● 角度変調の時間軸上での波形

角度変調のPM波とFM波はそれぞれ式(11-5)と式(11-9)で表せます．しかし，数式だけでは，これらの特徴や相違を理解しにくいでしょう．Excelを利用して，式(11-5)および式(11-9)の表す時間軸の波形を表示させることにします．角度変調波の具体的なイメージを掴みましょう．

▶ 最大周波数偏移の違う二つのFM波

式(11-9)を用いてFM波の最大周波数偏移 Δf を変えた状態の波形を確認してみましょう．ここでは波形を描きやすいように，搬送波周波数 $f_C = 20$ kHz として，搬送波の振幅 $E_C = 1$ とします．

[図11-2] 周波数変調(FM)波を時間軸で表示する
変調波の振幅が変わると，被変調波の粗密が変わる

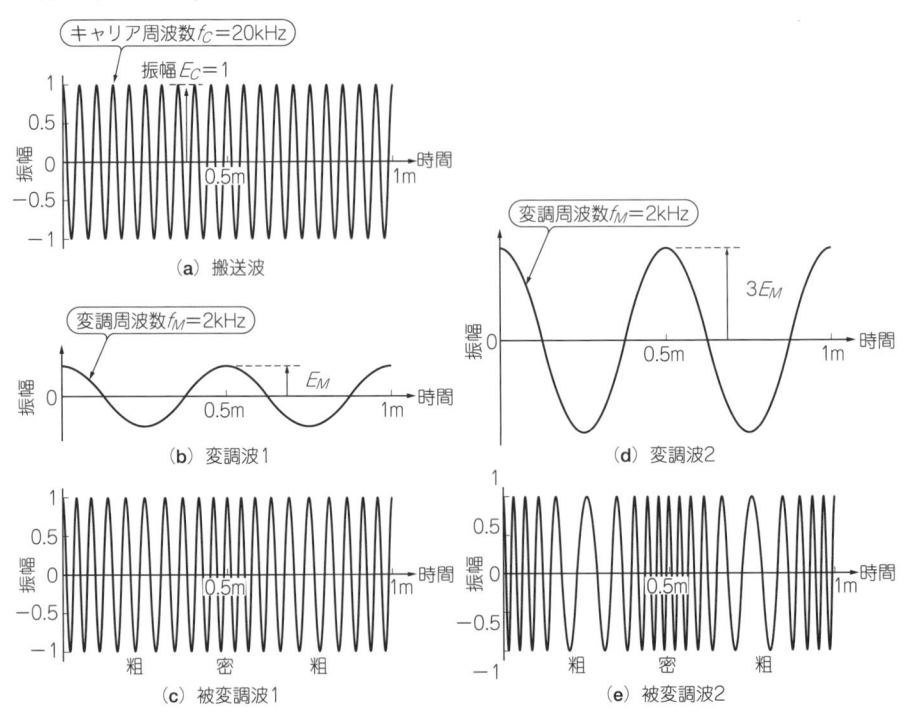

(a) 搬送波
(b) 変調波1
(c) 被変調波1
(d) 変調波2
(e) 被変調波2

変調周波数 f_M を 2 kHz で固定し，最大周波数偏移 Δf を 4 kHz から 3 倍の 12 kHz へ変更して比較してみます．**図 11-2** にこの FM 波を時間軸で表示しました．

変調波 1 として，最大周波数偏移 $\Delta f = 4$ kHz となるような振幅 E_M の正弦波を与えます．このときの出力 FM 波は，被変調波 1 となります．

瞬時の搬送周波数は変調信号の振幅で直接変化させられます．変調周波数にともなう周期で，粗/密を繰り返すことが確認できます．

変調波 2 として振幅が $3E_M$，すなわち最大周波数偏移 $\Delta f = 12$ kHz となる正弦波を与えます．このときの出力 FM 波は，被変調波 2 となります．

変調周波数はともに $f_M = 2$ kHz です．同じ周期で粗/密が繰り返されますが，粗いところはより粗く，密なところはより密になっていることを確認できます．

変調指数 $M = \Delta f / f_M$ を計算すると，変調波 1 では $M = 2$，変調波 2 では $M = 6$ となります．

▶ 最大位相偏移を 180° とした PM 波

式 (11-5) を用いて，PM 波の最大位相偏移を 180°，すなわち $\Delta\phi \fallingdotseq 3.14159$ rad とした波形を確認します．また，搬送波周波数 $f_C = 10$ kHz，振幅 $E_C = 1$ とします．変調周波数 $f_M = 2$ kHz は FM 変調のときと同じ値に固定とします．

図 11-3 には，この PM 波を時間軸で表示しました．変調波振幅 $E_M = 1$ として，搬送波と被変調波を同じグラフ上で描いています．

位相変調では，瞬時の搬送周波数は位相の時間微分で変化します．PM 波は，変調波の正と負のピーク値で位相が最大 180°ずれることが確認されます．

変調指数 $M = \Delta\phi$ ですから，$M \fallingdotseq 3.14159$ です．

[図 11-3] 位相変調(PM)波を時間軸で表示する
FM 波とよく似ているが位相のずれている位置が違う

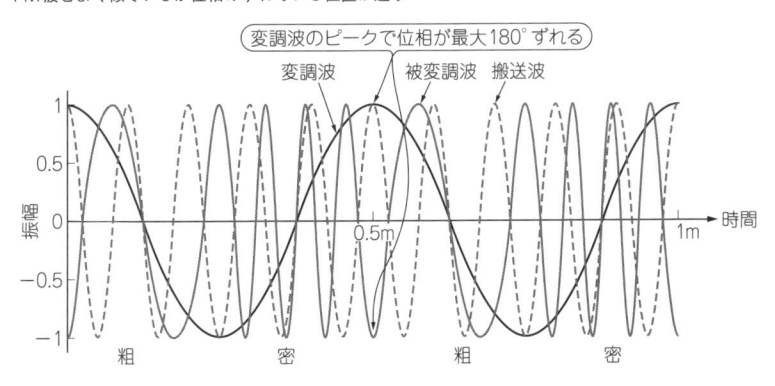

● 位相変調と周波数変調はどのように違うか？

　図11-2および図11-3では，FM波とPM波を時間軸で表示しました．ともに正弦変調波の周期によって，周波数の粗密がくり返されます．そのため，FM波とPM波は一見同じような出力波形と感じます．

　位相変調PMと周波数変調FMはどのように異なり，どのあたりが同じかを整理しましょう．

▶ PM波とFM波では最大周波数/最小周波数の位置が90°ずれている

　図11-4には，周波数$f_C = 20$ kHzで振幅$E_C = 1$の搬送波に，変調周波数$f_M = 2$ kHzの信号を用いて変調を加え，同じ変調指数$M=5$とした場合のFM波とPM波を示します．FM波では，その周波数が最大（波形が密），最小（波形が粗）となるのはそれぞれ変調信号の正のピーク値をとるとき，負のピーク値をとるときです．

　これに対してPM波では，周波数が最大（波形が密），最小（波形が粗）となるポイントは，変調信号波形の変化が一番大きくなるポイント，すなわちゼロクロスするポイントで生じることになります．

　したがって，FM波とPM波では，周波数が最大（波形が密），最小（波形が粗）となる位置が90°ずれることになります．つまり，FM波とPM波は微分/積分の関係にあります．正弦波で変調されたFM波とPM波は時間のずれを考えなければ同じ

[図11-4] 同じ角度変調の仲間であるFM波とPM波の違い
わかりやすい違いは周波数の粗密の位置が違うこと

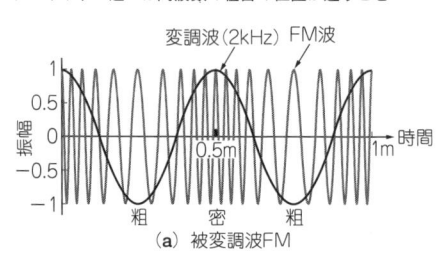

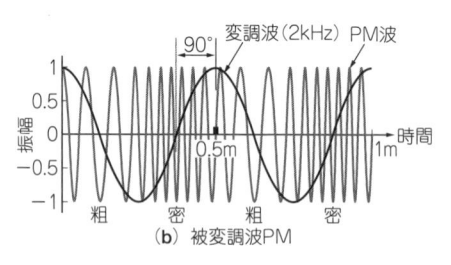

[図11-5] FM波とPM波の違いは変調周波数を変えるとよくわかる
変調周波数を変えると粗密さの濃さが異なる

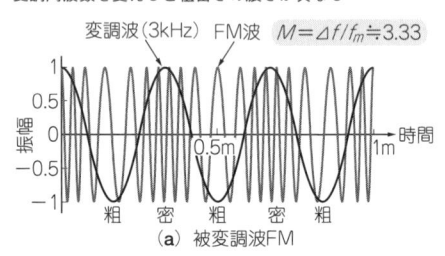

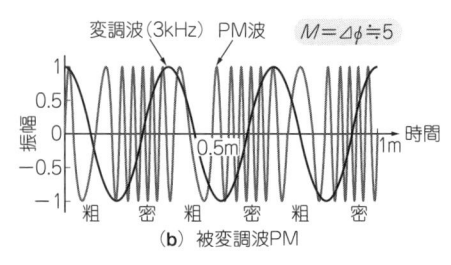

$M = \Delta f / f_m \fallingdotseq 3.33$

$M = \Delta \phi \fallingdotseq 5$

波形になります．

▶ 変調周波数の変化によるサイドバンド・レベルの違い

　図11-4のFM波とPM波の変調周波数はf_M = 2 kHzでした．次に，この変調周波数だけをf_M = 2 kHz→3 kHzに変更すると，どうなるでしょうか？

　図11-5にf_M=3 kHzとしたFM波とPM波を描きました．変調周波数を高くしたので，FM波，PM波ともに周波数が最大（波形が密），最小（波形が粗）となる回数が多くなっています．FM波とPM波では，粗密の具合が異なっています．

　PM変調では変調指数は$M = \Delta\phi$で，変調信号の振幅だけに依存します．変調周波数には無関係で$M = 5$のままです．

　一方，FM変調では，その変調指数は$M = \Delta f/f_M$です．変調信号の振幅と周波数の両方に依存することになります．この場合には，M = 10 kHz/3 kHz ≒ 3.33となります．

　この違いは，PM波とFM波の時間軸表示では，粗密さの濃さの違いになって表れます．図11-6は，この違いを周波数軸で表したものです．側波帯（サイドバンド・レベル）の違いを簡易図で記しました．

　PM波のスペクトラムでは，変調周波数f_Mが変化してもそのサイドバンド・レベルは一定のまま，f_Mの間隔だけ動きます．

　一方，FM波のスペクトラムでは，変調周波数f_Mが変化するとそのサイドバンド・レベルも変わります．f_Mが高くなれば，サイドバンド・レベルは小さくなります．

● 角度変調波のスペクトラム分布

　角度変調を受けたPM波とFM波の周波数スペクトラムについて，もう少し考えてみます．角度変調波の上下の側波帯，サイドバンドの数は理論的には無限です．変調指数と主要サイドバンド，帯域幅との関係は非常に重要です．変調指数Mが

[図11-6] FM波とPM波の違いはスペクトラムでも現れる
変調周波数を変えたときのスペクトラムの変わり方が異なる

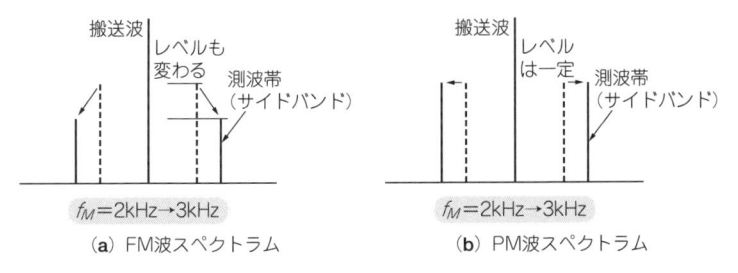

(a) FM波スペクトラム　f_M=2kHz→3kHz
(b) PM波スペクトラム　f_M=2kHz→3kHz

非常に小さい場合($M<0.2$)であれば，AM波の側波帯，サイドバンド分布に類似したスペクトラムとなり，帯域幅は小さくなります．しかしMが大きくなると高次の側波帯，サイドバンドが現れて帯域幅が広がります．

▶ 周波数成分の相対振幅はベッセル関数で表せる

変調指数に対する搬送波とサイドバンド分布の相対振幅は，ベッセル関数(J_0, J_1, …)となることが先人により解析されています．

図11-7は，Excelによって描かせた8次までのベッセル関数値のグラフです．横軸は変調指数に相当して，縦軸は振幅値となります．J_0のグラフはキャリア(搬送波)の振幅値を表します．J_1は第1サイドバンド，J_2は第2サイドバンド，…，J_8は第8サイドバンドの振幅値を表します．

そして，J_0の値，キャリア振幅のみに注目すると，変調指数$M=2.4048$のときキャリアはゼロです．さらに，$M=5.5201$のときにもキャリアはゼロ，$M=8.6537$，$M=11.7915$のときにもキャリアはゼロとなります．

▶ 変調指数に対するキャリアとサイドバンドの振幅変化

図11-8(a)は無変調のキャリアのレベルを1として描いています．図11-8(b)には，変調指数$M≒2.4$でのキャリアと第4サイドバンドまでの振幅値を描いています．図11-7のベッセル関数値から，$M≒2.4$では$J_0≒0$です．ゆえに，キャリアのレベルはほぼゼロとなります．第1サイドバンドは$J_1≒0.52$，第2サイドバンドは$J_2≒0.43$，第3サイドバンドは$J_3≒0.2$，第4サイドバンドは$J_4≒0.06$の振幅値となります．

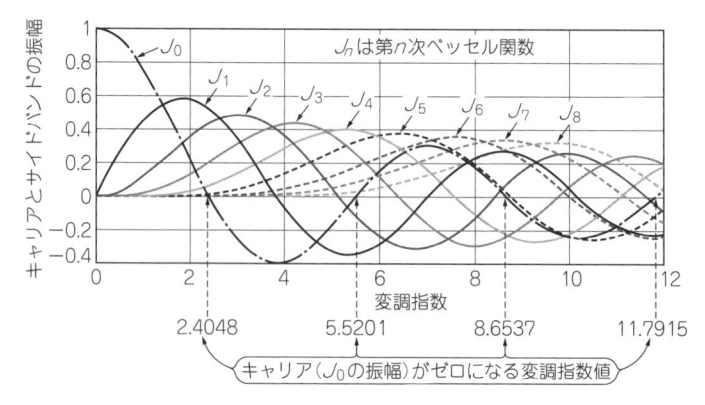

[図11-7] FM変調のスペクトラムはベッセル関数に対応して変化する
ベッセル関数を8次まで表示した図．変調指数によっては振幅がゼロになることもある

同様に，図11-8(c)は，変調指数 $M ≒ 3.4$ でのキャリアと第4サイドバンドまでの振幅値です．スペクトラム・アナライザなどを用いて，角度変調波のスペクトラムをキャリアとサイドバンドを区別して識別することで，細かな変調指数まで測定，もしくは校正することができます．

　図11-9は，スペアナで観測した無変調キャリアとFM変調波の一例です．

[図11-8] 周波数スペクトラムから変調指数を求められる

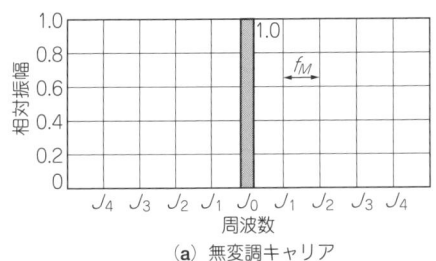

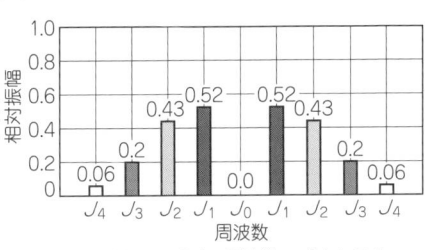

(a) 無変調キャリア

(b) $M ≒ 2.4$ の周波数スペクトラム

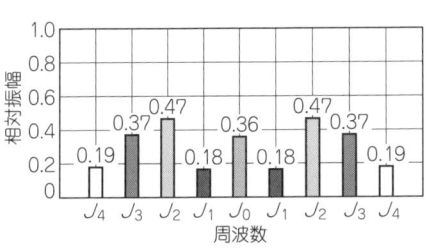

(c) $M ≒ 3.4$ の周波数スペクトラム

[図11-9] 実際のFM変調波形の例

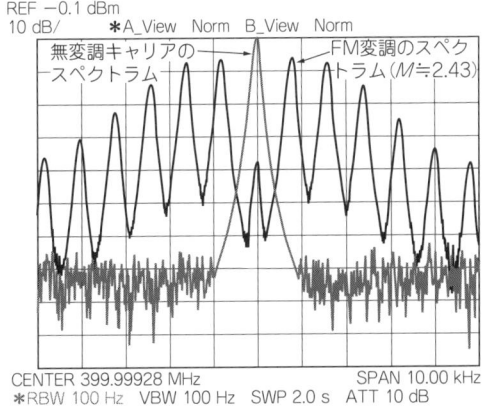

無変調キャリアのスペクトラム
FM変調のスペクトラム ($M ≒ 2.43$)

REF −0.1 dBm
10 dB/　＊A_View　Norm　B_View　Norm
CENTER 399.99928 MHz　　　　SPAN 10.00 kHz
＊RBW 100 Hz　VBW 100 Hz　SWP 2.0 s　ATT 10 dB

変調のしくみと角度変調　331

PLLを用いて角度変調する

PLLは，位相と周波数を制御しているので角度変調をかけることが容易にできます．

● **FMとPMの関係**

図11-4で調べたように，FMとPMは微分/積分の関係にあります．図11-10に示す構成にすることで，容易にFM変調またはPM変調をかけることができます．

▶ VCOを用いたFM変調/PM変調のかけ方

FM波は，変調波の振幅E_Mにより周波数が変化し，その変化速度は変調波の周波数f_Mによりました．

このことから，図11-11に示すように，PLLに備えられたVCO(電圧制御発振器)もしくはVCXO(電圧制御水晶発振器)のコントロール電圧に変調信号をのせて，VCO/VCXOを発振させればFM波を得られることになります．

PM波を得るには，微分回路(CR回路)を通した変調信号をコントロール電圧に加えればよいわけです．PLLは，VCOやVCXOを有しているので，角度変調を容易にかけられます．

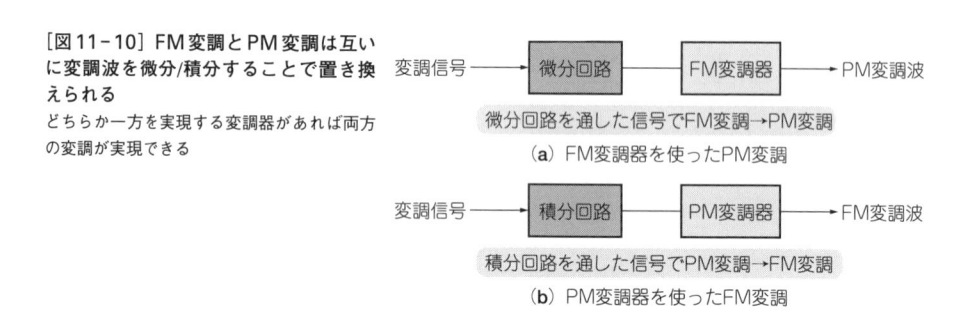

[図11-10] FM変調とPM変調は互いに変調波を微分/積分することで置き換えられる
どちらか一方を実現する変調器があれば両方の変調が実現できる

(a) FM変調器を使ったPM変調
変調信号 → 微分回路 → FM変調器 → PM変調波
微分回路を通した信号でFM変調→PM変調

(b) PM変調器を使ったFM変調
変調信号 → 積分回路 → PM変調器 → FM変調波
積分回路を通した信号でPM変調→FM変調

[図11-11] VCOの制御電圧に変調信号を加えれば角度変調ができる
FM変調ではわりと一般的な方法

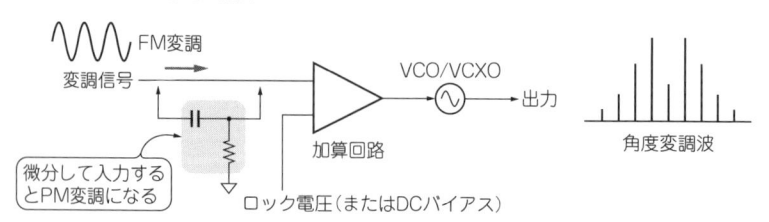

FM変調 変調信号 → 加算回路 → VCO/VCXO → 出力
微分して入力するとPM変調になる
ロック電圧(またはDCバイアス)
角度変調波

▶ 位相比較器を用いることもできる

　PLLが位相比較器(＋チャージ・ポンプ)を備えているのであれば，これをPM変調器として利用し，角度変調をかけることもできます．位相比較器(＋チャージ・ポンプ)は，位相差を電流変換してVCOに戻します．この電流を変調信号で変化させればPM変調器となります．

● PLLで角度変調するときの注意点

　PLLで角度変調をかける場合には，ループのカットオフ周波数f_Cの選定が重要です．第10章では，カットオフ周波数f_Cを決めるのは，出力される位相雑音を最適値とすることを優先しました．角度変調をかける場合には，これでは不十分です．

▶ 帰還ループ外から変調波を挿入

　図11-12に，角度変調を行うPLLの簡易モデルを示します．

　①のf_Mは，帰還ループ外から変調波を挿入するときのモデルです．VCOの制御電圧V_Tに変調信号を加算する場合がこれに相当します．接続を見るとループ内に挿入しているように思いがちですが，負帰還ループの外れた周波数で変調を加えることになります．

　このときの伝達特性f_{out}/f_Mを考えると，これはカットオフ周波数f_CとするHPFの特性になります．第10章で，VCOの位相雑音に対するPLLの応答はHPFの特性になると説明しました．VCOの制御電圧に変調波を挿入することは，雑音と変調信号の違いはありますが，これと同じです．

　つまり，変調周波数f_Mがループのカットオフ周波数f_Cより低くなると，変調出力が抑圧されます．カットオフ周波数f_Cは，使用する変調周波数の下限より十分に低い値に選ぶ必要があります．

▶ ループ内に変調波を挿入

　次に，②f_ϕはループ内に変調波を挿入したときのモデルです．ループ内を変調

[図11-12] PLLシンセサイザに角度変調をかけるには2通りの方法がある
変調信号の挿入位置により，ループ・フィルタの設計(カットオフ周波数f_Cの設定)が異なる

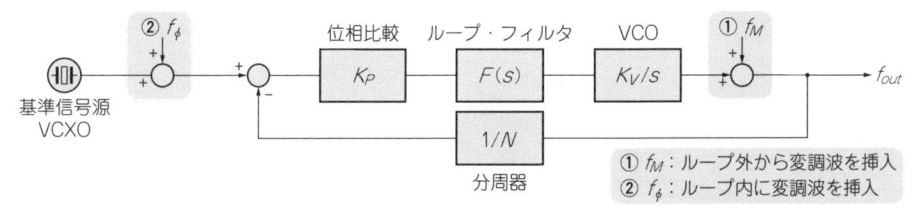

① f_M：ループ外から変調波を挿入
② f_ϕ：ループ内に変調波を挿入

された波形が伝わります．位相比較回路を利用して角度変調する場合や，基準信号のVCXOに変調信号をのせてループ内に入れる場合がこれに相当します．

このときの伝達特性f_{out}/f_ϕは，カットオフ周波数をf_CとするLPFの特性となります．ループ内変調波を挿入したPLLの応答もこれと同じです．

変調周波数f_ϕがループのカットオフ周波数f_Cより高くなると，変調出力が抑圧されます．カットオフ周波数f_Cは使用する変調周波数の上限より，十分に高い値に選ぶ必要があります．このように，ループ外から変調波を挿入するか，ループ内に変調波を挿入するかによってループのカットオフ周波数f_Cの設計が異なります．

PLL技術のそのほかの応用例

PLLは周波数をシンセサイズする，すなわち新しい合成周波数を作り出す以外にも，「こんな性能アップが可能」，「こんな応用もある」という例をいくつか紹介します．

● 雑音特性C/Nの優れた周波数逓倍

高周波回路設計において，ある基準周波数を×2倍，×4倍…と周波数逓倍することがよくあります．図11-13(a)は，ダイオードなどの非直線回路を用いた逓倍回路の構成図です．これは図11-13(b)のようにPLL回路を用いても同じ機能を実現できます．

ここでは200MHzの水晶発振器からの信号を4逓倍し，その後ろにPLLを配置しています．周波数逓倍回路をPLLを用いて構成するメリットはあるのでしょうか？ 構成図を見ると，PLL逓倍するにはもう一つの発振器VCOが必要になり，構成部品も多くなります．周波数逓倍回路をどうしてPLLを用いて構成するのでしょうか？

それは，PLLによって優れた位相雑音特性の周波数逓倍回路を得られるからで

[図11-13] 周波数逓倍回路

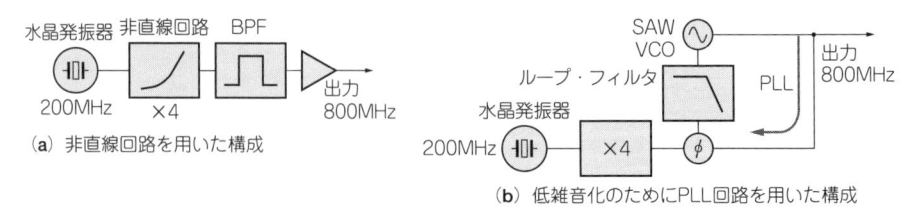

(a) 非直線回路を用いた構成

(b) 低雑音化のためにPLL回路を用いた構成

[図11-14] 二つの周波数逓倍のC/Nを比較する

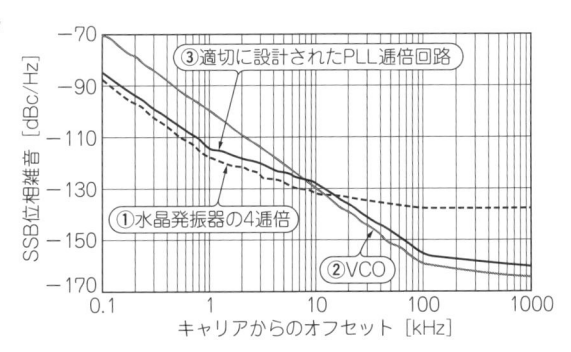

グラフ:
- 縦軸: SSB位相雑音 [dBc/Hz]
- 横軸: キャリアからのオフセット [kHz]
- ③ 適切に設計されたPLL逓倍回路
- ① 水晶発振器の4逓倍
- ② VCO

す．図11-14は，800 MHzへの周波数逓倍回路の出力C/N特性を比較したものです．ここで①のC/Nグラフは，200 MHzの水晶発振器を非直線素子によって4逓倍したC/N値で，水晶発振器のC/Nを×4倍（+12 dB）した値となります．②のC/Nグラフは，PLLのVCO，ここではSAW共振子によるVCOのC/N特性です．

①と②のグラフを比べるとオフセット周波数10 kHzを境にして，低い周波数ではクリスタル発振器×4倍のC/Nが優れ，高い周波数ではSAW発振器のC/N特性が優れていることがわかります．

PLLを適切に設計すれば，この優れたほうのC/N，③のグラフに示すように低い周波数では水晶発振器の逓倍雑音に，そして高い周波数ではSAW発振器の優れた雑音特性へと置換することができるのです．PLL技術によって周波数をシンセサイズするだけでなく，雑音特性もシンセサイズ，合成できます！

● 狭帯域なBPF

興味深いことに，PLLは一種のフィルタリング回路，バンド・パス・フィルタ（BPF）として用いることができます．

図11-15(a)で，200 MHz基準信号と可変発振器からの出力10/20/…MHzとミキシングして，あるときは190/180/…MHzを，またあるときは210/220/…MHzを出力したいのですが，200 MHzを十分に減衰させるフィルタが必要となります．

また10 MHzステップで周波数を可変するので，いくつかのBPFを準備してスイッチ回路で切り替えるか，もしくは中心周波数を可変できるBPFが必要となります．しかしそのようなBPFの設計は非常に難しく，できたとしても大規模な回路となってしまうでしょう．

図11-15(b)は，このBPF部をPLL回路で構成したものです．PLLのVCOが出

[図11-15] PLLをフィルタリング回路として用いる

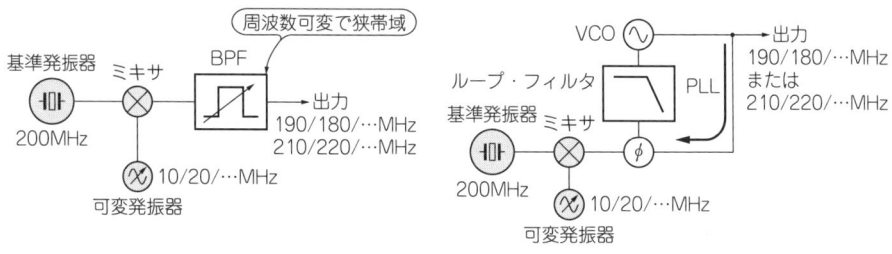

(a) 特殊なバンド・パス・フィルタが必要

(b) PLLにバンド・パス・フィルタの働きをさせる

力として欲しい周波数を発振できれば，PLLを一種の狭帯域なBPFとして働かせられます．すると，そんなに大規模な回路を用いることなく，例えば190 MHzを出力させたい場合でも，200 MHz成分を十分に減衰させられます．まさに，狭帯域な可変BPFとして利用できるのです．

● **FM復調**

ここまでは，PLLの周波数出力を用いた応用例を記しました．次に，PLLの他の部分を出力とした応用について紹介します．代表的な応用として，PLLによるFM復調回路があります．図11-16でその原理を説明します．ここでは，PLLのVCO出力①（周波数出力）を用いるのではなく，出力②（VCO駆動電圧）を利用することに注目してください．

PLLの位相比較器に，入力基準信号として1 kHzの可聴信号で変調されたFM信号を入力するとします．

VCOの発振周波数は，FM入力信号の瞬時周波数に追従して動作するように，

[図11-16] PLLをFM復調回路として用いる

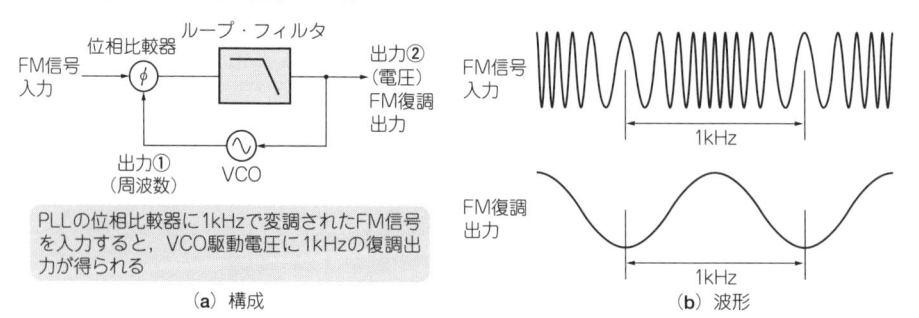

PLLの位相比較器に1kHzで変調されたFM信号を入力すると，VCO駆動電圧に1kHzの復調出力が得られる

(a) 構成

(b) 波形

ループ・フィルタが設定されています．VCO出力①はFM信号入力に追従した同じ信号となります．そのVCOを駆動する電圧出力②には，この場合は1 kHzの信号電圧が出力されることに，すなわちFM復調されたことになるのです．PLLによって，コイル類を一切使用せずに復調回路を構成できるのは興味深いことです．

● スペアナの能力を超えた位相雑音の測定

SSB位相雑音は，スペクトラム・アナライザによって測定できることは前に記しましたが，スペアナ自身の位相雑音よりも優れた信号源の位相雑音を測定する場合には，直交位相検波によって位相雑音を測定します．

図11-17には，PLLを用いた直交位相検波法による位相雑音測定システムを示しています．位相検波はDBM(ダブル・バランス・ミキサ)によってなされますが，ここで重要なことは，DBMのRFポートおよびLOCALポートに入力される信号の位相差を90°にしなければいけないということです．

位相差が90°すなわち，直交していれば位相変調された信号だけを検波できます．90°差を作るためにディレイ・ラインを使う方法もありますが，最も確実で安定度の良い方法がこのPLLを用いる方法です．

簡単にその測定原理を記すと，まずDUT信号f_0は周波数f_Mで位相変調された信

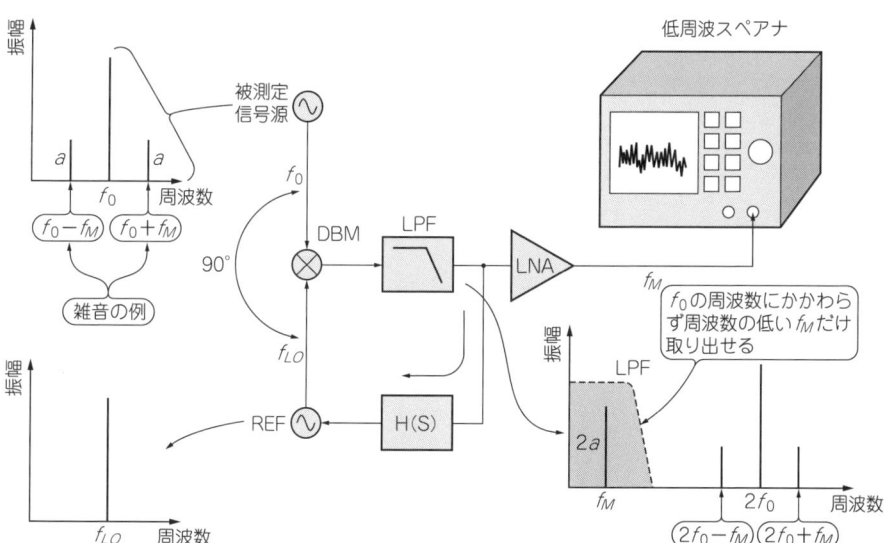

[図11-17] PLLを用いた直交位相検波法による位相雑音の測定

号です．REF信号f_{LO}はここではキャリアだけの純度の高い信号と仮定します．この2信号をDBMに入力して位相検波するのですが，2入力に90°の位相差をもたせなくてはいけません．

そこで，DBMを位相比較器に用いて**図11-17**に示すようにPLLを組みます．ロックがかかるとDUT信号の周波数とREF信号の周波数が等しく，$f_0 = f_{LO}$になります．それと同時に，DBMを位相比較器として用いてPLLが形成されると，喜ばしいことに，f_0とf_{LO}の位相差は90°になります．これはミキサ型位相比較器の特性から導かれるものです．

DBM出力には**図11-17**のような信号が現れ，出力のLPFによってDUT信号を位相変調していたf_M成分2aを検出できます．両側のサイドバンドを検出するので，2aとなります．この微小な2a成分をLNA(ロー・ノイズ・アンプ)で増幅して，スペアナやFFTで測定して値付けをすることができます(SSB位相雑音であれば，半分のレベルの補正を加える)．

このようにPLL技術は，直交位相検波法にも取り入れられ，微小な位相雑音を高確度で測定するシステムを構成できるのです．

高周波PLL回路のしくみと設計法

Appendix
180M～360MHz PLL周波数シンセサイザの外観と回路図

本書の中で設計を解説しつつ，実際に製作したPLL周波数シンセサイザの外観と回路図をまとめました．

[写真A-1] 外観
電源部(奥側)を搭載した大きな基板の上に，PLL基板(右手前)と基準信号源基板(左手前)が搭載されている

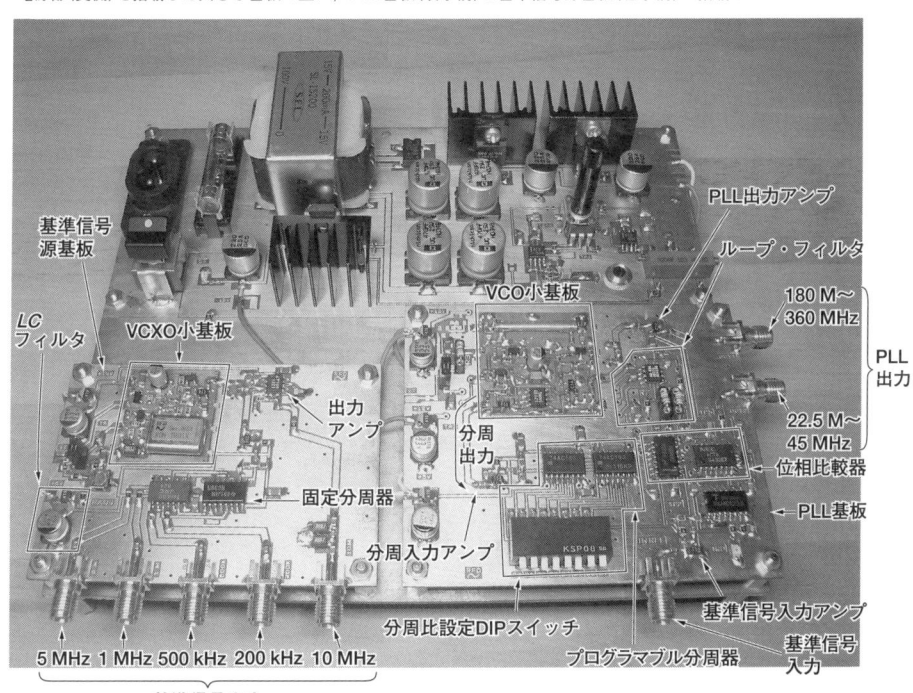

[図A-1] PLL基板の回路図

第5章で解説した位相比較器、第6章で解説したプログラマブル分周器、第7章〜第10章で解説したループ・フィルタが搭載されている

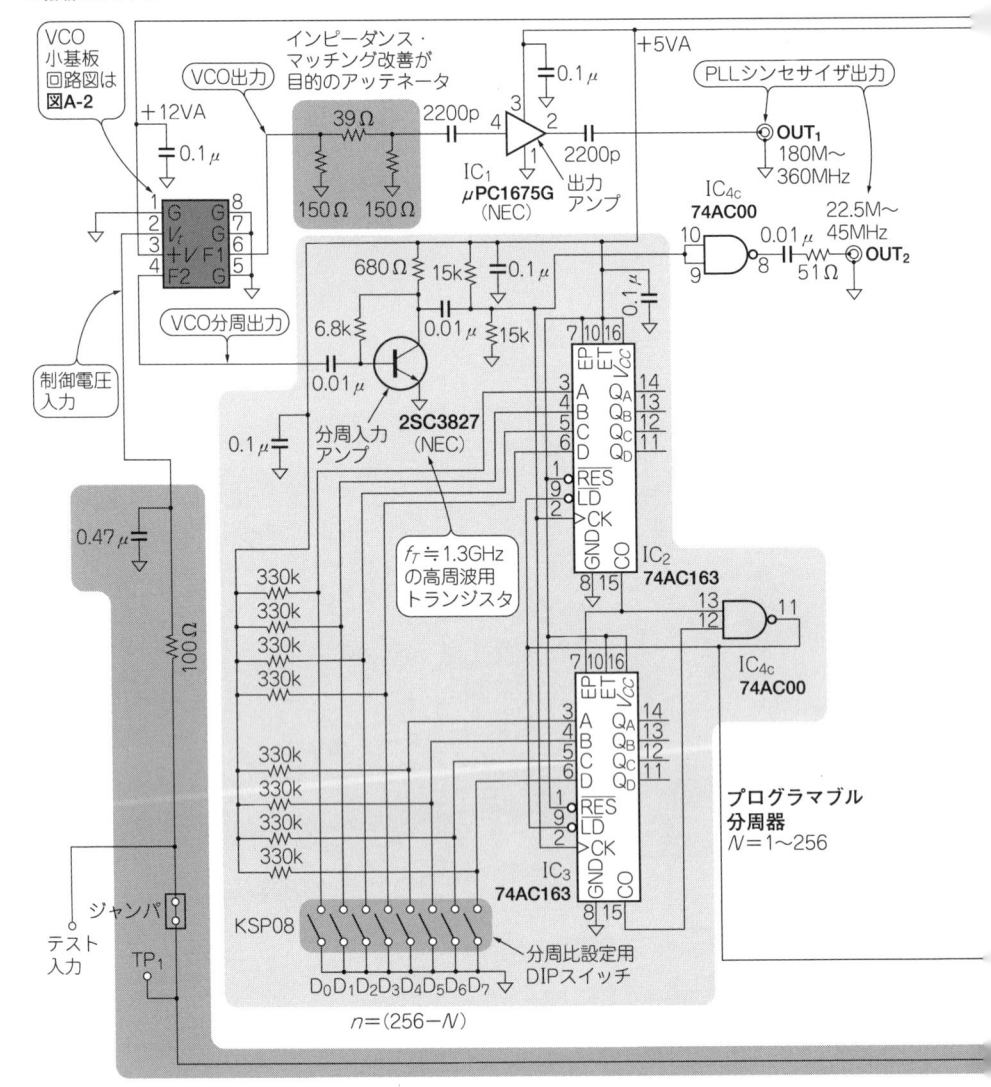

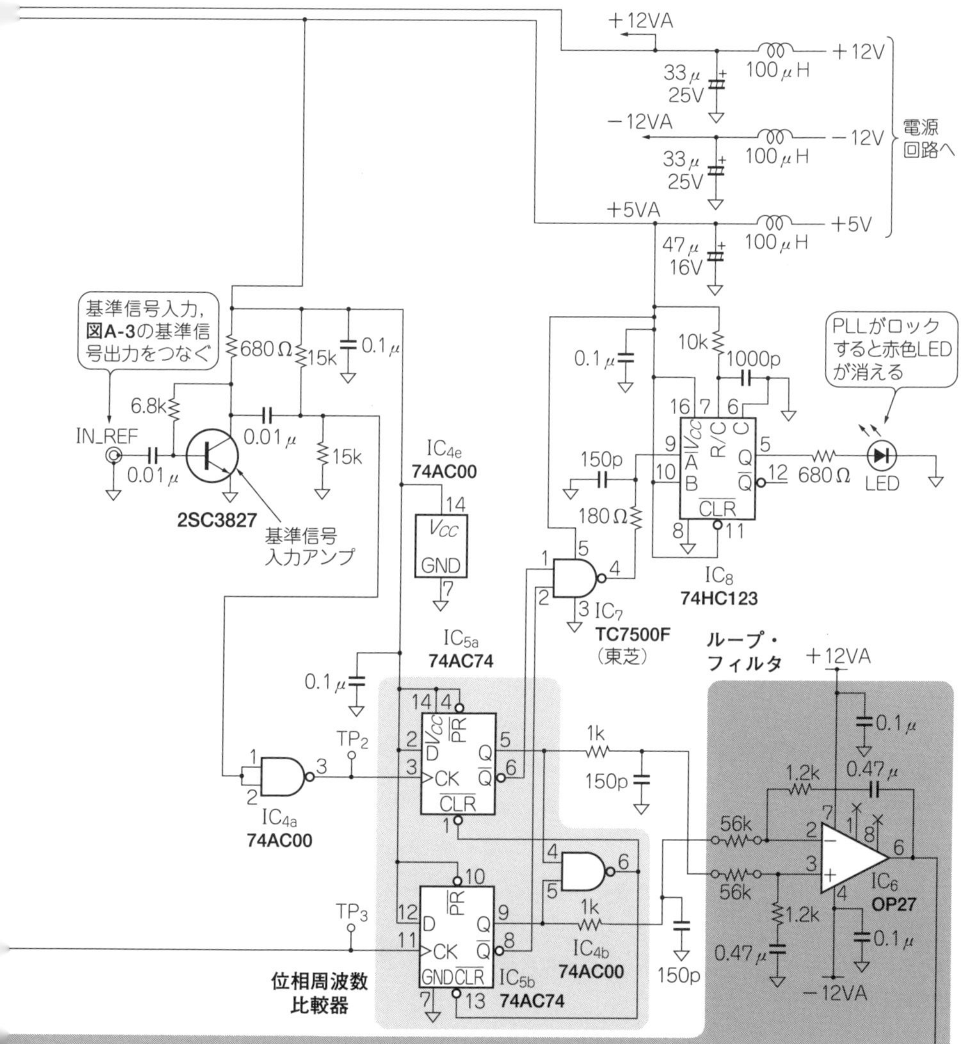
+12VA
+12V
33μ
25V
100μH
−12VA
−12V
電源
回路へ
+5VA
+5V
47μ
16V
基準信号入力,
図A-3の基準信
号出力をつなぐ
680Ω
15k
0.1μ
6.8k
IN_REF
0.01μ
15k
2SC3827
基準信号
入力アンプ
IC4e
74AC00
VCC
GND
10k
1000p
PLLがロック
すると赤色LED
が消える
150p
180Ω
IC8
74HC123
680Ω
LED
IC7
TC7500F
(東芝)
ループ・
フィルタ
IC5a
74AC74
TP2
IC4a
74AC00
1k
150p
1.2k
0.47μ
56k
IC6
OP27
IC4b
74AC00
TP3
IC5b
74AC74
位相周波数
比較器
−12VA

[図A-2] PLL基板の上に搭載されているVCO小基板の回路図
VCOの設計については第3章と第4章で、プリスケーラについては第6章で解説している

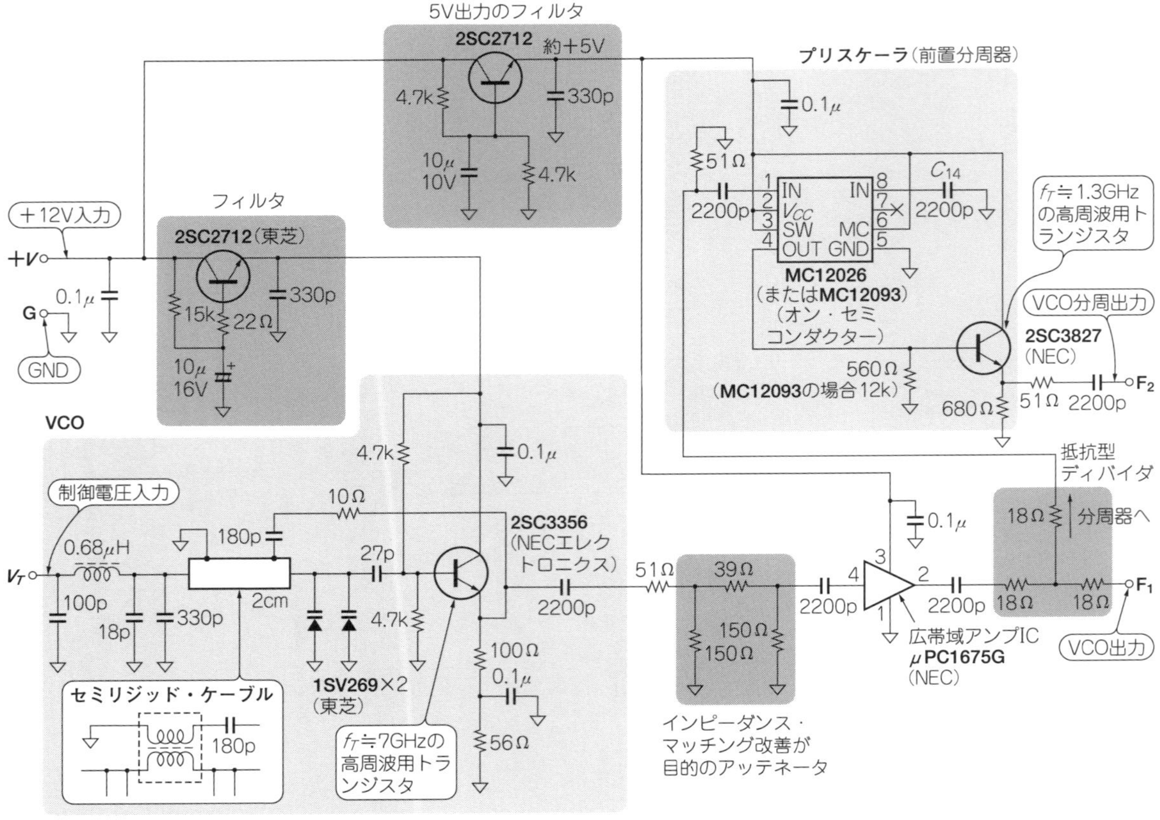

[図A-3] 基準信号源基板の回路図
第6章の最初に解説した固定分周器が搭載されている

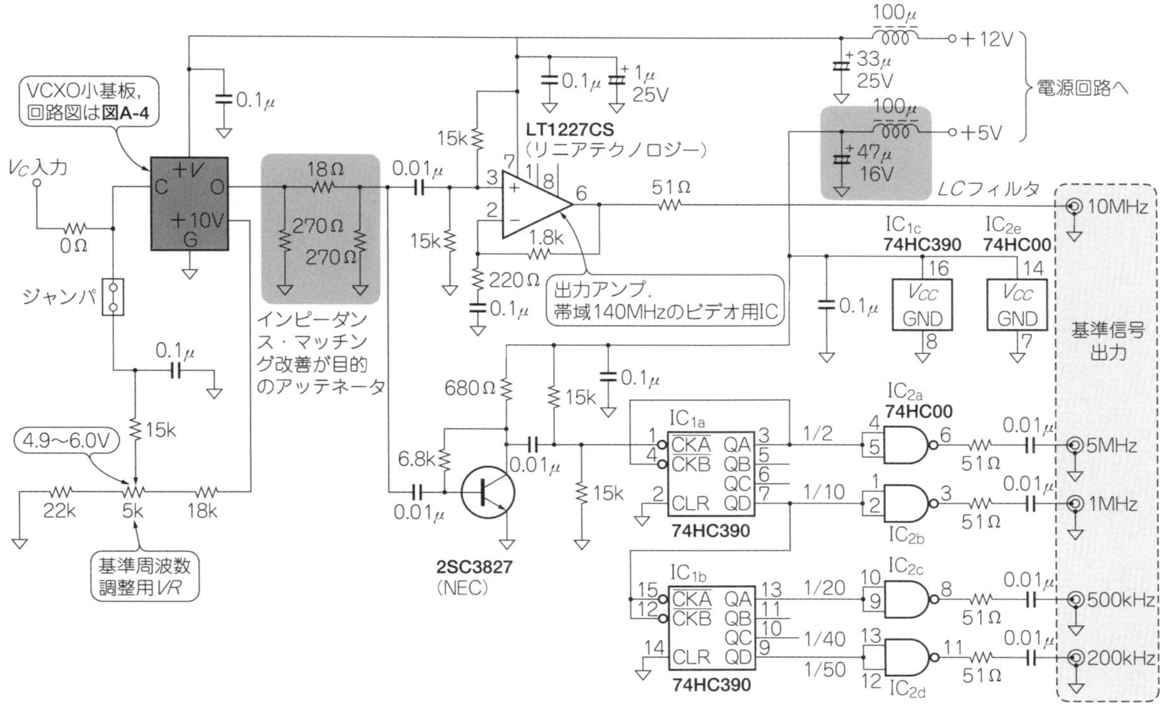

[図A-4] 基準信号源基板の上に搭載されているVCXO小基板の回路図
基準信号源用のVCXOについては第2章で解説している

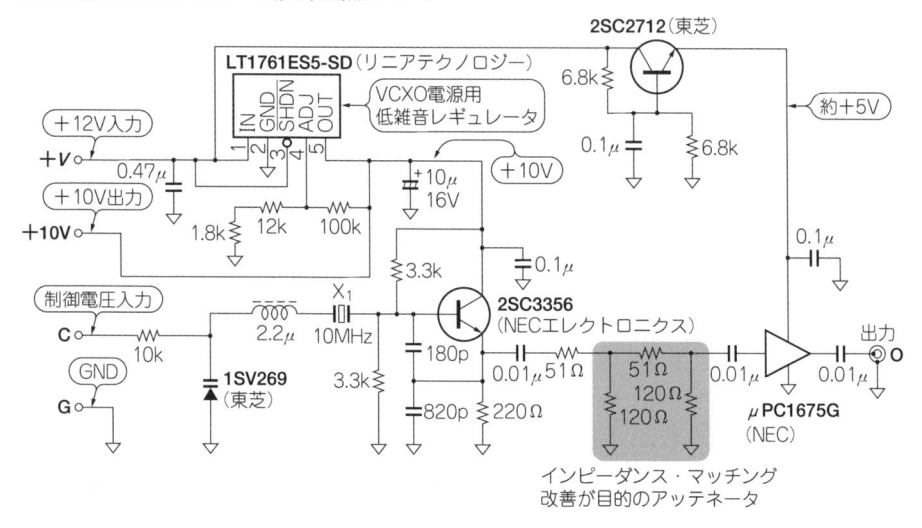

[図A-5] 電源部の回路図
写真A-1には一部, 回路図に載っていない実験用回路の部品も写っているが, PLL周波数シンセサイザの動作には関係ない

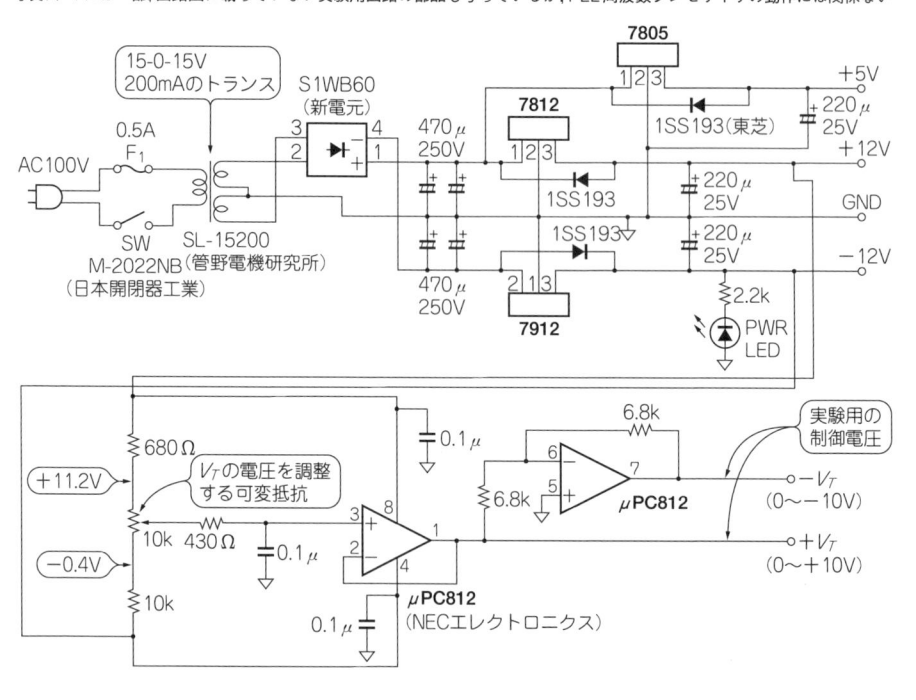

参考文献

(1) アプリケーションノート3047A‐1J位相雑音測定，アジレントテクノロジー㈱．
(2) "SPECTRUM ANALYZER THEORY and APPLICATIONS", Tektronix.
(3) Floyd M. Gardner; Phaselock Techniques, 1st Edition, Wiley & Sons, 1966.
(4) D.B.Leeson ;"A Simple Model of Feedback Oscillator Noise Spectrum", Proceeding of the IEEE, Vol.54, pp.329‐330, February 1996.
(5) Product Note 11729B‐1,"Phase Noise Characterization of Microwave Oscillators", Hewlwtt Packard.
(6) Application Note AN1026 "1/f Noise Characteristics Influencing Phase Noise", California Eastern Labs.
(7) Application Note 200‐2, Fundamentals of Quartz Oscillators, Hewlwtt Packard.
(8) Application Note 207, Understanding and Measuring Phase Noise in the Frequency, Hewlwtt Packard.
(9) Manish.Vaish ;"Precision Quartz Oscillator Tradeoffs", Applied Microwave & Wireless, Summer 1994, pp.89‐97, Noble Publishing Corporation.
(10) Randall W Rhea, Oscillator Design And Computer Simulation, Macgrraw Hill, 1995.
(11) Data sheets 501‐04546, Ultra Low Noise Crystal Oscillator, Wenzel Associates, Inc.
(12) Data sheets 260 Series OCXO, Ultra High Stability, MTI‐Milliren Thechnologies, Inc.
(13) 回路シミュレータSNAP LE, ㈱エム・イー・エル
http://www.melinc.co.jp/
(14) 市川裕一；シミュレーションで始める高周波回路設計，CQ出版社，2005年．
(15) Phase Noise Theory and Measurement, Application Note#1, Aeroflex, Inc.
(16) 黒田 徹；「低雑音OPアンプを使った増幅回路のSN比が悪い」，トランジスタ技術，2002年9月号，pp.157‐158，CQ出版社．
(17) H.A.Wheeler ;"Simple Inductance Formulas for Radio Coils", Proceedings of the IRE, vol.16, no.10, pp.1398‐1400, Oct.1928.
(18) Randall W. Rhea; HF Filter Design And Computer Simulation, Noble Publishing, 1994.
(19) 大内淳義；ダイオードとその回路，共立出版，1976年．
(20) 黒部貞一，小川吉彦；電子回路通論，朝倉書店，1973年．
(21) データシート KV1841E，可変容量ダイオード，東光㈱．
(22) Application Note APN1004, "Varactor SPICE Models for RF VCO Application",

Alpha Industries, Inc.

(23) Jim Carlini ; "A 2.45GHz Low Cost High Performance VCO", Microwave Journal, April 2000.

(24) Stanislaw Alechno ; "Analysis Method Characterizes Microwave Oscillators", Design Featyure, Microwaves&RF, November 1997.

(25) Joze Luis Jimenez Martin and Francisco Javier Ortega Gonzalez ;"Accurate Linear Oscillator Analysis and Design", Microwave Jounal, June 1996.

(26) NEC NPN Silicon High Frequency Transisitor NE856Series, California Eastern Laboratories.

(27) Application Note#1, Phase Noise Theory and Measurement, Aeroflex, Inc.

(28) John Reeve ; "Novel Signal‐Generation Method Enhances Radio Equipment Testing", Microwaves&RF, September 1997, pp.117‐206.

(29) Rich Leier; "SiGe Silences YIG Oscillator Phase Noise", Microwaves & RF, pp.79‐82, January 2006.

(30) Technology Description YIG Tuned Oscillators, Micro Lambada Wireless,Inc.

(31) 角田秀夫, PLLの基本と応用, 東京電機大学出版局, 1978年.

(32) Curitis Barrett ; "Fractional/Integer‐N PLL Basics", Technical Brief SWRA029, Texas Instruments.

(33) Dean Banerjee; PLL Performance, Simulation, and Design, 4th Edtion, National Semiconductor.

(34) Product specification SA8025/SA7025, Philips Semiconductors.

(35) Datasheet RF PLL Frequency Synthesizers ADF4110 Family, Analog Devices.

(36) 猪飼 國夫；ディジタル・システムの設計, pp.101～114, CQ出版社, 1977年.

(37) 久保 大次郎；高周波回路の設計, pp.234～240, CQ出版社, 1971年.

(38) Datasheet 74HC/HCT390, Dual decade ripple counter, Philips Semiconductors

(39) Datasheet MC74AC161/163 Synchronous Presettable Binary Counter, Motorola.

(40) Datasheet MC12093 1.1GHz Low Power Prescaler, ON Semiconductor.

(41) Datasheet MC12026A 1.1GHz Dual Modulus Prescaler, ON Semiconductor.

(42) Ulrich L.Rohde & Guter Klage; "Analyze VCOs And Fractional‐N Synthesizers", Microwaves & RF, August 2000, pp.57～78.

(43) 水上憲夫；自動制御, 朝倉書店, 1987年.

(44) 遠坂俊昭；「PLLの基礎とループ・フィルタ設計の要点」, トランジスタ技術, 1997年10月号, pp.309‐316, CQ出版社

(45) 岡村廸夫；OPアンプ回路の設計, CQ出版社, 1990年.

(46) Garth Nash ;"Phase‐Locked Loop Design Fundamentals", Application Note AN535, Motorola.

(47) モーリス・エンゲルソン/フレッド・テリュースキー著,岡田清隆訳;スペクトラム・アナライザ-理論と応用-,日刊工業新聞社,1979年.
(48) 小宮浩;「高機能PLL IC ADF4110ファミリ」,トランジスタ技術,2007年7月号,pp.231-240,CQ出版社.
(49) RF Design Note
 ▶http://gate.ruru.ne.jp/rfdn/Tools/RFtools.htm

索引

【数字・アルファベット】

1/f雑音 —— 40
1SV269 —— 69
2SC3356 —— 100
3次形 —— 235, 270
3 dB帯域幅 —— 30, 88
ATカット —— 47
BEF —— 78
BPF —— 78
C/N —— 29
dBc/Hz —— 29
ESR —— 88
ExOR —— 160
f_C —— 231, 277
fractional-N —— 208
IF —— 32
KV1811E —— 135
LC発振器 —— 38, 76
Lesson方程式 —— 40
LO —— 33
LPF —— 217
NF —— 40
OCXO —— 46
PC —— 156
PFC —— 163
Phase Locked Loop —— 15
PLL周波数シンセサイザ —— 15
Q —— 83
Q_L —— 90
Q_U —— 88
RBW —— 28
RF —— 32
S_{21} —— 56
SAW共振子 —— 150
SCカット —— 47
SSB位相雑音 —— 28
TCXO —— 46
t_{GD} —— 66, 88
VCO —— 17, 109, 225
VCXO —— 46
YIG同調発振器 —— 152
ΔBW —— 30, 88
ϕ_C —— 223, 231, 277
ζ —— 251
ω_D —— 251
ω_N —— 251

【あ・ア行】

アクティブ・フィルタ —— 170, 239, 270
アップコンバージョン —— 39
アンチバックラッシュ回路 —— 177
位相雑音 —— 25, 32, 215

位相周波数比較器 ―― 163
位相比較器 ―― 17, 156
位相変調 ―― 325
位相余裕 ―― 223, 231, 277
インピーダンス ―― 78
ウォームアップ特性 ―― 50
エージング特性 ―― 49
エクスクルーシブ・オア ―― 160
オーバーシュート ―― 249
オープン・ループ法 ―― 61
温度特性 ―― 47

【か・カ行】
開ループ伝達関数 ―― 244, 257, 275
角度変調 ―― 324
カットオフ周波数 ―― 231, 277
過渡応答特性 ―― 213, 247
可変容量ダイオード ―― 114, 129
完全積分 ―― 270
基準信号 ―― 17, 45, 193
基準信号分周器 ―― 184, 193
キャプチャ・レンジ ―― 163
キャリア ―― 27
共振回路 ―― 38
局部発振器 ―― 33
クォリティ・ファクタ ―― 83
グループ・ディレイ・タイム ―― 66
群遅延時間 ―― 66, 88
減衰係数 ―― 251
減衰固有各周波数 ―― 251
コイル ―― 123
コルピッツ型水晶発振回路 ―― 59

コルピッツ型発振回路 ―― 77

【さ・サ行】
雑音指数 ―― 40
周波数プッシング ―― 72, 121
周波数変調 ―― 325
水晶振動子 ―― 52
水晶発振器 ―― 45
スプリアス ―― 27, 216, 235
性能指数 ―― 83
セミリジッド・ケーブル ―― 141
挿入損失 ―― 90
測定帯域幅 ―― 28
ソレノイド・コイル ―― 123

【た・タ行】
ダブル・バランスド・ミキサ ―― 160
チャージ・ポンプ ―― 167, 271
中間周波数 ―― 32
直列共振回路 ―― 79
直列共振周波数 ―― 52
直交位相検波 ―― 337
通過特性 ―― 56
逓倍回路 ―― 334
デッド・ゾーン ―― 175
デュアル・モジュラス・プリスケーラ ―― 203
電圧制御発振器 ―― 17, 109, 225
等価直列抵抗分 ―― 88
同期カウンタ ―― 190
同期保持範囲 ―― 163
トラップ ―― 78

索引 | 349

【な・ナ行】

熱雑音 —— 40, 115, 322
ノイズ・ファクタ —— 40
ノイズ・リダクション —— 145, 299

【は・ハ行】

白色雑音 —— 40
発振条件 —— 60, 219
パッシブ・フィルタ —— 238, 270
バラクタ —— 114, 129
パルス・スワロ・カウンタ —— 203
バンド・エリミネーション・フィルタ —— 78
バンド・パス・フィルタ —— 78, 335
比較周波数 —— 193
引き込み範囲 —— 163
非減衰固有角周波数 —— 251
非同期カウンタ —— 186
負荷 Q —— 90
負帰還 —— 219
負帰還アンプ —— 104
復調 —— 336
フラクショナル N —— 208
プリスケーラ —— 22, 184, 201
フリッカ・コーナ周波数 —— 40
フリッカ雑音 —— 40
フリップフロップ —— 164, 185
プログラマブル分周器 —— 21, 184, 196
分周器 —— 20, 183, 227

分数分周 —— 207
閉ループ伝達関数 —— 258
閉ループ・モジュラス —— 298
並列共振回路 —— 82
並列共振周波数 —— 52
変調 —— 324
ボーデ線図 —— 223

【ま・マ行】

マイクロストリップ・ライン —— 150
ミキサ —— 156
無線周波数 —— 32
無負荷 Q —— 88

【や・ヤ行】

誘電体同軸線路 —— 150

【ら・ラ行】

ラグ・フィルタ —— 217
ラグ・リード・フィルタ —— 233
リアクタンス —— 80
リトレイス特性 —— 50
リファレンス —— 17, 45, 193
リファレンス分周器 —— 184
リファレンスもれ —— 27, 216, 235
ループ・フィルタ —— 17, 213
レギュレータ —— 122
ロー・パス・フィルタ —— 217
ロック・レンジ —— 163

[著者略歴]

小宮 浩 (こみや・ひろし)

1956年	神奈川県小田原市にて出生
1979年	幾徳工業大学(現 神奈川工科大学)電子工学課卒業
1979年	タケダ理研工業株式会社(現 株式会社アドバンテスト)入社
	スペクトラム・アナライザ，シグナル・ソースおよびネットワーク・アナライザの開発設計
	高周波PLL周波数シンセサイザ・モジュールの開発設計
	ロー・ノイズ発振器，VCO及びVCXOの開発設計
2004年	RFデザインノートを開業
	高周波アナログ回路の受託開発設計，試作，コンサルティング

- ●本書記載の社名, 製品名について ── 本書に記載されている社名および製品名は, 一般に開発メーカーの登録商標です. なお, 本文中では TM, ®, ©の各表示を明記していません.
- ●本書掲載記事の利用についてのご注意 ── 本書掲載記事は著作権法により保護され, また産業財産権が確立されている場合があります. したがって, 記事として掲載された技術情報をもとに製品化をするには, 著作権者および産業財産権者の許可が必要です. また, 掲載された技術情報を利用することにより発生した損害などに関して, CQ出版社および著作権者ならびに産業財産権者は責任を負いかねますのでご了承ください.
- ●本書に関するご質問について ── 文章, 数式などの記述上の不明点についてのご質問は, 必ず往復はがきか返信用封筒を同封した封書でお願いいたします. ご質問は著者に回送し直接回答していただきますので, 多少時間がかかります. また, 本書の記載範囲を越えるご質問には応じられませんので, ご了承ください.
- ●本書の複製等について ── 本書のコピー, スキャン, デジタル化等の無断複製は著作権法上での例外を除き禁じられています. 本書を代行業者等の第三者に依頼してスキャンやデジタル化することは, たとえ個人や家庭内の利用でも認められておりません.

JCOPY 〈出版者著作権管理機構委託出版物〉
本書の全部または一部を無断で複写複製 (コピー) することは, 著作権法上での例外を除き, 禁じられています. 本書からの複写を希望される場合は, 出版者著作権管理機構 (TEL : 03-5244-5088) にご連絡ください.

RFデザイン・シリーズ
高周波PLL回路のしくみと設計法

2009年10月15日　初 版 発 行　© 小宮 浩 2009
2025年 6 月15日　第 5 版発行

著　者　小宮　浩
発行人　櫻田　洋一
発行所　CQ出版株式会社
　　　　東京都文京区千石4-29-14 (〒112-8619)
　　　　電話　販売　03-5395-2141

編集担当者　内門 和良
DTP・印刷・製本　三晃印刷株式会社
Printed in Japan
乱丁・落丁本はご面倒でも小社宛お送りください. 送料小社負担にてお取り替えいたします.
定価はカバーに表示してあります.
ISBN978-4-7898-3023-2